U0295703

国家"十二五"重点图书

船舶与海洋出版工程

海洋工程设计手册
——海上溢油防治分册

主 编：张 苓 张来斌

上海交通大学出版社

内 容 提 要

本书凝聚了海上溢油防治领域众多专家们多年的知识经验和实践创新，系统地阐述了海洋石油工程溢油隐患及预防、溢油污染事故调查、溢油应急清理处置、各类溢油险情的控制与回收作业、溢油生态损害评估及修复、溢油应急计划与响应、溢油应急法律法规等方面的内容，具有较全面的专业覆盖度、较强的实战操作性，也介绍了各专业领域国内外最先进的技术。

本书可作为海上溢油防治从业工程技术人员和施工单位的操作指南和参考，也可以作为石油工程专业、环境保护专业的院校师生教学参考书。

图书在版编目（CIP）数据

海洋工程设计手册. 海上溢油防治分册 / 张芩，张来斌主编 .
—上海：上海交通大学出版社，2015
ISBN 978–7–313–12982–6

Ⅰ.①海... Ⅱ.①张... ②张... Ⅲ.①海上溢油—污染防治—技术手册 Ⅳ.① P75–62

中国版本图书馆 CIP 数据核字（2015）第 099289 号

海洋工程设计手册—海上溢油防治分册

主　　编：张　芩　张来斌
出版发行：上海交通大学出版社　　　　　　地　　址：上海市番禺路 951 号
邮政编码：200030　　　　　　　　　　　　电　　话：021–64071208
出 版 人：韩建民
印　　制：山东鸿君杰文化发展有限公司　　经　　销：全国新华书店
开　　本：710mm × 1000mm 1/16　　　　　印　　张：34.5
字　　数：655 千字　　　　　　　　　　　插　　页：4
版　　次：2015 年 6 月第 1 版　　　　　　印　　次：2015 年 6 月第 1 次印刷
书　　号：ISBN 978–7–313–12982–6/P
定　　价：1080.00 元

序一

　　随着全球经济的发展，人类对能源的需求越来越大，迫使石油勘探生产作业向更具挑战的极端地理气候环境迈进。近年来，海洋环保、深水地球物理勘探、海洋石油工程开发等技术迅速发展，也为油气工业从陆地走向海洋、从浅海走向深海提供了动力和想象空间。

　　海洋石油工业面临前所未有的发展机遇，但海洋环境复杂，人类对海洋的认知水平需要不断提高，机遇与挑战并存。海洋石油勘探开发工程长期在风、浪、流、涌、冰和潮汐等苛刻的海洋环境工况下服役，海洋石油工业在探、钻、采、储、运、炼的每个环节都面临大自然的考验，海洋石油工业有高风险、高投入、高技术的特点。如何使海洋石油工业更安全、更绿色、更智能是海洋工程科技工作者奋斗的方向！

　　海上溢油是海上运输及海洋石油开发生产中时有发生的环保事故，可以减少、但难以杜绝，可以预防、但难以预料，石油工业走向深海后，溢油风险更大了，并且溢油污染处置难度也更大了。以墨西哥湾漏油事故为例，2010年4月20日，美国南部路易斯安那州沿海的墨西哥湾钻井平台"深水地平线"发生起火爆炸沉没，直到9月4日，英国石油公司才对外宣布完成了防喷封堵工作，漏油油井不会再对墨西哥湾构成危害，从大规模漏油到切断溢油源历时4个半月，而后续的清理修复工作直到今天还在继续。大型的溢油将对海洋生态环境造成难以估量的严重损害，海上溢油防控及应急处置是海洋石油工业需要关注解决的首要问题。但是长期以来，国内外针对海上溢油的事故前预防控制、事故中响应处理、事故后修复评价并没有一个系统的研究论述。可喜的是，本书的编委们完成了这个工作，我们欣喜地看到各专业、各行业、各领域的国内外专家们聚集一起，倾毕生心血所学完成了这本著作。我们对海上溢油的认识、海洋石油工业溢油安全隐患及预防、事故调查、清理处置方法、应急响应方案、环境修复评价、管理规范及法律法规放到了一个平台上，这将加强涉海管理单位、部门、油气生产企业、海洋装备制造企业的相关技术人员对溢油的预防和处理能力，对各行业部门未来的工作协调合作、监督管理产生积极的作用，有很好指导意义。

希望本书在实践中进一步完善，为实现开发海洋资源同时保护海洋环境的人类梦想做出贡献！

中国工程院院士

序二

我国是拥有473万平方公里海域、1.8万公里大陆海岸线和6 500多个岛屿的海洋大国。随着经济的快速发展，我国对石油能源的需求也持续增加，2013年，我国的原油进口量达到2.82亿吨，对外依存度达57.4%，超过了50%的警戒线，成为世界第二大石油进口国。能源的巨大需求加速了我国海上石油运输业和油气开采业迅速发展，近海、远海的石油钻井平台增多，海上运输航线复杂、原油运输繁忙，发生溢油事件的风险也大大增加。

重大海上溢油事件是严重的海洋灾害，对海洋生态环境、沿岸经济、人类的健康和公共安全带来直接的损害。近两年来接连发生在大连港的7.16溢油事件和渤海湾的康菲溢油事件给我们敲响了警钟，人类开发海洋油气资源的脚步刚刚开始，我国水域发生重大溢油事故甚至灾难性的溢油事故的潜在风险长期存在。

系统完整的溢油污染解决方案应包括：遏制溢油隐患的发生，溢油污染的监视、监控、调查，储备足够可以覆盖高价值敏感海域岸滩的高效应急清污环保设备，制定系统、实用、高效的溢油应急响应预案，政府、石油企业和清污力量组织好人力物力协同作战抢险，后评价等。其行业及专业的跨度非常大，长期以来，条块分割的管理模式使我们并没有一个能完整了解石油生产、运输、溢油应急处置、监视监测等各相关领域的知识、信息平台。我们应对重大溢油的综合应急反应能力还满足不了现实能源经济快速发展的需求。

令人欣慰的是，本书的专家学者完成了这个工作。本书各章节架构合理，涵盖了海上溢油领域的相关知识内容，具有很强的参考价值和实用价值。"工欲善其事，必先利其器"，希望这本书的出版对今后的重大海上溢油应急工作起到积极的促进作用。

党的十八大进一步明确了建设海洋强国的宏伟目标和提高海洋资源开发能力、发展海洋经济、保护海洋生态环境、坚决维护国家海洋权益的四项任务。贯彻实施《中华人民共和国海洋环境保护法》，履行《1990年国际油污防备、反应和合作公约》，在世界海洋环境保护中做出表率，是我们海洋卫士应尽的责任！

中国海上溢油应急中心主任 智广路

前　言

海上溢油是人类工业活动引发的最严重的环境污染之一，对海洋生态环境、渔业、旅游业、人类生存环境造成难以估量的损害，海上溢油防范及治理是海洋石油工业及海洋运输业不可缺少的一环。近几年国内外接连发生的几次大型漏油事故危害极大，使如何提高整个行业的溢油防范及治理水平变得非常紧迫。

《海洋工程设计手册》是由上海交通大学出版社出版的国家"十二五"重点图书，对振兴海洋工业、开发海洋资源意义重大。由于自然环境、技术水平、人力所及、地缘政治等多方面的因素，海洋环境保护工作常常变得非常复杂和困难，尤其是海上溢油防治在专业及管理上涉及多领域多部门，如何将本书的编写做到专业技术指导上严谨准确，实际管理使用中规范实用，海洋环境保护模式上领先和有创新，是编委们努力的方向。

《海洋工程设计手册——海上溢油防治分册》的编写由中国石油大学（北京）和北京中天油石油天然气科技有限公司牵头组织，得到了中国交通运输部海事局、中国海上溢油应急中心、国家海洋局、中国海警局、中国石油大学（北京）、中国海洋石油总公司、中国石油天然气集团公司、北京中天油石油天然气科技有限公司等单位相关专业专家学者，以及国际海洋石油科技大会（OTC）组委会外籍专家的大力支持，在充分吸收总结国内外海上溢油防治经验和教训的基础上，经四次编委会，三次汇稿，历时一年完成了这本书。本书凝聚了各行业专家们多年的知识经验和实践创新，系统地阐述了海洋石油工程溢油隐患及预防、溢油污染事故调查、溢油应急清理处置、各类溢油险情的控制与回收作业、溢油生态损害评估及修复、溢油应急计划与响应、溢油应急法律法规等方面的内容，具有较全面的专业覆盖度、较强的实战操作性，也介绍了各专业领域国内外最先进的技术。

本书各章主要作者如下：前言：张来斌、张苓；第一章：赵玉慧、张苓；第二章：李相方、徐志国、黄培山（Peter Huang）、梁伟、郑文培；第三章：王世宗；第四章：

张苓、任璐；第五章：张兆康、徐志国；第六章：刘科、王艳芬；第七章：张春昌；第八章：黄任望。

我们十分感谢中国海上溢油应急中心智广路主任、中国海洋石油总公司周守为院士在百忙中阅读了本书的草本并为本书作序，对作者们的工作给予了鼓励和肯定，对本书做出了高度评价，并向读者推荐了这本书。

在这里也向参考文献的作者们表示感谢，您们的工作给予我们很多启发。

海上溢油由来已久，但海上溢油防治还是一个崭新的领域，人类还没有真正有效地控制海上溢油，世界各国政府，特别是中国政府高度重视解决海上溢油这一世界难题，并已经把海上溢油应急回收装置列入国家鼓励发展的重大环保技术装备目录。本书的作者们在尝试着解决这个问题的同时也意识到还有很多问题是我们没有认识到或认识得不够清楚的，所以本书欠妥和错误之处，敬请读者批评指正，我们编委会长期存在。海上溢油防治是一个泽被后世的公益事业，我们会认真了解您的意见和建议，您的意见和建议若被采纳，会收到一份我们的奖励，并可能会被邀请进入我们的编委会。我们希望在第二版时，这本书能更加完善，更好地指导海洋工程技术的发展，为海洋环境保护做出更大的贡献。

《海洋工程设计手册—海上溢油防治分册》编委会

2015 年 3 月

联系方式：电话 010-65188928

邮箱 manual@sgotnet.com.cn

目　录

第4章 溢油应急清理处置方法

第5章 各类溢油险情的控制与回收作业方案

Risk control and recovery strategies under various types of

5.1 浅滩、海岸线、港湾及近海溢油回收

第6章　海洋溢油生态损害评估及修复
Ecological damage assessment and remediation for marine oil spill

第7章 溢油应急计划与响应
Oil spill contingency plan

第1章　海洋溢油污染概述

Overview of marine oil spill pollution

1.1 溢油污染来源与特点
Origin and nature of oil spill pollution

溢油是指排入海洋环境（或江河湖泊）的油。OPRC 公约对油的定义是指任何形式的石油，包括原油、燃料油、油泥、油渣和炼制产品。这里所说的溢油主要指原油及其炼制后的石油产品，不包括动物油和植物油。溢油污染是指在海洋石油运输，离岸及近岸石油勘探、开发、炼制及运储生产作业中，由于生产作业事故或非事故原因（如战争、异常天气海况等造成的石油生产设施的损坏）造成的石油泄漏污染，以及正常生产作业中排放到水域中的石油污染。

1.1.1 概述
Overview

溢油污染主要存在的类型有：原油、石油产品以及风化油。

1.1.1.1 原油

原油与煤一样属于化石燃料，是埋藏于地下的天然矿产物，经过勘探、开采出的未经炼制的石油，原油的性质因产地而异。

原油通常为棕褐色或暗绿色，在常温下，原油大都呈流体或半流体状态。目前石油的成因有两种：无机成因即石油是在基性岩浆中形成的；有机成因即各种有机物如动物、植物、特别是低等的动植物像藻类、细菌、蚌壳、鱼类等死后埋藏在不断下沉缺氧的海湾、泻湖、三角洲、湖泊等地经过许多物理化学作用，最后逐渐形成石油。

原油由不同的碳氢化合物组成，其中还有氧，氮，硫，钒，镍，矿物盐等物质，这些化学物质以多种组合形式存在，有简单的高挥发性物质，也有复杂的不能挥发的蜡及沥青混合物，不同油区的原油的成分及物性特点有很大的差异。大部分石油的特性如表 1.1 所示。

原油的组成主要取决于原油产地的碳的来源以及它们来源的地质环境，由碳和氢化合形成的烃类构成石油的主要组成部分，约占 95%~99%。不同产地的石油中，各种烃类的结构和所占比例相差很大，但主要属于烷烃、环烷烃、芳香烃三类。通常以烷烃为主的石油称为石蜡基石油，以环烷烃、芳香烃为主的称环烃基石油，介于两者之间的称中间基石油。不同烃类对各种石油产品性质的影响各不相同。

表 1.1　石油的特性范围

比重 /15/15℃，kg/m3	800~1 000
沸点 /℃	30~125
运动粘度 /cSt，40℃	3~100（最大可能达到 20 000）
凝点 /℃	−33~22
闪点 /℃	−18~190
含氢率 /% wt	11~14
含碳率 /% wt	83~87
含氧率 /% wt	0.08~1.82
含氮率 /% wt	0.02~1.7
含硫率 /% wt	0.08~5
含蜡率 /% wt	≤ 15
沥青质 /% wt	≤ 5
钒 /ppm V	5~170

1. 烷烃

烷烃是石油的重要组分，凡是分子结构中碳原子之间均以单键相互结合，其余碳价都为氢原子所饱和的烃叫做烷烃，它是一种饱和烃，其分子通式 C_nH_{2n+2}。烷烃是按分子中含烃原子的数目为序进行命名的，碳原子数为 1~10 的分别用甲、乙、丙、丁、戊、己、庚、辛、壬、癸表示；10 以上者则直按用中文数字表示。只含一个碳原子的称为甲烷，含有十六个碳原子的称为十六烷。这样，就组成了为数众多的烷烃同系物。烷烃按其结构之不同又可分为正构烷烃与异构烷烃两类，凡烷烃分子主碳链上没有支碳链的称为正构烷，而有支链结构的称为异构烷。

在常温下，甲烷至丁烷的正构烷呈气态；戊烷至十五烷的正构烷呈液态；十六烷以上的正构烷呈蜡状固态（是石蜡的主要成分）。由于烷烃是一种饱和烃，故在常温下，其化学安定性较好，但不如芳香烃。在一定的高温条件下，烷烃容易分解并生成醇、醛、酮、醚、羧酸等一系列氧化产物。烷烃的密度最小，粘温性最好，是燃料与润滑油的良好组分。

正构烷与异构烷虽然分子式相同，但由于分子结构不同，性质也有所不同。异构烷烃较碳原子数相同的正构烷烃沸点要低，且异构化愈甚则沸点降低愈显著。另外，异构烷烃比正构烷烃粘度大，粘温性差。正构烷烃因其碳原子呈直链排列，易产生氧化反应，即发火性能好，它是压燃式内燃机燃料的良好组分。但正构烷烃的含量也不能过多，否则凝点高，低温流动性差。异构烷由于结构较紧凑，性质安定，虽然发火性能差，但燃烧时不易产生过氧化物，即不易引起混合气爆燃，它是点燃式内燃机的良好组分。

2. 环烷烃

环烷烃的化学结构与烷烃有相同之处，它们分子中的碳原子之间均以一价相互结合，其余碳价均与氢原子结合。其碳原子相互连接成环状，故称为环烷烃。由于环烷烃分子中所有碳价都已饱和，因而它也是饱和烃。环烷烃的分子通式为 C_nH_{2n}。环烷烃具有良好的化学安定性，与烷烃近似但不如芳香烃。其密度较大，自燃点较高，辛烷值居中。它的燃烧性较好、凝点低、润滑性好，故也是汽油、润滑油的良好组分。环烷烃有单环烷烃与多环烷烃之分。润滑油中含单环烷烃多则粘温性能好，含多环烷烃多则粘温性能差。

3. 芳香烃

芳香烃是一种碳原子为环状联结结构，单双键交替的不饱和烃，分子通式有 C_nH_{2n-6}、C_nH_{2n-12}、C_nH_{2n-18} 等。它最初是由天然树脂、树胶或香精油中提炼出来的，具有芳香气味，所以把这类化合物叫做芳香烃。芳香烃都具有苯环结构，但芳香烃并不都有芳香味。芳香烃化学安定性良好，与烷烃、环烷烃相比，其密度最大自燃点最高，辛烷值也最高，故其为汽油的良好组分。但由于其发火性差，十六烷值低，故对于柴油而言则是不良组分。润滑油中若含有多环芳香烃则会使其粘温性显著变坏，故应尽量去除。此外，芳香烃对有机物具有良好的溶解力，故某些溶剂油中需有适当含量，但因其毒性较大，含量应予控制。

4. 不饱和烃

不饱和烃在原油中含量极少，主要是在二次加工过程中产生的。热裂化产品中含有较多的不饱和烃，主要是烯烃，也有少量二烯烃，但没有炔烃。烯烃的分子结构与烷烃相似，即呈直链或直链上带支链，但烯烃的碳原子间有双价键。凡是分子结构中碳原子间含有双价键的烃称为烯烃，分子通式有 C_nH_{2n}、C_nH_{2n-2} 等。分子间有两对碳原子间为双键结合的则称为二烯烃。烯烃的化学安定性差，易氧化生成胶质，但辛烷值较高，凝点较低。故有时也将热裂化馏分（含有烯烃、二烯烃）掺入汽油中以提高其辛烷值，掺入柴油中以降低其凝点。但因烯烃安定性差，这类掺合产品均不宜长期储存，掺有热裂化馏分的汽油还应加入抗氧防胶剂。

石油中还含有一定的非烃化合物，非烃化合物含量虽少，但它们大都对石油炼制及产品质量有很大的危害，在炼制过程中要尽可能将它们去除。非烃类化合物主要有，含硫化合物、含氧化物、含氮化合物、胶质与沥青质。石油中所含树脂相对烃类化合物极性较强，具有较好的表面活性，分子量范围一般 700~1 000。主要包括：羧酸（环烷酸），亚砜和类苯酚化合物。沥青质这类化合物非常复杂，主要包括聚合多环芳烃化合物，一般有 6~20 个芳香烃环和侧链结构。

由于石油本身的来源不同和炼制过程的差异使得成品油组分构成不一致，因此在一定程度上可以说，所有的石油及其产品化学组成均有差异。这是取得溢油监测数据中油指纹的关键线索。

1.1.1.2 石油产品

海洋溢油污染中也包括石油产品，如汽油、煤油、柴油等，这些石油产品是由不同性质的石油经历不同的炼制过程，得到的石油炼制产品，其物理化学性质也不同。石油产品中多数产品有明确的特性，如汽油和石油烃化合物，而中间残余燃料油和重质燃料油的性质却很复杂。还有一些不常见的石油产品越来越多地用作工业发电燃料，称为乳化燃料，这些油的密度在自然环境中可能接近或超过海水。表 1.2 是一些石油产品的主要特征参数，需要指出的是，在不同国家这些数据可能会有所不同。

海洋环境中的石油组分由于受物理作用（如分散、挥发、溶解、沉积等）、化学作用（光照、氧化等）和生物作用（微生物降解等），会产生风化现象。海上溢油如果没有清理回收，在自然环境中就会以风化油的形式存在。风化油较原油，其各类组分已发生不同程度的变化，这些变化有以下特点：

（1）正构烷烃的半保留期较短，消失的速率较快，而相同碳数的支链烃消失速率较慢，其在风化油中的比例不断升高，脂环烃与其他饱和烃的比例随油类的风化程度的加深而增高。

（2）与同碳数的饱和烃类相比，芳香烃化合物的水溶性较大，并且不易被微生物降，其在风化油中所占比例随风化程度加深而升高，尤其是某些烷基化的多环芳烃化合物。

（3）分子量较高的化合物比分子量较低的同类化合物在海洋环境中滞留时间更长，因此，在风化油中，分子量较高的化合物所占比率较高，分子量较高的石油烃组分，尤其是多环芳烃化合物容易在海洋环境中长期积累。

表 1.2　不同石油产品的典型特征

汽油（车用汽油）	比重，15/15℃	0.68~0.77
	沸点范围，℃	30~200
	运动粘度，cSt@15℃	0.65
	闪点，℃	−15~−40
煤油	比重，15/15℃	0.78
	沸点范围，℃	160~285
	运动粘度，cSt@40℃	1.48
	闪点，℃	35~70
柴油（瓦斯油）	比重，15/15℃	0.81~0.85
	沸点范围，℃	180~360
	运动粘度，cSt@40℃	1.3~5.5
	闪点，℃	35~70
燃料油（轻质、中质和重质）	比重，15/50℃	0.925~0.965
	运动粘度，cSt@40℃	49~862
	闪点，℃	70 以上

1.1.2　来源
Cause

陆源污染物（包括石油）的归宿往往是海洋。近年来，随着国际海运业的高速发展、海上油气资源勘探开发的强度日益加大以及沿海经济规模的日趋庞大，日常排污及突发事故造成的海洋石油污染呈加重趋势。进入海洋环境的石油及其炼制品主要来自：经河流或排污口向海洋注入的各种含油废水、陆地发生管道、储罐、车辆等事故导致的漏油、油船事故漏油、油船跑冒滴漏及废弃排放油、海洋石油勘探开发事故溢油以及海洋石油勘探开发生产作业过程产生的含油污水等（见图 1.1）。动力燃料油和原油是进入海洋环境的两大主要油种。

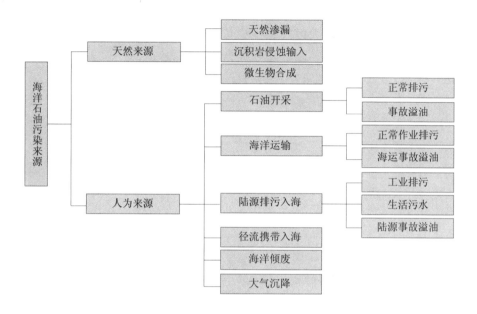

图 1.1　海洋石油污染来源

据统计，每年通过各种渠道泄入海洋的石油和石油产品，约占全世界石油总产量的 0.5%，倾注到海洋的石油量达 200~1 000 万吨，由于航运而排入海洋的石油污染物达 160~200 万吨，其中 1/3 左右是油轮在海上发生事故导致石油泄漏造成的。我国海上各种溢油事故每年约发生 500 起，沿海地区海水含油量已超过国家规定的海水水质标准 2~8 倍，海洋石油污染十分严重。

随着人类社会对能源的需求增加，海洋油气资源作为主要能源之一，其开采规模迅速扩大，海上石油平台、油井数量以及海上石油运输量急剧增加。以渤海为例，近年来海上油田开采规模越来越大，预计其石油产量将很快超过大庆油田。我国近海已成为海上石油开采密集区和海上原油运输航道密集覆盖区，天津、大连、青岛、宁波、广州、湛江等地都已建成 10 万至 30 万吨级的油码头，2013 年中国累计进口原油 2.82 亿吨，同比攀升 4.03%，其中 12 月当月进口原油 2 678 万吨，单月进口量创历史新高。伴随海洋石油工业的迅猛发展，海洋溢油污染日益严重，以 2013 年为例，全国海洋油气平台生产水、生活污水、钻井泥浆和钻屑的排海量分别为 14 793 万立方米、45 万立方米、77 669 立方米和 69 128 立方米。

陆地上沿海分布的炼油厂、石油化工厂、油田等工矿企业是入海石油的主要污染来源。沿海区域往往是经济发达的区域，随着经济的发展及工业化进程的加快，入海污染量会持续增加。我国沿海分布着胜利、辽河、大港等许多大型油田，陆地石油生产中的开发、炼化、储运环节都可能造成溢油污染。根据2013年中国海洋环境质量公报，仅2013年全国监测的72条主要河流一年排入海中的石油类污染物就达4万吨，由此可见陆源的海洋石油污染也是非常严重的。

1.1.3 特点
Effects

海洋石油污染的来源有许多种，对海洋生态的损害影响大。溢油污染具有以下几个特点：

1. 溢油事故隐患多、突发性强

海洋溢油事故主要有石油天然气开发生产中探、钻、采、储、炼每个生产环节中引起的事故溢油，以及船舶事故漏油、港口码头装卸漏油、陆源事故性漏油等。在这些溢油事故原因中，石油开发生产环节中的漏油是最复杂多样的，也是大型溢油事故的主要原因，随着人类石油勘探开发的脚步向深海迈进，这类风险更高并且隐患点也更多。

解决溢油污染的一系列问题最好的方法是从源头遏制溢油，控制好每一个安全隐患点。但溢油事故的发生可以减少，无法杜绝，可以预防，但难以预料，溢油事故原因情况复杂多变，其发生往往是突发性的，更多地认识了解溢油事故的特点可以帮助我们对事故的预防、响应以及评估修复做出准确决断。

2. 溢油事故类型多、情况复杂

溢油来源、溢油量、污染面积、油品的物性毒性、出事海域的海洋环境生态状况、当时的天气海况、飘移扩散动向、溢油风化演变状态、可能影响到的敏感高价值海域等都是构成溢油事故的主要因素，事故情况复杂并且随时间的变化而变化，认识溢油事故的复杂性、多样性，有利于溢油监测、围控清理、善后修复等现场工作的顺利展开。

3. 溢油污染扩散快、危害范围广

石油泄漏对环境的污染分三个方面：污染大气环境，污染海洋水体及海床，污染土壤和地下水源。

发生在近岸的溢油挥发，在太阳紫外线照射下，生成光化学烟雾，产生毒性致癌物质，但很快扩散稀释消失。

在风、浪、潮流等的作用下，海面溢油具有迅速漂移扩散的特点。因此其对海洋环境的危害不仅仅局限于事故发生地，如不能有效围控清理，污染事态会迅速漫延，危害范围极广，尤其是在恶劣天气海况条件下，围控清理作业难而扩散速度却更快了。

海水质量、海洋沉积物环境、潮滩（湿地）环境、特殊海洋生物栖息地（如产卵场、索饵场等）都会受到溢油的长期直接影响，海洋生物（浮游动植物、底栖生物、游泳生物、鸟类等）也会受到溢油的直接影响损害，并且直接或间接地影响人类的健康及生存环境。

4. 溢油污染持续时间长、危害影响时间长

溢油通过扩散、漂移、蒸发、分散、乳化、溶解、光氧化、生物降解等过程在自然界演化，整个过程非常漫长，对于一些封闭、半封闭，与海洋系统水体置换慢的海域过程会更长，有些甚至形成难降解的焦油球或沉降到海底，将长期影响海洋环境。如 1979 年墨西哥 Ixtoc-I 油田漏油事故，经过了 30 年，原油现在依旧往外冒。

石油的有毒物质在海洋环境中会在生物体内富集，通过食物链扩散这种影响，危害影响时间较长。

5. 溢油对海洋生态系统破坏大、恢复难

溢油发生时，特别是石油勘探开发引起的突发性溢油，大量有毒有害物质突然进入海洋，对海洋生态系统的危害作用较一般污染要大。原因在于，当大量油膜漂浮在海面上时，会阻挡日光的照射，引起靠光合作用存活的浮游植物数量的大量减少。浮游植物处于海洋食物链的最底层，其数量的减少会引起更高环节上的生物数量相应减少，从而导致整个海洋生物群落的衰退。并且浮游植物是海洋中甚至是整个地球上氧气的主要供应者，浮游植物的大量减少会导致海水中溶解氧含量的降低，结果是导致海洋生态平衡的失调。

溢油后的生态修复是非常困难的，最大的问题是我们人类对原来的生态环境并不是完全的了解，或者说知之甚少，即便是留有一个可以复制的生态环境模型可以复制，这个模型也只是我们知道的部分，对于庞大精妙的整个海洋生态环境，我们知道的可能只是凤毛麟角。

6. 溢油防范及应急响应跨行业、跨区域，需要专业化协同作业

溢油防范及应急响应涉及多个部门、多个行业，若溢油事态漫延还有可能涉及多个地区，甚至是多个国家。石油企业、船运公司、执法监督部门、环境保护

单位等需要在一个各专业信息对称的平台上做出决策并且积极有效地执行溢油应急响应方案。这种有效的配合还有可能是国与国之间的合作。

1.2 溢油污染的主要危害
Major hazard of oil spill

1.2.1 石油组分的生物毒性
Biological toxicity

石油类造成的水污染主要是指溶解于水、乳化态或吸附于悬浮颗粒上的石油烃化合物，不同组分的石油所对应的生态效应也不同，其毒性的大小、作用机制因生物种类和海洋环境的不同而有很大的差异，其中芳香烃易溶于水，是构成危害水生生物的主要部分。

石油烃化合物对海洋生物的毒性主要表现在对水生植物的毒性、水生动物的急性毒性、水生动物的慢性毒性以及在水生动植物体内的富集等的影响（倪朝辉，翟良安，石油对鱼类等水生生物的毒性）。

1. 水生植物的毒性

当油浓度在 1~10mg/L 时，藻内细胞分裂受到抑制。硅藻可耐受的燃料油为 8mg/L，但同属硅藻植物的 Dilylumbrihgtwelli Cosaubiduscysgrani 和 Chacloceroscuruisrlus 都在 24 小时内死于燃料油浓度为 0.08mg/L 的海水中。微型海藻在含煤油浓度 0.003mg/L 时几日，其生长率明显降低，硅藻在 0.03mg/L 的浓度中则生长缓慢。

2. 水生动物的急性毒性

油类物质溢到海面后影响了海水与空气的气体交换，从而导致水体缺氧，油污还会附于鱼鳃、鳍条影响鱼的呼吸和运动，以至水生动物死亡。以鲟鱼卵为例，当含油为 10mg/L 时半数致死的时间是第 2 天，其孵化出的仔鱼则全部死亡。

据文献报道，海水中石油烃浓度为 0.01~0.lmg/L 时 24h 内即可使鱼、虾、贝类产生异味或异臭。根据鱼、虾、贝类的石油烃富集系数推算鱼、虾和贝类出现异味或异臭的阈值范围大致是 50~100mg/kg。

3. 水生动物的慢性毒性

石油对水生动物的慢性毒性主要表现在对水生动物的细胞功能和神经系统造成长期毒害，影响摄食和繁殖活动。水生动物的慢性中毒的石油烃浓度为 0.01~0.1mg/L，一些敏感的在浓度低于 0.001mg/L 时会引起慢性中毒反应。红海珊瑚虫总数增长率在长期污染的还去明显降低，贝壳类在西福尔摩斯溢流后 3 个月内不能繁殖后代，招潮蟹受底质油污染的影响可长达 7 年。

4. 石油的生物富集

石油类具有易粘附在水产品上的特点，据用 20# 油进行的鱼、虾、贝的粘染试验表明，当油浓度为 0.004mg/L 时，5 天就能使对虾、14 天使文蛤、21 天使葛氏长臂虾产生异味。

石油主要在动植物的脂肪中容易产生富集，在我国某海域的鱼类、甲壳动物和软体动物中都检出以多环芳烃为主的石油烃，牡蛎体内石油烃含量高达 0.114mg/L 干重，相当于富集 5 000~7 000 倍。

综上所述，石油溢到海面后会对海洋生物产生较强的毒性作用，即便在较低浓度时也会使水产品变味。

1.2.2　对海洋生态环境的危害
Ecological pollution hazards

溢油事故发生后，大量的石油漂浮在海面，首先受到直接危害的是海鸟和海洋哺乳动物。但更大的潜在危害是大面积海上油膜阻挡了日光的照射，引起靠光合作用存活的浮游植物数量的大量减少，从而造成对整个海洋生态的破坏。浮游植物处于海洋食物链的最底层，其初级生产力约占海洋生物总生产力的 90%，浮游植物数量的大量减少，自然会引起食物链中其他更高层生物数量的减少，这样就导致了整个海洋生物群落的衰退。另外，浮游植物提供整个地球上 70% 氧气供应，浮游植物的大量减少使海水中溶解氧含量也随之降低，一些厌氧的种群增加，而好氧生物则衰减，海洋生态失衡，海洋物种发生变化。

溶解于海水里的溢油，会对鱼类、浮游生物、底栖生物、海藻、珊瑚虫和海洋生物幼体等产生危害。海水中微量的石油含量就可能对海洋生物的许多习性如寻找食物、躲避天敌、区域选择、交尾繁殖以及鱼类洄游等造成影响。一些对石油污染敏感的种群减少，而其余种群则相应增加，结果是改变了生物群落原有的结构。多环芳香烃碳氢化合物是石油成分中对海洋生态系统破坏最大的化合物之一，能够在海洋生物特别是底栖生物组织和器官中累积，长期缓慢地施加其毒性。当海兽、鱼、虾等食用了这些中毒的海洋生物后也会中毒。石油污染的浓度越大，毒性越大，对海洋生态系统的危害也越重。

有些溢油会沉积在海床上，珊瑚、贝类等海底生物将无处可逃，由于没有参与海水的置换，污染持续的时间会更长。可见的溢油的最终归宿是上岸，油污可能在自然环境下存在几十年，如果污染到近海岸边渔业养殖、风景旅游度假海滩、湿地自然保护区、港湾码头等造成的经济损失是巨大的。

1.3 溢油在海洋环境中的行为及归宿
Transport and fate of oil spill

溢油在海洋环境中的行为及归宿是指石油溢入海洋之后，由于油品自身特性和多种海洋环境因素的影响，经历复杂的物理、化学和生物的变化过程，包括扩散、漂移、蒸发、分散、乳化、溶解、光氧化、生物降解等。对溢油在海洋环境中行为归宿的研究及掌握，可为溢油的清理处置及后续生态修复工作提供支撑。

1. 扩散

石油在海面上会迅速扩散，扩散主要是在油的重力、粘性力和表面张力的联合作用下产生水平延展。扩散初期，重力起主要作用，油的扩散受油的溢出形式影响很大，如果油的溢出形式是瞬间大量溢油，则其扩散要比连续缓慢溢油快得多。油溢出几小时后，油层厚度大大减小，此时表面张力作用将超过重力作用，成为导致溢油扩散的主要因素，溢油在水面将形成镜面似的薄膜，它的中间部分比边缘部分厚。当溢油扩展在水面上形成薄膜后，进一步的扩散主要是靠海面的紊流作用。

2. 漂移

漂移是指海面油膜在风、海流以及波浪的作用下的平移运动。油膜漂移主要取决于海面风场和流场。流场可以认为是潮流、风海流、密度流、压力梯度流以及冲淡水流的合成矢量场。在近海海域，潮流和风海流是决定溢油漂移的重要因素。实际观察表明：溢油若发生在开阔海域，溢油的漂移速度主要取决于风的作用；而在近海或沿岸，潮流将是溢油漂移不可忽视的因素。

3. 蒸发

蒸发是指溢油中较轻的石油烃组分从液态变为气态进入大气的质量传输过程。溢油中易挥发组分的蒸发能够导致溢油特性的变化。蒸发后留在海面上的油比其原来的密度和粘度都要大。蒸发带来了海面溢油量的减少，还影响着溢油的扩散、乳化等，并且还会引起火灾和爆炸危险。影响蒸发的因素主要有：油的组分、油膜厚度、环境温度、风速及海况等。

4. 溶解

溶解是指溢油中低分子烃进入水体的质量传输过程。溶解的速度取决于油的成分、物理性质、油膜面积、水温、湍流和分散作用。研究表明，物理过程（扩展、掺混和分散作用）通常增大暴露到水面的面积而促成降解性溶解。溶解同蒸发同样是自限制过程，在低沸点组分去除后油膜物理性质随之发生变化。在原油成分中，低分子量的化合物溶解度较大，但其挥发性也大，如最毒的烃（苯、甲苯类）是易溶解于水，各种有毒烃类溶解对环境的威胁仅限于短时间内。

5. 分散

分散是指溢油形成小油滴进入海水中的过程。海面的波浪作用于油膜，产生一定尺寸的油滴，小油滴悬浮在水中，而较大的油滴升回海面。这些升回海面的油滴处在向前运动的油膜后面，不是与其他油滴聚合形成油膜，而是扩展成为很薄的油膜，而呈悬浮状的油滴则混合于水中。自然分散率很大程度上取决于油的特性及海况，在碎浪出现时分散过程进展得快。低粘度的油在较好的海况下，可以几天内就完全分散。相反，粘度高的油能够形成稳定的厚油层，就不易分散。

6. 乳化

乳化是指溢油形成油包水乳化液的过程。在破碎波产生的湍动过程中，水滴被分散到油里形成油包水乳浊液，呈黑褐色粘性泡沫状漂浮于海面。乳化作用一般在溢油发生后的几个小时才发生。乳化过程的后果是增加了原来溢油的体积，使油的粘性和密度增大。对溢油的进一步扩散起到阻碍作用，使蒸发量相对下降。

7. 氧化作用

石油的烃分子与氧作用不是分解为可溶性物质就是结合为持久性焦油。氧化反应由于日晒而加剧，并伴随着油膜扩散的始终，但是相对于其他各种变化过程，氧化的量是微不足道的。氧化的速率较慢，特别是高粘度、厚层油或油包水乳化物的氧化很慢。

8. 沉降

沉降是指溢油在海洋中经过蒸发、乳化等变化，其密度增加，有些重残油的相对密度大于 1，在微咸水或淡水中下沉。但是几乎没有这么大密度的原油可靠自身的沉降作用沉积于海底。溢油主要通过 3 种途径沉积：①溶解的石油烃吸附在固体颗粒上下沉；②分散的油滴附着在海水悬浮颗粒上下沉；③轻组分挥发、溶解后的剩余组分由于密度增大而生成半固态小焦油球下沉。

9. 生物降解

生物降解是海洋环境自身净化的最根本途径。溢油发生之后，生物降解过程一般可持续数年之久，其清除石油的能力，取决于能够降解石油的不同海洋微生物。由于生物降解过程极其复杂，就海洋环境而言，至今人们尚不能用数学公式定量描述原油生物降解的速率。据报道，在适宜的水域中生物降解油的速率为每天可从每吨海水中清除 0.001~0.003 克油；在常年受油污染的地区每天可从每吨海水中清除 0.5~60 克油。

1.4 国内外发生溢油情况及重大溢油事故案例
Major international and domestic oil spill incident case study

1.4.1 发生情况
The occurrence of oil spill

全球溢油事故发生率自 20 世纪 60 年代和 70 年代急剧下降，溢油量从每年约 63.5 万吨降至 30 万吨左右。溢油事故主要来源于船舶运输和海上石油开采，两类事故总溢油量分别占 63.9% 和 23%，发生次数上分别占 77.7% 和 18.4%，由此看出，石油污染事故中，船舶溢油事故扮演了重要的角色。近年来的较大船舶溢油事故是"Erika"轮和"Prestige"轮溢油：1999 年 12 月 13 日马耳他籍油轮"Erika"在法国西南海域遇暴风袭击而断裂成两截，导致船上约 10 000 吨原油泄入大海，法国 400 千米的旅游、风景海岸线遭到严重污染。2002 年 11 月 14 日，悬挂巴哈马国旗的"Prestige"号油轮在西班牙西北海面上搁浅，11 月 19 日断裂后沉没，近 2 万吨燃油外泄，上千平方千米海面被厚厚的油膜覆盖，油污漂浮到西班牙长达 400 千米的海岸上和法国西南海岸，在严重破坏当地生态环境的同时，也沉重打击了当地的旅游业、渔业和水产养殖业，经济损失巨大。

平台溢油虽没有船舶溢油事故发生频繁，但因发生在石油开采与储藏相对集中的地区，溢油量一般较大，溢油量前 5 位的溢油灾难性事故中，采油平台占 3 次，3 次事故总溢油量达 105 万吨。历史上最大的海上石油生产所带来的溢油事故是墨西哥湾深水地平线钻井平台爆炸事故，从 2010 年 4 月 10 日起，直到 2010 年 9 月 4 日事故威胁才完全停止，历时四个多月，共流失原油 78 万吨，以世界海上最大漏油事故载入史册，这次事故导致 7 人重伤 11 人死亡，造成超过 9 900 平方千米的浮油面积，使墨西哥和美国海岸的海洋环境受到严重污染，成为美国历史上最严重的原油泄漏事故之一。

在我国辽阔的海域中，不仅蕴藏着丰富的生物、旅游、动力资源，同时油气资源也令人瞩目。我国近海的四大海区均为浅水大陆架，有 30 多个世界罕见的沉积盆地，目前已探明的海上石油可采量为 250 亿吨，占世界海上可采量的 1/4~1/3，尤其是南海海域素有"海上中东"之称，近几年来，产量迅速增长的海上石油正在成为我国能源供应的重要组成部分。优越的地理位置，广阔的海岸线，使我国拥有丰富的航运资源，目前我国有大小港口 700 余个，年吞吐量 1 000 万吨以上的海港 15 个，从事外贸运输的船队达 2 300 多万载重吨。同时，自 1993 年我国从石油出口国转为石油进口国以来，石油进口数量不断上升，自 2003 年起，年年超过 1 亿吨，沿海石油运输量超过 2 亿吨。石油进口量的迅速增加，导致水上石油运输量和港口石油吞吐量逐年上升。由于石油产地与消费地分布不均，我国进口的石油 90% 是通过海上船舶运输来完成的。目前中国海上石油运量仅次于美国、日本，居世界第三位，中国港口石油吞吐量正以每年 1 000 多万吨的速度增长，船舶运输密度增加，油轮向大型化发展，大量的个体油轮拥入油运市场，中国海域可能是未来船舶溢油事故的多发区和重灾区。据统计，1973 年至 2013 年，中国沿海共发生船舶溢油事故 3 170 起，总溢油量约 42 822 吨，其中溢油量 50 吨以上的重大溢油事故 90 起。

我国海上石油开发规模不断扩大，海上生产作业条件复杂，极易因各种原因造成海洋突发性溢油事件的发生。近几年，我国平均每年发生大小溢油事故 500 余起。自 20 世纪 80 年代以来，溢油事件呈上升趋势，几乎每年都发生由于井喷、漏油以及原油运输船舶的碰撞、沉没等各种原因造成的溢油事件。如 2011 年发生蓬莱 19-3 油田溢油事故。

在 1960 年到 2010 年间，国内外都曾发生过一些重大的灾难性的溢油事故，其中包括平台爆炸、井喷、油轮泄漏和管道泄漏等多种原因，具体如表 1.3 所示。

表 1.3 1960-2010年灾难性溢油事故

序号	日期	油轮/事故	海区	溢油量/万吨
1	1991 年 1 月 26 日	海湾战争	科威特	81.6
2	1979 年 6 月 5 日	IXTOC 井喷	墨西哥湾	48
3	1979 年 7 月 19 日	Atlantic ain	多巴哥外海	30
4	1992 年 3 月 2 日	井喷	乌兹别克坦 Fergana 湾	30
5	1993 年 2 月 4 日	石油平台爆炸	伊朗 Nowruz 油田	27
6	1983 年 8 月 6 日	Castillo de Bellver	南非 Saldanha 湾	26.7
7	1978 年 3 月 16 日	Amoco Cadiz	法国布列塔尼	23.5
8	1988 年 11 月 10 日	Odyssey	北大西洋加拿大外海	14.5
9	1991 年 4 月 11 日	Haven	意大利热那亚	14
10	1980 年 8 月 11 日	井喷	利比亚	14
11	1967 年 3 月 18 日	Terrey Canyon	英国外海	13
12	1972 年 12 月 19 日	Sea Star" 海星号 "	阿曼海湾	12.5
13	1980 年 2 月 23 日	Irene's Serenade	希腊 Pylos	12
14	1981 年 8 月 20 日	储油罐泄漏	科威特 Shuaybah	11
15	1971 年 12 月 7 日	Texaco Denmark	比利时北海	10.7
16	1994 年 12 月 25 日	管道泄漏	俄罗斯 Usinsk	10.5
17	1971 年 2 月 23 日	" 夏威夷爱国者 " 号	美国夏威夷西	10
18	1979 年 11 月 15 日	Independentza	土耳其博斯普鲁斯海	10

（续表）

序号	日期	油轮 / 事故	海区	溢油量 / 万吨
19	1976 年 5 月 12 日	Urquiola	西班牙 La Coruna	10
20	1969 年 2 月 11 日	Julius Schindler	葡萄牙亚述尔群岛	10
21	1978 年 5 月 25 日	管道泄漏	伊朗波斯湾	10
22	1993 年 1 月 5 日	Braer	英国苏格兰外海	8.5
23	1979 年 7 月 6 日	储油罐泄漏	尼日利亚 Forcados	8.5
24	1975 年 1 月 29 日	Jakob Maersk	葡萄牙波尔图	8
25	1992 年 12 月 3 日	"爱琴海号"	西班牙 La Coruna	7.5
26	1985 年 12 月 6 日	Nova	伊朗波斯湾	7.5
27	1996 年 2 月 15 日	"海上皇后"号	英国米尔福德港	7.2
28	1989 年 12 月 19 日	Kark 5	摩洛哥	7
29	1971 年 2 月 27 日	Wafra	南非	7
30	1970 年 3 月 20 日	Othello	瑞典 Vaxholm	7
31	1991 年 5 月 28 日	ABT summer	安哥拉外海	7
32	1978 年 12 月 11 日	储油罐泄漏	罗得西亚 Salisbury	6.5
33	1975 年 5 月 13 日	Epic Colocotronis	美国波多黎各西	6
34	1960 年 12 月 6 日	Sinclair Petrolore	巴西	6
35	1978 年 6 月 12 日	储油罐泄漏	日本仙台	6
36	1992 年 4 月 17 日	Katina P	印度洋	6
37	1974 年 11 月 9 日	Yuyo Maro 10	日本东京	5.4

（续表）

序号	日期	油轮 / 事故	海区	溢油量 / 万吨
38	1983 年 1 月 7 日	Assimi	阿曼 Ras al Had	5.3
39	1978 年 12 月 31 日	Andros Patria	西班牙比斯开湾	5
40	1965 年 3 月 22 日	Heimvard	日本北海道	5
41	1983 年 12 月 9 日	Peracles GC	卡塔尔波斯湾	4.8
42	1968 年 6 月 13 日	世界荣誉号	印度洋	4.8
43	1974 年 8 月 9 日	Metula	智利麦哲伦海峡	4.7
44	1975 年 1 月 13 日	大不列颠大使号	日本 lwo Jima	4.6
45	1970 年 6 月 1 日	Ennerdale	塞舌尔印度洋	4.6
46	1994 年 10 月 21 日	Thanassis A	中国南海	4.6
47	1978 年 12 月 7 日	Tadotsu	印度尼西亚马六甲海峡	4.4
48	1968 年 2 月 29 日	Mandoil	美国俄勒冈州	4.3
49	1974 年 12 月 18 日	储油轮爆炸	日本 Mizushima 炼油厂	3.9
50	1979 年 8 月 26 日	Patianna	阿拉伯联合酋长国迪拜	3.8
51	1972 年 6 月 11 日	Trader	希腊地中海	3.7
52	1989 年 3 月 24 日	"埃克森·瓦尔迪兹"号	阿拉斯加威廉王子湾	3.7
53	1980 年 12 月 29 日	Juan Antonio Lavalleja	阿尔及利亚 arzew	3.7
54	1988 年 4 月 22 日	Athenian Venture	加拿大外海大西洋	3.7
55	1973 年 6 月 10 日	Napier	智利西海岸	3.6

（续表）

序号	日期	油轮 / 事故	海区	溢油量/ 万吨
56	1978 年 12 月 14 日	储油轮泄漏	美国 Puerto Rico	3.6
57	1976 年 2 月 6 日	St. Peter	哥伦比亚外海	3.6
58	1978 年 10 月 19 日	输油管道泄漏	土耳其 mardin	3.5
59	1996 年 3 月 7 日	不明储油轮泄漏	墨西哥坎佩切湾	3.5
60	1979 年 11 月 1 日	Burmah Agate	美国加尔维斯敦	3.5
61	1977 年 1 月 17 日	Irene's Challenge	太平洋	3.5
62	1977 年 2 月 7 日	Borag	中国台湾	3.4
63	1986 年 10 月 3 日	Abkatun 井喷	墨西哥坎佩切湾	3.4
64	1972 年 1 月 28 日	Golden Drake	北大西洋	3.4
65	2010 年 4 月 20 日	Deepwater Horizon	美国	78.0
66	2002 年 11 月 13 日	Prestige	西班牙	6.3
66	2003 年 7 月 27 日	Tasman Spirit	巴基斯坦	3.0
67	2006 年 7 月 14 日	Jiyeh Power Station	约旦	2.5
68	2007 年 11 月 7 日	Hebei Spirit	韩国	1.1
69	2000 年 10 月 3 日	Natuna Sea	印度尼西亚	0.7
70	2010 年 7 月 16 日	储油罐爆炸	中国大连	—
71	2011 年 6 月 4 日	蓬莱 19-3 油田	中国渤海	—

（引自 Fingas，2013；高振会，2007）

1.4.2 重大事故案例
Major incident cases

1. 国际典型溢油污染事故

1）"托雷·卡尼翁"号溢油污染事故

1967 年 3 月，载运 12 万吨原油的利比里亚籍油轮"托雷·卡尼翁"号从波斯湾驶往美国米尔福港，该轮行驶到英吉利海峡触礁，造成船体破损，在其后的 10 天内溢油 10 万吨。当时英国、法国共出动 42 艘船只，使用了 1 万吨清洁剂，英国还出动轰炸机对部分溢出原油进行焚烧，全力清除溢油污染，但是溢油仍然造成附近海域和沿岸大面积严重的污染，使英、法两国蒙受了巨大损失。

事件发生后，国际海事组织（IMO）为此召开特别会议就安全技术和法律问题进行讨论，专门成立了一个常设的"立法委员会"，并且为了防止船舶污染海域出台了著名的国际船舶防污染公约——《MARPOL 73/78 防污染公约》。

2）"埃克森·瓦尔迪兹"号溢油污染事故

1989 年 3 月 24 日，载有约 17 万吨原油的美国油轮"埃克森·瓦尔迪兹"在阿拉斯加瓦尔迪兹驶往加利福尼亚洛杉机途中，为了避开冰块而航行到了正常的航道外面，在阿拉斯加威廉王子湾布莱礁上搁浅，导致该轮的 11 个油舱中的 8 个破损。在搁浅后的 6 个小时内，从"埃克森·瓦尔迪兹"溢出了 3 万多吨货油。阿拉斯加 1 100 千米的海岸线上布满石油，对当地造成了巨大的生态破坏，约 4 000 头海獭死亡，10~30 万只海鸟死亡，专家们认为生态系统恢复时间要长达 20 多年，事故造成的全部损失近 80 亿美元。

"埃克森·瓦尔迪兹"轮溢油事故成为发生在美国水域规模最大的溢油事故。这次事故之后，美国又发生了几起重大溢油事故，引起了美国各界的强烈反响，在保护海洋环境的强大压力下，美国两院通过了《1990 油污法》，同年，国际海事组织在伦敦通过了《1990 年国际油污防备、反应和合作公约》，并于 1995 年 5 月 13 日生效，它标志着人类对溢油事故开始由被动防御转为积极应对。

3）"威望"号溢油污染事故

2002 年 11 月 13 日，装有 707 吨燃料油、船长 243 米巴拿马籍老龄单壳油轮"威望"号在从拉脱维亚驶往直布罗陀的途中，遭遇强风暴，与不明物体发生碰撞，并在强风和巨浪的作用下失去控制，船体损坏导致燃料油泄漏。在风浪作用下，溢油带和失控油轮向西班牙的加利西亚海岸方向漂移，并在距海岸 9 千米处搁浅。搁浅时船底裂开一个长达 35 米的缺口，近四千吨燃油从舱底流出，形成一条宽 5 千米、长 37 千米的油带。11 月 17 日，西班牙政府下令将"威望"号拖到大西洋西南海域离出事海域 104 千米之外的地方进行抢险，由于"威望"号船体破损，并受风浪冲击，11 月 19 日船体发生断裂，随后沉没在约 3 600 米深的海底，到油轮沉没时约有 17 000 吨燃料油已经泄漏，污染最严重的海域，泄漏的燃油有 38.1 厘米厚。其后较长的一段时间，沉没的"威望"号仍继续溢油，法国的部分岸线也受到了污染。

事故导致西班牙附近海域的生态环境遭到了严重污染，溢油污染了西班牙近 400 千米的海岸线，著名的旅游度假圣地加利西亚面目全非，岸滩上堆积了厚厚一层油污，近岸的河流、小溪和沼泽地带也受到严重污染。受"威望"号溢油影响最严重的是渔业与水产养殖业，一些野生动物也受到不同程度的污染。"绿色和平"组织官员警告说，存有数万吨原油沉在深海的"威望"号就像一颗随时可能爆炸的"定时炸弹"。这次染油泄漏事件堪称世界上有史以来最严重的灾难之一，西班牙政府为此向有关责任方提出了 20 亿欧元的巨额索赔。

鉴于以"威望"号为代表的单壳油轮灾难性污染事故频发，国际海事组织修订了《国际海上防污染公约》相关附则条款，大幅度缩短了单壳油轮的使用年限，确定了对单壳油轮进行淘汰的时间表。

4）墨西哥湾溢油事件

2010 年 4 月 20 日夜间，位于墨西哥湾的"深水地平线"钻井平台发生爆炸并引发大火，大约 36 小时后沉入墨西哥湾，11 名工作人员死亡。钻井平台底部油井自 2010 年 4 月 24 日起漏油不止。事发半个月后，各种补救措施仍未有明显突破，沉没的钻井平台每天漏油达到 5 000 桶，并且海上浮油面积在 2010 年 4 月 30 日统计的 9 900 平方千米基础上进一步扩张。此次漏油事件造成了巨大的环境和经济损失，海底部油井漏油量从每天 5 000 桶，到后来达 25 000~30 000 桶，演变成美国历来最严重的油污大灾难。

墨西哥湾漏油事故发生后，漏油事故附近大范围的水质受到污染，不少鱼类，鸟类，海洋生物以至植物都受到严重的影响，如患病及死亡等。美国政府的在 11 月份的调查报告指出有 6 104 只鸟类，609 只海龟，100 只海豚在内的哺乳动物死亡。

2. 国内典型溢油污染事故

1）"东方大使"溢油事故

1983 年 11 月 25 日，船长 207 米的巴拿马籍"东方大使"油轮在青岛港黄岛油区装载 43 000 多吨原油出港途中，行驶到中沙礁搁浅，导致货舱受损，漏出原油 3 343 吨。

溢油在港内油层最厚处达半米以上，溢油影响了胶州湾及其附近长达 230 千米海域岸线，同时对附近 15 000 余亩的水产养殖区及 90 万平方米的风景旅游区和海滨浴场造成严重污染，经济损失达数千万元，损害赔偿 1 775 万元，虽然政府组织大量人力物力进行清污，但其影响仍长期难以消除。

2）"塔斯曼海"轮溢油

2002 年 11 月 23 日，马耳他籍"塔斯曼海"轮与中国大连"顺凯一号"轮在天津渤海海域发生碰撞，导致"塔斯曼海"轮所载的 205.924 吨文莱轻质原油入海，溢油扩散面积从 18 平方千米至 205 平方千米波动变化。

2004 年 12 月，经国家海洋局授权，天津市海洋局向天津海事法院提交诉状，要求"塔斯曼海"轮的船主英费尼特航运公司和伦敦汽船船东互保协会为海洋生态环境污染损害进行赔偿，索赔金额为 1.7 亿元。

2004 年 12 月 30 日天津海事法院作出一审判决，判令被告赔偿损失共计 4 209 万元：其中包括海洋环境容量损失 750.58 万元，调查、监测、评估费及生物修复研究经费 245.23 万元；赔偿天津市渔政渔港监督管理处渔业资源损失 1 500 余万元；赔偿遭受损失的 1 490 名渔民及养殖户 1 700 余万元。2009 年，该案终审判决，判令被告赔偿 1 513.42 万元人民币。

该案成为首例由我国海洋主管部门依法代表国家向破坏海洋生态的责任人提出海洋生态损害赔偿要求的案件，亦成为迄今国内就海洋生态破坏事件作出的首次判决。2007 年以该案为基础，国家海洋局发布了《海洋溢油生态损害评估技术导则》，对海洋生态损害的评估程序、评估内容、评估方法和评估要求作出了初步规定。

3）蓬莱 19-3 油田溢油

2011 年，蓬莱 19-3 油田 B 平台和 C 平台先后发生溢油事故。对海洋环境造成严重损害。溢油事故造成蓬莱 19-3 油田周边及其西北部面积约 6 200 平方千米的海域海水污染（超第一类海水水质标准），其中 870 平方千米海水受到严重污染（超第四类海水水质标准）。沉积物污染面积为 1 600 平方千米（超第一类海洋沉积物质量标准），其中严重污染面积为 20 平方千米（超第三类海洋沉积物质量标准）。辽宁绥中、河北秦皇岛等多处岸滩发现蓬莱 19-3 油田溢出原油。

溢油事故发生后，中国国家海洋局、农业部依据职责分别开展海洋生态损害索赔、养殖渔业损失和天然渔业资源损害索赔工作。国家海洋局评估结果表明，溢油事故造成的海洋生态损害价值总计 16.83 亿元人民币，主要包括海洋环境容量损失、海洋生态服务功能损失、海洋生境修复、海洋生物种群恢复费用等。

2012 年 4 月，国家海洋局北海分局、康菲公司、中海油共同签订了 16.83 亿元人民币的海洋生态损害赔偿补偿协议。

经过行政调解，农业部、中海油、康菲公司以及有关省人民政府就解决蓬莱19-3 油田溢油事故渔业损失赔偿和补偿问题，达成一致意见。康菲公司出资 10亿元人民币，用于解决河北、辽宁省部分区县养殖生物和渤海天然渔业资源损害赔偿补偿问题。康菲公司和中国海油从其所承诺启动的海洋环境与生态保护基金中分别列支 1 亿元和 2.5 亿元人民币，用于天然渔业资源修复和养护、渔业资源环境调查监测评估和科研等方面工作。

此次溢油事故海洋生态损害索赔是我国海洋行政主管部门依据海洋环境保护法及国家赋予的职责，代表国家首次向造成海洋生态损害的海洋石油勘探开发者提出赔偿。这一成功实践，在海洋环境保护事业发展中具有里程碑意义，开创了我国重大海洋环境事故生态索赔的成功先例，为今后相关部门开展类似工作提供了法律、技术和实践上的经验和借鉴。

1.5　参考文献
References

[1] 高振会，杨建强，王培刚，等 . 海洋溢油生态损害评估的理论、方法及案例研究 [M]. 北京：海洋出版社，2007.

[2]IMO. Manual on oil pollution[M]. London：IMO，1988.

[3]Fingas M. The basics of oil spill cleanup[M]. New York：CRC press，2012.

[4]Fingas M. Oil Spill Science and Technology[M]. Amsterdam：Gulf Professional Publishing，2010.

[5] 倪朝辉，翟良安 . 石油对鱼类等水生生物的毒性 [J]. 淡水渔业，1997（6）：38-40.

[6] 马志华 . 石油对海洋环境造成的污染究竟有多大 [J]. 森林与人类，2002（12）：8-9.

[7] 田立杰，张瑞安 . 海洋油污染对海洋生态环境的影响 [J]. 海洋湖沼通报，1999（2）：65-69.

[8] 严志宇，殷佩海 . 溢油风化过程研究进展 [J]. 海洋环境科学，2000，19（1）：75-80.

第 2 章　海洋石油工程溢油污染隐患及预防

Offshore engineering oil spill pollution hazards and prevention

2.1　海洋石油设施泄漏表现形式及预防措施
Manifestations and preventive measures of marine oil facilities spillage

2.1.1　浅海油田生产系统泄漏表现形式及预防措施
Shollow water

2.1.1.1　管网泄漏隐患

海上石油平台管道安装特点是：管道空间密集交叉，间距较小；频繁穿越甲板，结构紧凑；普遍存在甲板吊挂配管的安装形式；阀门和法兰等管件安装数量大，管道连接点较多；多采用岩棉加铝板、PEF 等保温形式；维修困难，维修程序复杂。

海上石油平台生产类管网泄漏表现形式分析如下：

1. 井口来液集油主管泄漏表现形式分析

首端连接油井采油树油嘴套出口，之后分两个流程，一条分支进入加热装置，另一条分支进入加热装置后进入计量分离器，随后两条分支汇总进入三相分离器进口管，进入分离状态，其在集油管道运行状态下处于油气水三相混合输送状态，其大部分属于平台甲板表面管道。

泄漏表现形式分析：

1）震动损伤

集油管道中介质运行温度比较稳定，在 40~60℃之间，由于油藏采出液成分和物性比较复杂，油、气、水、砂四相介质存在较大的不均衡性，受"水击"现象影响严重，该类管道运行时震动较大，尤其是介质通过弯头时，存在较为明显的噪音和震动。气泡和地层砂对弯头内表面外边线的管壁冲击和磨损也会很严重，存在较大的穿孔泄漏隐患。

集油管道的震动会引起和管道外壁接触部件表面间的磨损，导致管壁磨损泄漏。集油管道震动也会引起法兰螺栓在轴向出现周期性的拉伸和压缩，造成螺母的"活化效应"，容易导致螺栓松动，造成法兰紧固扭矩降低，最终导致法兰出现渗漏。

集油管道主要存在 3 种泄漏隐患：

（1）由于不均质液体对弯头外表面的"气蚀冲刷"，容易引发管道穿孔。

（2）由于管道震动导致管道局部的薄弱点出现疲劳裂纹。

（3）由于管道震动导致螺栓松动，造成法兰渗漏。

集油管道温度明显大于气温，潮湿气体和雨水很难长期在管体表面停留，因此，电化学腐蚀现象较弱。

预防措施：

（1）管道设计应遵循弯头最少化设计。

（2）弯头内部喷涂抗磨材料。

（3）优化管道支架设计，管道支架应避免与其他部件搭接。

（4）管道保温层应采取防雨、防潮、防渗的密封措施。

2）压力损伤

集油管道连接于采油树油嘴套出口，采油树与油藏相连接，采油树可以接收到油藏传递上来的压力。在油藏开采初期，地层能量大、压力较高。关闭采油树后，会在井筒中积攒较高的压力，这种压力一般分为油管压力和套管压力，这两个压力大部分都超出了地面集油管道的额定压力。从地层到采油树这段流程属于"高压流程"，而集油管道属于"低压流程"。

基于以上事实，采油树和集油管道上的闸板阀在油气水砂的冲击磨蚀下，阀板一般都会出现内漏现象，从而导致密封失效，这就为井筒内的高压介质串入低压流程创造了条件。

采油树阀件主要存在如下隐患：

井筒内的高压介质串入低压流程，造成低压流程的法兰和盘根等密封件破损或管道爆裂，从而造成溢油。

预防措施：

（1）集油管道上阀门优先选用球阀。球阀的结构形式可以避免介质对阀芯的冲击磨损，可长期保持优良的密封性。

（2）集油管道阀门定期做压力试验，对内漏的阀门及时进行更换。

（3）集油管道上设置压力上限报警装置，及时发现高压异常。

2. 原油外输管道泄漏表现形式分析

经过充分脱水、脱气后的原油，由外输泵加压后，通过外输管道进入下一级处理站，一般属于海底管道范畴。主要用来外输低含水原油，管道压力等级较高，工作压力一般在 2.0 兆帕以上，温度偏高且较为恒定，介质流速较为稳定，震动很小。因此，原油外输管道水上部分在受海洋环境当中雾水和潮气的腐蚀影响较小；原油外输管道的水下部分，大多数情况下属于双壁管设计。基于实践经验，存在以下几个方面所导致的损坏因素：

（1）由于管内外温度差导致的应力损伤。

（2）海管立管在入水段部位造成的严重腐蚀。

海底管道在接入平台流程的过程中，海底管道的安装状态要由水平铺设在海底转变成垂直自下向上，进而接入平台工艺流程。因此，海管立管需穿越海面。在入水线附近，由于海管长期浸泡在海水当中，会造成严重的腐蚀现象，易造成断裂和穿孔。

（3）冰凌和船舶的碰撞对海管立管造成的破坏。

在有结冰历史的海域中，由于冰凌随潮汐流动，对海管立管的水面位置造成严重的切割磨损和动力破坏；船舶的操作错误导致对海管立管的撞击，也会造成严重的损伤。

预防措施：

（1）在海管的各种作业过程中，尽量减小海管温度变化速。

（2）海管立管采取结构防护措施。

（3）海管立管进行良好的防腐蚀措施。

3. 采油污水处理系统管道泄漏表现形式分析

油藏在生成的后历史时期，生油物质被局限于一个高度通透地层空间体积内，这个空间内存有大量泥沙等杂质，在生油物质的掺混下，逐渐将存有体积外缘的岩石缝隙进行堵塞封闭，形成了一个可以储存油气水的密闭空间；油气在这个空间内生成发育，直到最后成真正意义上的油藏。

因此注水开发过程中，注入水对油藏有"洗砂作用"，在采出液中必然掺杂大量泥砂杂质，其中包括各种盐离子、泥沙、胶质、重金属等油藏杂质。

油藏开发初期，主要依靠油藏天然能量驱油；随着油藏能量的衰减，大多数油藏要进行注水开发，水动力能量代替油藏原始能量，俗称"以水涮油"；结合"以水涮油"的注水开发理念，油水比一般都考虑在 1：3 以上。因此，污水处理系统的处理能力和管径都超过了油系统管道，富余的口径较大。

油田进入开发中后期，地层采出液含水率不断上升，油田进行管道外输和装车外运之前，原油的允许含水率在 0.5% 以下，含水原油需要经过一系列的脱水工艺，由此产生了大量油田污水。油田污水中含有少量的石油、机械杂质、悬浮物等，需要通过污水处理设备把含量降低到标准范围内才能回注或外排。长期的实践证明，油田污水对污水处理站的工艺设备管线的腐蚀现象非常严重。一座投资 1 000 万元左右的污水处理站，如果工艺设计合理、施工质量达标、运行维护良好，可以使用 10 年左右。如果忽视上述要求，其寿命会大大缩短。国内某油田新建的污水处理站，3 个月左右开始出现穿孔，1 年后彻底瘫痪就是很好的例证。

采油污水化学成分复杂，所含离子成分较多。有关分析资料显示，其中常见的例子有：Na^+、Ca^{2+}、H^+、Mg^{2+}、Fe^{2+}、Fe^{3+}、Cl^-、SO_4^{2-}、CO_3^{2-}、HCO_3^- 等。此外还有一些特殊的化学成分，如有机蜡、烃类气体、硫化氢、溶解氧气和微量元素等。

海上石油平台采油污水系统管道，其首端连接三相分离器的污水出口管，接着是污水缓冲罐，经过污水提升泵增压之后进入污水分离系统（旋流装置、斜板除油、核桃壳过滤器、气浮选罐等）。

腐蚀损伤：

采油污水管道含油量虽然较低，大约在 2 000PPM 以下。但因水中含油，且其成分偏重于轻烃成分。因此，其泄漏到海面后的污染后果不容小觑，海洋石油平台的采油污水处理系统难于停产，一旦因管道泄漏造成油田关井停产，会造成油田产量不可逆转的损失。因此，采油污水管道在环保和生产两个方面都存在巨大风险。

采油污水处理系统管道腐蚀穿孔的化学本质：铁原子的核外负价电子的丢失导致管壁氧化减薄。如果污水中的阳离子数量多，其腐蚀的程度必然强烈，这可以通过污水的分析化验取得数据。

评价含油污水的腐蚀性，应从污水的酸碱性、硫化氢含量、矿化度、温度四个方面来考虑，可以通过管道挂片试验评价腐蚀速度。

大部分在平台甲板上布设的管道，其典型的特点是口径大，但是运行压力较低，一般为 0.1~0.4 兆帕，由于水中钙镁质含量高，容易造成结垢堵塞。采油污水管道的压力等级较低、口径较大、管壁较薄，管道多使用钢板卷制管，无完善的防腐内涂层；受诸多原因的限制，腐蚀余量难以预留过大。采油污水作为高含盐溶液，易造成管道的严重的腐蚀；相对于油气介质管道，最容易发生腐蚀穿孔。

由于采油污水在经过三相分离器以后，一般不再进行加热处理，污水的温度处在缓慢下降过程中。管道表面温度较低，蒸发雨水和潮气的能力较低。管道的保温层易于聚集潮气。因此，容易造成管道外表面的腐蚀。

预防措施：

（1）优化管道防腐蚀设计，广泛采用玻璃钢管线或内涂防腐涂层的管道。

（2）精细筛选化学药剂，科学使用缓蚀剂和杀菌剂等药剂。

（3）加强现场管理，消除跑、冒、滴、漏、渗造成的不良影响。

（4）有条件的地区更换注水介质，降低矿化度，淡化油藏。

（5）控制硫酸盐还原菌，遏制硫化氢等造成的腐蚀危害。

4. 水源井和水源管道泄漏表现形式分析

水源管道其首端连接在水源井采油树出口上，地层水经过脱气等预处理后接入注水水源罐。水源井与油井不同之处在于生产介质，水源井生产的是水，而油井生产的是油、气、水混合物。水源井通常是为了满足注水的需求，产量较高，一般是每天几千甚至上万立方米。

水源井泄漏表现形式分析：

套管泄漏和套管外串是油田开发过程中常见的井下异常，而且随着油田开发的深入和井下地质环境的恶化，这两种异常呈逐年上升的趋势，容易造成"有采无注"的严重后果。

套管泄漏的主要原因是：二氧化碳腐蚀、SBR 腐蚀和硫化氢腐蚀。

套管外串的主要原因是：固井质量不合格和压裂酸化措施的破坏影响。

为了提高水源井产水量，石油作业者往往对水源井所在水层进行压裂充填的完井工艺。由于压裂造缝的高延伸性和不稳定性，在压裂过程和后期，发生水层串通油层的事件屡见不鲜，水层的位置普遍要深于油层，即使油层和水层存在与不同的压力系统，在建造水源井的过程中，钻井轨迹往往钻过油藏，然后钻入到含水层。因此，水层套管在最终固井之后，若固井失效而发生"套管外串"，成为油层和水层之间的连通，油层中的油气窜入水层非常普遍，在井下作业修井工艺中叫"封串"作业。

水源井的套管在油层段套管因腐蚀串通，而造成油层的油气介质窜入水井中的现象，是套漏的现象之一，可以肯定，以上"套管外串"和"套漏"，最终会造成油气介质通过水源井管道最终进入注水缓冲罐，从而引发严重的溢油事故。

5. 油水井前管道泄漏表现形式分析

将众多井头高度紧凑集中摆放在一个长方形的甲板区域是海上石油平台井口布局的一种方式，称为集束式布局。采油树需将油藏采出液输送到平台工艺流程当中，与采油树出油阀门相连接的管道叫井前管道。油井井前管道的作用是建立一个将采油树产出液输送到分离器的一条通道，从井口平台管网上看，每口井的井前管道相当于一条分支管，多口井的分支管汇总到一根管道上形成管汇。

根据管汇的操作目的不同，分为"混合管汇"和"计量管汇"；混合管汇单纯是为输送地层采出液而铺设，简称"混输管"，其中介质包含油气水三相，并输送所有油井的产液。为了摸清每口井的产液、产气量而设计了计量管汇，计量管汇就是为了进行单井出液、出气计量而建立的一条管道。每次计量汇管只允许一口井的产液、产气通过，产液、产气由计量汇管进入计量分离器或相应的计量设备。当无计量操作的时候，计量汇管也可作为混输管或事故应急汇管来使用。

井前管道起始端是采油树的油嘴套，途经双翼管→切换阀组→管汇→油气分离。

泄漏表现形式分析：

1）潮湿环境腐蚀穿孔

井前管道大部分处在井口平台范围内，在大部分的井口平台结构设计中，井口平台顶部通常设置钻修设备模块，周边设备密集。因此，井口平台位置具有如下特点：阳光长期不能覆盖井口平台，长期处于阴暗面，采油树、管道、阀门上的雾气和露水不能及时蒸发，容易造成严重的电化学腐蚀。

油水井在钻修过程中，井口平台表面不可避免地洒落覆盖一些入井液。比如，下管柱过程中，从竖立导管顶喇叭口溢流出的压井液经常会洒到井口平台。同时频繁的井口操作也会造成井口保温层遭到人为破坏，保温层外壳密封破裂，加剧保温层存水存潮的问题，为电化学腐蚀创造了良好的条件。因此，平台钻修井过程中造成的井口平台潮湿的环境，会诱发更加严重的电化学腐蚀。

一个集束式井口平台，往往不是所有的隔水管（井槽）都是同时投产的，新钻井和已投产运行井并存；石油作业者往往采取"边生产边钻井"的做法，即使已投产井也需要进行修井作业，因此，井口平台可能长期存在入井液洒落造成潮湿的问题，这加剧了井口平台设施的腐蚀问题。

在"边钻边生产"的过程中，新钻井需要现场安装井前管道。现场施工条件泥泞、施工焊接、管道防腐质量难以保障。施工总体质量难以保障，后期腐蚀严重，很容易造成穿孔。

同时井前管道一般孔径规格在 $\Phi60\sim\Phi219$mm 之间，壁厚在 5~10mm 之间，它存在着壁厚小、腐蚀裕量小的问题。因此，对平台油管道系统来说，井前管道是最容易形成腐蚀穿孔腐蚀的部分。

2）压力损伤

采油树压力等级一般是 25 兆帕左右，实际运行压力一般是 3~10 兆帕左右。井下涌上来的地层采出液经过油嘴减压后，进入井前管道，井前管道额定压力一般是 2.5 兆帕。实际运行压力为 0.4~0.8 兆帕左右，油嘴前后的地层采出液压力差很大。因此，在开井的状态，人员误关井前管道阀门会造成管道的憋压爆裂，引发溢油污染；在关井一段时间后，井下的地层套管气高压也可以通过阀门内漏窜入井前管道，造成井前管道的憋压破裂。

3）井套管热膨胀上窜造成井前管道被拉坏

油井开井出液后，井套管温度上升。由于采油树与平台模块间属于滑动连接，采油树存在很大的上窜风险。采油树上窜后其地面连接管道存在被上提牵拉造成断裂溢油的风险。

4）表盘式压力表的破裂

井前管道上附属的取压点，每口油井一般包括：采油树油压表、采油树套压表、回压表及管汇干线压力表。表盘式压力表内部的毛细管，壁厚非常薄，长期的应力疲劳、腐蚀、震动会造成毛细管的破损断裂，进而造成严重的溢油。

预防措施：

（1）井前管道选用玻璃钢外防腐或其它防腐工艺。

（2）无人职守平台严禁使用表盘式压力表。

（3）钻井修井期间，定时清理井口平台并确保干燥。

（4）采油树两翼立管安装∏型补偿弯。

（5）完善井口警示标志和作业票制度杜绝憋压事故，汇管安装管道安全阀。

6. 机泵前管道泄漏表现形式分析

海上石油平台机泵主要包括：注水泵、原油外输泵、污水提升泵、天然气压缩机等大型机泵，以及小型泵（诸如：淡水泵、污液泵、消防泵、热水泵、气体泵、潜油电泵）。

小型机泵技术特点是电压等级低、功率小、噪音小、震动不强；大型机泵技术特点是电压等级高、功率大、震动和噪音大。

机泵前管道的震动原理：当非均匀介质经过直管段处的弯头时，液流的动量方向改变，因此造成动量数值改变，弯头会主动向弯曲的液流施加一个力量，形成一个施加在管道上的反作用力。这个力量的方向固定，大小随着液流的密度和强度的改变而改变，这个反作用力造成了管道的震动现象。

由于介质冲击造成的震动可以称为水击震动，由于机轴的动不平衡造成的震动可以称之为机械振动。

溢油风险分析：

多次事故证明，机泵出口管的震动是造成机泵溢油事故的直接原因；通过机泵的运转是将机械能转换为液体的压力能。

在机泵运行后，管道震动源主要来自两个方面，一个是机泵本身的动不平衡造成的震动，一个是由于非均匀液体介质路过弯管段造成的震动。在震动过程中，泵的进出口管道上要产生拉压循环应力，最终形成在管道上的危险区。危险区的目标为两个：一是作用在管道法兰螺栓上，拉压循环应力会造成螺母松动，直至扭矩丧失，引起法兰泄漏；二是作用在管道本体上，拉压循环应力会引发管道危险截面断裂失效，造成严重的泄漏事故。

另外，机泵出口管道如果使用闸板阀，其闸板将在不均质液流的带动下反复碰撞损坏阀座造成密封失效；大量事故案例说明，机泵前管道震动引发的泄漏溢油最主要的因素是管道的震动。

机泵进出口管道上安装 $\Phi22$ 毫米压力表接管和取样接管。接管直径小，弹性大，在机泵产生震动后，压力表接管组件最容易诱发附加震动，如果接管过长挠性增加可能会导致断裂溢油的可能性非常大。

预防措施：

（1）优化设计减少管道弯头，采用大弧度半径的弯头，完善管道固定支架。

（2）出口管道上面、泵出口阀应选用专用抗冲击截流阀。

（3）压力表接管和取样接管避免安装在机泵进出口管的明显震动段。

（4）对机泵定期进行动平衡调整。

（5）管道法兰螺栓使用防松垫片，安装法兰避免"张口、偏口"缺陷。

7. 油气水容器前管道泄漏表现形式分析

海上石油平台容器主要包括三相分离器、天然气除油器、污水缓冲罐、污水气浮选罐、斜板除油罐、污水反冲洗罐、注水缓冲罐、原油缓冲罐等。

容器前管道主要分为三类：介质进口管、介质出口管、排污管。

常见的容器前管道进出口的安装特点：

（1）三相分离器：油气水中上部进入，水出口位于底部，气出口位于顶部，油出口位于中部，出砂口位于最底部。

（2）天然气除油器：进口位于上部，气由顶部排出，油水液由底部排出。

（3）注水缓冲罐：水由中部进入，油由顶部排出。

（4）污水气浮选罐：污水由中部进入，气由顶部排出，油由顶部排出，水由底部排出。

（5）斜板除油罐：污水由中部进入，油由顶部排出，水由底部排出。

（6）原油缓冲罐：油由中部进入，油从底部排出，水砂由罐底排出。

在进出口管实际安装过程中，管道都存在很多的弯头，同时也有立管高悬缺乏固定的问题。因此，进出口管道的震动现象较为严重。

在油气分离系统当中，三相分离器进口管是进液冲击强度最大的管道，下游容器进口管冲击强度逐渐减少；进口管普遍出现严重晃动，造成进口管的弯头和三通处出现冲击腐蚀的问题屡见不鲜，发生意外疲劳断裂和穿孔的风险很大。

根据国内某平台的数据显示，三相分离器承受缓冲井站集中涌来的地层采出液时，油量、水量、气量都时刻处在变化过程中，内部液体动力强度变化剧烈，油水液面和流量波动剧烈，水舱出水和油舱出油流量都是根据百分比浮子调节器进行自动调整。在实践中由于浮球自身的原因出现脱落的事故时有发生，从而造成出水中断或出油中断，可能造成油串入污水处理系统，造成污水缓冲罐冒罐溢油；也可能造成油进入天然气系统导致油从火炬喷发入海的污染事故；也出现过天然气出口憋压，导致天然气从油路窜入原油缓冲罐，造成冒罐溢油事故。

油气水系统的容器前管道阀门，由于介质对阀板冲击强度大，阀板密封失效，导致关断失效，使之难以应对突发性泄漏污染事故，这是平台管理人员必须考虑的不利因素。

8.高压注水管道泄漏表现形式分析

海上石油注水管道由注水泵出口开始，进入注水干线汇管，然后到达目的注水井。注水管线为高压运行设计，管道所途径的平台活动结构，难以安装各类管道位移补偿器；比如国内某海上油田安装的注水管道补偿器，技术上失败，补偿器全部拆除；因此，在注水管道路径设计中尽可能地回避平台活动结构。

海上注水管道中的介质，含有一定量的油气介质，在海洋水体中发生泄漏时同样会造成溢油污染事故。

如前述采油污水具有强烈的腐蚀性，同时，注水管道已经被加压到足够高的压力；一般情况下净化后的采油污水经过离心注水泵后水温上升 15~20℃左右。加上入泵前的基础温度，注水泵出水管的温度较高；高压加剧了腐蚀性离子渗入管内壁金属表面的程度；较高的出水温度加速了腐蚀反应。

数据显示，渤海湾某海上油田平台注水管道一年内发生 50 余次注水管道穿孔泄漏，因此注水管道属于最易发生穿孔的流程。

由于目前油水分离和污水处理技术的落后，海上石油平台注水水质的含油率较高；海底注水管道铺设在海床上必然出现上弯段，俗称"弓腰"段，弓腰段海管可以作为良好的油水分离空间，容易积存大量分离后的油；因此，注水管道一旦泄漏将造成严重的溢油污染的可能风险很大。

在海边的工地环境下建造高压注水管道，对长距离的直管段焊口较容易实现自动焊接，焊接条件稳定，焊接质量可靠，探伤比较有保障；但在平台上配管走向复杂的注水管道，必须要由工人纯手工来焊接，潮湿的海洋环境和焊接条件不具备导致焊接质量难以保证合格率；这主要是因为国家规定对高压注水管道的焊接质量要求非常严格，规范的要求造成焊道坡口的打磨、熔池焊堆之间的连接打磨、电焊工的焊接观察强度要求高；水平和立面焊缝焊接难度差异非常大；加之焊接的速度漫长，焊缝的残留隐患较大，现场的气温、湿度条件、坡口尺寸等条件都是焊接的不利因素；掌握不好可造成焊道的夹渣、未焊透、咬口、氢裂纹等大量缺陷，造成后续的渗漏污染隐患。

夏季在潮湿闷热的海洋环境中，海水温度远远低于大气温度，海上油田通向边缘卫星平台的高压注水海管经过长距离道输送当到达目的井时，注入污水会降温到接近海水的温度；海管在登上卫星平台后，注入污水温度低远于大气温度；注水管道和采油树在注入污水的冷却下，表面类似于空气冷凝器，容易凝结露水，造成注管道和采油树表面潮湿，加剧了电化学腐蚀。

在冬季由于注水管道温度过低，平台注水管道内注入污水容易被冻结，导致注水管道被冻破，造成溢油污染事故。

海上平台的注水管道安装的 $\Phi22mm$ 压力表接管，其壁厚大约 3mm。但其母管壁厚至少大于 10mm，接管和母管都连通一个管内的环境，从腐蚀余量上判断，压力表接管首先会出现腐蚀泄漏，压力表接管作为一个薄弱点严重威胁注水管道的运行安全。因此，应尽量采取合理的制造工艺。

预防措施：

（1）采用先进的污水处理技术，降低注入污水含油量。

（2）尽量降低高压注水管道的运行压力。

（3）对边缘井注水管道和采油树采取保温加热措施。

（4）母管应减少压力表接管安装，压力表接管应使用厚壁管。

9. 天然气管道泄漏表现形式分析

海洋石油中心平台天然气管道流程的起点是三相分离器顶部的出气口，然后经过天然气除油器，一部分进入热媒介炉做为燃料，另一部分经过天然气冷凝器，再进入天然气压缩机系统和火炬系统流程，经过压缩的天然气通过外输海底管道去陆地终端站。

渤海湾某平台事故案例表明，在以上天然气流程中，三相分离器是溢油风险发生的源头；三相分离器在出油不畅和进气液量猛增的情况下，油会顺着顶部天然气管道进入火炬管而喷到海中（气路串油事故）；此时的天然气管道作为油路卸压的管道，现场人员进行应急处置时，不能立即关断上游井排涌来的进液，否则会造成集油管道大规模的憋压破裂引发更加严重的污染事故。

天然气管道在平台上的设计压力一般 300 磅级，天然气内部含有的大量水蒸气；作为未经处理的湿气，在冬季寒冷季节管道内壁会出现冷凝现象。

1997 年冬季在国内某中心平台，在 −18℃的寒冷环境中，Φ219mm 天然气管道（有保温和伴热措施）在正常走气的情况下发生冷凝冻堵事故；鉴于此次事故教训，平台人员通过管道的低点排空阀排放冷凝水，很多设计中不涉及排放冷凝水的管道配置，冬季冷凝水的产量又大，含有一定量的轻质油成分，冷凝水处置被忽略，结果造成向海里排放冷凝液的局面，会引发一定程度的海洋污染。

天然气在管道流动过程中，管壁上会粘附一层类似"油胶"的堵塞物，因此，天然气管道要进行定期的通球吹扫。天然气在脱除水分、轻烃之前属于湿气；在海底管道内部流动时，会膨胀吸热造成冷凝；凝结液会选择海底天然气管道的低点沉积，对于含硫化氢的管道，浸泡区域会出现严重的腐蚀问题。因此，海底天然管道的低点是易发生腐蚀穿孔的区域，天然气管道泄漏时一定会出现轻烃。

天然气管道在海底铺设后的热胀冷缩过程中，各段管道因来自海床的埋藏压力的不均匀，会出现轴向应力集中的现象，这个现象容易导致海底管道出现异常挤压、拉伸、弯曲三种破坏形式，最终导致天然气管道的断裂。

海底天然气管道断裂危险点往往集中在焊道；焊道材质的构成基于电焊条的材质，主要是合金成分，活性高于母材而易于腐蚀；一般焊道的强度、硬度是低于母材的，所以在应力集中过程中易成为薄弱危险区，而发生断裂。

预防措施：

（1）定期对天然气管道进行通球清管作业减轻管道腐蚀。

（2）制定详细的火炬溢油应急预案，减少影响。

（3）平台设计冷凝水回收管路，杜绝排海。

（4）完善天然气管道防硫化氢设计，削减对管道的腐蚀。

（5）对天然气管道采用耐腐蚀材料设计。

2.1.1.2 压力容器泄漏

1. 简介

海上石油平台压力容器主要包括：

油气处理系统主要包括：三相分离器、天然气除油器、天然气缓冲罐、原油储罐、原油缓冲罐等；

污水系统主要包括：污水缓冲罐、斜板除油罐、气体浮选罐、核桃壳过滤器、反冲洗水罐、闭式排放罐、开式排放罐、加药装置药剂罐、注水缓冲罐等；

海上石油平台海水处理系统主要包括：海水分离缓冲罐、海水砂式过滤器、海水反冲洗水罐；

按照处理介质的负荷量对比：一般情况下，污水处理系统负荷最大，油气处理系统负荷量最小，海水处理系统负荷量居中；

按照介质的腐蚀强度对比：一般情况下，污水处理系统腐蚀强度最高，海水系统腐蚀强度较严重，油气系统腐蚀强度较轻。

2.压力容器泄漏表现形式分析

1）焊缝腐蚀缺陷环境风险

压力容器从结构上来看其特点是，它由钢板交错拼接或对接组焊成型的罐壁板构成，自身存在大量的焊缝，焊缝是由大量电焊条材料焊接堆积而成，焊接是生产维修、设备制造中最普遍使用的连接工艺，但焊缝往往是设备中最薄弱的部位，不仅表现在强度和刚度方面，由于设计或焊接过程遗留的缺陷，焊缝成为加速腐蚀的温床，焊缝腐蚀是最快的，这是造成压力容器"跑冒滴漏"现象的直接原因之一。

焊接是一个不均匀加热及冷却的过程，这必然会造成焊缝热影响区组织和性能的不均匀性，特别是在过热区晶粒变大，腐蚀便沿着晶粒边界腐蚀出一条窄缝，使晶粒间的结合力大大削弱，腐蚀量虽然很小，但焊缝强度下降很大，这便是常见的晶间腐蚀。

不锈钢、镍基合金、铝合金等都是晶间腐蚀敏感性较强的材料，另外，焊接产生的热量还会改变焊件的组织、使一些有益元素失效，降低了抗腐蚀能力。

在容器焊接过程中经常会出现强行拼接施焊的现象，这种做法将会增加材料对应力腐蚀的敏感性，应力腐蚀虽然会在拉应力和特定介质的联合作用下才会发生，但它的危害性特别大，往往在没有任何征兆的情况下发生断裂，危害非常大。

焊接过程中出现咬边、未焊透、气孔、夹渣等缺陷，使介质不易流动，造成有害物质浓缩，这是发生原电池、缝隙腐蚀及点蚀很普遍的地方，所以总是在这些部位腐蚀穿孔。

2）潮湿环境腐蚀风险

海上石油平台的压力容器外壁一般都进行外壁保温，立式容器的底部空间介质流动性差，散热快，普遍存在温度偏低的现象，在海上潮湿的大气环境下，雨水、潮气雾水很容易滞留在保温层中附着在容器壁板表面，形成了很好的原电池腐蚀环境，加速了壁板的腐蚀穿孔。

3）安全阀的闭式排放和燃烧火炬环境污染

海上石油平台压力容器的安全阀排放系统必须为闭式排放模式，由于安全阀的压力设定偏低或上游来液负荷量加大压力上升，安全阀异常启动，压力容器内的介质会通过安全阀大量泄漏并灌满闭式排放罐，再通过闭式排放罐进入火炬系统最终燃烧，而由于火炬系统排放入海，造成严重的污染事故。

在下雨状态下火炬燃烧形成的火焰燃烧不充分，会造成未完全燃烧的油类成分随雨滴飘落入海；因火炬点火装置的故障，导致点火失败，造成喷出火炬的天然气当中裹挟的油沫飘落入海造成污染。

4）冷凝污液排放入海环境污染

气体介质一般在压力容器内部都有冷凝的过程，如天然气容器底部会冷凝出冷凝水和轻烃液，压缩空气罐内部会冷凝出含油污水，由于排放冷凝液的管道流程设计长期以来被忽略，石油平台现场靠人工来盛装运输冷凝液是不现实的，冷凝液从容器排污阀引临时管线排海的情况是难以避免的，会造成一定程度的污染。

5）看砂玻璃视窗泄漏环境污染

海上石油平台三相分离器底部的集砂漏斗、核桃壳、纤维球过滤器等容器外壳中部安装有看砂玻璃视窗，公称直径 DN100mm，公称压力 PN1.0 兆帕，视窗起到承压和透视的作用，该玻璃视窗无外部关断功能，一旦破裂泄漏，压力容器内部液体介质大量泄漏将导致大规模的海洋污染，因玻璃材料的脆弱性，环境当中的物理因素易导致视窗破裂，如视窗内外温差太大，易导致破裂；玻璃视窗紧固螺栓扭矩不均也易导致破裂；容器内外压差造成的弯曲应力易导致玻璃视窗破裂；玻璃视窗本体的缺陷易导致破裂；人为的破坏易导致视窗破裂。

6）法兰垫片失效环境污染

压力容器表面接管较多，大多设计了人孔或清扫孔，其口径较大，一般使用橡胶板作为法兰密封垫片，橡胶板使用寿命一般为 3 年左右，因此，其到使用寿命后，出现泄漏的风险增加；同样功能的容器很难做到一备一用，发生泄漏时关停容器难度很大，带来的产量损失很大，比如：油气系统和污水处理系统容器或管道的法兰垫片泄漏后，被迫停产需要上游的油田停产，油田停产关停很多油井，而油井关停可能造成沉砂堵塞而无法开井；潜油电泵井可能因送断电造成井下绝缘击穿；长时间停井会造成油藏采收率不可逆转的降低；因此石油作业者最不愿看到的是关井；遇到法兰垫片泄漏尽可能地采取无需停产的加固密封措施。

大量泄漏事故证明：石棉板垫片寿命短、强度低、易粉化、易渗漏，具有很大的泄漏风险，不应在海洋石油平台上使用；国内某海上油田发生的 Φ325mm 油气主管道紧急关断阀垫片爆裂溢油事故，经查明垫片材料为橡胶板，有关文献显示，橡胶板使用公称压力应低于 1.0 兆帕公称压力，远小于管道的设计公称压力，因此，海上石油平台管道系统应杜绝使用橡胶板做垫片材料。

7）储罐安全阀漏油

立式储存罐罐顶液压安全阀内部加注液压油，形成一个油封的结构，当罐内气压大于外界时，可以从这个油封结构窜出；反之外界空气也可通过油封结构进入罐内；安全阀是用来确保罐内外的气压平衡的；安全阀装在罐顶的中心位置，罐内气体外泄的速度大时会将安全阀内液压油吹出随风落入海中造成污染，当然也污染罐顶。

3. 预防措施：

（1）在压力容器制造过程中要严格执行国家部门的标准和规范，控制好焊接环境、合理选择焊接工艺将夹渣、气孔、咬边等缺陷严格控制在标准范围内。

（2）使用焊接防风棚，强化焊接、检测过程质量控制，削减腐蚀危害，焊接完进行热处理；遵守焊接工艺评定的要求，规范施工。

（3）在容器外壁板组对拼接过程中，优化铆接工艺，消减应力集中缺陷。

（4）细化容器的严密性试压和强度试压，认真查找渗漏隐患。

（5）完善容器排污管道设计，使用金属缠绕式石墨法兰垫片。

（6）看砂视窗应安装防泄漏关断装置。

（7）立式圆筒型容器外壳安装防水檐，避免保温层积水腐蚀。

2.1.1.3 油水井泄漏

1. 油水井的概念

海上石油平台油水井是连通地下油层（注入层）和地面管道的人工通道，是由多层同心钢管（套管）组成的嵌套束结构，由外层到里层，嵌套的顺序分别是抗冰隔水套管、表层套管、中间套管、油层套管；所有套管顶端齐平处理后镶上套管头，套管头上只保留油层套管通道，通道连接形式为法兰盘，然后安装采油树本体。

抗冰隔水套管是为建井而设置的一个连接钻台、海面水体和海床的一个钢管通道，一般在钻井之前由打桩船打入海床，井的设计位置由此确定，其目的是为下一部开钻表层套管槽建立基础，抗冰隔水管的特点是口径大、管壁厚，打桩入泥深度一般在 20 米左右，以确保在钻出的表层套管槽足够严密，能循环泥浆而不外漏钻井液；建立抗冰隔水套管的另一个目的是抵御涌浪、冰凌、海生物对表层套管的腐蚀和损坏，它是保护内层套管保护壳。

表层套管井段连通的目标是浅地层，钻入深度一般在 350~400 米以内，表层套管的下入深度取决于浅地层结构对钻井的不利程度，比如：为了规避浅层气云区、碎裂区、淡水层区等特殊层位；表层套管作为下一级钻井井段的一个基准管是垂直的，要求钻井垂直度和深度要求非常精准；表层套管井段深入地层后，以水泥浆将表层套管外壁和裸眼井槽之间的空间封堵凝固，这个过程称为固井，钻表层套管井段属于"一开"钻井；表层套管水泥固井完毕后，即可在套管顶端安装套管头，然后安装防喷器，为下一步定向钻井提供基础条件。

"一开"钻井的表层套管井段为下一步钻进创造了可靠的条件，在表层套管井段形成垂直的管道空间中，钻井平台继续向下释放钻串并顺利实施定向钻进工艺，直至钻至预定深度靶位（油层或注水层）；如果在过程中出现了无法克服的地层异常表现，导致泥浆漏失无法上下循环造成钻进无法维继，比如：溶洞、砂层、泥层等松软、低压、碎裂的异常地层构造；为隔离这种异常地层维持钻进，根据钻井的经济性判断，可以下入一层更小口径的套管（中间套管），隔离异常的地质构造，为下一步钻进提供可钻条件；如果遭遇的异常地层危害很大，则要填埋放弃异常地层井段，重新设计钻进轨迹。

钻进过程为了最大限度地遭遇油藏，钻井平台释放的管串在钻穿油藏后，尚需向前钻进一定的距离，然后钻串起出后，下入油层套管，注水泥浆固井；油层套管顶端接采油树套管头，底端穿过油层，此时的状态是"钻完井"状态。

钻完井状态，根据开发工艺方案要求，首先要建立油层套管和指定小油层的连通，使用特制火药弹丸，将对应的在油层套管壁射穿后，这样就连通了石油从油层流入油层套管的通道，这个过程叫"射孔"。

2. 油水井套管泄漏表现形式分析

海洋石油平台的油水井套管一旦出现水下泄漏，将造成严重污染，首先套管泄漏出来的含油液体，将在浅地层内聚集，其中的水分会渗入浅地层，其中的油份会滞留在泄漏点附近形成油囊体；在泄漏液体推动下会向上寻找通道，这个过程叫"压裂推进"；油囊体主要是沿着套管外壁水泥环缝隙向上推进，最后出现在水体里，漂浮在海面上；此时，压裂推进找到了最终的突破点，泄漏压力大大下降，泄漏量猛增，短时间内油囊体就会被大量吐出海面，造成大面积溢油。

因此，油水井套管浅地层泄漏的典型特点是没有明显的征兆，泄漏的过程突然而又迅速，溢油量大；油水井底部通油层或水层，因此泄漏能量来源于地下，能量很大，且难以迅速采取有效的应对措施。

3. 油水井泄漏表现形式分析

套管在地层中出现的变形、破损等丧失基本功能的损伤叫套损，其中地质因素是造成套损的直接原因，其破坏因素包括构造应力、层间应力、泥岩膨胀、盐岩层蠕动、油层出砂、地面下沉、油层压实等等；出现套损后的套管内的油气介质会窜入地层并最终进入海床和水体造成严重的溢油污染。

1）围岩应力对套管的破坏

钻井时井眼周围的岩石中出现了临空面，原来的平衡状态遭到了破坏；当岩石中的应力达到围岩的屈服极限时，就出现塑性变形，这种变形受到套管和管外水泥环的限制，同时套管也受到围岩的反作用，导致套管造成损坏变形。

预防措施：

复杂地层井段下入特加强套管。

2）泥岩膨胀和蠕变对套管的破坏

岩石具有蠕变和应力松弛的特征，岩石种类不同，其蠕变程度也不同，即使在自然地质条件下，岩石也会发生蠕变，泥岩中的粘土矿物，尤其是蒙托石、伊利石、高岭石，它们遇水会膨胀并发生蠕动，由于套管阻挡了这种蠕变和膨胀，就使套管外部负荷增加，随着时间的增长，该负荷会增大，当套管的抗压强度低于外在负荷，套管就会被挤压、挤扁乃至错断。

预防措施：

复杂地层井段下入特加强套管。

3）油层出砂对套管的破坏

油层胶结疏松，泥质含量高，进入注水开发后，随着注水量的不断加大，地层吸水进一步增多，强采强注使出砂量增多，导致砂层逐渐淘空，从而引起地应力场不均，导致套管损坏。

预防措施：

（1）化验油井的出砂量，统计油井累计排砂量，确定严重出砂井。

（2）对严重出砂井进行防砂充填作业。

4）盐岩蠕变和断层活动对套管的破坏

盐岩在高温高压下的蠕变和塑性变形特别明显，在有水时盐岩和含盐泥岩软化，体积增加特别明显；在有水时盐岩和含盐泥岩软化，体积增加，向低压的井筒方向蠕动，导致套管受挤损坏；若沿着断层层面移动会造成断层附近油井套管受剪切损坏，由于地面下沉及油层压实导致断层活化，从而使穿过或在断层附近的井发生套损。

预防措施：

复杂地层井段下入特加强套管。

5）腐蚀因素对套管的破坏

井下套管腐蚀机理很复杂，常见的有四种类型：电化学腐蚀、化学腐蚀、细菌腐蚀和氢脆损坏；最普遍的是电化学腐蚀。

套管腐蚀是指原油天然气中的含油硫、二氧化碳和硫化氢以及地层水中和注入水中含有的各种腐蚀性物质与套管中铁或二价铁离子发生反应而腐蚀管体，腐蚀条件包括一定的温度、压力和铁离子浓度以及地层水中存在还原菌等，大多与硫酸盐还原菌的作用有关。

预防措施：

采取防腐蚀套管，对套管进行阴极保护或牺牲阳极保护。

6）注水开发对套管的破坏

油田注水是二次采油的主要工艺，目的是保持地层压力，防止或减缓地面下沉及油层压实，进而提高采收率；虽然防止了地面下沉和油层压实进而减小了垂向或轴向应力，但却增加了垂向或水平方向的应力；虽然减少了挤压型套损的发生，却增加了侧向应力引起的套损的发生，注水开发的大量实践证明，随着注水压力的增加和套损速度是成正比例的。

如果油层物性差，连通性差，就会在高压注水过程中形成高压区块，区块内压力上升，岩石骨架膨胀，吸水厚度增加，使得套管承受很大的附加应力。

地壳岩石都存在不同程度孔隙，而孔隙中可能存在有油气水，这就使地下岩石成为一相固体，另外一相为孔隙流体，流体压力增加必然导致水平应力增加，从而使套管造成变形和错断。

预防措施：

（1）应反复验证注水开发方案，尤其是注水井和油井之间的连通性。

（2）严禁使用套管注水工艺。

（3）定期对注入水进行淡化作业。

（4）套管损坏和变形井严禁进行注水作业。

7）酸化压裂对套管的损坏

酸化使油井附近的油层发生溶蚀，产生溶洞或凹坑，使套管周围受力不均，从而导致套损；压裂使用超过地层破裂压力的压力造成地层被压出裂缝，压裂会使油水井附近岩层受力不均；由于压裂的重新定向而使裂缝的方向偏离所设计的方向，从而导致注水进入其它层或泥岩层，使岩层受力遭到破坏，加快套损过程。

预防措施：

（1）存在套管故障的井严禁使用压裂酸化措施。

（2）对确需压裂酸化的井，应安装专用管柱，避免套管受到高压和腐蚀损坏。

8）套管外水泥返高不够增加了套管损坏的风险

长期以来我国各个油田在油水井套管封固方面，由于技术、经济和井深等原因，大多数井固井时水泥浆返不到地面，而是返到某一高度，油层套管封固过低。

油层套管封固高度以上的部分处在自由坠重的状态，处在曲线形弯曲状态，这种套管弯曲广泛分布于油层套管所处的裸眼井槽当中。因此，在封固高度套管横截面要承受上端套管的挤压重量，加之周围岩体的异常应力，很容易造成其失稳变形；大大增加了套损的风险。

预防措施：

油层套管使用预应力固井工艺。

9）射孔作业对套管的损坏

射孔造成套管损坏的主要原因有三种：一是管外水泥环的破裂，甚至出现套管破裂现象，特别是无枪身射孔对套管损坏程度更大；二是射孔时深度误差大或误射，这对二次三次加密井的薄层尤其重要，误将薄层中的隔层泥岩、页岩射穿将会使泥页岩受注入水侵蚀膨胀，导致地应力变化，最终使套管损坏；三是射孔密度选择不当，将会削减套管强度，造成套管变形损坏。

预防措施：

严格落实射孔作业的 HSE 作业方案。

10）油水井修井作业对套管的损坏

修井作业是造成套管损坏的另外一个重要原因，套铣、磨铣、高压施工等工艺均可对油层套管造成的损坏；作业过程中井下工具对套管的磨损，尤其在水平井和大斜度井施工中套管磨损程度更加严重；另外井下封隔器长时间膨胀挤压在套管的某一个位置，使该处套管截面长时间处在环向拉应力的作用下易产生疲劳变形；在修井作业过程中，防喷器的自重压在套管头上会增加套管的负担，加速套管的损伤过程。

预防措施：

（1）钻完井阶段做足压裂酸化措施，投产后避免酸化压裂等高压作业。

（2）应尽量避免套铣和磨铣作业。

（3）防喷器自重不允许由套管头承担。

11）套管接箍的渗漏失效

钻井现场套管接箍的密封性能依靠高质量的丝扣油和足够的拧紧度；接箍的密封材料是丝扣油，丝扣油在恶劣的地层环境下易引起变质和流失，造成接箍渗漏失效，比如：在井身洗井、洗井和试压过程中，丝扣油被挤压出接箍，造成密封失效，几乎所有的井都或多或少地存在接箍渗漏的问题；接箍一旦渗漏，如果渗漏介质是气态，外在表现几乎没有异常，没有严重的环保风险；如果泄漏的是油介质，丝扣仅能表现出微量的渗漏；如果泄漏的是水介质时，渗漏表现将十分明显，丝扣会出现严重的腐蚀，渗漏量越来越大，直至恶化成穿孔，造成海洋污染事故，因此，石油作业者要求注水井设计里严禁使用油层套管代替中心管柱进行注水作业，要求注水过程套管不承受水压。

预防措施：

（1）连接套管时，操作杜绝丝扣受损，涂足丝扣油，缓慢上扣。

（2）改进接箍密封结构，增加金属垫片的水平密封结构。

12）采油树套管头内漏

套管头内漏现象比较普遍，井口的同心套管束通过套管头的隔离密封形成一个仅油层套管开口的法兰端面，然后在这个法兰面上蹲坐安装采油树，由于在井的生命周期当中，套管头上油层套管、中间套管、表层套管间的密封件难于更换，导致密封件老化渗漏现象很难避免，采油树油层套管腔内的油气介质会通过密封件窜入其他套管环空，最终泄漏到海洋中去造成严重的污染。

防范措施：

定期检修或更换采油树套管头。

13）热采井套管的热损伤

油水井作为油田开发的工具，它穿越油藏和地面之间的障碍，必然承受巨大的地应力的破坏，套管损坏问题非常突出，如国内某油田 1998 年 5 个地区的区块 3 800 口热采井，发生套管损坏的有 489 口，占 12.64%；套管损坏在封隔器附近至油层部位居多，占总井数的 64.42%，变形占 46.42%，错位占 23.31%，螺纹泄漏脱扣占 16.35%。

新疆油田热采井套损严重，如重油公司在 1997–2000 年有 38 口井损坏。百重 7 区，共有 228 口井，在注气第一轮后，损坏 34 口井（变形 14 口，开裂 8 口，其他 12 口）。

套管在升温和降温过程中，套管需伸长和缩短，套管与裸眼井壁之间属于固定状态，容易引发套管应力集中造成破坏。

相关文献表明，多元热流体热采工艺的主要环保隐患是强烈的加热过程会促使套管剧烈地升温膨胀，因原始的地层裸眼井筒长度无法改变，套管顶部和底部是固定状态，套管在膨胀伸长量无处可去的情况下必须以弯曲来补偿，因此，套管伸长弯曲过程会对其造成拉压应力破坏。

按照一口井的实例来测算，假设井身油层套管轨迹全长3 000m，套管钢质为J55，根据文献《实用热物理手册》660页，J55钢的线胀系数 $aL=12 \times 10^{-6}$。井筒温度按照其平均温度计算，冷态参照极端气候温度，油藏温度设定在100℃，采油树温度设定在−16℃，套管轨迹的平均温度42℃，在注入多元热流体后，测算井身轨迹平均温度为：180℃，井口套管在投入运行后，整体温度升为138℃。

根据公式，套管升温后的线性膨胀量为

$$\Delta L=aL \times L_1（T_2-T_1）=12 \times 10^{-6} \times 3 000m \times 138℃ =4.968m。$$

由此可见，热采井在升温后，套管要伸长，其整体伸长量是一个可观的数值，但由于套管通过固井的方式坐落在岩石裸眼中下部，已经变成了一个固定点，顶部被井口装置固定，也成为了一个固定点，两个固定点间的距离不变，但是套管要膨胀，套管的上下两个固定点都会承受轴向扩张力导致套管弯曲变形，套管也要在膨胀伸缩过程中承受很大的压缩和拉伸作用。

地层中套管伸缩作用造成的损坏原理：

（1）井在冷采状态下，井身套管与裸眼井壁间形成了相互紧固的关系，对于平滑的管段，相互间只存在一种相互挤压摩擦的关系；套管管箍处由于口径变大，与坍落的砂石碎屑共同形成了"紧固"作用，形成"管箍阻力区"；井口套管平滑段（管体）周围裸眼岩层出现碎裂松动，将环空堵死，对套管形成缩颈挤压，形成"缩颈阻力区"；两种类型的阻力区都会对井口套管的伸缩滑动造成严重的障碍，比如在套管的伸展状态下，套管要承受巨大的压应力，此时，套管最容易出现的损伤是"失稳弯曲"造成的局部坍缩变形，严重时导致井筒报废，这种损伤在国内各大油田大量存在。油井在冷却后，依然会遭到更加严重的损伤。

（2）冷采状态的油井套管在经历了膨胀阶段后，原先的"管箍阻力区"和"缩颈阻力区"会被暂时的强力破坏，套管伸长后一段时间，这两种阻力区重新构成，开始在热状态下对套管进行"固定抱死"，在热采结束后，套管要收缩回归原状态，此时"新建阻力区"对套管回缩造成严重阻碍，即使套管此时承受严重的拉伸作用，在井身轨迹上逐个递加，在最缺少固定的管段区域形成"拉应力集中"，很容易达到套管的屈服极限，引发套管塑性变形，其抗剪切应力极限预留迅速降低，如遇岩石松动或地应力变化造成挤压、剪切，套管很容易被挤破变形。

通过以上对比，热采井在一个"冷热冷"循环过程中，存在着"膨胀受压→

冷却拉伸"的力学状态，每一次循环因为阻力区的不确定性，导致井身套管无无法归位到原来的位置，经过多轮热冷交替后，套管局部总体呈现出"拉伸→拉伸→再拉伸"的状态，最终导致套管被拉断；也可能出现"压缩→压缩→压缩"状态，最终将套管压破。

预防措施：

（1）严格遵守热采井的建井设计，常规井禁止用于热采作业。

（2）定期进行套管的检测，及时发现异常。

（3）提高裸眼井壁的光滑度，降低应力集中的程度。

2.1.1.4 海底管道泄漏

1. 海底管道简介

海底管道是我国海洋石油发展的最重要的基础设施，目前我国近海使用的海底管道主要分为双重保温输油管道、单层输气管道、单层输水管道、单层油气混输管道四种类型。

海底管道按照国际标准设计通常要考虑的因素包括：设计条件、规范和规定、管道路由、海底状况、坐标及接口、设计寿命、操作数据、管道尺寸、环境数据、钢材特性、外防腐和涂层等；海底管道铺设施工设计主要包括：管道尺寸和壁厚、立管设计、壁厚设计、工艺流程分析、管道稳定性计算、膨胀位移设计、铺设应力设计、弃管与回收方案。

海底管道作为海上平台之间或平台与陆地之间输送石油、天然气和污水的通道，需要铺设在海床之上。因此，海底管道必须要能耐受严酷水下环境的考验，比如是海流冲刷、低温、高水压、高盐腐蚀等危害因素；另外海底管道容易受到热膨胀损伤；容易受到来自水面以上的意外伤害比如：落物破坏、抛锚损伤；也容易受到海床地质灾害的破坏，如水下塌方、挤压、海床错动和滑移等；海底管道在损坏泄漏后维修非常困难且费用高昂。

目前海底管道的铺设水深已经达到 3 000 米，在诸多水下破坏性因素的考验下，要求在海底管道设计方面考虑到几乎所有的不利因素，海底管道从初始建成到使用终结，要确保万无一失，质量一流。这是因为海管一旦出现泄漏维修非常困难。目前我国海底管道主要是从材质、焊接质量、外部防腐三个方面来确保海底管道的铺设质量。

面对恶劣的水下环境，为提高海底管道的生存能力，设计要求在海床上开挖管道沟，通过海床的填埋覆盖来保护海管；海底管道铺设后因海床存在海流冲刷淘空的现象，导致海底管道在一定时间后会出现裸露于海床上的问题。

海底管道一旦出现泄漏，因水下泄漏难于控制和治理；海底管道泄漏事故往往会造成非常严重的海洋污染，因此，海底管道属于重大污染源，它也是海洋石油作业者环保管理的重心之一。

2. 泄漏表现形式分析

1）水下环境破坏因素分析

随着海洋科技的发展，勘探开发海洋能源的步伐越来越迅速，但海洋也会对人类带来难以抵御的自然灾害；海啸、风暴潮卷走了无数生命与财产；海平面上升、海水入侵、赤潮、海底滑坡、深海浊流和深海风暴等都会水下石油生产设置带来不同程度的威胁和灾害；深刻分析水下环境存在的风险对海底管道的安全运行具有重要意义。

海底地震对海底管道的破坏：

地震主要是由于地下岩石突然断裂而发生急剧的颤动，全球的地震主要由于岩石圈板块在边界地带进行拉张、挤压或剪切运动而生成，因此震源带主要集中在板块的边界地区；海底地震及其诱发的海啸，是摆在人类面前的巨大灾难。

洋中脊的火山活动限于脊轴 1~2 千米宽的范围，火山经多次喷发而形成火山链，与中脊走向平行，其形态及喷发周期与海底扩张速度有关；慢速扩张的火山链喷发时间间隔很长；中速扩张的火山链喷发时间间隔较短；快速扩张的火山链喷发时间间隔最短。

海底管道路由处在海底地震带时，地震带地表活动非常活跃，海底管道途径并埋藏于两个即将分离的海床地块，被牵拉断裂的风险非常大。

海啸对海底管道的破坏：

2004 年，苏门答腊岛西南岸外上千千米的海底发生强烈错动，这一场 8.9 级大地震激起的冲天海啸，席卷东南亚、南亚、非洲等 12 国，波及印度洋东、北、西侧海岸；造成印度洋掀起滔天巨浪，给沿岸人群带来了空前的海啸灾难；引起这场灾难的根本原因在于深海板块边界发生了强烈构造运动。

海啸是海底发生里氏震级 6.5 以上的地震（或强风暴）所诱发的海面巨大的波动现象。海啸可以掀起波长数百千米的狂浪，波速 600~700 千米 / 小时。当到达海岸浅水区受阻时，巨大的能量使波浪骤然升高，形成高达十几米甚至数十米的"水墙"，冲上陆地后所向披靡，给人类生命财产造成难以弥补的巨大损失。

海啸外在表现形式是波高异常，海底管道所在的海底是激发海啸的高能量区；海啸是因深层震波传导至海床，导致海床瞬间垂直撞击水体，然后击波向上推进，海啸的发力过程是自下而上，在海面形成巨大的波高；因此，海啸波高出现前，途径海啸能量场的海底管道此时早已受到了海底激波的强烈冲击震荡，主要的破坏形式是向上弯曲折断；这个过程很容易海底管道瞬间断裂，甚至被掩埋失踪。

海底浊流对海底管道的破坏：

堆积在大陆架边缘的沉积物在暴风浪、地震等因素的诱发下出现崩塌，并迅速与海水混合形成以泥沙、石块为主的"水下泥石流"，称为海底浊流；由于它具有很高的平均密度，因此能以极快的流速沿着大陆架斜坡下滑，其巨大的能量可切割陆坡突起陡峭的峡谷，在峡谷口平缓地带堆积成扇形的"浊积扇"。

深海浊流对于海底建筑物能造成很强的破坏作用，深海浊流的发现是因大西洋海底电缆突然被切断而被发现的。大西洋海底电缆被切断的事实证明海底管道在海底浊流的破坏下出现断裂的风险非常大，相当一部分海底管道在登陆过程中路过大陆架斜坡带，而斜坡带本身具有很大的崩塌风险。因此海底管道途径崩塌带时，迟早会遭到水下浊流的冲击，浊流当中必然含有大量的石块泥沙，类似于陆地发生的泥石流，因此海底管道很容易受到挤压、牵拉破坏，造成严重的溢油污染事故。

深海风暴对海底管道的破坏：

20 世纪 80 年代，在北大西洋岸外深部洋底 3 000~5 000 千米进行长期的观察与测量；发现海洋底部存在着一种间歇、突发的极强水流，流速在几天内从每秒 5 厘米 / 秒突增到 30~40 厘米 / 秒，甚至 50~70 厘米 / 秒，其中泥沙等固型物的浓度突增 4~10 倍；而且水流常呈旋涡状，犹如陆地龙卷风。

这种洋底涡流每年平均发生 2~3 次，每次延续 2~5 天；每次强流过后，洋底明显改观、重组，就像被台风扫荡过一样。所以被称为"深海风暴"。

海底管道的铺设深度已到 3 000 米左右，"深水风暴"对海床具有很强的清扫作用，风暴当中夹杂大量的泥沙、石块，并以很快速度运动，在途经区域产生剧烈的"海床磨铣"作用；如果途经海底管道所在区域，管道的上覆泥沙很快被揭盖，海底管道受到深海风暴的破坏，很容易出现破裂，甚至造成海底管道失踪。

深海风暴的发现表明大洋深处并不平静、不稳定，深海风暴会通过强涡流的搅动将有害物质向上迁移，并在大洋上层水体扩散，对人类造成完全意想不到的危害；在水下生产系统的规划设计阶段，不仅要评估地震、火山、滑坡和海底浊流等灾害因素，要避免在深海风暴易发区布置水下生产系统。

2）水面因素的破坏

锚挂网挂对海底管道的破坏：

由于海洋环境的特殊性，铺设在海底的管道或电缆的损坏原因是多方面的，典型的案例是：1850 年铺设的英吉利海峡第一条海底电报电缆用了不到一年被渔民抛锚损坏，被迫在第二年铺设第二条电缆；1955–1965 年铺设的四条跨越大西洋的海底电缆，几乎每年都要遭到渔船作业的破坏；20 世纪 80 年代初期，美国能源部和海军土木工程实验室联合对地中海、加德斯湾、北大西洋、印度洋、阿拉斯加沿海、东亚及东南亚沿海等水域 100 年发生的 1 061 起海底电缆事故进行统计分析，得出的结论：海底电缆由于外部损伤造成的事故 870 起，因内部或系统原因引起的事故 114 起，77 起事故原因不明。

在 870 起外部损害造成的海底电缆事故中，除去腐蚀磨损类，则因渔船拖网渔具、船锚等所造成的损害时最重要的原因占 286 起。

海面船舶抛锚时往往不会顾及对海底管道的破坏风险，在铁锚钩挂海床的过程中将海底管道拉弯曲或拉断。

浅海移动式钻修平台在升降平台压载过程中，平台桩靴同样对海底电缆和海底管道造成严重的钩挂和挤压破坏；在平台就位井口的过程中，桩靴在下沉碰触海床挤压着力后定位，并继续挤压深入海床淤泥层，在平台升起后，桩腿承受的平台下部压力逐渐增加，平台进入压载状态。

国内某浅海油田的平台在钻修平台就位的井口平台附近的电缆，被平台的桩靴钩挂，并从所属平台的进线柜中将电缆头拉断，导致电缆报废；由此事故可以做出预判，浅海移动式钻修平台在升船压载时如果忽视了就位区域的海底管道的存在，平台桩靴可能会压断海底管道，而引发严重的溢油事故。

而部分海底管道因热膨胀应力集中、海床淘空等因素，导致部分海管在海底出现"拱顶"现象，有的高出海床 3~5 米；为了确保拖航安全，浅海移动式钻修平台在拖航状态下需要保持一个很低的重心，钻修平台的桩靴都不会完全收到舱底，拖航过程中桩靴会在距离海床一定高度水面运行；因此，浅海移动式钻修平台桩靴钩挂海底管道的"拱顶"部位造成管道断裂的风险很大。

水面落物对海底管道的破坏：

海洋石油平台在初始安装或维修改造过程中，人为地有意或无意地向海里倾倒的废弃物是普遍现象，如钢板和管件的下脚料，很容易落到海管上后会对海管造成碰撞、挤压伤害；异物落海后和海底管道接触，在海流和震动的作用下不断摩擦海管，最终导致海管泄漏造成严重的海洋污染事故。

交叉占压对海底管道的破坏：

水下探摸发现，2 条海底管道或电缆相互交叉，在交叉点上易形成挤压变形或晃动磨损；2 条海底管道在交叉接触点上也会产生严重的敲击摩擦现象，敲击摩擦的主要动力来源于：管道介质引发的震动、管道在海底流的不规则冲击下的颤动。

疲劳弯曲对海底管道 J 型管的破坏：

立管位于 J 型管越出海面的位置，固定在平台或结构的桩腿上，在海浪、潮汐、冰凌、大风的推动下会随平台或结构规则的晃动，从而导致 J 型管转弯处出现反复折弯，折弯造成的应力导致转弯处焊缝出现断裂。

立管位于海底管道在越出海面的位置，这个位置叫触水位置；在冬季冰凌期，冰凌对立管有着非常强烈的摩擦，造成管外防腐层完全被破坏，甚至将管磨破减薄，同时加速了触水位置焊缝的迅速腐蚀，造成断裂。

立管位置水面以上部分处在飞溅区，暴露在潮湿的海洋环境当中，因此极容易受到腐蚀破坏，因为立管上的触水部位，正好处在船舶的水线位置附近，船舶在对石油平台的围靠抵近作业过程中很容易受到碰撞破坏，造成立管断裂，导致严重的溢油污染事故。

海水腐蚀性对海底管道的破坏：

海水中含有多种盐类，表层海水含盐量一般在 3.2~3.75% 之间，随着海水深度的增加，含盐量也略有增加，海水中的盐主要为氯化物；由于海水总盐度高，所以具有很高的电导率，远远超过河水，海水的含氧量是主要腐蚀因素之一，正常情况下，表面海水的氧浓度随水温度大体在 5~10mg/L 范围内变化。

钢材腐蚀的本质是铁原子丢失带负电的核外电子，只要外界环节存在负离子来吸引，就存在腐蚀，腐蚀的速度取决于电子交换的难以程度，即电导率；因海水中氯离子含量很高，钢铁材料在海水里不能建立钝态，海水腐蚀过程中，阳极的极化率很小，因而腐蚀速率相当高。

中性海水溶解氧较多，除镁及其合金，绝大多数结构材料在海水中的腐蚀都是由氧的去极化控制进行的阴极过程，一切有利于提供氧的条件，如海浪、飞溅、高流速，都会促进钢材的腐蚀。

由于海水的电导率很大，海水腐蚀的电阻性阻滞小，所以海水腐蚀中金属表面形成微电池和宏观电池都有很大的活性，海水中不同金属接触时很容易发生电偶腐蚀，及时两种金属相距数十米，只要存在电位差并实现电连接，就可发生电偶腐蚀，海水中易出现小孔腐蚀，孔深较大。

即使海底管道进行了牺牲阳极保护或管外防腐蚀保护，由于海底环境的严酷性，导致这些防护措施的效果削弱。随着时间推移，对海管留下很大的腐蚀泄漏隐患。

双壁海管设计理念失误造成的严重环保隐患：

双壁保温海底管道是一种普遍使用的模式，属于套管式的海底管道，两层管之间的环形空间加注聚氨酯泡沫，该种海底管道在投产运行后，内管壁的温度与输送介质一致；因此，内管会出现膨胀伸长现象，根据线胀系数、温度变化量、管道长度可以计算内管的膨胀增长量；而有关焊接工艺要求海底管道焊接环境不低于20℃，当海底管道就位海床后，外管和海底海水温度一致，基本在3℃左右；因此，外管要产生一个冷缩量；据此判断，在双壁保温海管投产升温后会出现"内管膨胀伸长挤顶外管"的现象，外管处在被拉伸的应力状态，超过外管的抗拉应力极限后外管会出现断裂，造成严重的后果。

3. 预防措施

（1）在海底管道规划设计中，应完善防范地震等水下灾害的相应防护措施。

（2）加强海底管道涉及海域的瞭望，及时制止抛锚、抛物等危险行为。

（3）海底管道严格控制温度升降速度，杜绝猛烈升温和降温。

（4）定期探摸海管，及时治理海管水下占压隐患。

2.1.1.5 开式排放罐泄漏

1. 简介

为了给甲板表面产生的含油综合废液建一个规范储存空间，石油平台上设计了开式排放罐，作为综合废液储存空间；开式排放罐一般安装在海洋石油平台的底层，外形是立方体，顶端开敞，常压设计；设有进口管、出口管、溢流管，顶部有人孔和斜梯，罐内部作为受限空间人员可以进入作业，出口管设计有增压泵，罐内空间盛装甲板设施设备日常产生的废液，比如：甲板雨水、清洗甲板残液、流程冷凝废水、盘根漏水、修井作业甲板污液等；在流程发生泄漏后，也起到临时应急盛装泄漏液的作用；综合废液的基本工艺流程是：综合废液→甲板地漏→开式排放罐→增压泵→油气流程或船舶。

综合废液进入开式排放罐后，一般要停留较长的时间，废液的表层会漂浮一层含油轻质杂质、中层为分离后的水，底层为沉淀泥垢；渤海湾地区的大气当中灰尘很多，灰尘粘附在平台结构上，在清洗甲板过程中清洗废液中含泥量大，残留在开式罐当中的泥垢数量大，需要经常性地清理罐内泥垢，一般由专人进入后收集运走，将清理后的泥垢运至陆地清理，海洋主管部门不允许剩余废水排海。

海洋石油平台的开式排放罐每台的设计容量大约在100~300立方，开式排放罐在北方海域中，由于环境气温较低，需采取罐壁电伴热和保温措施，一般装采用电加热棒，开式排放罐具有常压、安全稳定、容量大等优点。

2. 泄漏表现形式分析

开式排放罐的设计意图是用来接收甲板上产生的微量含油或不含油的综合废液，因此入罐废液应尽量不含油；海上石油平台现场环境恶劣，开式排放罐含油是很难避免的，比如：钻修井台清洁冲洗的含油废液流到了地漏内，进入开式排放罐，油在罐内分离后漂浮在顶层，其底部的水含油量较少，开式排放罐溢油排海管一般讲进水口设置在罐底，当罐内的液位较高，则会造成罐底水入海，造成海洋污染。

开式排放罐接收来自平台甲板表面的综合废液是无法精确定量的，因为下一场大雨或一次管道泄漏废足以灌满罐内空间，生产现场若不加强监控，提前清空开式罐，易造成开式排放罐灌满而"冒罐"的事故；冒罐的实际情况是溢流管关闭超量的液体进入开式排放罐，导致液位超出罐壁，顺罐壁流至甲板，导致溢出进入海面，造成海洋污染。

钻井和修井承包商为作业方便，需将该罐临时改用为废液回收罐，用其来盛装大量循环洗井压井的返回液，返回液中含油量较高，严重污染了开式排放罐，增加了"冒罐"后的溢油风险。

3. 预防措施

（1）定时完成开式排放罐的倒空，做好大雨前液位检查，确保防溢容量充足。

（2）定期清理疏通排污管和地漏。

（3）事故泄漏状态下应及时开启增压泵将废液泵入流程。

（4）冬季开启电加热设备确保不冻罐。

2.1.1.6 污水系统机泵泄漏

1. 简介

污水系统机械设备主要包括污水增压泵、注水泵、加药装置、污水提升泵；污水增压泵主要是为三相分离器产出污水增压，确保进入污水处理流程后污水的压力、流量充足；注水泵是将处理之后的低污染水增压、增温后泵入注水管道送至注水井注入，以确保足够的注入压力、温度和流量，达到生产回注标准。

1）注水泵泄漏表现形式分析

目前海洋石油平台注水泵主要是离心式，泵的进水和出水管处都设计有轴端的盘根漏水槽，主要采取填料盘根的结构型式；填料函填料由聚四氟乙烯编制方条盘旋压入构成，注水泵进出口压差一般都在 15 兆帕以上，出水端盘根的压紧力非常大，盘根填料和轴表面有强烈的摩擦现象，瞬间能产生高温。

为了解决高压侧盘根盒的降温问题，高压侧盘根内核接出回流管流向低压侧盘根内核，成为"泵内水循环管"，同时高低压侧的盘根允许一部分盘根盒漏水量，起到降温和润滑的作用，同时可以避免"烧轴"现象；作为降低盘根盒温度的一个必要的措施。

盘根盒漏水作为处理后的含油污水，对海洋环境具有一定的污染性，注水泵盘根漏水的回收管的设计往往是被忽视的，这是现场管理人员将盘根盒漏水排入海中的诱因，会造成海洋环境的轻度污染。

2）污水提升泵泄漏表现形式分析

污水增压泵轴与泵壳之间的密封大多属于盘根盒密封，允许盘根盒有一定的污水泄漏量，起到降温、润滑作用，因含油污水对海洋环境有一定的污染性，因此应设计相应的盘根漏水排放回收管道。

需指出，盘根盒漏水的回收管道末端一般都设在开式排放罐；因此，在日常维护中应确保管道不出现泥垢堵塞，确保冬季低温状况下不冻堵，排放管道回收盘根漏水的流量小，高矿化度的污水很容易造成管内结垢堵塞，因此，应定期进行疏通；盘根漏水的回收管线堵塞，将直接导致盘根漏水的外溢，间接导致污染海洋环境。

3）加药泵及管线泄漏表现形式分析

加药装置主要是由药剂罐和多台柱塞泵组成，柱塞泵其典型的特点是排量很小，柱塞泵每台泵的排量往往是十几至几百升，机泵主要部件是耐腐蚀合金做成；海洋石油平台加药装置按工艺主要分油加药装置和水加药装置；向含油污水加注的药剂类别主要是破乳剂、杀菌剂、絮凝剂等。

加药装置柱塞泵的盘根漏液是主要的污染因素，药剂虽不含油，但其中的化学成份入海之后一样会对海洋生物造成的毒害，也属于有毒有害污染物，因药剂具有强烈的腐蚀性，所以药剂罐大部分均以不锈钢为材料制造。

加药装置柱塞泵出口管主要是 $\Phi22mm$ 碳钢管，接入污水系统管道处的短管称为"注药点接管"，接管前设置单向阀；因壁厚较小，腐蚀性又大，一般情况下接管处的腐蚀是很非常严重的，接管易因腐蚀减薄强度减弱而受损断裂，比如：管道突然升压可能导致接管断裂；管道震动严重可能导致接管断裂；人员踩踏或牵拉可能导致接管断裂；断裂会引发非常严重的污水泄漏事故，造成一定程度的海洋污染。

　　在发现接管易出现腐蚀的问题后,设计部门推出了不锈钢材质的加药点接管,当焊接在主管道上后,因焊缝由两种材质融合性差,在焊缝热处理不当的情况下会造成裂纹,更易引发严重的污水泄漏事故。

　　部分注药点接管安装在主管道的正下方,加药管线如果长期不用,很容易造成杂质沉淀堵塞,且难于检修;冬季也容易出现冻破接管的事故,造成污水外泄,引发海洋环境污染。

　　2. 预防措施:

　　(1)机泵盘根应完善漏液回收管道,并采取电热带保温。

　　(2)定期地疏通漏液回收管道,确保不堵塞。

　　(3)定期进行泵体检修及时更换配件,对严重腐蚀区域进行修补或更换。

　　(4)注入管道的单向阀应采取密封性能良好的球芯式单向阀。

　　(5)加药管道处使用大壁厚法兰短节焊接。

2.1.1.7 修井作业过程中泄漏

　　1. 简介

　　修井作业是通过提升设备更换井下管柱、管件和设备的方式消除井下设备的故障,并对油层和水层的物性采取优化措施,恢复或提升井的采液和注入能力,从而恢复产能的一种做法。

　　海上石油修井作业完全区别于陆地修井作业,它是极为复杂的一项工艺过程;不同性质的修井作业其基本流程不一样,即使同一类作业在不同地质状况下,工艺过程也不一样,应区别对待;所有作业都要预先编制 HSE 施工方案;即使在施工过程中,根据井下的实际情况,应在修井工艺上做出调整。

　　海上修井作业的一般的过程是:作业现场条件准备→谨慎压井(安装)抬换井口→起吊管柱(或卡在井里的管柱)下完井管柱→替喷→交井投产。

　　修井作业的一个中心任务是防井喷,所有作业措施都要配合这个中心原则来运行。

　　2. 泄漏表现形式分析

　　1)压井作业过程中的泄漏表现形式

　　压井作业是修井施工中最基本的头道工序,通过向井下近井油层注入具有清洗作用的液体,对近井地带油层或水层进行"人工水淹",达到井口"零带压"状态;压井作业可以保证在拆除井内设施过程中不出现井喷、井涌等险情;压井作业的实质是用压井液的静压来克服抵消地层压力,压井要提前和优于其他作业环节;

压井施工的质量好坏直接影响到整个施工作业的质量和安全，压井不充分是导致井涌和井喷事故的最根本的原因；因此，在修井作业的全过程中井下机具和设备是"浸泡"在水里完成的，压井的基本过程是：采油树出口连通高压泵→压井液泵入井内→观察分析。

海上石油平台修井作业的压井过程根据井况不同，一般要持续 3~5 天，甚至更长，在压井作业过程中，应缓慢提升泵压，不能"野蛮加压"；对于井下堵塞的异常情况，猛增注入压力会造成井筒憋压，导致套管破裂，引起井身套管泄漏甚至井喷，带来严重的海洋污染。所以，压井作业过程往往是以"循环洗井"疏通井开始的，"循环洗井"的基本原理是通过向井筒从上至下注入环空或油管空间内大量（超过地层的漏失量）的入井液体，从而迫使液体从油管或环空内大量放反吐涌出，从而确保井筒畅通；通过洗井将井筒空间内的泥垢、气体冲刷到地面容器中储存。

循环洗井产生的大量返回液中含有泥垢和油砂，进入平台的污液舱；因污液舱容量有限，达到额定存量后，继续进入返回液，产生的重量会危及平台结构安全，但根据有关环保法规含油污水必须要按规定运回陆地处理，如果在返回液达到额定存量时，正值大风期，海况恶劣，载运船舶无法出海；这种情况容易迫使作业承包商向海中排放污液。

经过长期观察，在大风后海况良好的时，海面会出现油带"无主漂油"，而此时相关油田平台的管道容器设施都表现正常无泄漏事故发生，因此，违规排放污液就成了首要怀疑对象。

当洗井过程完毕后，井筒疏通干净，解除了井筒可能存在的憋压问题，为向油层或水层注入压井液创造了条件。进入正式压井操作时，大量的压井液体被泵入井筒内流入油层或水层，长期以来压井遵循"压而不喷、压而不漏、压而不死"的原则，这个原则对确保压井过程避免重大环保事故具有重要指导作用。

压井过程提前在拆除采油树之前，且压井往往不能一次能压井成功，对于经过洗井作业的井来说，压井过程中井壁上的残留泥垢也可能造成井下堵塞，往往需要进行反复清洗。因此，在进行压井的过程中要严密注意泵压变化，平台使用的压井泵往往是活塞泵，压力的刚性冲击大，压井过程中如果泵压突然上升，则应立即采取措施，避免高压压迫井筒套管，造成严重事故。

作业承包商配制压井液可以使用含油污水或过滤海水，平台和采油树井口间的临时管道是 $\Phi60mm$ 高压胶管，压井液流的刚性冲击将使高压胶管严重震动，胶管与接触的构件间存在相对滑动将造成严重的磨损，直至发生泄漏。

采油树的法兰、阀门盘根盒、电缆穿封和高压胶管上的活接头是易发生"跑冒滴漏"的部位，现场人员应及时检查紧固。

在压井作业过程中，要首先确认入井管道畅通，没有阀门误关的情况后才允许开泵，否则很容易"憋爆"入井管道，此类事故经常发生。

预防措施：

（1）采油井压井前应关井测压，为压井方案提供可靠数据。

（2）压井液舱应不渗不漏 压井泵进口不会吸入空气，确保压井液不遭气侵。

（3）压井液柱压力要小于地层压力的 10~15%。

（4）提前检查紧固采油树和管道螺栓。

（5）由平台接到井口的临时管道应捆绑牢固。

（6）严格控制压井流量，做到缓慢提升，稳定观察，应根据现场需要进行反循环清洗作业。

（7）压井过程中应将井内和井底附近的气体排出。

（8）杜绝违规外排洗井返回液。

2）拆采油树装封井器过程泄漏的表现形式

在压井作业结束后，采油树要在井口"零带压"的状况下才能进行拆卸，因此，拆采油树和安全装防喷器 BOP 的过程非常关键，国内外很多的井喷事故都是在这个过程中发生的，其特殊性在于：在压井作业实施完毕，井口处在短暂、不稳定的"零带压"状态下，利用这个状态拆除采油树并安装防喷器，井筒直接暴露在大气当中而无任何关闭保护措施，此时发生井喷的风险最高。

当然对具有井下安全阀和井下排气阀并且状态良好的井，在拆除采油树之前，可以将它们关闭，风险相对降低；但这种情况并不多见，井下安全阀和排气阀一般都存在一定的故障。

井口压力落零后，首先拆除采油树的外接管道，然后采油树连接钻台吊车，在上提"开盖"前将大法兰盘螺栓拆除，只保留 4 条螺栓预紧固定；然后解除电泵井电缆和穿封压帽，拆除大法兰剩余螺栓，将采油树吊走，将防喷器 BOP 吊装到套管头法兰上，紧固螺栓定位，这个过程必须保证快速，否则容易发生井喷失控。

对于地层能量较低的井，在压井作业结束后，如果采油树阀门打开了导致大气进入井筒，压井液柱会被吸入地层，使管子内部充气，再次压井（补充压井液）时会出现进液困难的问题，有诱发井喷的风险。因此，压井完毕井内严禁窜入气体。

井口安装完防喷器时，下一部要在防喷器本身连接液压管线至液压站的储能罐，在这个过程中会出现液压油的洒落问题，液压管线也是易发"跑冒滴漏"的薄弱环节。因此，应采取一定的防污染措施。

防喷器就位连接完毕，要及时进行调试，确保随时能投入使用，防喷器的任何故障都可能会造成无法防范井喷的后果，油水井中途可能因为等料、等方案而造成停工，可以再补充压井液的基础上，附件关闭防喷器环封的措施，但时刻要保证井内要下入500米以下的压井管柱，以备紧急压井使用。

封井器的环形封隔器属于橡胶材质制造，在热水通井作业过程中，胶芯会变软，造成密封能力下降，因此采取防范措施降低这种风险；同时在冲砂的工艺过程中返回井口的油、泥、沙、垢会造成防喷器阀板密封面腐蚀，造成阀板舱堵塞，降低关闭后的密封性或造成开关不畅或卡死。因此，要定期启动防喷器松动解卡，恢复防喷器的功能。

预防措施：

（1）拆除采油树前，阀门保持管壁，管柱杜绝进气。

（2）采油移动前发现井下压力异常升高，应立即回复安装或立即灌水压井。

（3）应将作业地层一定半径范围内的相关注水井停注。

（4）及时清理洒落的防喷器液压油，做到防喷器灵活好用。

3）安装立导管过程泄漏的表现形式

立导管是连接防喷器出口和压井液返回舱和井口槽的一种三通管件，主要有作用是：作为井下返回液的转接口，设有接入污液舱的管接口；作为连接井台和井口防喷器之间的一个沟通管，其顶端通大气并连接井台月池。

在起下油水井管柱的过程中，被提出井口的井内管柱，油、水、沙会被立导管所封闭，避免随风飘落在采油井口甲板表面最后造成入海污染，但需要指出的是，立导管是一个垂直安装的管状通道，垂直度要求很高，现场配管难度大，所以部分修井承包商不愿安装立导管，造成飘落污染现象很普遍，近几年来在国家海洋局的严格管控下，这种现象得到了根本的遏制。

预防措施：

（1）连接立导管时，应精确测量配管尺寸，做到精确加工和预制。

（2）安装立导管时，应对井口设施进行严格保护，确保不碰坏设备。

4）起下油管和通井操作泄漏的表现形式

起油管是将井内安装的油管拔出井口的过程，通过天车、井架、大钩、绷绳的共同配合，将油管从油层套管中拔出，起出首根油管，需要很大的拉力，一般可以达到40吨以上。

实际当中由于油管长期在井下浸泡腐蚀的因素导致油管本体强度减弱的现象

比较普遍，一般来说一次就能将管柱顺利拔出井筒的情况较少，实际操作往往会将油管拔断，尤其是发生在注水井作业当中经常出现。因此，起管柱是否顺利不仅要看洗井的彻底程度，还要看使用大钩起吊载荷的技巧，开始时一般需要反复提防管柱（活动解卡），用以松动埋在井中的管串以及松解井下封隔器。

起出油管柱的过程中，管柱上粘附的油、泥、沙、水会洒落在井台上，伴随井台操作人员的踩踏严重污染井台。因此，井台应进行随时性的清洗，以改善井台的卫生条件，提上井台的的管柱应及时敲击，震除管内外的附着物，应随时用细绳刮除管表面的油污、泥垢、然后将管柱滑入油管堆放场。

井台的液压大钳由于使用频繁，接头处易于造成"跑冒滴漏"而污染井台。

喇叭口溢流：在下管柱的过程中，由于入井物体积的增加，造成原先井内的压井液溢出，导致喇叭开口溢流；在向井内灌注压井液时，由于压井泵注入量难于控制，以及提升管柱速度不均匀，经常导致压井液从立导管的喇叭开口处溢流出来顺着立导管流到采油井口甲板，严重的时候流入海中造成污染，现场人员往往判断加注压井液是否充分是根据喇叭口溢流来判断的。

预防措施：

（1）严格清理油管进出井的外表卫生，及时清理井台污油水，按规定处置油泥砂。

（2）尽量减少套铣作业过程。

（3）采取措施回收喇叭口溢流液。

（4）不间断加注压井液，确保井控安全，现场应急防喷工具随备随用。

5）倾斜损伤引发的泄漏表现形式

当井身、防喷器立导管、井架作业垂线不重合时（规范要求最大 1°偏差），在起下管柱过程中，井口套管头内壁会受到很大的水平偏挤力，严重时会造成井口套管头密封失效或断裂，或者在井台进行套铣时造成严重晃动，造成套管头和套挂的破裂，丧失井控能力，诱发严重海洋环境的污染后果。

海上石油平台修井作业使用的防喷器和立导管重量一般都在 10~15 吨左右，坐落在套管头大法兰上，套管头的法兰盘的承重能力有限，套管头与表层套管处容易发生失稳折断事故，丧失井控能力，从而诱发严重的海洋事故。

预防措施：

（1）施工过程中，井架、井口垂直度严格控制在标准以内。

（2）井口安装防喷器时，安装防喷器应安装独立的承重底座。

6）浅海移动式作业平台滑桩引发的泄漏表现形式

浅海移动式作业平台在作业过程中靠桩靴支撑于海床上，由于大风等因素造成的摇动，其摇动载荷间接转变为桩靴受力水平面边缘对海底泥形成反复挖掘现象，在海流的冲蚀下，导致承重泥床不稳定，桩靴突然陷入泥床的现象，称为滑桩现象。滑桩现象将严重破坏井口立导管和防喷器导致井口平台被压断井身泄漏，诱发严重海洋环境的污染事故。

7）作业人员井口操作损伤引发的泄漏表现形式

油水井修井作业操作主要基于两个平台完成，一是依靠修井平台的操作台，一是依靠采油井口甲板；操作台人员操作程序执行固定规程，人员活动范围有限；不同平台的采油井口甲板操作环境差异大，贯穿修井作业的全过程，人员操作时刻存在于两个操作甲板上，在采油井口甲板上，操作人员要将钻井平台悬臂梁月池中心和井口中心对中，使用铅垂线标定；作业人员要连接循环洗井用的高压胶管供回管路；操作人员要拆除采油树，防喷器安装在套管头上；在防喷器和井台之间安装立导管；这些操作要在狭窄的井口甲板空间当中操作，油井之间的距离一般是1.5~2米之间，多次事故表明：井口操作风险非常高，稍有不慎就有可能对周围井口设备造成严重的伤害。对其他在用油井设施的损坏，很容易造成严重的环境污染事故。

预防措施：

（1）人员严禁踩踏管道等薄弱部件，可以通过专用梯台辅助操作。

（2）摆放在井口的作业器材和工具，规范摆放。

（3）吊装防喷器前，应对周边的设备设施采取防护措施。

2.1.2 深水油田生产系统泄漏表现形式及预防措施
Deep water

2.1.2.1 水下采油树泄漏

1. 简介

水下采油树作为水下生产系统当中的最重要的组成部分，它有两个总体功能：一方面对流出油层套管的地层采出液进行工艺性关断或开启；另外一方面钻井修井状态下，它的顶端总管连接水面平台所释放的导流立管，形成一个可井控且密闭的作业通道；这个通道可确保泥浆等入井液的循环流动。

水下采油树的具体功能是：

（1）分离和控制套管：将油层套管分隔成油管空间和环空两个部分。

（2）分离油管和套管空间。

（3）作为连接套管头的上部设备。

（4）固定悬挂油管串。

（5）满足修井作业工具的密闭通过的要求。

（6）完成化学药剂的注入作业：破乳剂、杀菌剂、絮凝剂、除硫剂、水合物阻凝剂等。

（7）满足入井液的混合和注入功能。

（8）满足过井介质流体的节流和跳接头的对接。

水下采油树属于高度模块化金属结构，它是以阀结构和通道结构为组成单元，同时配以仪表远传和远程遥控功能为一体的套管顶端控制设备；水下采油树单元主要包括中心筒体、对接防撞板、生产翼组合块、MIV 阀、MFV 阀、生产翼阀、生产主阀、环翼阀、井上安全阀、注入接口总成（入井液和加药口）、仪表盘和控制面板等组成，水下采油树的结构模式依据油藏开发和生产系统特征的需求来配置。

水下采油树按结构形式可分为：

（1）垂直型采油树。

（2）水平型采油树。

（3）导向型（顶部安装导向喇叭口）。

（4）无导向型（顶部未安装导向喇叭口）。

（5）全电控型。

水平型采油树的结构主要是由阀件、树帽、冠插头、油管挂、树头、套管卡座、井头等组成。

垂直型采油树的结构主要是由阀件、树帽、生产主阀、套管卡座、井头、油管挂等组成。

水平型采油树的油管悬挂结构处在采油树顶部，而垂直型采油树油管悬挂结构处在采油树底部。

在修井作业过程中，水平型采油树修井操作步骤远远多于垂直型采油树。水下采油树按工况的差别可分为：

（1）生产型采油树。

（2）注水型采油树。

（3）试验型采油树。

（4）高温高压采油树。

（5）深水型采油树。

（6）浅水采油树。

2. 泄漏表现形式分析

1）密封组件泄漏原因

水下采油树作为水下生产系统的关键设备，在海床上常以卫星井或丛式井的方式来布置，采油树本体的密封结构单元组很多，主要分为套管腔、阀件腔、液压管控制系统密封单元组件，按照经验判断，采油树密封组件的使用寿命不长，而深海作业维修的高难度很难满足对采油树进行及时更换维修的需求，因此，因密封件老化发生泄漏造成污染事故的几率非常大；一旦发生泄漏，由此泄漏到深水水体中的原油，在水面发现困难、处理非常困难，甚至无法处理。

应该指出海床环境的低温会对密封组件造成严重的影响；液压系统中的泥沙杂质会对密封结构造成严重的破坏；当然，高温井的高温特性一样会影响密封组件的性能。

2）油管串胀顶损坏主通道

水下采油树所悬挂的油管在投产升温后整体要膨胀伸长，可能会造成油管顶端上顶，造成树帽损坏而泄漏，可以这样描述这个过程：油管升温伸长时，油管底部被油管锚、封隔器所固定而不能活动，顶部的油管挂向是可以自由向上或低阻力向上移动的，因此油管升温后向上膨胀伸长的趋势非常大，严重时热膨胀会导致油管挂脱位上顶，破坏采油树流道结构，甚至导致主通道破裂，通道一旦破裂后，一般情况下都能演变成井喷事故。

3）树帽接头受损失效的原因

深水采油树树帽作为深水采油树中心筒的第二道密封防线，起到了加强密封的作用。

水下采油树在修井作业前要进行循环洗井和压井作业，完毕后下接导流管到树帽上方，然后由平台管串或机器人将树帽拧掉，在上接导流立管时，导流立管底端结构对树帽的碰撞是难以避免的，碰撞过度造成树帽密封面受损，导致密封失效，在打开井筒修井过程中，循环出井的含油废液会泄漏出来，对水体造成污染。

4）完井井头受损失效的原因

油层套管顶端上接采油树，油层套管的接头叫"井头"，是一个具有波状环形槽的管口，当油层套管固井结束准备安装采油树时已经发生的操作是：井头曾经被重达200多吨的水下防喷器所重压，在完井程序中实施过的油藏压裂和酸化，都会对井头密封面造成难以挽回的伤害，哪怕是一道划痕，也会对井头的密封性能带来严重的不可逆的损害，因此，无法保证在安装采油树之后密封的绝对可靠性，可能会导致采油树在安装到井头后出现无征兆的泄漏。

5）水下碰撞和顿击损坏的原因

在水下油水井修井作业过程中，由水面释放到海床的管串在海流交变推力的作用下发生摆动失控的险情以及水面绞车向下或向上误进管串，都可能直接造成水下采油树被碰撞损坏造成泄漏；在钻井过程中，表层套管、中间套管、油层套管的井头上至少要安装三次接口尺寸不同的水下防喷器，水下防喷器的重量巨大，因此，即使操作再小心，防喷器底端接口顿击井头密封面的情况是无法避免的，尤其关键的是油层套管井头的损伤；这些都是造成泄漏的原因。

6）导流立管定位后对采油树的牵拉损坏：

导流立管作为连接水面平台和套管的一个必须结构，无法回避海水水体涌流冲刷力对导流管方向性的叠加作用，这种叠加作用在水下靠采油树和套管根的水平牵拉和水面以上井台的固定和船锚系统的水平牵拉来共同抵消，因此，导流立管要对水下采油树本体造成较大的水平剪切作用，这个力量可能造成套管折断和采油树脱扣散落的严重后果，导致严重井喷失控泄漏事故。

7）水下环境灾害对生产设施的损坏

大量数据表明，水下采油树所在的海床上可能会发生"水龙卷"、"水下泥石流"、"基床塌方或砂体液化"、"地陷"等破坏性灾害，这些灾害会造成水下采油树甚至整个水下生产系统严重破坏甚至被掩埋失踪，引发严重的泄漏污染事故。

8）其他的损坏因素

水面平台的人员误操作会导致水下采油树甚至是整个水下生产系统的意外损伤而造成严重的泄漏污染事故，比如：修井作业人员拆错井口，造成生产状态的油井突然泄漏；水下机器人错插错拔跳接头造成意外泄漏；操作失误导致水下机器人撞击水下设备造成泄漏；总控人员不清楚水下遥控路径，错误开关水下阀门导致憋压造成泄漏事故；跨接管是安装在两个固定接头之间管道，在运行升温后由于膨胀伸长，可能会造成对接头部分的牵拉破坏，导致泄漏污染。

3. 预防措施

（1）依据实际温度降测算的油管热膨胀量安装伸缩补偿器，水下采油树中心筒预留足够的管顶防冲距。

（2）修井作业过程中，操作管串进行"进扣卸扣操作"应精确，旋转操作应缓慢。

（3）修井作业关键阶段，应对井下空间进行严格的循环清洗，确保管柱清洁。

（4）修井作业过程当，在水面平台管串拆装树帽和拆装防喷器立管组合的操作中，精确控制释放速度，杜绝顿击和侧碰事故；导流立管和防喷器的自重严禁压在采油树上，应由水面平台悬挂或自浮承担。

（5）选择良好水文条件安装防喷器立管组合，采取硬件措施消减海流冲击。

（6）采取硬件措施完善水下采油树的防护。

（7）水下操作监控应照明清晰，设施设备编号清晰无误，深水操作方案细致。

（8）液压控制阀件和管路应提前磨合清洗。

（9）对采油树采取保温措施，将其工作温度控制在额定温度范围内。

（10）所有水下设备设施的设计应考虑台风等极端恶劣气候的影响。

2.1.2.2　水下生产系统挠性管和立管泄漏

1. 简介

深水水下生产系统的管道主要按照工艺流程的不同分为：

目前油气水流程管道，主要流程是：（油、气、水、砂）水下采油树→生产管汇→水下多相油水分离设备→水面平台接收设施（油、气、水、砂）。

目前注水（气）系统管道：水面平台泵→水下注入撬块（包含注水管汇）→注水（气）井。

深水水下生产系统管道包括立管主要采用（柔性）挠性管，管道截面是以多种高强度柔性密封材料贴附多层钢丝编织层制造而成，两端压接高压接头，与陆用高压胶管的原理类似，但性能和质量很高，必须能承受深水环境恶劣水文环境。

其缺点是太重，重量远大于同长度尺寸的钢管，水下安装非常困难，且升压后管子的柔韧性降低较大，水下挠性管长期浸泡在海床上，水体环境温度大约2~3℃左右，构成自身的胶质材料延展性低于水面以上的状态。

水下管道如因外部水体压力大于管内生产流体的压力，有可能造成挤扁破坏，称为"外压破坏"；如果是因管内压介质压力高于外部水体的压力，有可能发生"内压破坏"；如果管道过度弯曲，有可能造成弯曲破坏，造成渗漏。

2. 泄漏表现形式分析

1）震动损伤破裂因素

挠性管道铺设在海床上，因井下采出液油、气、水等介质的不均质性和海流的冲击振动作用，导致挠性管不可避免地处在一定方向的震动或跳动状态，因挠性管处自由铺设状态，并且有一定的浮力作用。

如果管体重量较轻，管道布置弯曲段过多，对海床的接触压力太小，海床对管道产生的阻尼固定作用弱小，挠性管的震动将加剧，最终导致管道磨损破裂，造成污染事故；如果挠性管发生交叉接触，将加快这种磨损过程。

如果挠性管过重对海床的接触压力过大，在管和海床接触面所形成的夹缝空间中，海流将对沙进行不断地运移淘空，导致挠性管不断地下沉，造成挠性管不断地深陷入海床，部分淘空区域的管子不断地被掩埋并发生弯曲；而非淘空段管道则出现翘起弯曲的现象，翘起段挠性管震动不断加剧，导致管子在泥沙埋入点出现磨损现象，最终引发管道破裂造成海洋污染事故。

2）地层砂磨损挠性管造成的泄漏

地层采出液进入水下挠性管后，地层采出液当中所含的地层砂在液流的裹挟下冲击挠性管内壁，对挠性管造成严重的磨损，对内壁破坏类似于水力磨料切割，最终导致破损泄漏，造成严重的海洋污染事故；地层采出液含砂不仅对管道损伤大，而且可以容易形成油泥沙堵塞水下管道，带来设备管道的污染风险。

3）拆装跳接头过程造成损伤泄漏

深水挠性管道连接因深水作业条件的限制，不能采取完全靠人工拆卸的法兰式连接形式，只能使用快速插头结构模式简称跳接头，在水下机器人（动力级）机械臂的简单动作下，跳接头完成安装步骤是：接头公母头抵近→抓取活动凸接头→推入固定凹接头→锁定接头，反之则解脱跳接头。

在更换海底挠性管的过程中，如果挠性管扫线不彻底，将造成管内残油的溢油污染。

4）挠性管的意外高压损伤造成的泄漏

挠性管因承载的压力超出了额定压力后，挠性管本体和挠性管接头有可能出现损伤泄漏，甚至造成接头憋跳脱位而导致严重渗漏。

因流量和压力变化造成的严重的水击现象，会造成挠性管弹跳拉断（裂）接头和管子本体。

5）工程因素损伤造成的泄漏

深水挠性管在海底安装的过程中，过度强力的弯折会导致挠性管折弯损坏甚至断裂，造成泄漏污染事故。

6）立管的海流冲击聚集引发损伤泄漏

深水挠性管在向水面爬升的过程中，在水体中形成了一个柔性立管，海流对立管的冲击会对海底连接点（管汇等出口管）形成一个水平牵拉力，并在连接点的结构上产生一个弯曲应力，如果这个应力超过该点的抗拉极限，将造成破裂连接点断脱，引发严重的溢油污染事故。

7）压力平衡损伤造成的泄漏

对于高含气井，井温不高的情况下，采出的天然气流过挠性管内部后因压力下降会从管体吸收大量的热，因深海海床水体环境温度接近于零度，加之存在吸热过程，因此，可能会将井下裹挟的液体凝固冻死或生成水合物，造成管道系统憋压，导致损坏泄漏。

深水挠性管在由海面输送到海底安装的过程中，管子两端的保护塞未打开，管子以密闭形式入水，将产生严重的内外压力不平衡导致管子被压扁变形，在投产使用后可能会造成严重的泄漏污染事故。

8）管道的浮力牵拉损伤造成的泄漏

如果管道当中的液相高密度介质逐渐减少，而气相低密度介质逐渐增加，管道浮力将出现上升趋势，因此，管道有起升悬浮在海水当中的可能性，作用在管道上的浮力对两侧的跳接头和管子本体进行牵拉破坏，造成溢油污染事故。

3. 预防措施

（1）深水挠性管设计制造要考虑的因素有：基本重量和压载重量，布管合理性，减少弯管路由，减少震动固定措施、漂浮和下沉带来的应力损伤。

（2）优化水下施工方案，避免工程操作对深水挠性管等水下设备造成的损伤。

（3）对深水挠性管采取防磨损措施。

（4）加强对地层出砂量的监控，尽量减少出砂磨损。

（5）对生产立管底部接头采取抗意外拉伸、抗剪切保护措施。

（6）将生产管网的整体压力调控在海管环境压力以下合理范围运行，避免管道介质的外溢。

（7）所有管道及接头应考虑各种环境破坏因素的影响。

（8）所有水下设备设施的设计应考虑台风等极端恶劣气候的影响。

2.1.2.3 脐带管和控制管泄漏

1. 简介

脐带管是水面平台人工对水下生产系统设施设备通过传输介质和能量的手段来实现控制的一种柔性管道，结构上是管束的形式，将各种传送控制能量和介质的功能管道单元（子管）集中在一条主管空间当中，管道单元相互之间填充具有保温、抗老化等特性的材料，为提升管道的抗拉能力，脐带管内铺设多根钢丝绳作为抗拉保护，在脐带管的端部钢丝绳作为吊装和拖曳的受力点来使用，管外部包裹防水保护层后可添加配重件，对脐带管在水中的浮力进行修正，使之在水下浮力处在合适状态。

脐带管的关键技术主要在于横截面的布局设计，主要包括八个方面的内容，其中强度设计包含浮力配重和水下抗变形设计，铺设脐带管的重要工程因素是脐带管在水下是否具有合适的柔韧性、变形度和自重等，对脐带管的加工制造技术提出了很苛刻的要求，在制造过程中至少要确保：电缆和管道在编入主管道前自身残留应力必须完全消除；管和电缆芯须经过消磁处理，避免对信号缆的干扰；分支和主管道的热变形应计量一致，杜绝使用后弯曲。

随着深水管道技术的发展，为降低油田开发成本，开始有人尝试将地层采出液管道、注水管道和其余控制管道集成为脐带管，称之为生产型脐带管；一改过去深水生产系统单独使用和铺设这两条管道的做法，这样做有两个好处，地层采出液和注水管道的介质流动时可以携带走脐带管中电缆产生的大量的热，介质当中热量储备很充足，将脐带管中各条管道电缆（子管、子电缆）的温度维持在一个稳定状态，消弱了脐带管的热不均衡而造成的弯曲变形，同时减缓了海床水体低温造成的防水层僵化而失去弹性所造成的断裂风险。

脐带管将水面平台和水下采油树、管汇等水下设施设备连接为一个有机的整体，连通水下设备与水面之间的信号传输，信号的主要类别如下但不限于以下内容：

（1）水下（生产）采油树上传的信号类别：压力、温度、套压、（采出液）流量、井下压力、海水温度和压力、（采出液）回压和温度等。

（2）水下（注水）采油树上传信号类别：注水压力和温度、流量、井下压力等。

（3）水下管汇上传信号类别：管汇进液量、管汇温度和压力、各井来液温度压力等。

水面平台通过水下中心控制站对水下探头提供的数据进行分析，做出程序和人工判断后通过脐带管对水下生产设施设备进行控制，水下控制需要完成的动作内容主要有：水下安全阀的开关、地层采出液阀开关或微调、注水流量控制阀开关或微调、井下机泵或水下机泵启停或频率调整、水下加药阀的调整等。

根据油田开发工艺和成本的需求，脐带管管道单元的组合按照水下生产系统设备差异而不同，管道内部液电控制管的数量和种类，根据设备水下控制需求来设计组合，随着技术更新脐带管主要分为：电力型和控制型两大类；脐带管的主要目的是以满足生产目标的需求因素为核心而设计的管道束；控制型脐带管主要是聚集控制所需的液、电管道为核心内容的管道。

脐带管内部管道配伍是建立在水下井口的控制模式、串并联模式、设备功能配伍等基础之上，如同电缆配伍类似；脐带管的外径有一个上限要求，以确保脐带管的柔韧性足够，确保水下安装过程顺利；而脐带管僵硬会导致卷盘的尺寸过大，对运输和安装都会带来不利影响。

脐带管端部连接使用特制的液、气、电专用插座，技术要求很高，尤其是电力插座，插座插入后绝缘剂对接头部位进行隔离海水保护。

2. 泄漏表现形式分析

1）海水腐蚀入侵脐带管

脐带管作为电缆、管道的集成管，各种介质的管道相互挤靠在一起，相互之间夹挤着填充料，然后被防水外壳所包裹，脐带管当中能造成环境污染的介质，主要是在管中流通的油类，主要原油、液压油；配置电缆的脐带管，随着脐带管外部防水保护层的破裂，海水渗入内部造成子管而造成腐蚀穿孔，电缆之间可能因各种损害因素导致海水的入侵而造成短路打火击穿，甚至造成整根脐带管破裂；可能会导致水下受控设备失控后泄漏。

脐带管插头有一定的使用寿命，因水下低温、高压、高腐蚀、震动等因素影响，有可能造成密封失效，造成油类介质泄漏。

2）电缆过热击穿损伤

一方面由于电缆的整体设计不当或电力负荷的变化，可能会造成脐带管贴附的电缆出现高温软化绝缘降低现象，引发的电缆击穿将其他管道烧断，造成严重泄漏污染事故；另一方面，启动电气设备造成的电泳效应，造成钢管升温过热而破裂，造成严重泄漏污染事故。

排列在脐带管内的钢制油管和液控管附近的电缆，如果传送交流电，交变电流会在钢管表面产生"涡流"效应，造成钢管升温过热，反过来继续加热电缆，诱发电缆高温击穿将其他管道烧断，造成严重泄漏污染事故。

3）弯曲扭转造成管子的损坏泄漏。

4）水面平台和水下连接点间的强力破坏造成的泄漏。

3. 预防措施

（1）设计过程中充分考虑各种破坏因素影响。

（2）确保制造过程中的工艺合理，质量优良。

（3）确保安装过程当中对管路的保护措施合理到位。

（4）与平台的连接使用弯曲约束器，将弯曲控制在安全范围内。

2.1.2.4 跨接管和连接器泄漏

1. 简介

水下生产系统的跨接管安装实质是一种水下硬管配管工程，与陆地管网配管基本类似；尤其是在连接水下井口和管汇时间，当两个接口之间无大型障碍物同时距离又非常近（25~100 米）的情况下；当水下生产系统的井口距离管汇较近，为节省成本，通过在陆地或平台上焊接预制好"∏型"弯为结构特征的管段，其两端接有连接头，以吊架来定型后，将水下两个接口进行连接。

若水下生产工艺变更，水下走油设备需增加接口流程，则可采用跨接管形式。

（1）水下采油树需完善循环压井管线（接口）。

（2）水下采油树地下能量高，现有出口管无法满足排液需求，则需增加一条出口管道。

（3）水下采油树或管汇管道寿命或渗漏或损坏，建一条临时并联管道跨接走油，不停产更换故障管。

（4）水下油田打后续井后，新井出油管跨接连通就近井或管汇来生产。

（5）水下井口或管汇以避免泄漏事故而需要进行的流程跨接。

跨接管是一种简单的硬管连接，它突出的是一种方便性、有效性、低成本的连接方式，主要目的是通过跨接工艺流程变更实现油田不停产、降低安全环保风险、新建产能方便性接入原系统，这也是水下设备上要尽量配置预留阀和接口的原因，主要使用思路是充分发挥设备和设备之间的可连通功能，跨接管对水下工艺流程的变更没有严格的规定，只要是需要，在不违反安全环保原则的情况下，可自由选择。

因此，在油田开发初期，水下生产系统设备不仅要考虑正常的生产管线设计，同时要考虑生产中、后期可能出现的工艺流程变更，做好预留接口设计方案，使水下工艺流程满足"四通八达"的原则。

跨接管依靠连接器的来进行管道密封，将两段管子的端口插入连接器两端，缩紧连接器外箍，连接器的密封段将两个管口连接密封，连接头分为液压和机械两种形式，管口安装专用接头，连接器外箍收紧过程中，接头和连接器法兰垫片之间挤压密封。一般情况下，管体接头硬度应大于连接器垫片硬度；同时被允许被安装的两个管端之间允许一定的不同线度；跨接管连接基本原理和陆地油田使用的卡箍类似，连接器是水下油田非常成熟的一种连接模式。

当两个水下设备的接口间距离被准确测量后，跨接管预制焊接成型在陆地或平台上完成，被绞车送入水下预定位置，在电视监视和水下机器人的控制下，对接安装完毕。跨接管形式以"∏"和"∟"型组合为主，这样两端具有很大的变形能力，安装点和跨接管两端即使存在较大的距离误差，允许范围也可以实现连接；确实不行，可以很快提出水面修改后再下水安装。

2.泄漏表现形式分析

（1）连接器的锁定装置松动，会导致密封面压力降低而密封失效，造成严重的泄漏事故。采取措施：①紧固螺栓螺纹疲劳老化；②连接器结构遭到损伤造成变形断裂。

（2）跨接管是水下悬空安装，在海流冲刷和管内介质冲击下会造成管道震动，同时自重、浮力、海流力、热变形导致的弯曲，在管体形成交变应力，最终形成危险的疲劳截面而发生断裂，造成溢油污染事故。

（3）跨接管使用的钢制管，在海底的高度腐蚀环境下，如果防腐不到位或质量差，容易出现腐蚀穿孔，造成溢油污染事故。

（4）水下安装过程中，跨接管多为水平段状管，在海流的冲击下，容易产生旋转失控，造成水下设备被碰坏而泄漏。

3.预防措施

（1）跨接管水下安装严禁水面绞车连续式下放，避免绞车烧毁失控，造成水下落物顿击事故。

（2）跨接管安装区域提前采取防护措施，确保水下照明充足，机器人信号反馈准确。

（3）跨接管在一段系挂飘带等稳定装置，调整入水姿势，确保就位前的稳定。

（4）长距离跨接管安装浮力调节器和固定支架，消减震动和弯曲损伤。

（5）在水下安装过程中跨接管接头部位安装保护罩。

（6）水下安装过程中使用至少 2 台动力级水下机器人。

（7）定期更换跨接管和链接器，跨接管采用牺牲阳极保护。

（8）设计过程中充分考虑各种破坏因素的影响。

2.1.2.5 基盘和管汇模块泄漏

1.简介

水下生产系统管汇是一个以大量管件、阀件、仪器仪表为主安装在长方形桁架结构内的复杂组合体，管汇的重量，轻则几十吨，重则几百吨，如一个普通的 4 口井式管汇，长 12 米，宽 8 米，高 6 米，重达 150 吨；管汇本体要作为固定进出管汇的跨接管、挠性管、柔性管、脐带管、电缆等部件的一个基础锚点，还要作为立管的一个底部锚挂点，相当于水下生产系统的总枢纽。

综合以上因素，管汇固定在海床上的过程中，必须要有一个非常扎实稳定的基础结构，这个基础叫基盘（或吸力锚）；基盘多属于平面结构，一般直径 10 米，高 15~20 米；由钢板焊接成的型材构件组成；基盘的平面结构是由钢管桩插入固定在海床之上，钢管桩的入泥深度（不低于 15 米），钢桩的直径一般不低于 $\Phi 1\,000$mm，最可靠的插桩技术是吸力桩，桩体定位后，将桩内空间介质抽成负压，单桩的吸力很容易达到 1 000 吨以上，该技术被广泛使用；基盘具有调节水平度的顶丝结构，基盘对水平度要求较高；管汇和基盘之间采取结构部件锁定；基盘不仅可用来安放管汇结构；也可用来安防水下储罐、污水处理系统撬块、多相油水分离器等重大设备。

管汇的作用是汇总从各个井口汇集过来的地层采出液或调节控制各井的生产，同时建立一个通往下游设备的管路接口，比如连接生产立管后，通过生产立管向水面平台输送地层采出液；或连接油水分离设备后，将有价值的油气送上水面平台。

一般情况下管汇要承受生产立管在海流能量叠加下产生的巨大的拉力，管汇设有来自各单井来液管道接头；管道的壁厚和强度都很大，用以适应水下的各种破坏作用；管汇结构上都预留后续设备的安装空间，以备管汇的升级改造使用。

基盘和管汇上标示着各种区别和定位标志，分类主要有：井号标记、阀标记、仪表盘标记、桩标记等，标记完全服务于水下机器人的信息反馈定位，作为水下操作参考，避免出现操作失误；管汇的管道和阀件全部为钢制，为适应海底的低温环境，所有的管道和阀件全部做保温处理；为减少管道冲击，所有的管道弯头都使用弯曲半径大于 1.5 倍管径以上的弯头。

管汇上一般都布置仪表盘，可以通过液压远程控制，也可由机器人下水对流程管道实施开启或关断；管汇按照结构形式，分为卫星结构和并排结构；其中卫星结构中分支管围绕着主汇管为中心布置；并排结构的分支管可成排成线的布置在管汇上，这要根据井口和管汇相对位置来确定。

管汇的管道上遍布很多关断阀和控制阀门，甚至于两个管汇之间有跨接管道，至少有分支来油切断阀、出口管阀，加药阀，脐带管和分支管汇。

管汇的主要作用：

（1）收集传输地层采出液体。

（2）流量监测和控制。

（3）压力、温度检测。

（4）安放清管器。

主要类型：

（1）单井回接。

（2）菊花链接系统（连接器）。

（3）群流型。

（4）综合模板型。

2. 泄漏的表现形式分析

1）生产立管受力的破坏作用

管汇是生产立管水下连接点，生产立管上端连接水面平台，受到海浪、海流等因素影响，立管在水中受力较大，这个力量聚集叠加到水面和水下连接点上，管汇实际成了立管在水下的固定锚点，一般情况下，管汇要受到很大的水平牵拉力作用；同时也要看到立管在浮力和重力不平衡的状态下，部分重量可能会压到立管自身上，在极端海情下，可能导致立管被拉断，甚至造成基盘和管汇脱位，管道破损，导致严重的泄漏事故；管汇的损伤意味着整个生产系统的彻底瘫痪。

2）汇管模块管道接头渗漏

南中国海某油田管汇泄漏事故以及墨西哥湾雷马项目所用管汇在试验时发生泄漏的事实表明：汇管模块的典型特点是管件、阀件、管密封件高度集成于一个狭小的桁架结构当中，因存在大量的密封接口，与水下采油树一样，发生渗漏的几率较大；而且一旦发生渗漏将很难处理，甚至无法处理；大量实践证明：广泛存在的焊缝由于焊接质量和热处理存在的质量问题引发的焊缝裂纹导致渗漏的几率是非常大的。

3）长期使用部件老化所引发的密封失效导致的溢油事故

3. 预防措施

（1）定期对生产立管进行检查，发现异常及时处置；生产立管应进行缆绳牵拉固定。

（2）对生产立管应安装浮力自调节装置，立管和管汇之间应设计自行解脱装置。

（3）所有水下设备设施的设计应考虑台风等极端恶劣气候的影响。

（4）严禁使用铸铁和铝合金管件。

（5）管道垫片应使用金属垫片。

（6）汇管模块建成后应进行水下测试，并定期进行维护保养。

（7）采用合理稳妥的安装方式避免造成安装损伤，避免产生对连接器的破坏应力。

（8）采用合理稳妥的运输方案，避免管汇结构造成应力变形损伤。

（9）优化工艺设计，避免在系统关断和正常生产过程中产生水合物堵塞事故。

2.1.2.6　多相重力分离器泄漏

1. 简介

多相重力分离器是近十年来各石油公司积极采用的一种水下分离器，其主要背景是：随着油田地层采出液中的含水升高，面对水面平台的污水处理能力越来越不堪重负，含油污水对污水处理系统管道的高度腐蚀作用，含有硫化氢的含油污水在狭窄空间的水面平台对人员的中毒风险等等问题，迫使石油公司将油水分离和污水处理系统设备安装在海床上；在陆地油田的开采过程中，含油污水的处理至今仍是困扰油田发展的难题。因此，深水水下油田的污水分离技术存在很大挑战；地层采出液进入水面平台储舱后，会难以避免的导致硫酸盐还原菌的感染，造成或加剧油藏的硫化氢生成，引发整个水下生产系统的严重腐蚀。

水下多相重力分离器分离的目标产物是地层采出液当中所含的油、气、水、砂、垢等，原油顺生产立管上升到水面平台；气和水就近注入井中；砂输送上平台或就近排入海床；这只是一个石油作业者盼望实现的最低成本的一个生产模式，目前还没有特别成功的案例；尤其是面对水下分离器内壁和水下管道结垢的难题，以及如何解决分离器的容器安全阀排放对海洋的污染问题，都是困扰水下分离系统技术发展的瓶颈。

目前多相重力分离器主要结构是卧式圆筒型容器，分别设置进液口、出液口、排砂口、出气口；深水多相重力分离器属于大质量设备，该设备以模块的形式进行深水安装，进口管连接至海底管汇。

多相重力分离器模块还配备了温度、压力、油舱和水舱的液位远传探头，容器外壁进行保温，各出口管道配备紧急关断阀；配备出水泵、排气泵、冲砂泵，配备仪器仪表模块；整个分离器结构模块，上游接管汇，下游可接出油立管、注水模块、注气模块。

2. 泄漏表现形式分析

多相重力分离器作为压力容器，在深水环境中，受水体的压力作用，地层采出液的压力在高压下分离不会彻底，其运行压力会尽量的低，因此，容器内外承受海水的压力是主要危险因素，外界海水压力对容器的压力可能会导致容器变形破裂，导致严重的泄漏事故。

多相重力分离器只有低压运行才能产生一个很好的分离效果，其运行压力要远低于天然气脱气压力（溶解压），分离器的上部空间预留至少 30% 容积作为储存天然气的空间来使用，因此，其浮力是很大的，过大的浮力可能会对整个分离器的基盘造成牵拉破坏，应确保一个安全的压载值。

海床温度在 2~4℃ 左右，管汇模块来液进入多相分离器后，在容器内部释放压力，造成天然气的吸热效应，很容易引起整个多相分离器出口管冻堵，引发严重的憋压爆裂事故，造成严重的溢油污染。

多相重力分离器的排砂泵排出的地层砂，会在海床上分离出一部分油，造成水体污染。

因为多相分离器的结构尺寸大，容易招致海流的冲击，引发分离器和管件的震动，从而造成容器本体承受交变应力，导致部件破裂密封失效，造成溢油污染事故。

3. 预防措施

（1）为减少分离器的热损失，应对分离器采取保温措施。

（2）为削减天然气减压吸热效应，避免生成水合物造成堵塞，应对低温地层采出液采取加热或者加药措施。

（3）严格控制分离器气相的体积，优化模块的配重和压载。

（4）采取合理稳妥的安装方式避免造成安装损伤。

（5）分离器排砂点安装水下开式罐对浮油进行罩集回收。

（6）采取合理的加固措施，削减分离器的震动幅度。

2.1.2.7　水下气液分离器泄漏

1. 简介

水下气液分离器与之结构类似的容器学名称为"天然气除油器"，天然气通过旋流进入除油器然后依靠离心分离和斜板块捕集的工艺进行气液分离；水下气液分离器的主要使用目的是脱除含油气体当中的液体（轻烃、冷凝水、残留原油），是进一步净化天然气的一种设备，它可以减轻在气体管道内形成水合物，造成堵塞；水下气液分离器一般连接在多相分离器的气出口管道上。

深水油田当中的气田或高含气油藏脱出轻烃数量如果很大，则需要安装这种水下气液分离器，由于气液分离器需要不断排放冷凝液（轻烃混合液），在设计上应与多相分离器靠近布置，这样可以就近将排出的冷凝液泵入多相分离器的进口管或泵入专用挠性管通向水面平台回收；天然气凝析液主要成分是轻烃，是深水气田的一种价值较高的石油产品。

水下气液分离器可以是直立的圆通型容器，井口过来的天然气流，从中间高度切向进入分离器，通过内部的螺旋形的腔体结构使天然气进行旋转分离，沉降在容器底部的冷凝液、水、原油聚集底部流出。

介质进入气液分离器后，其压力降低，高露点的轻烃、水蒸气易生成冷凝液聚集到底部；如果解决了凝析液的防冷冻问题，天然气湿气脱出轻烃、水蒸气后生成干气的工艺完全可以在深水环境完成；井口产生的湿天然气可以利用海底低温场的优势进行深冷作业，提高轻烃的产量，彻底干燥天然气；送上水面平台后直接驱动平台燃气轮发电机为油田提供电力，剩余的天然气直接外输陆地使用；气液分离器可以固定在水下采油树结构、管汇结构、多相分离器结构上。

2. 泄漏表现形式分析

1）冻堵造成的溢油风险

水下气液分离器在工作状态下，进出口有一定的压力降度，天然气在压力下降的过程中，对周围吸收热量，可能会导致整个气液分离器的液相部分发生冻堵或生成水合物堵塞，造成气液分离器本体憋压破裂引发严重的溢油污染事故，进出口管道一旦发生堵塞后，很难修复。

2）硫化氢腐蚀引发的溢油风险

在含有硫化氢的油田，气液分离器可能会因硫化氢的强烈腐蚀导致穿孔泄漏，造成溢油污染。

3. 预防措施

（1）完善水下气液分离器保温和加热措施。

（2）尽量降低运行压力，以防止产生水合物。

2.1.2.8　海水处理及增压回注系统设备泄漏

1. 简介

深水水下油田进入注水开发阶段后，注入油藏的水量是逐渐增加的，需要额外补充水源；在深海环境，海床水体是唯一可以考虑的经济水源，将海水直接就地加压注入井内，这是一个有效的低成本做法；为避免注入海水对油藏的堵塞，需对即将注入的海水进行处理，深海海水的处理条件很有限，目前还没有很成熟的处理设备，未来的处理设备至少要能保证悬浮物、杀菌这两项指标。

深水海水处理系统的复杂程度是根据本地海水的清洁程度来确定，越清洁工艺越简单；越浑浊则需要复杂工艺进行处理，比如要进行悬浮物、泥沙的去除，一般流程是：海水提升泵→粗过滤器→斜板除泥罐→砂式过滤器。

目前深水增压回注系统水源属于海水注水工艺的范畴，通过一个简单的多级离心泵构成的框架结构直接安置在井头上；由于水下注水作业，多级离心泵可以使用三相电机驱动；增压回注系统与水面井口不同之处在于，水面注水井可以采用与油井几乎相同的采油树，因深水采油树的价格昂贵，可以考虑不使用采油树而直接将增压回注设备融合注水采油树的功能后形成一个结构模块直接安装在井口上即可。因此，注水井井口装置比较简单，深水增压回注系统可以包括：多级离心泵、加药管线、流量计、井口关断阀、预留阀等设备。

水下增压泵要求在非常高的海水压力下确保电机不进水短路，另外叶轮在深水环境下，要面临腐蚀、砂磨等问题；注水泵的功率非常大，转速高，陆地注水泵的盘根是轴瓦结构；润滑油有专门的循环冷却结构，但在深水环境中，这种润滑油冷却系统必须要密封成单独的流程：润滑油箱→油泵→轴瓦→冷却管→油箱；目前注水泵还没有更好的轴承替代方案，深水低温的环境，有利于润滑油的降温，同时也有润滑油凝固的风险。因此，要选择低凝固点的润滑油。

当注入井中的污水是含油污水时，泵体的盘根漏水是盘根填料盒（机械密封）一个重要的降温手段；处理后的污水当中的含油，会以盘根漏水的形式渗漏到海床的水体环境中去，造成严重的污染，因此盘根漏水必须和润滑油流程一样具有密封性，从出口管侧盘根全部回流到进口管中去，流程是：出口高压侧盘根漏水→低压侧盘根漏水→泵进口管→注水泵→注水井。

采油污水系统的水，可以使用水下泵和水面平台泵的双泵驱动方式，在水下泵故障的情况下，使用水面平台泵维持注水；水下泵组也可以使用多台泵的相互配置，互为备用。

2. 泄漏表现形式分析

深海油田的采油污水矿化度都非常高，采油污水进入增压回注系统后，随着水体的降温作用，采油污水的温度会急剧下降，压力会急剧上升，这会造成水中的钙、镁离子快速析出，可能会在管道、套管的内部造成严重的结垢堵塞，造成憋压破裂溢油。

对于深水注水系统，如果注入压力远高于安全注入压力，注入水可能会造成油藏的地质性破坏，造成严重的地质性溢油。

3. 预防措施

（1）定期对深水注水系统管路进行纯水除垢、除盐作业。

（2）定期对注水油藏进行淡化作业。

（3）严格控制注水压力，应低于安全注入压力，对注水驱动的油藏受效状况进行论证。

（4）对于注水量的突变，应及时进行分析，确认是否与地层破裂有关。

2.2　海洋石油作业异常突发事件溢油隐患及预防
Immediate abnormal oil spill risk and prevention

2.2.1　海洋石油勘探开发作业溢油隐患及预防
Marine exploration and exploitation

2.2.1.1　不同类型油气藏溢油风险

1. 油气藏的分类

油气藏有多种类型。

（1）干气藏：储层气体组成中不含常温常压下液态烃（C_5 以上）组分，以甲烷为主，还含有少量乙烷、丙烷和丁烷，开采过程中地下储层和地面分离器中均无凝析油产出。

（2）湿气藏：储层气体组成中含有 C_5 以上组分，在气藏衰竭开采时储层中不存在反凝析现象，其气体在地下始终为气态，在地面分离器内可有凝析油析出，但含量较低，一般小于 $50g/m^3$。

（3）凝析气藏：含有甲烷到辛烷（C_8）的烃类，它们在地下原始条件是气态，随着地层压力下降，或到地面后会凝析出液态烃。液态烃相对密度在 0.6~0.8，颜色浅，称凝析油。

（4）临界油气藏（或挥发性油藏）：其特点是含有较重的烃类，构造上部接近于气、下部接近于油、但油气无明显分界面，相对密度为 0.76~0.82。按照原始气油比大小可以分为近临界凝析气藏、临界态油气藏、临界态油藏。这类油气藏世界上并不多见，如英国北海、美国东部及我国吉林等已有发现，原油具挥发性，也属特殊油气藏之列。

（5）油藏：常分为带有气顶和无气顶的油藏，油藏中以液相烃为主。不管有无气顶，油中都一定溶有气，相对密度为0.88~0.94。0.94为原油最高的相对密度。

（6）重质油藏（或稠油油藏）：是指其地面脱气原油相对密度为0.934~1.00，地层温度条件下测得脱气原油粘度为100~10 000mPa·s。原油粘度高，相对密度大是该类油藏的特点。

（7）沥青油砂矿：相对密度大于1.00，原油粘度大于10 000mPa·s。

不同类型油气藏液体体积百分数与无因次压力关系曲线如图2.1所示。

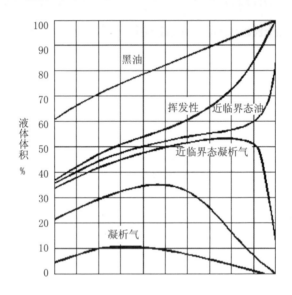

图2.1　液体体积百分数与无因次压力关系曲线

注：液体体积百分数 = 液体体积 / 饱和压力下体积；无因次压力 = 压力 / 饱和压力

按气油比和油罐油密度判别油气藏类型如表2.1所示。

2. 典型油气藏类型与溢油风险对应关系

石油勘探开发溢油主要发生在钻井、完井及采油气过程。严格来讲所有油气藏勘探开发过程都存在溢油风险。对于干气藏，尽管本身不会产生油，但是气井井喷过程将地层水并伴随岩石颗粒释放到海水里进而产生海洋污染。而其他类型油气藏还将伴随液态石油释放到海水里进而产生通常理解的海洋溢油污染。在其它条件大致相同情况下，不同油气藏类型其溢油风险具有明显差异。当然，完全可能对于原本具有相对低的溢油风险的油藏，如果管理不当，也会酿成重大溢油事故。本节内容只是就油藏本身的属性谈其与溢油风险的关系。

表 2.1　按气油比和油罐油密度判别油气藏类型

气油比 / (m³/m³)	油罐油密度 / (g/cm³)	油气藏类型
< 35	> 0.966	重质油藏
≥ 35~125	≤ 0.966~0.825	普通黑油油藏
≥ 125~350	≤ 0.825~0.802	黑油油藏与挥发性油藏过渡带
≥ 350~625	≤ 0.802~0.760	挥发性油藏
≥ 625~1425	> 0.760~0.802	挥发性油藏与凝析气藏过渡带
≥ 1425~12467	< 0.780	凝析气藏
> 10686	< 0.739	低含凝析油凝析气藏 ~ 湿气气藏

1）气油比低的油藏溢油污染风险相对较小

气油比低的油藏，当储层的原油进入井眼后，相对于高气油比的油藏，从原油中脱出的天然气量较少，由此引起的溢流量相对较少，因此泄漏到海平面的油也少。此外，对于井眼中含气较少的油井井喷，压井相对容易，井喷失控可能性小于高气油比油井。当然，这并不意味低气油比油井井喷溢油危害性小，仅是相对而言。

2）气藏溢流井喷风险大

气井发生井喷后，一般将具有很猛烈的喷势，相对而言喷到平台扩散速度快，诱发恶性事故频繁，控制过程对装备、人员及控制技术要求高，因此需要格外重视。同时井口附近具有高度的火灾爆炸风险，人员无法靠近控制险情，天然气易于将井下伴生油吹出井筒，造成井喷失控的严重后果。在井喷失控的情况下，发生溢油的风险大。

3）高温油气藏溢油风险大

一般地层的地温梯度为 3℃ /100m，而像我国南海西部莺歌海 – 琼东南地层的地温梯度可以达到为 5℃ /100m，这种高温地层情况，对钻井液及完井液性能要求很高，钻井及井控技术要求很高，因此井喷溢油风险也明显加大。高温对石油作业过程带来的安全环保风险可简单描述如下：

（1）高温流体产出将对套管的力学完整性产生不良影响。

（2）随钻检测仪器易失效。

（3）诱发固井封固失效。

（4）电缆热软化，绝缘降低，短路损坏。

（5）采油树、套管、管柱腐蚀速度加剧。

（6）高温将直接诱发环形防喷器胶芯失效。

（7）钻井、修井工艺技术复杂。

4）高压油气藏溢油风险大

地层压力系数是指实测地层压力与同深度静水压力之比值。压力系数是衡量地层压力是否正常的一个指标。目前关于地层压力等级的划分标准很多，划分标准也不太统一。应用我国石油工业习惯术语，一般将地层压力分为四个等级，即地层压力系数小于 0.8 为低压异常，压力系数为 0.8~1.2 为正常压力，压力系数为1.2~1.5 称高压异常，大于 1.5 则称超高压地层。类似高温的影响，对于高压油气藏，同样对钻井液及完井液性能要求很高，钻井及井控技术要求很高，因此井喷溢油风险也明显加大。高压对石油作业过程带来的安全环保风险可简单描述如下：

（1）往往安全压力密度窗口窄，易诱发喷、漏、卡并存的井下事故。

（2）准确预测地层压力困难，由此带来钻完井参数设计可靠性差。

（3）钻完井入井流体性能维持困难，增加事故发生率。

（4）发生溢流井喷后，喷势凶猛，恶性事故发生率高。

（5）高压流体压井及抢险难度极大，由此酿成的事故大。

3. 风险削减措施

（1）基于不同类型潜在的溢油风险大小采取不同程度的防范对策（但是细节决定成败，本来小溢油风险油藏如果处理不及时将酿成重大溢油事故，因此从来不能轻视细节）。

（2）减少井喷风险的一种很有效的手段是加强对井涌的监测，及时发现溢流井涌征兆，然后按照井控程序进行及早处理。

（3）钻井现场配备足够的压井物料，细化《井喷应急预案》，定期培训并展开应急演练。

（4）强化井口防喷器的检验、保养、使用，做到合格、好用。

（5）收集同一地区钻井事故经验，分析整理，做好风险预判断。

2.2.1.2 钻完井及采油气作业风险评价

1. 钻完井及采油气作业不同阶段及其溢油风险

　　油田钻完井及采油气作业是通过专门的装备及工艺技术，开凿一条由地面管道处理设备连接油藏或水层的一条通道，将钢管作为通道下入井眼，并用水泥将钢管与地层之间空隙进行凝固封堵，再对拟开采的油气层射孔将地层内油气安全的产到地面的一种工程行为。

　　依据钻完井及采油气工作状况可以将其大致分为钻进、起下钻、测井、中途测试、固井、完井测试、采油气、修井等阶段。在这些阶段，都有可能发生溢油。按照溢流井喷发生统计频次，可以大致排序为起下钻、钻进、中途测试、完井测试、修井、测井、采油气等阶段。因此，不能忽视各阶段井控事故及溢油风险。

　　2. 钻井溢油特征描述

　　钻井是井喷风险最大的一个环节，对地层压力判断的不准确会提高井喷的风险，造成大面积的溢油污染；钻井过程不可预知的地层风险（高温高压地层、特殊岩层、碎裂岩层、高含硫化氢等）也会增加井喷的风险；人为的操作失误、判断失误、方案失误等因素都有可能造成井喷失控，引发大规模的海洋石油污染。

　　3. 含酸性气体油气藏溢油风险大

　　酸性油气藏主要是指储层流体中包含硫化氢和二氧化碳等，特别是硫化氢。

　　硫化氢溶于水形成弱酸，对金属的腐蚀形式有电化学失重腐蚀、氢脆和硫化物应力腐蚀开裂，以后两者为主，一般统称为氢脆破坏。氢脆破坏往往造成井下管柱的突然断落、地面管汇和仪表的破坏，甚至因穿孔造成严重的井喷失控或着火事故。

　　硫化氢能加速非金属材料的老化：在地面设备、井口装置、井下工具以橡胶、石墨、石棉等非金属材料制成的密封元件。它们在硫化氢环境中使用会鼓泡胀大、失去弹性；最终导致密封失效。

　　硫化氢对钻井液的污染：硫化氢主要对水基钻井液能产生严重的污染。它会使钻井液性能发生很大的改变，如密度下降、PH 值下降、粘度上升，甚至变质成胶状；造成泥浆性能失效。

　　4. 溢油风险削减措施

　　（1）严格遵守油气勘探开发的 HSE 设计文件，现场储备足够的防井喷用料。

　　（2）在关闭井口防喷器时备压力不能超过规定限值。

　　（3）钻台各个岗位应恪守"勤观察、勤检测"的原则，发现异常及时采取技术措施。

　　（4）严格计算检测钻井裸眼通道轨迹和已建井轨迹的安全距离，确保不损坏已建井。

（5）严格执行各项井控规定。

2.2.1.3 深水油气藏溢油风险

1. 基本定义

一般认为水深大于 500m 的油气藏为深水油气藏。深水区以其储量规模大、产量高、效益好等特点引起石油作业者的浓厚兴趣。但随着作业海域不断扩大、水体深度不断增加，面临的问题也越来越多。

2. 溢油风险特征描述

深油气藏溢油风险具有差异性。深水油田钻井，相比浅海井的区别在于，前者的钻台和海底基点之间有一条导流立管连接，这条立管出现破裂泄漏的主要因素主要有：由于恶劣天气、潮汐、海流冲刷变形造成的钻台和海底基点的异常拉力破坏。

在海流的冲刷下，导流立管变形后，使用它内部空间的钻串选装会给导流管带来磨损伤害，造成泄漏，引发井喷的风险大大增加。

另外深水区的海底灾害对水下生产系统的损伤风险也是很大的，容易造成溢油事故。

3. 溢油风险分析

1）油藏流体越来越复杂

随着勘探开发的深入，不断发现高蜡、粘稠及超重原油，这些品位较低的原油既不容易采出，又容易造成管道堵塞，从而增加开发成本和风险。此外，高温高压的物理条件大幅度地增加了油气藏勘探开发的难度和风险。

2）愈发恶劣的海洋作业环境

随着勘探开发活动不断向深水和自然环境恶劣海域等新领域的推进，面临着越来越恶劣的海洋作业环境。风浪、洋流以及飓风等可对海洋油气勘探生产造成极大危害，如 2005 年的"卡特里娜"飓风对墨西哥湾的油气生产平台和炼油厂造成了极大的损坏，溢油环保风险非常大。

我国深水油气藏勘探开发环境条件十分复杂，海底地质条件复杂，以百年一遇的风浪条件做比较，南海波高为 12.9 米，与墨西哥湾相等，是西非海域的 3 倍；而我国表面流速和风速接近墨西哥的 2 倍，这归因于我国南海特有的内波流、复杂的海底地质条件（海底滑坡、海底陡坎、浊流沉积层、碎屑流沉积）。同时我国的深水油气藏具有高温、高压、高粘、高凝及高含 CO_2 等复杂的流体特性，这都为勘探开发带来了巨大的环保风险。

3）深水油气田勘探开发工程技术及装备差距大所带来的环保风险

我国在建深水油气田开发水深为 1 480 米，而世界纪录为 2 743 米；而我国特有北冰南海、以及内波和海底沙脊沙坡、高粘高凝高 CO_2 复杂油气藏特性使深水开发勘探开发面临更大挑战；如深水崎岖海底、低位扇储层、深水平台建造、复杂流动安全监测与处理、水下设施建造以及深水油气田运行管理。

引进这些装备只能使用国外落后的技术，导致实际运行的环保风险较大。

4）海上应急处理技术及装备差距大增加了溢油污染后果

墨西哥湾漏油事故的反思警示人们急需推出一批新的溢油回收设备和灾害防控技术，才能真正驾驭深海石油开发所要面临的环保风险，同时在我国渤海蓬莱 19-3 油田溢油事故也说明目前传统的围油栏、吸油毡和撇油器效率十分低下甚至无法适应海上的特殊的环境要求，出现溢油束手无策的问题比较突出。

5）深水油气藏中浅油气层溢油风险更大

就全世界海上油气钻探而言，浅油气层钻井容易诱发井喷溢油事故。该类油气一般距海底泥线以下几百米深，钻井井眼不稳定，一旦井眼钻井液不能平衡该油气层的压力发生溢流井喷，将来势凶猛，控制方法少，控制效果差，因此是深水钻井（也包括非深水钻井）需要格外重视的钻井环节。

4. 溢油风险削减措施

（1）根据海域的气象特点，充分利用良好海况时间窗口开展钻井作业。

（2）钻井现场溢油应急资源配备到位。

（3）打开油气藏、射孔、下套管固井等关键性作业，应制定并执行特护措施。

（4）加强对防喷器及压井设备的管理，确保灵活好用。

（5）执行井控标准及规定。

2.2.1.4 不同类型钻井液溢油危害

1. 基本定义

（1）水基钻井液是以水为连续流体介质的钻井液，是由膨润土、水（或盐水）、各种处理剂、加重材料以及钻屑所组成的多相分散体系。水基钻井液在实际应用中一直占据着主导地位，溢油监测手段较多。国外利用油基钻井液的井较多。

（2）油基钻井液主要是以柴油或者低矿物油（白油）为连续相的油包水乳化钻井液；主要是以油相为连续相，水为分散相，并添加定量的乳化剂、润湿剂、亲油胶体、石灰及加重剂等形成稳定的乳化液体系。深水钻井多采用油基钻井液。

与水基钻井液相比，油基泥浆具有以下特点：

油基钻井液具有能抗高温、抗盐钙侵、有利于井壁稳定、润滑性好和对油气层损害程度较小、携带钻井岩屑的能力很强等优点，已成为钻深水井、高温深井、大斜度定向井、水平井和各种复杂地层状况井的重要手段，并且还可广泛地用作解卡液、射孔完井液、修井液和取心液等。

2. 溢油风险特征描述

不同类型钻井液溢油危害具有差异性。油基钻井液对气侵诱发溢流现象具有一定的隐藏作用，钻进过程中，进入井筒的气体可能在一定的压力和温度条件下能完全溶解在油基泥浆当中，并随之向上移动，当接近井口的时候，由于压力的降低，溶解状态的气体会迅速析出，对井台会造成很大的安全威胁，很容易造成安全环保事故，气侵油基泥浆的检测时间点是严重滞后于井下气侵发生的时间点的，这对预防井喷事故发生是非常不利的。因此油基泥浆钻井井喷风险较水基泥浆的井喷风险大。

油基泥浆钻井容易将泥浆滞留在低压构造的缝、洞、槽等封闭空间内，随着地质结构出现变化，这些封闭空间出现了向海床表层的沟通，会造成严重的海洋溢油污染；在油基泥浆钻井过程中发生井漏事故，有可能会造成地下水层的溢油污染。

3. 溢油风险分析

与水基钻井液不同，油基钻井液钻井过程中溢流发生后，在一定的温度压力下，侵入气在油基钻井液中有可能完全溶解。在向井口运移过程中，随着压力、温度的变化，达到混合体系的泡点压力后，溶解后的气体开始从体系中析出。

在从井底气体侵入后的很长井段，气侵油基钻井液的相对体积变化较小，即体积并不随压力发生明显变化。只有在接近井口的几十米或几百米时，才符合单相气体定律，即气体体积与压力呈近似反比例的关系。综上所述，油基钻井液气侵即使很严重，其最初造成的井底压力降也是很小的。指望通过水基钻井液气侵经验，即通过钻井参数如泵压、钻时等的变化来判断油基钻井液的气侵几乎是不可能的。由于天然气的溶解性与可压缩性，当其接近地面时才开始极大地膨胀，之前的录井气测也监测不到，但其随后的影响可能是灾难性的。在接近井口几百米甚至几十米时，天然气突然喷出，可能引起爆炸与火灾（特别是在高温干燥季节）。同时，天然气喷出也引起井内压力剧降，类似气举诱喷，地层天然气再次侵入井筒。即使关井，也有较高的立管、套压力，可能憋漏易碎裸眼地层或表层套管鞋，天然气甚至窜到地面，造成井喷失控。因此，油基钻井液溢油危害大。

海洋石油钻井过程中，当油基泥浆遭遇低压的地层结构时，尤其是溶洞、裂缝等会出现大量滞留地层，在这些地层结构随着日后的油田注水开发会首先受到破坏，一旦出现沟通海床地层的通道，原先滞留地层的油基泥浆将进入水体，造成严重的海洋污染现象，例如 2011 年康菲（北京）管辖的蓬莱 19-3C 平台的油基泥浆浅地层泄漏问题，该井组的一口井曾经在钻井期间泄漏 1 000 余桶油基泥浆。

同时，油基泥浆在正常钻进过程中存在损耗，主要是滞留在裸眼井壁的裂缝当中；发生井漏等事故滞留在浅地层里的叫事故损耗，这个量很大，如果平台现场无足够的油基泥浆料，无疑将极大地增加井喷风险。

尤为重要的是油基钻井液如果喷到海水里，对海洋污染影响将远远大于水基钻井液，因此需要格外重视。

4. 风险削减措施

（1）在环境敏感海域应谨慎使用油基泥浆钻井，并要高规格配备相应安全措施。

（2）油藏水基钻井液和钻屑杜绝排海，应按照相关法规处置。

（3）钻探区域存在浅层气、低压构造、可能会钻遇淡水层的情况应充分论证是否应该使用油基泥浆。

（4）油基泥浆用料不能充分保障的海域，应禁止使用油基泥浆。

2.2.1.5 探井钻井阶段溢油隐患及预防

1. 基本概念

探井：在有利的集油气构造或油气田范围内为确定油气藏是否存在圈定油气藏的边界，并对油气藏进行工业评价及取得油气开发所需的地质资料而钻的井，各勘探阶段所钻的井又可分为预探井、初探井和详探井等。

2. 溢油风险特征描述

因探井的地层压力准确性较差，导致相应的钻完井安全的基础数据具有不确定性，很难正确地配比钻井液的密度和性能，因此，遭遇高压等复杂情况下导致发生井喷溢流的可能性非常大。

探井的弃置过程往往都是封堵后在海床泥面以下切割，而封堵的水泥塞会出现老化崩解，弃置后的探井往往会转变成一口渗漏井。

3. 溢油风险分析

探井以地层压力不确定带来的地质参数的不确定性使得的井喷风险大。探井钻井主要在勘探阶段，对地质情况了解不够全面，特别是详细的地层压力剖面、油气水层、岩石物性等地质参数存在很大的不确定性，给探井设计及施工带来很大困难，并且发生钻井复杂情况，乃至事故的概率大大增加。

4.风险削减措施

1）加强探井地质设计的安全环保技术评价

地质设计应明确提出设计依据、钻探目的、设计井深、目的层、完钻层位及原则、完井方法、取资料要求、井身质量、油层套管尺寸及强度要求、阻流环位置及固井水泥上返高度等要求。

地质设计应为钻井设计提供全井地层孔隙压力梯度曲线、破裂压力梯度曲线、邻区邻井资料、试油压力资料、设计地层、油气水及岩性矿物、物性、设计地质剖面、地层倾角及故障提示等资料。新区探井应按科学打探井技术规定，提供五种必需的地质图件（设计井位区域构造及地理位置图、主要目的层的局部构造井位图、过井"十字"地震时间剖面图、过井地质解释横剖面图、设计柱状剖面图）。开发井应提供区块压力等高线图及500m井距以内注水井位图和注水压力曲线图。

2）加强钻井设计安全环保技术评价

海洋钻井设计应以实现勘探、开发为目标，考虑测试、生产、增产和弃置等方面的需要，按照健康、安全、环保、优质、高效和经济的要求进行编制。

探井设计基本内容应包括基本数据、地质基本数据、井身结构和套管设计、钻头设计、钻具组合设计、钻井液设计、固井设计、水力参数设计、摩阻扭矩计算、取心设计、资料录取要求及测井计划、DST测试计划、弃井设计、井口装置及试压标准、地漏试验、钻井作业程序、工程质量要求、工程进度计划、作业材料计划、作业风险分析、"健康、安全、环保"要求等。如果探井设计为定向井，则应包含定向井设计。

钻井设计应遵循以下原则：

（1）钻井设计的两部分应按SY/T 5333的规定进行。

（2）地质设计应明确提出设计依据、钻探目的、设计井深、目的层、完井层位及原则，完井方法、取资料要求、井身质量、油层套管尺寸及强度要求、阻流环位置及固井水泥上返高度等要求。水平位移要求严的直井，要考虑钻井的难度和钻井综合成本。

（3）地质设计应为钻井工程设计提供全井地层孔隙压力梯度曲线、破裂压力梯度曲线、邻区邻井资料、试油压力资料、设计地层、油气水及岩性矿物、物性、设计地质剖面、地层倾角及故障提示等资料。新区探井应按科学打探井技术规定，提供五种必需的地质图件（设计井所在区域的构造及地理位置图、主要目的层的局部构造井位图、过井"十字"地震时间剖面图、过井地质解释横剖面图、设计柱状剖面图），开发井应提供区块压力高线图及 500m 井距以内注水井位图和注水压力曲线图。

（4）调整井地质设计依据是上级批准的油田开发实施方案，钻井区块的地质构造，区块内已完成井的各种地质、钻井资料，区块井位设计等。甲方地质部门应为钻井工程区块设计提供调整井区块地质设计，为单井设计提供地层分层内容，地质要求，设计井与邻近油、水井地下压力动态数据资料，设计井位示意图，地下复杂情况，故障提示等。调整井地质设计分层误差应控制在 10m 以内。

（5）调整井应采用集中打井，分片停注溢流的原则，调整井开钻前，区块内的注水井应根据井口压力，提前若干天（一般为 10~30 天）采取注水井停注和放溢流、油井转抽降压等具体措施，以降低区块内地层压力，为钻井安全施工、确保固井质量、保护油气层产能，提高综合经济效益创造条件。

（6）钻井工程设计必须以地质为依据，并且要有利于取全取准各项地质、工程资料；要有利于开发油气层，保护油气层，充分发挥每个产层的生产能力；要保证油气井井眼轨迹符合勘探开发的要求；油水井的完井质量满足油田各种作业的要求，保证油气井长期开采的需要；要充分体现采用本地区和国内外钻井先进技术，保证安全、优质、快速钻井，实现最佳的技术经济效益。

（7）钻井工程设计应根据地质设计的钻探深度和工程施工的最大负荷，合理地选择钻机装备，选用的钻机负荷不得超过钻机最大额定负荷能力的 80%。

（8）钻井工程设计应根据地质设计提供的地层孔隙压力梯度曲线及地层破裂压力梯度曲线或邻井试油压力资料、设计钻井液密度、水泥浆密度和套管程序。对设计钻探多套压力层系的探井，应采用多层套管程序，以利保护油气层、钻杆中途测试和安全钻井。

（9）调整井钻井液密度应根据钻井区块所在采油厂（站）提供的地层压力进行设计。

目的层地层压力高于地层原始压力时，钻井液密度设计应遵循 4 条原则：一是根据采油厂提供的注水地层压力，设计注水井附近或注水井之间新钻井的钻井液密度；二是根据采油厂提供的采油井的井下静压，设计采油井附近或采油井之间新钻调整井的钻井液密度；三是根据采油厂提供的采油井和注水井的静压，设计采油和注水井之间新钻调整井的钻井液密度；四是根据采油厂提供的套管断裂注水井的静压，设计套管断裂地区新钻调整井的钻井液密度。

当目的层地层压力低于原始地层压力时，应以裸眼井段最高地层压力梯度设计钻井液的密度。

调整井钻井液的密度附加值，可根据各油田所钻区块统计资料实际值附加或经验公式附加。

（10）调整井钻井设计应考虑新钻井的套管防断、防挤毁问题。

（11）探井应开展随钻压力监测。如 dc 指数压力监测等方法。若随钻压力监测值与地质设计提供的地层孔隙压力梯度不符，应以随钻压力监测值及时调整钻井液密度。但应报地质设计审批部门备案。

（12）在探井钻井设计中，应根据工程需要，设计一定数量的工程取心。

（13）钻井要按设计的施工进度计划施工。对地貌条件困难或钻前工程耗资较大的地区，应尽量采用定向井、丛式井技术设计。对井斜严重的地区用一般的方法控制井斜困难时，应利用地层自然造斜规律，移动地面井位，采用"中靶上环"的方法，使井底位置达到地质设计要求。

3）应格外重视地层压力实时检测

钻井前要进行地层压力预测，建立地层压力剖面，为钻井工程设计和施工提供依据常用的地层压力预测方法有地震法、声波时差法和页岩电阻率法等。

钻井前地层压力的预测值可能有一定误差，所以在钻井过程中利用钻井资料对地层压力进行实时监测，以便对地层压力的预测值进行校正，常用的地层压力监测的方法有 dc 指数法、标准化钻速法和页岩密度法等。

4）应格外重视溢流早期检测

井底压力小于地层压力，形成欠平衡状态，气体进入井筒，若不能及时控制溢流，最终将会导致井喷，因此应该加强海上石油钻井的溢流检测。可以采用传统的泥浆池液面法、出入口流量差法、声波时差法、PWD 与 LWD 等方法综合识别溢流。

5）应配置健全的井控设计软件

发现溢流之后就需要进行压井，回复井筒内压力平衡，防止井喷的发生。目前海洋井控常用压井方法有常规压井方法和非常规压井方法，常规压井方法法包括司钻法、工程师法和循环加重法，非常规压井方法包括压回法、体积法、置换法、动态压井法、救援井方法、深水附加流速法等。方法众多，需要健全的井控设计软件能对不同压井方法进行对比，及时得出最优的压井方法。

（1）司钻法：又称二次循环法压井。上述压井数据计算完后，开始压井操作，第一循环周用原钻井液循环排出井内受污染钻井液，待压井钻井液配置好后，开始第二循环周，将压井钻井液泵入井内。下面叙述压井过程：

第一循环周：启动泵，调节节流阀使套压等于关井套压。增加泵速到压井泵速，并调节节流阀使立管总压力约等于初始循环时立压 P_{Ti}，直到循环一周，此时套压应等于关井立压。

第二循环周：启动泵，调节节流阀使套压等于关井立压，直到达到压井泵速。压井过程中，立压将是变化的，由开始循环时 P_{Ti} 变为终了循环时为 P_{Tf}。

第二循环周结束时，套压应降为零，表明压井成功。然而，这是理想情况，有时不是一次能够压井成功的，需要继续循环压井。

（2）工程师法压井：又称一次循环法压井，井涌关井后，计算压井液密度，然后继续关井，按所计算的压井钻井液密度配置钻井液，待配置完压井钻井液后，再进行循环压井。其压井数据计算及压井步骤同司钻法第二循环周。

该方法的优点是：压井周期短，压井过程中，套压及井底压力低，适宜于井口装置承压低及套管鞋处与地层破裂压力低的情况。

该方法的缺点是：压井等待时间长，对于易卡钻地层增加了卡钻的可能性。

（3）循环加重法：关井并计算了压井液密度以后，如果此时地面已有储备的密度较高的钻井液且在较长时间关井，井下容易卡钻等情况下，则可以立即用重钻井液循环压井。压井期间，仍然通过调节节流阀保持井底压力略大于地层压力，并维持不变。

本方法立压随重钻井液循环而下降值可参照司钻法第二循环周原理计算，由于用来压井的重钻井液密度低于应该配置的钻井液密度。故在压井期间，还必须按要求或按阶段加重压井钻井液密度。每加重并循环一次，立压就下降一次，直至达到要求。

该方法兼有司钻法与工程师法的优点，但压井期间立压下降值复杂，实施难度较大。

6）应具有防井喷应急预案

井喷发展较快，在几个小时甚至几分钟内就发展为强烈井喷，因此建立防井喷应急预案是很有必要的，落实各个作业人员的职责，并定期进行应急预案演练，发生溢流后，及时迅速展开救援，防止井喷发生。

7）应配备井喷失控后抢险装备

海洋井喷之后往往会造成井口装置不同程度的损坏，要顺利制止井喷需要安装新井口或对井口进行修理，这就需要井喷抢险装置，从 2010 年发生在墨西哥湾钻井平台井喷事故知，未配置海上井喷抢险装置，导致事故处理周期长，造成更大的海洋污染。因此配备井喷失控后抢险装备，使海洋井喷发生后及时得到处理。

8）应配备强有力的井控技术及管理人员

应对海洋井喷或井喷失控，关键技术是针对井喷情况，选用合适的压井方法重新恢复对油气的压力控制，但若井口因井喷损毁，则需先拆除旧井口，并通过井喷抢险装置或其他途径抢装新井口后再进行压井作业，所以压井是制止井喷的根本方法。

墨西哥湾井喷抢险与蓬莱19-3溢油抢险都显示出抢险进度慢，不排除与技术队伍及管理队伍的力量有关，尽管大家应急意识很强或应急预案准备较多，但是事故现场抢险水平值得商榷。应配备专门的管理人员应对事海洋重大石油开发事故抢险工作和人员调度，油公司设置各种复杂事故进行科学有效研究及演练，当不期而遇的事故发生，技术与管理人员很难做到胸有成竹的应对，加强综合型抢险人才培养，同时注意抢险领军人物培养。预防的投资要远比事故损失的代价小得多。

2.2.1.6 调整井钻井阶段溢油隐患及预防

1. 基本定义

调整井：油田开发中后期，为进一步提高开发效果和最终采收率而调整原有开发井网所钻的井，包括生产井、注入井、观察井等。这类井的生产层压力或因采油后期呈现低压或因注入井保持能量而呈现高压。

2. 溢油风险特征描述

（1）对开发多年的油田，钻井承包商可能会更加重视自己的经验，而忽视可能的地层高压风险，对防井喷的准备不足，从而增大了井喷事故的风险。

（2）临近井地层注水压力推高地层压力的可能性比较大，增大了井喷的风险。

（3）海上石油井口一般是丛式井分布，间距小，密集度高，在钻井击中钻穿在用井的可能性很大，相关事故已经证明了这一点，污染事故非常严重。

3. 溢油风险分析

（1）调整井地层压力具有很大不确定性

在钻调整井的目标往往是开发区块当中动用程度较低的压力构造；因为目标是所在油田开发后期，经验和理论上往往认为压力较低，导致钻井承包商放松警惕，在毫无准备的情况下遭遇溢流险兆事件；这种情况造成井喷的风险很大。

（2）钻井设计需要评价井网及注采对地层压力的影响

在钻井时形成的钻井通道与压力较高的注水开发层位串通的风险比较大，大量的钻井实践证明，注水开发层位形成的局部高压会对在钻井筒井下压力造成非常严重的影响，增大了溢流井喷的风险。

4. 溢油风险削减措施

（1）在钻井所在地下区块轨迹周围一定距离内的注水井停注，降低地层压力。

（2）调整井在钻遇到靶区前提前进行泥浆加重，严格遵守打开油层前的相关 HSE 规定。

（3）选择良好的海况和气候条件进行钻井施工。

2.2.1.7　油井测井过程溢油隐患及预防

1. 基本定义

对于探井、评价井或一些重点开发井，在钻井过程发现油气显示或完钻后，往往进行电缆测井，获取必要的井眼、地层岩石及地层流体的信息，用于编制地质综合柱状剖面，进行地层对比、油层对比、岩心归位，为计算油气储量提供基本数据。特别是近期测井、地球物理、地质和岩石物理等多学科相互结合和渗透，测井的地位和作用正在发生新的变化，除对储层进行最终评价外，测井资料在整个油藏描述中，已成为主要组成部分。如提供合成地震测井的声速及密度测井资料，利用自然电位、地层倾角资料研究沉积环境等。值得提出的是在测井过程，钻井液不循环，因此循环摩擦阻力将不存在，在钻进过程由于循环摩擦阻力的存在，井底压力可以大于地层压力，而停止循环后，有可能使得井底压力低于地层压力，致使地层流体会侵入井眼，形成溢流，严重时发生井喷。还需要指出的是测井期间，井眼无钻柱，发生溢流井喷后，压井困难，将会大大增加井控风险及溢油风险。

2. 溢油风险特征描述

（1）通井起钻过程当中，井口保护不好造成井下落物增加了井控风险。

（2）吊装电测仪器工具的时候，气动绞车钢丝绳缠乱，操作人员不熟练，造成仪器事故，吊具接头扭矩不足或手持工具没有系牢，可能造成落井事故，增加了井控风险。

（3）组合电测仪器有落井的风险，电测仪器有可能卡塞防喷器切断阀，或者导致无法进行循环压井，很大程度上增加了井喷风险。

（4）电测过程出现井喷事故需要压井，但是井眼内无钻井管柱，大大增加了井控困难。

（5）测井时间大于井下电缆安全静止时间，易出现井眼坍塌及卡钻事故，在处理这些事故过程容易诱发溢流井喷事故。

3. 溢油风险分析

如果井口出现溢流现象，取出井下仪器压井，时间上不允许，关闭井口防喷器，一方面会完全破坏电缆，导致仪器落井，另一方面，井筒内没有压井管柱导致压井无效。因此，满足测井的工况条件对压井防井喷是矛盾的，在这种状态下很造成井喷的风险非常大。

4. 风险削减措施

（1）测井仪器下入前一定确认井底压力严格大于地层压力。其中重要的方法是通过认真测量后效气及进行相关对比分析确认该钻井液密度情况下地层流体没有侵入井眼。

（2）加强溢流监测，检查 BOP 控制系统和节流压井管汇。

（3）吊具接头扭矩上足，吊卡用麻绳捆绑好，吊环安全销插好，绞车钢丝绳整顺，检查好琵琶头。

（4）小心操作严防落物入井。

（5）电测过程操作人员做好随时执行防井喷应急预案的准备。

2.2.1.8 油井固井过程溢油隐患及预防

1. 基本定义

一口井一般要下入表层套管、技术套管与油层套管。复杂地层还要增加多层套管及相应尾管，用于封固易垮塌层、渗漏层及油气层。固井过程包括下套管及注水泥将套管与地层封固，进而避免井眼坍塌及地层流体传入地层。固井作业具有系统性、一次性和时间短的特点。固井质量的好坏会直接影响到油气井钻完井的进行和生产井的油气产量及生产寿命。通过提高固井工艺技术水平，优化作业关键技术环节，克服影响井壁与套管间水泥环封固质量的不利因素，以保证油气井固井质量。

固井设计应遵循"压稳、居中、替净、密封和长效"的原则。根据作业井资料，采用先进的固井技术，通过优化注水泥工艺、套管居中、水泥浆性能参数、前置液和注替排量等设计，确保固井施工安全和质量，满足下一步钻完井作业要求。

2. 溢油风险特征描述

固井期间发生溢流井喷的事情比较常见。当然最令人难忘的是 2010 年美国墨西哥湾深水地平线井喷溢油事件就是发生在固井期间。不同于测井，固井前一方面井底压力要严格大于地层压力，在固井期间，水泥浆的密度还要比原钻井液密度还要高，有时会使地层压漏，进而诱发溢流井喷事故。另外由于水泥浆在凝结过程，会产生失水，使得水泥浆液柱有可能小于地层压力而使地层流体窜入井眼，导致固井质量降低，也有可能诱发溢流井喷事故。

固井过程组装套管柱，管柱之间是依靠管箍和丝扣连接，由于丝扣的严密性无法严格保证，同时压力试验并不能完全发现管箍的渗漏问题，因此，套管下井后存在一定的井下渗漏溢油风险。

进入下套管程序前，井内没有钻具管柱，一旦发生溢流，单靠关闭防喷器，很难控制溢流，井喷溢油的风险很大。

3. 溢油风险分析

（1）套管管柱上存在大量的接箍，因此，由于丝扣渗漏造成泄漏的风险很大。

（2）下套管前井内没有压井管柱，一旦发生溢流，压井失败率很高，发生井喷的风险较大。

（3）如果不能定期向套管灌注钻井液体，套管内空气柱太深，遭遇紧急情况，需要压井时会导致，大量空气进入泥浆，加剧井喷的程度。

（4）下套管的过程比较长，长期的振荡分离会降低泥浆的密度，造成溢流井喷的风险加大。

（5）在套管下放过程中，套管的重量和冲击会对脆弱的岩层造成冲击，严重时可能间接造成井漏，诱发井喷事故。

（6）下套管各阶段泥浆循环和挤固井水泥过程，平台泵入压力过快过猛会造成井下憋压，有造成井漏的风险，最终导致井喷。

4. 风险削减措施

（1）确定合理的水泥浆密度，既要压稳地层，也不要压漏地层。

（2）选择适当的注水泥排量，建立合理的当量循环泥浆密度，平衡地层压力。

（3）套管上扣过程中，丝扣表面清理干净，均匀涂抹丝扣油，缓慢均匀伤口，杜绝咬丝。

（4）下套管前应充分做好井下循环清理，并储备足量的压井液。

（5）随着套管向地层延伸，定期向下入井筒的套管灌注泥浆。

（6）下套管过程中要定期循环搅动钻井泥浆。

（7）根据相关资料计算最大允许下放速度，并在固井过程中严格遵照执行。

（8）套管循环过程中，必须要遵循缓慢的原则。

（9）下套管各阶段泥浆循环和挤固井水泥过程，使用的泵排量必须要进行严格计算，并控制在安全范围内。

2.2.1.9 油井修井作业过程溢油隐患及预防

1. 基本定义

修井作业是利用一定的工具，采用一定的措施处理油水井事故，恢复油水井正常的生产作业过程。修井工艺包括：清蜡、冲砂、检泵、井口故障处理、射孔、打捞落物、找漏、堵漏及套管维修等。

2. 溢油风险特征描述

由于修井面对的地层一般不是原始地层，对于进行过注水开发的油藏，地层压力发生了复杂变化，且量化评价困难，给修井过程压井液密度计工艺措施选择增加了困难，并可能由此带来溢流井喷隐患。

3. 溢油风险分析

（1）修井作业面临的地层压力量化评价困难，为修井参数选择及工艺措施选择增加了困难。

（2）修井作业属于连续作业，压井装备相对简单，压井工作量非常大，易出现溢流井喷的风险。

（3）起出管柱过程中携带出的泥砂污液较多，容易造成甲板落液累积造成飘落入海污染。

（4）井下循环和压井不充分不彻底，在拆采油树装防喷器的间隙，容易造成井涌。

（5）下管柱造成的导流管喇叭口的压井液溢流，容易导致海洋污染。

（6）套铣过程中，容易伤及造斜段套管，形成井眼力学完整性变差。

（7）从原井中起初的管柱内的油泥砂处置不规范会造成溢油污染。

（8）对于老化的井口，防喷器有压断井口的风险。

（9）安装液压防喷器的过程中，有液压油洒落污染海洋的风险。

（10）防喷器内部出现堵塞，或不按照程序检验防喷器，可能会造成其失效，造成严重的污染事故。

（11）作业全过程循环洗井管线为高压胶管，在压力冲击下会出现晃动磨损，造成溢油污染事故。

（12）与修井目的层相关的层位的临近井进行的注水作业，可能会诱发在修井的井涌。

（13）即使因等料等工艺等原因，造成作业中断，也要不断补充压井液，但海上平台配置压井液的原料有限，如果耗尽有造成意外井喷的风险。

4. 风险削减措施

（1）加强作业人员环保培训工作。

（2）修井的临近注水井停注以稳定注水压力。

（3）严格按照操作规程进行操作，避免人为操作错误导致事故发生。

（4）对于地层压力大，产量高的油井，更应该注意溢油事故的发生。

（5）严格按照规定充分洗井循环，压井作业达到规定的效果。

（6）井口平台的临时高压管线做好捆绑。

（7）停工待料过程关闭防喷器，井内需预留尽可能长的压井管柱。

（8）对井台的油泥砂进行及时清理，对出井管柱表面及时进行清洁。

（9）及时地清扫收集井口甲板污液，避免入海造成污染。

（10）制定预测方法，监视周边井的情况，正确预测地层压力。

2.2.1.10 油气生产过程生产管柱腐蚀引起溢油

1. 基本定义

油气生产过程生产管柱主要的腐蚀类型如下：

1）化学腐蚀

金属的化学腐蚀是指金属表面与非电解质直接发生的纯化学反应，电子传递是在金属与氧化剂之间快速完后，没有产生腐蚀电流。对不锈钢而言，化学腐蚀可以在钢材表明产生一层致密、附着牢固的保护膜屏蔽层。但对目前油气井广泛使用的碳钢和低合金钢，化学腐蚀形成的保护膜疏松，附着力低，不能起到保护作用。

2）电化学腐蚀

钢材与水、二氧化碳、硫化氢等介质接触时，金属在空气中已生成的保护性氧化膜会在电解质溶液中溶解。钢材是良导体，在氧化膜溶解后，金属作为电的良导体与溶液作为离子的良导体组成一个回路。钢材与环境介质因为发生氧化还原反应而损坏称为电化学腐蚀。电化学腐蚀可以表现为均匀腐蚀和局部腐蚀。电化学腐蚀发生在整个金属表面，称为均匀腐蚀。通过增加油套管壁厚，留有腐蚀余量以及外加电场进行阴极保护可以预防均匀腐蚀。电化学腐蚀发生在局部的点或者区域，称为局部腐蚀。局部腐蚀是造成油套管、抽油杆腐蚀失效的主要形式。油气井中发生的主要电化学腐蚀为电偶腐蚀、缝隙腐蚀、点蚀。

3）酸性介质腐蚀

地层中的硫化氢及二氧化碳等腐蚀流体对生产管柱腐蚀严重，如果管柱防腐材料及防腐措施不当将会加速腐蚀。

2. 溢油风险特征描述

海洋石油平台井口生产管柱在高含盐、高湿度，强烈的海洋腐蚀环境中，造成生产管柱不断腐蚀减薄，最终导致生产管柱内的油气水介质进入海洋，这是目前困扰我国海洋石油开发的一个重大问题，生产管柱的使用寿命一般都是15年，目前我国境内的海洋石油平台服役年限大多超过15年，大量现场反馈的情况都显示海上生产井的腐蚀非常严重，溢油风险非常大。

3. 溢油原因分析

1）油气井生产管柱特征

油气井生产管柱由导管、表层套管、技术套管、生产套管、尾管、油管、油管接箍、套管接箍、封隔器、扶正器、各种接头以及海洋平台地面管线、隔水管等组成。由于合金钢及专用管材一次性投资太大，经济性较差，目前油气井普遍采用碳钢和低合金钢材料的油套管。油气井的生产管柱钢材与腐蚀介质在油气井腐蚀环境中接触会产生多种类型的腐蚀。油气井生产过程中的腐蚀机理可以归纳为化学腐蚀、电化学腐蚀、环境断裂与应力腐蚀、流动诱导和冲刷等类型。

2）环境断裂与应力腐蚀

在油套管中由于腐蚀环境可能会出现一种突发性的破坏现象，称为环境断裂，其本质是材料某些化学性质或元素使材料丧失其原有的物理和力学性质，特别是使材料韧性降低。环境断裂包括应力腐蚀和氢脆。金属材料在应力和化学介质的协同作用下，导致滞后开裂或断裂的现象称为应力腐蚀断裂。

3）流动诱导腐蚀和冲刷腐蚀

流动诱导腐蚀和冲刷腐蚀是指流动、电化学与机械力协同作用加速腐蚀的现象，通过对腐蚀面的冲击和剪切作用使腐蚀产物加速离开原位置进而加速腐蚀。

油套管柱中，螺纹连接是首先被腐蚀的部位。这是因为油管接箍处是引起流体湍流的一个变径点。当流体通过油管柱接箍中部时，截面的突然放大和缩小。流体流速及流场将发生变化，在该区可能产生冲蚀腐蚀、应力腐蚀、缝隙腐蚀、电偶腐蚀、流动腐蚀。

当油气井中存在自由套管段，或者注水泥质量差时，对应套管段也会发生严重腐蚀。此外，生产管柱中的一些非金属，如橡胶密封材料，在一定介质和环境中也会腐蚀溶解，使管柱出现溢流风险。

对海洋油气井而言，海洋平台管线和隔水管也是常常发生腐蚀的部位。由于海洋平台地面管线所处环境恶劣，管线在高压下输入产出流体。管线受到大气腐蚀、流体对管线的冲蚀腐蚀严重。同时，由于制造工艺，在海洋平台管线中的阀门、弯管、死角、焊接处、连接处以及有锈蚀或沉积有泥沙、结垢的管道表面通常会出现电偶腐蚀、缝隙腐蚀、点腐蚀现象等，导致管线被刺穿、产生蚀孔，发生溢油。海洋立管外部受到海水和海洋生物的侵蚀，还要受到海浪和风暴袭击，腐蚀现象比地面更为严重。当隔水管涂层被破坏，管柱刺穿，海水会与套管外壁接触。由于海水中存在较多的氧和氯离子，会对套管产生极大的腐蚀。

4）引起生产管柱腐蚀的地层流体

在生产过程中，油气井的产出物，如硫化氢、二氧化碳，含氯离子较高的地层水等；油气井的注入物，如注入水、残酸液等；非产层中的腐蚀介质，如产层和非产层间的窜流液等都会对生产管柱造成腐蚀。其中，最主要的腐蚀组分为硫化氢和二氧化碳，但都需要在有水环境下才具有腐蚀效果。

4. 风险削减措施

1）控制油管流速，防止油管冲蚀腐蚀

油管内流速过大，腐蚀产物膜会被不断冲掉，腐蚀膜起不到保护作用。对加入缓蚀剂的油管，流速过大将使管壁缓蚀膜不稳定。对疏松产层若测试压差过大，气流带砂时，冲蚀严重。因此，控制油管流速，对油管防腐有较好效果。

2）优选螺纹结构，防止螺纹腐蚀

腐蚀环境的油气井宜采用气密封螺纹，由于螺纹流道变化小，有利于防止涡流冲蚀电偶腐蚀，降低缝隙腐蚀和电位腐蚀。

3）带封隔器完井，注入环空保护液

可以预防二氧化碳和凝析水进入环空，对油管外壁和套管内壁造成失重腐蚀或者点蚀穿孔。

4）防止套管外腐蚀措施

防止套管外腐蚀的主要措施包括避免裸眼段过长，用水泥封固腐蚀性井段；采用套管外涂层或外绕保护膜；提高注水泥质量和采用合适额抗腐蚀水泥，海洋隔水管涂层保护。

5）防止电偶腐蚀措施

（1）"大阳极小阴极"的连接设计。

结构允许条件下，尽可能将易被腐蚀端（阳极）体积做大，不易腐蚀端（阴极）做小，这种结构称为"大阳极小阴极"。

（2）在异种金属连接或接触间加绝缘材料或密封填料。

在异种金属连接或接触间加绝缘材料或密封填料可防止或减缓电偶腐蚀或应力腐蚀。如果结构空间允许，应采用尽可能长或厚的绝缘套。

（3）局部牺牲阳极保护。

在具有腐蚀倾向的阳极端喷涂或镀锌、铝或镁，可起到局部保护作用。锌电子流向钢体，是原来的电偶极性扭转。该技术在实验评价有效后方可实施。

6）注缓蚀剂防腐

缓蚀剂可在金属表面形成不渗透吸附膜或保护性氧化层，是国内外防腐广泛采用的方法。

7）内涂层油管或内衬双金属复合油管

两种油管都可以使腐蚀介质不直接和油管内壁接触。内涂层油管可以降低摩阻、改变表明润湿状态。内衬双金属复合油管主要是在普通油管内衬一层不锈钢或耐腐蚀的合金薄壁管，使其成为双金属复合油管。两种油管均有较好防腐效果。

8）电法保护

电法保护主要包括外加电流阴极保护和牺牲阳极阴极保护等措施。外加电流阴极保护是将外部直流电源的负极接到被保护构筑物，将电源正极接到辅助阳极，使被保护构件对地电位向负的方向偏移，从而保护阴极。把某种负电极电位的金属材料与正电极电位的被保护金属相连接，使被保护金属构件称为阴极而得到保护的方法称为牺牲阳极阴极保护法。常用的牺牲阳极材料有镁及镁合金、铝合金、锌及其合金。

此外，还可以采取的配套防腐工艺措施有使用耐蚀合金钢管材、优化气井的井身结构、严防油气井产水等。

9）加强经常性腐蚀的监测及预测

采用可靠地腐蚀及缺陷监测技术，经常监测及评价生产管柱的腐蚀状况。

2.2.1.11 油气生产过程生产管柱被冲蚀引起溢油

1. 基本定义

对于高产井，生产流体容易引起对管柱冲蚀。而对于易出砂的地层，带砂的生产流体对生产管柱的冲蚀将更加严重。在现实中，许多地层出砂，因此，这类储层需要格外注意对管柱冲蚀。

2. 溢油风险特征描述

目前海上石油平台采油树一般采油可调式油嘴和固定式油嘴，其中固定式油嘴安装在油嘴套内部，油嘴外侧正对安装一个外径 $\Phi76$ 或 $\Phi60$ 规格丝堵，在油井正常生产时，井下来液会直接撞击丝堵的内横截面，在井下来液含砂量过大时会对这个截面造成淘空成管状，造成油气大量泄漏入海。

对于油层套管存在泄漏隐患的井，油管由于处在高牵拉强度，由于地层砂、气的冲蚀、硫化氢的腐蚀、自身的老化等因素，导致断裂或穿孔，地层采出液可能会通过油层套管泄漏点窜入浅地层，造成浅地层压力聚集，最终进入海洋水体当中，造成严重的海洋污染事故。

3. 溢油原因分析

1）带砂流体对生产管柱的冲蚀

冲蚀是金属表面与流体之间由于相对运动而造成金属表面损坏的现象。在油田生产中，存在众多的与腐蚀性流体接触的金属过流部件，这些过流部件常由于遭受到流体的冲蚀作用而发生失效。

对于出砂地层而言，在油气井生产过程中，孔隙游离砂及岩石骨架破碎形成的固体颗粒会随油气一起产出，形成固、液混合流体，此外，为了提高油气井开采效率，现场广泛应用加砂压裂、水力喷射及酸化等储层改造措施，而储层改造的流体，尤其是在地面管汇及井下管柱中流动的大型加砂压裂液均是典型的固、液混合流体，这些混合流体在高压下对生产管柱、平台生产管线等设备进行高速冲蚀，导致设备壁厚减薄，承载能力降低，甚至失效。

2）高油气产量对生产管柱的冲蚀

（1）气井高产量的流速。

对气井而言，井筒内的气体流速与产量有关，一般而言，气井产量越大，井筒内气体平均流速也会越大。而当流速超过一定程度时可能会引起出砂或者管柱振颤等不良影响。例如川东地区的部分高产气井日产量能达到百万立方米以上，而高产同样带来很多问题，如气井的出砂、出水，设备的腐蚀等等，因此还需要针对高产气井实施一套合理的生产管理方法。

（2）油井高产量的流速。

在油管直径一定的情况下，油井内流体的流速随着产量的增加而增大，对生产管柱等设备的冲击也会进一步增强。例如国内的某些高产井，单日产量可以达到千吨以上，在这种情况下，如果油管直径又相对较小的话，必然会使液流速度激增，从而冲蚀井下设备和地面管汇，若长期保持高产量生产，可能会将设备磨损失效。因此，对高产油井而言，选择恰当尺寸的油管就显得格外重要。

（3）油气井高流速对生产管柱的冲蚀。

在海上平台油气井的生产过程中，高速流体本身会形成较大的冲击力，随着生产过程的继续，不断冲蚀井内生产管柱、平台生产管线等设备，使设备发生磨损甚至失效。如果一旦发生冲蚀刺穿，将会导致漏油等重大事故的发生。因此，生产中不得不考虑高速流体的不良影响，采取必要措施控制流速大小，保证安全生产。

4. 风险削减措施

1）防砂措施

目前防砂方法发展迅速，根据防砂原理，目前常用的防砂方法主要包括机械防砂（如割缝衬管、砾石充填筛管等）、化学防砂（人工胶结砂层、人工井壁等）、砾石充填防砂等措施。当然，在完井过程中采用下套管的方式同样也能起到防砂作用。但是无论哪一种防砂方法，都应该以能够有效阻止油层中砂岩固体颗粒随流体流入井筒为前提。

2）防高速流体冲蚀措施

在产量较高的油气井生产过程中，往往会出现流体流速过快的现象，为了降低高流速流体对生产管柱的冲蚀作用，可以适当的选用管径稍大的油管。另外，为了提高设备的抗冲蚀能力，可选用强度较好的金属材料。

2.2.1.12 油气生产过程套管密封失效引起溢油

1. 基本定义

油气井在建井过程中都要下入一层或多层套管，而用于最终开采油气的套管称为生产套管（需要时还挂一尾管）。生产套管的主要作用是保护井壁，封固和分隔各油气层，达到油气井分层开采、分层测试、分层注水、分层改造等目的。

2. 溢油风险特征描述

生产套管外的固井水泥环在长期的生产运行过程中，要经历来自套管内生产流体的热膨胀、套管内流体的高压、地层的岩石蠕变及地应力的作用等，往往对套管的强度及密封产生很大影响。加之水泥环自身的质量吻额头、酸化作业的腐蚀等因素，使套管外壁和固井水泥环之间出现缝隙，造成油藏气液顺套管和原始钻井裸眼间的缝隙涌出地层进入海水中，造成污染。

同时由于生产套管处在十分恶劣的工作环境中，出现套损浅地层泄漏的风险大，井内的运行介质通过套损漏洞泄漏到浅地层中去，在浅地层进行淤积，最终导致其中的含油成份，穿破浅地层进入水体，造成严重的海洋污染。

3. 溢油原因分析

1）固井质量不好引起套管柱失效

因井下情况比较复杂，注水泥时受到各种因素的干扰，使得固井质量存在不同程度的问题。例如顶替效率不高而形成窜槽，套管的热胀冷缩特性导致水泥石与套管壁胶结强度下降等。在这种情况下，腐蚀介质将穿透水泥石中的通道与套管接触。

2）套管柱强度不够引起密封失效

采用油管封隔器完井的气井，应考虑到长期开采过程中，由于封隔器失效或套管螺纹密封损坏等套管柱强度不够造成的失效问题，油气进入套管与油管环空，在这种情况下，生产套管将承受很高的内压力。因此，应严格进行生产套管抗内压强度校核。

3）异常储层压力可以引起套管柱失效

由于监测偏差或者储层其他异常情况等，造成储层压力异常，使套管柱承压超过额定值，不能满足油气井的压力要求，可以引起套管柱的实效。

4）注采不平衡造成储层异常压力

注采井网中开采一段时间之后，储层中的注采压力重新分布，井组控制区域内可能出现压力偏高的异常压力点，类似于异常储层压力造成的套管柱实效，注采不平衡也可能引起套管柱的实效。

5）表层套管设计深度不够，不能将表层封固住

6）套管层系设计不够，使得有的套管柱太长，降低了固井质量

7）套管柱的材料不符合要求，不能经受地层流体腐蚀

8）套管密封总成有缺陷或损伤，不能适应复杂情况的密封

4. 风险削减措施

（1）井身穿越易引发事故的复杂地层区域，应使用加强套管。

（2）提高完井固井的水泥返高，扩大密封保护范围。

（3）提高裸眼井壁的光滑程度，套管下入加扶正器，提升同心度。

（4）对井口谨慎使用压裂和酸化作业措施。

（5）油层套管近井段使用锚筋套管，增加胶结强度。

（6）严禁使用套管注水工艺。

（7）缓慢控制入井液流量，避免井壁温度突变。

（8）作业过程中要对造斜段、异常应力段套管进行定期验套。

（9）老化井谨慎使用各种压力试验。

（10）套管设计层系安全可靠。

（11）水泥浆流变性良好避免油气窜入。

2.2.1.13　油气生产过程注采不平衡地层裂缝开启引起溢油

1. 基本定义

这里所述的裂缝是指地质构造运动过程岩石发生破裂作用而形成的不连续

面。从地质角度来讲，裂缝的形成受到各种地质作用的控制，如局部构造作用、区域应力作用、收缩作用、卸载作用等。评价裂缝的基本参数主要包括裂缝的宽度、大小、产状、间距、密度、充填性质等。一般的，断层附近裂缝较发育，随着与断层面距离的增加，裂缝发育程度降低。

断层（见图2.2）是地壳岩石体中顺破裂面发生明显位移的一种破裂构造，地壳表层岩石的一种脆性破裂，具有层次性。根据断层两盘相对位移方向和力学性质可以分为正断层、逆断层和平移断层3种类型。断层的识别标志：①擦痕与镜面，擦痕（断层面上平行而密集的沟纹）、镜面（平滑而光亮表面）；②地质体的不连续，包括地层的重复与缺失等；③断层两侧的伴生构造标志，包括拖曳褶曲和伴生节理等；④间接标志，包括断层崖、沟谷、鞍部和水文等。

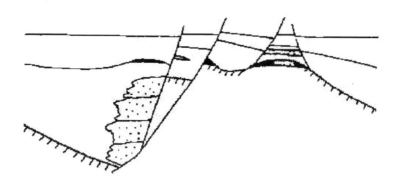

图 2.2　断层构造

2. 溢油风险特征描述

如2011年我国蓬莱19–3油田溢油，近年来国内外出现的海床地质裂缝出现的溢油事故表明，油田储层结构上的地质裂缝，是不可忽视的环保隐患，当注水强度大引起油藏压力过高，导致油藏上盖层泄漏，注入的水进入复杂的地质裂缝当中，在水压推力作用下，造成地质裂缝岩壁之间的间距增大，并最终沟通了海床泥质层，溢油入海，造成地质性溢油事故，引发大规模的海洋污染。

3. 溢油原因分析

注采不平衡可以引起地层裂缝重新开启压力。油藏在初始条件下，处于原始地层压力平衡状态，此时地层内的断层和裂缝等都处于闭合状态，且相对稳定。在采取注水开采方式后，随着注水量的不断增大，地层压力会发生相应的变化，此时的地层压力取决于注入水量与采液量的相对关系。由于一个油藏实际上由许多小油层组成，许多油藏中的小油层在平面上连通性不好，这种情况就会导致注水井中有的小层被注入水，而邻井的采油井对这一小层或者没有开采，或者这一小层并没有连通到本井，致使注入的水在该层使地层压力升高。如果缺乏监测及诊断，又恰遇该处存在断层，就有可能将断层的裂缝憋开，进而产生溢油。

4. 风险削减措施

1）确定合理的注采比

油田注水开发过程中的注采平衡状况通常用注采比来表示，注采比是反映产液量、注水量与地层压力之间联系的一个综合性指标，是规划和设计油田注水量的重要依据。采用合理的注采比可以在保证油田在具有旺盛产液、产油能力的同时，有效的控制地层压力，从而防止地层岩石破裂或地层裂缝重新开启而产生溢油现象。

2）控制井口注入压力和注水量

根据油藏地质特征设计井口注入压力，控制注水量。实时监控井口压力，保证注水开发后的地层压力小于原始地层压力，同时也要低于地层破裂压力值。在低于此压力水平下注水，可以有效防止地层裂缝重新开启而引起的溢油现象；

3）确认不存在注入的水会使得小层憋压的现象

5. 事故应对措施

（1）在水下及时采取控油措施，水面及时采取溢油围控回收措施。

（2）注水井及时停止注水，提升油井的液量，衰竭油藏能量。

（3）泄漏源附近的注水井改油井抽排液，在地层脱气压力范围内衰减地层压力。

（4）通过对可能的泄漏区域浅地层钻井注灰封堵地质裂缝。

2.2.1.14　油气生产过程平台流体回注造成地层压力异常引起溢油

1. 基本定义

由于海上环境保护的要求日益严格，经处理后符合标准的污水，将不再允许向海中排放。因此，将处理合格后的含油污水回注到地层里面将成为唯一的选择。运用海洋平台流体回注技术既能够满足环境保护的要求，又能够达到保持地层能量、提高采收率的目的。

1）流体回注技术原理

平台流体回注技术是把平台上的生活污水、油气生产过程中采出水经过处理达到标准以后用相关工艺回注到产层当中去的一种技术。常规的流体回注工艺通常是利用油气采出枯竭的油气藏作为地层水储藏空间，借助于液柱压力和一定的附加压力把经特殊处理的污水通过天然孔隙裂缝回注到采出枯竭油气层的有效孔隙空间。

2）平台流体回注工艺回注方法及流程

海上油田生产污水处理通常包括三级：一级处理，其工作原理是根据污染物油和水的密度不同来达到分离净化水的目的。

一级处理设备类型多，可根据不同油品性质选择，海洋石油一般选用的处理方法主要有：撇油罐、聚油器。

二级处理，利用化学、生物或强制重力分选等方法来达到净化水的目的，海洋石油的二级处理通常采用浮选法、水力旋流器、曝气塘生物处理等。

三级处理，即精细过滤器：利用滤料的吸附和截流性能，除去水中微细的含油颗粒。海洋石油现行使用的滤料主要是活性炭、核桃壳等。

2. 溢油风险描述

2011 年 6 月 4 日和 17 日位于渤海中部的蓬莱 19-3 油田发生溢油事故。该事故属于生产过程地层压力异常诱发的溢油事故。该事故对渤海附近的海域造成极大的危害，给我国海洋业造成了重大损失。

蓬莱 19-3 油田溢油事故联合调查组进行了深入细致的调查分析后初步认为：溢油事故属于责任事故。此次溢油的原因从油田地质方面来说，是由于作业者回注增压作业不正确，注采比失调，破坏了地层和断层的稳定性，形成窜流通道，因此发生海底溢油。

3. 溢油原因分析

1）地质性溢油诱发原因分析

地质性溢油是近期较为关注的海上平台溢油风险源，地质性溢油主要是由于不恰当的钻井 / 注水使储层压力异常高压造成储层流体沿着地质断层运移至海床而发生油气泄漏。例如在生产过程中，不恰当地注入会造成井底地层的压力过高，该地层如果连着海床的自然地质断层，可能会使自然地质断层过压而造成溢油事故。

2）流体回注引起地层压力异常

在流体回注过程中如果未能认真考虑地层地质特点，不能长期保持注水水质相对稳定以及确保注水量相对恒定，从而引起地层压力异常，这将对海洋石油的高效开发造成严重影响。流体回注引起地层压力异常的原因主要有以下 5 个方面：

（1）在认识储水层（即回注目的层）发育的规模、分布范围，确定储水层与地质构造的匹配关系、开启性等存在缺陷。

（2）在掌握选取层的水文地质资料，尤其是对水质类型、矿化度等具体参数的了解，确定其与污水各项指标的配伍性上存在问题。

（3）未能正确分析储水层与储油气性的关系以及注水过程中可能形成的不利条件，如对油气田开发的影响和钳堵作用的发生、可持续注入的稳定性等。

（4）对水文、地质条件及可注水性进行评估，拟定计算注入量的方法上存在弊端。

（5）由于注入压力随着注入时间的延长而逐步升高，长期以往会造成地层压力异常。

4. 风险削减措施

由于在回注流体过程中存在的诸多问题诱发地层压力异常，导致溢油事故的发生。因此在海洋石油的开采过程中必须采取相应的措施来预防此类情况的发生，主要措施有：

（1）正确认识储水层（即回注目的层）的地质特征，如断层、裂缝发育的规模、分布范围等特征是防止地层压力异常的前提。

（2）掌握选取层的水文地质资料，尤其是水质类型、矿化度等具体参数，通过室内的配伍性试验确定其与污水各项指标的配伍性，严格按照相关标准进行回注。

（3）正确分析储水层与储油气性的关系以及注水过程中可能形成的不利条件，如钳堵作用的发生、可持续注入的稳定性等。保持注水水质相对稳定，确保注水量相对恒定。

（4）对水文、地质条件及可注水性进行评估，选取合适的注入量。同时加强对回注管道的监测，以及防止注入流程中管线的防腐防垢。

（5）通过相关科技攻关解决注入井注入压力随着注入时间的延长而逐步升高的问题，确保流体回注过程中压力正常，流体回注作业安全可靠。

（6）严格按照总体开发方案的要求，对各井口的地层注水严加控制。必须严格按照相关行业标准，如《SY/T 6569-2003，油田注水系统经济运行》以及《SY/T 6569-2010，油田注水系统经济运行规范》来执行相关的平台流体回注作业，同时加强流体回注过程中的作业监管，最大程度地保证流体回注作业施工严格规范，可操作性强。

（7）采取安全注入压力，杜绝造成地层压裂。

（8）提高平台流体的净化处理质量，严格控制含油、含悬浮物的指标。

2.2.1.15 长期停产井地层流体压力再平衡引起溢油

1. 基本定义

油田生产过程中套管损坏等井下事故和地层能量低、油藏枯竭等原因导致的油井无法继续维持经济运行，而采取关停措施的井，连续停产时间超过一年（或其它时间限制），但没有采取永久废弃处置的井，称为长停井。

按照停产原因可大致分为：井下事故关井、高含水关井、低产低效关井、特殊地况关井等。

造成长停井的原因有：因井下落物事故或套管损坏，因技术上做不到或因成本高昂，未采取打捞修复措施，造成长期停产；油层具有一定的能量，但地层供液能力差，地层液面恢复较慢，日产量低，无法维持连续生产；油层出砂严重，未采取防砂措施或无更好的防砂工艺，造成长期停产的油井；油层原油粘度大，因无合适的稠油开采工艺或因输送困难，造成长期停产的油井；油井正常生产时有一定产能，但因近井地层堵塞污染、堵塞，致使油井油压下降，逐渐减产，被迫停产的井；一些井因边水或底水锥进或油层隔层太薄卡封困难，造成全井高含水，生产效益差，而被迫停产的井；边远井有产量达但因无海底管道，或油轮系泊生产条件不具备，造成无法生产而被迫停产的井。

2. 溢油风险特征描述

长期停产井油水井筒和底层连通，且长期处在地层不卸压的情况下，地层压力会有一个缓慢恢复的过程；也曾出现过长停井地层压力突然上升，造成井口渗漏的问题。

长停井因无法生产很容易被石油作业者看做日常监督管理的盲点，2000 年以来国内某个油田在进行长停井修井过程中，频繁出现井喷事故，这个教训驱使国内的石油作业者开始全过程关注长停井的各项参数。

3. 溢油原因分析

1）注采不平衡造成地层压力异常

海上油田在原始状态下，各油层具有统一的压力系统，油层压力随着深度增加而呈线性增加。当油田注水开发以后，地层压力在纵向上的分布特征发生了极大的变化：当油层或其局部形成长期注大于采的情况时，致使地层压力有很大的提高，从而形成高压层，甚至是异常高压层；而当油层或其局部形成长期采大于注的情况，地层压力会有很大程度的降低，从而形成欠压层，甚至是异常欠压层。

在海上油田开发过程中，由于各种原因造成注采不平衡从而导致形成部分区域压力异常：

（1）由于固井质量或套管损坏等因素，使注入水窜入浅部的非开采地层，从而形成只注不采的状况，在具备构造或岩性压力封闭条件的情况下形成浅层异常高压区。

（2）油田注水开发后，套损区内的套损注水井不能分层注水，而套损采油井则不能正常采油，随着注水井的继续注水，从而形成异常高压区。

（3）长期注水开发造成基础井网主力油层水淹，对高含水油层采取机械或化学方式封堵，同时注水井继续注水，则使这些堵水层压力迅速升高，如果采油井成片堵水，并且堵水层位一致性较好，那么在堵水区域则形成异常高压区。

2）地层压力异常诱发长期停产井溢油

底层压力异常会造成长期停产井附近的压力场重新分布，从而使长期停产井井内及附近地层的压力改变，在一定条件下形成局部异常高压区域，造成不良后果。严重时会压裂地下隔层，使原油窜入断层，压力异常还会破坏井口封堵装置和材料，造成原油外溢现象的发生。

4. 风险削减措施

（1）做好长停井的油压、套压的监控，发现异常升高及时汇报并采取油轮放空或进海管放空措施。

（2）定期对井口外表进行检查，填报检查记录。

（3）定期对采油树流程螺栓进行检查、紧固、保养。

（4）关严井口阀门，设立"禁止开启""长停井"警示标志。

（5）制定审批"一井一策"的井喷应急预案。

（6）建立健全长停井的档案资料，包括但不限于以下内容：井身参数、井史、作业总结、生产层位参数等，以备应急使用。

2.2.1.16 废弃井地层流体压力再平衡引起溢油

1. 基本定义

废弃井也被称为"报废井"。在中国石油天然气集团公司企业标准 Q/SY 36–2007《油气田开发生产井报废规定》中，废弃井可分为以下几大类：

（1）对油气田开发不起作用、无综合利用价值的井。

（2）对油气田开发造成不良影响的井。

（3）无法修复的套损井。

（4）其他情况需要报废的井（如井下落物无法捞出，不能恢复生产的井）等。

在中国石油化工集团公司企业标准 Q/SH 0035-2006 中，根据油气井废弃的原因可以将废弃井分为"地质报废井"、"工程报废井"、"枯竭报废件"和"其他报废井"。

"地质报废井"的报废条件为：

（1）完钻后未钻遇气层或钻遇情况差，不具有投产采气价值的探井。

（2）钻井显示产能较高但不具备投产条件的井。

（3）储集层物性差，试气证实不产气或低产低能，无论采用何种方式开采，产量低于经济极限的井。

（4）达到废弃压力，无法利用的井。

（5）失去检查、观察意义，且无其他利用价值的检查井。

"工程报废井"的报废条件为：

（1）在钻井、完井或作业过程中由于各类井下事故，造成现有工艺技术和经济条件下，无法恢复利用的井。

（2）经作业工序或测井手段证实存在严重套损（如生产过程中由于硫沉积产生氢脆、硫化物腐蚀应力开裂导致的严重套损），经多种措施仍不能消除隐患，无法利用的井。

（3）套损井修复费用超过钻更新井总费用，或修复投入大于修复后产出的井。

"枯竭报废井"指油气井经长期开采后，井口压力下降，产能枯竭而形成的报废井。

"其他报废井"可细分为下列几种：

（1）完钻测试日产气量很小，初步认为，开采价值不大而列入的报废井。

（2）气藏进入末期开采后，边部气井压力逐渐降低，产气量逐渐递减，产水量增大，而关井后被列入的报废井。

（3）气井原始状态为气水同层，开井排水采气，生产一段时期后，气井被水淹而关井后列入的报废井。

2. 溢油风险特征描述

海上废气井数量较多的是探井，根据海上废气井的相关要求，探井在打完水泥塞后在海床泥面以下一定深度对井身进行切割，可以采用机械切割或爆破等形式，但往往打水泥塞都是在套管内部进行，而且是分段进行，由于套管壁面存在油质、泥浆等杂质影响，水泥塞和套管之间的密封能力是不可靠的，没有任何一位石油作业者敢于对水泥塞的质量提出一个大胆的保证和承诺；很多废气井泄漏的事故证明了水泥塞的脆弱性。

水泥塞依靠水泥来完成对油藏的堵塞，水泥塞从生成开始向后的逐渐老化崩解，而地层压力也逐渐提高，井筒也越来越不安全。因此，水泥塞是临时措施，而不是永久有效的措施。

同时应该看到，废气井的水泥塞无法阻止其连通油藏压力的进一部上升，油藏的高压介质可以通过油层套管的外壁向上逐渐蔓延进入浅地层，从而最终造成浅地层穿刺而污染海洋。

在切割完井口后，对井口设备进行水下切割，水泥塞可能因失效而造成水下溢油，造成严重的危害。

3. 溢油原因分析

油气田在原始状态下，各储层具有统一的压力系统，储层压力随着埋藏深度的增加而呈线性增加。当油气田注水开发以后，储层压力在纵向上的分布特征将发生极大的变化：当储层或其局部形成长期注大于采的情况时，致使储层压力有很大的提高，从而形成高压层，甚至是异常高压层；而当储层或其局部形成长期采大于注的情况，地层压力会有很大程度的降低，从而形成欠压层，甚至是异常欠压层。

注采平衡指注入储层水量与采出油量的地下体积相等。影响注采系统是否平衡主要有两个因素：注采井数比和注采比。其中注采井数比为静态指标，跟井网适应性相关；注采比即是油田注入剂（水、气）地下体积与采出液量（油、气、水）的地下体积之比，通常用它衡量注采平衡情况，在井网适应性合理的前提下，注采系统是否平衡主要取决于注采比是否合理，当注采比大于1时，采出油的体积小于注入剂的体积，导致储层压力大于原始地层压力；当注采比小于1时，采出油的体积大于注入剂的体积，导致储层压力小于原始地层压力。

在绝大多数的油藏在生产过程中并不是一口井单独生产，而是许多生产井和注水井同时工作，随着油藏的进一步开发，不断有许多井投入使用或关闭，一些关闭的废弃井会受到同储层注水不平衡的影响，随着废弃井周边压力的改变，废弃井所处层位的压力会重新再平衡，从而会引起储层裂缝和废弃井口压力的改变，破坏井口封堵装置和材料，引起溢油现象的发生。

废弃井本身井控或封堵措施不到位所导致的安全隐患。尤其是对一些"临停井"，作业单位往往只进行一些较简单的技术封堵，容易发生油气泄漏事故。发生意外泄漏时，原油可直接进入海洋中，会对当地海洋生态环境造成极大的伤害。如果是天然气发生泄漏，由于天然气的膨胀性和易燃易爆性，更易发生重大环境污染、甚至爆炸事件。并且由于是废弃井，泄漏事故往往具有隐蔽性、潜伏性和后果的不可预测性。

废弃井封堵材料和井控装置由于自然风险因素所导致的安全隐患。即使采取了"永久性封堵措施"的废弃井，由于自然风险因素（如地震、海底下流体压力异常、套管损坏、井壁垮塌等），也有可能会溢油事故。封堵材料和装置因年代久远、防漏设备老化和失效，也可能发生泄漏事故，污染环境。尤其是海洋中的废弃油气井，封堵装置和材料由于地层流体和海水的长期腐蚀，更易发生泄漏和井喷事故，酿成重大环境损害。

4. 风险削减措施

（1）准备报废的井，若所在油藏尚有开采价值，在采取报废措施之前，应打一口调整井到该层位进行泄压生产。

（2）建立健全"一井一策"的废弃井溢油的相关应急预案，做好废气井的日常压力和外观检查，及时发现隐患；对水下切割完毕的废气井，要定期进行海面的观察，及时发现泄漏异常。

（3）采取安全的注水开发工艺，确保废气井的地层压力在安全范围内。

2.2.2 海上油气集输过程的溢油隐患及预防
Oil spill risk and prevention of oil and gas gathering and transfering process

海上油气集输系统是指把海上油井生产出来的原油、伴生气进行集中、计量、处理、初加工，最后将合格的油、气外输给用户的整个生产流程，以及为上述生产流程提供的生产设备、工程设施的总称。海上油气集输系统包括海上油气生产设备系统以及为其提供生产场地、支撑结构的工程设施。这些工程设施有井口平台、生产平台、生活平台、储油平台、储油轮、储油罐、单点系泊、输油码头等。然而，由于海上油气集输系统包含的设备种类较多，涉及的工艺过程较为复杂，再加上海洋特殊的环境因素影响，如台风、风暴潮、灾难性海浪、海洋地震以及海冰等，在海上油气集输设备开发和利用的过程中，也必然会存在着一定的溢油风险。下面将从海上油气集输系统的几个关键设备来分析该过程可能存在的溢油隐患并提出相应的预防措施。

2.2.2.1 浮式生产储油装置 FPSO 及单点系泊系统溢油

1. 基本定义

（1）FPSO 定义：Floating Production Storage and Offloading 的缩写，即浮式生产储油装置，它集油气产品处理、储存、外输及生活、动力供应于一体。FPSO 装置作为海洋油气开发系统的组成部分，主要由系泊系统、载体系统、生产工艺系统及外输系统组成。

（2）单点系泊系统定义：它的主要作用是将 FPSO 定位于预定海域，起着输送井流、电力、通信等功能。同时，使 FPSO 具有风向标的效应，在各种风浪流作用下 FPSO 的受力为最小，从而保证 FPSO 在海上能长期连续工作。

2. 污染的表现形式

FPSO 在输油过程中，如果大缆和系泊系统一直处于风浪流等复杂变化的环境力作用下，再加上两船间过分纵荡运动等不利的情况以及人员操作失误等因素，可能会产生缆绳断脱和折断的后果，甚至引起更严重的继发性溢油事故，例如输油管和软管破裂造成原油泄漏等。

3. 溢油原因分析

1）恶劣海况造成的设备损坏而导致的漏油事故

（1）长期处在大风、巨浪等条件下，船体动荡和碰撞，输油管线断裂而导致的溢油事故。

（2）在海冰作用下，由于剧烈振动导致的油气管线的断裂与法兰松动等，或者装置受到海冰碰撞和挤压都会造成重大溢油事故。

2）人员操作失误而导致的溢油事故

（1）停泊时速度控制不当，产生碰撞事故而导致溢油事故。

（2）软管与甲板摩擦损坏或固定不稳，使得软管受损导致的溢油事故。

（3）不能及时沟通作业期间的实时情况（包括偏移情况、动力情况）以及协调指挥失误而导致溢油事故。

3）机械设备自身原因而导致的溢油事故

（1）系泊链/缆疲劳老化或其他系泊部件失效、缺失等造成 FPSO 船体发生大幅度移位而导致溢油事故。

（2）输油管线老化、腐蚀严重、受到机械损伤而导致溢油事故。

（3）应急系统失效，不能及时发现泄漏，使得溢油事故加剧。

4）管理不到位而导致的溢油事故

（1）缺少相应的安全操作规范。

（2）应急力量薄弱，应急机制不健全。

（3）操作人员安全意识相对薄弱。

4. 防范措施

（1）预先对单点系泊系统和大缆进行断脱可靠性分析，找出其薄弱环节，并进行加强或修复。

（2）加强对操作人员的技术培训，避免因操作失误而引发溢油事故。

（3）建立先进的海冰冰激振动测试系统，并建立和确认海冰灾害预报模式，为海冰灾害区的 FPSO 的结构设计提供有利的依据。

（4）在冰害频发季节，配备相应的破冰船只。

（5）定期检查设备，及时更换受损部件。

2.2.2.2 海底管道溢油

1. 基本定义

（1）海底管道定义：海底管道是通过密闭的管道在海底连续地输送大量油（气）的管道，是海上油（气）田开发生产系统的主要组成部分，也是目前最快捷、最安全和经济可靠的海上油气运输方式。

（2）热损伤定义：由于温度梯度循环引起的热应力循环（或热应变循环），而产生的疲劳破坏现象。

2. 污染的表现形式

同陆地管道相比，海底管道运行风险更大，在海底管道的运行全过程中，海底管道可能会受到各种损伤，包括腐蚀穿孔、外部损伤（断裂、锚挂等）和热损伤。操作失误产生的憋压现象也是导致管道破损溢油的危险因素之一。如果管道处在超期服役的状态，更易产生上述形式的漏油事故。

3. 溢油原因分析

1）腐蚀而导致的海底管道溢油事故

（1）管输介质中的二氧化碳和硫化氢等酸性物质是造成管道内腐蚀穿孔的主要原因。

（2）管道内高流速的混输气液，使腐蚀保护膜遭受剧烈冲刷破坏，导致管道穿孔，产生溢油。

（3）海水的腐蚀性及海洋生物的附着等造成了管道外腐蚀而导致穿孔溢油。

（4）超期服役管道，老化严重，更易受腐蚀因素影响产生溢油。

2）恶劣海况导致的海底管道溢油事故

（1）海底管道因海床运动而发生断裂导致溢油事故。

（2）波流反复冲刷使海底管道呈悬跨状态，引起管道波激振动，发生疲劳或断裂。

（3）恶劣海况下，超期服役管道产生溢油风险的概率将大大增加。

3）工艺过程不合理导致的海底管道溢油事故

（1）焊接工艺不合格导致管道焊接接口处发生断裂。

（2）管道选择不合格，未能达到防腐要求而导致管道破损溢油。

（3）海底输油管线在温度差异较大的情况下发生凝管，导致管道憋压。

（4）高温输油时，管道上产生交变热应力，导致海底管道的疲劳开裂。

4）人员操作失误或第三方破坏导致的海底管道溢油事故

（1）改动输油工艺流程时单方操作而相互联络不及时，导致管道发生憋压事故。

（2）在紧急情况下或者有特殊作业需求时，产生脱锚现象而锚挂海底管道，导致管道溢油。

（3）若埋设不深或由于波流冲刷而裸露出海底时，受到渔网拖挂、航锚和船上落物等的撞击，导致管道溢油事故。

4. 防范措施

1）从工艺设计角度

（1）合理选择管道路线。尽量选择在海底地形平坦且稳定和海况较好的区域，避开渔民作业区。

（2）合理设计管道。采用增加管壁厚度、管外涂防腐层、阴极保护法、在管内流体内加缓蚀剂等方法来防止管道发生腐蚀。

（3）严控材料质量。避免管道钢材以及包括闸门、法兰、垫片等在内的附件材料有质量缺陷。

（4）通过应力分析、断裂力学、材料试验、质量检查、无损探伤等技术手段，保证结构在服役期间不发生任何断裂失效事故。

2）从管理角度

（1）在役运行阶段采取合理检测方法，及时发现、消除缺陷，减少管道溢油事故。

（2）对于超期服役的管道要科学地预测管道寿命，并对其定期检测，及早发现漏油隐患。

（3）明确锚泊作业规程，避免操作失误。

（4）加强管道检查，做好各个主要阀门的保养与维修。

（5）改动输油工艺流程时，及时检查保证无误，并要及时联络。

（6）保证输油温度、流量在允许参数范围以内。

5. 相关附图

图 2. 海底管道外腐蚀

图 2.4 海底管道内腐蚀

图 2.5 海底管道受锚撞击产生的损伤

2.2.2.3 油水井套管溢油

1. 基本定义

套管：是保护井壁及井内设备，隔开各层流体，保证油水井生产活动正常进行的钢材管道。

2. 污染的表现形式

油水井套管损坏问题愈来愈突出，套管损坏导致的溢油事故已成为困扰海上原油开采的一大难题。目前套管的损坏类型大致可分为折断、断裂、腐蚀穿孔和热损伤等。油水井套管一旦发生上述损伤，极有可能造成严重的海洋石油漏油事故。

3. 溢油原因分析

1）井身因素造成套管损伤而导致溢油事故

（1）套管设计强度不够、套管缺陷、井眼"狗腿度"超标，钻井过程中套管磨损、套管丝扣密封不严、水泥返高不够、固井质量差等导致套管断裂或折断。

（2）套管加工制造时，出现壁厚不均匀、加工微裂痕或内部组织缺陷、连接螺纹间隙大等易导致套管损伤。

2）地层因素造成套管损伤而导致溢油事故

（1）在异常高压地层作用下，围岩对套管产生非均匀外挤造成套管断裂。

（2）地层沉降压实会导致地层滑移，造成套管折断。

（3）地壳运动及油藏体积发生变化，使得地应力发生变化，使地层不同构造分层产生剪切滑移，导致套管遭受非均匀外挤力而发生挠屈变形，甚至错断。

3）生产因素造成套管损伤而导致溢油事故

（1）油层出砂会引起上覆岩体下沉和下覆岩体上冲联合作用，使油藏层段缩短，影响套管的横向支撑，使其形成挠曲或断裂。

（2）压裂过程中，压力可能沿套管上移，导致上覆盖层压力增加而发生错断。

（3）在热采过程中，热应力和腐蚀的共同作用而造成套管热损伤。

（4）高压注水会降低地层有效应力，造成地层体积膨胀，产生剪切应力造成套管折断或断裂。

4）腐蚀因素造成的套管损伤而导致溢油事故

套管腐蚀机理很复杂，常见的有电化学腐蚀、化学腐蚀、细菌腐蚀和氢脆，而最普遍的就是电化学腐蚀。主要由溶解氧、CO_2、H_2S、Cl^-、HSO_4^-、HCO_3^- 等造成，现场常见的是溶解氧、CO_2 和 H_2S 引起的套管腐蚀穿孔。

4. 防范措施

1）增加套管设计强度，提高其抗挤毁能力

针对套管设计强度低而引起的损坏，在套管设计时，在容易引起损坏的井段，如射孔段、泥岩层段、断层附近等处，应选用高强度的 P110 钢级厚壁套管。

2）选择优质套管

选用特殊螺纹来实现螺纹部分与腐蚀介质相隔绝，并保证螺纹连接处的强度超过管体强度。也可通过相应工艺处理，在套管表面形成一层具有控制腐蚀作用的涂层，直接将套管与腐蚀介质分离开来。

3）加强注气井井身结构

对于注气井井身结构，推荐采用带防热膨胀的伸缩节，连接在套管的中下部位，并对油层部位尽可能不用水泥固井，使套管在高温下有一个自由膨胀量，这样可防止高温使套管产生的内应力所造成的套管破坏。

4）适当降低注水压力

为了防止注水引起套管损坏，注水压力不得高于地层最小水平主应力值。应定期对高压注水井实施洗井、防膨胀及解堵等作业，防止地层污染，并开展周期注水降压试验，以有效地控制注水压力的持续上升，扩大注水波及体积、降低注水压力。在油田注水开发时，采用行列注采井网和菱形注采井网，可以防止或延缓处于裂缝方向上的油井由于水淹而导致的套管变形。

5）合理选择压裂设计方案

针对压裂引起的套管损坏，设计压裂方案时，要根据压裂层和盖层的岩性、厚度及力学参数，合理选择排量，防止裂缝延伸至盖层，尤其是泥岩隔层，避免为注入水进入泥岩形成良好通道。

5.相关附图

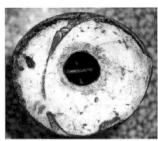

图 2.6 套管断裂

2.2.2.4 储油罐与分离器溢油

1.基本定义

（1）分离器定义：在油气集输过程中，油气混合物的分离总是在一定的设备中进行的。这种根据相平衡原理，利用油气分离机理，借助机械方法，把油井混合物分离为气相和液相的设备称为分离器。

（2）冒顶定义：指油罐的油位监测仪器出现故障，不能准确地计量油罐内油量的多少，或者是由于工作人员疏忽大意，没有及时注意到仪表的变化，从而导致原油从油罐的顶部冒出的事故。

2.污染的表现形式

储油罐和分离器是海上油气集输过程中油品储存和处理的重要设备。海上作业时，由于作业条件非常复杂，往往会导致储罐和分离器的破损、倒伏、渗漏、爆炸和冒顶事故，这些事故发生后，都会导致产生较为严重的溢油事故。

3. 溢油原因分析

1）海况因素

（1）海上大风、波浪等因素导致船体摇晃，造成储罐或分离器倒伏。

（2）海上环境湿度较大容易加剧储罐和分离器的腐蚀而导致溢油事故。

（3）雷击产生电火花，导致储罐爆炸。

2）设备自身因素

（1）储油罐和分离器底部往往有一层水层，水中存在一定量的具有腐蚀性的沉淀物，会对装置底部产生腐蚀影响；再加上不可预见的外力冲击，都有可能造成储油罐和分离器的渗漏或损伤。

（2）储油罐与分离器结构设计不合理或加工质量和施工质量不合理（例如存在着裂纹和砂眼），易造成应力集中产生疲劳裂纹或破损。

（3）储油罐或分离器底座不牢固，在恶劣海况下极易发生倒伏事故。

（4）储油罐的油位监测仪器出现故障，不能准确地计量油罐内油量的多少导致发生冒顶事故。

3）人员操作失误因素

（1）违章作业导致储罐或分离器受到撞击而发生破损溢油。

（2）设施布局不合理，导致设备不够稳定而发生倒伏。

（3）未穿着防静电服装，造成静电放电产生火花或在罐区使用明火而导致储罐爆炸。

（4）由于工作人员疏忽大意，没有及时注意到仪表的变化，容易导致原油从油罐的顶部冒出。

（5）油罐装填太满，油品受热体积膨胀造成油罐冒顶。

4. 防范措施

（1）做好储罐和分离器的设计工作，合理选材，保证装置的防腐性能。

（2）合理布局油罐区；对油罐底座进行加固。

（3）合理规划用电设施，避免在油罐区产生电火花。

（4）对操作人员进行培训，禁止在危险区域使用明火。

（5）合理优化输油流程，尽量避免静电产生，并设置防静电和防雷击设施。

（6）定期检查液位检测装置，保证其能正常工作。

（7）加强操作人员的技术培训，储油罐的填充体积应经过科学计算，不应过满。

2.2.2.5 平台油气水管道溢油

1. 基本定义

平台油气水管道定义：平台上用于输送刚开采出来的、含有水分和气体的井液的管线。这些管线将井液汇集并输送到 FPSO 以进行油、气、水的进一步分离。

2. 污染的表现形式

油气水管道要将生产管汇汇集的开采出的井液输送到 FPSO 上的油气处理系统进行油、气、水的分离，由于开采出来的井液，含有大量的酸性腐蚀物质，如果管道的耐腐蚀性能不足，易造成管道的腐蚀穿孔。另外，海上环境的外力载荷（波浪、海冰等）和第三方破坏也容易引起管道的断裂而导致溢油事故。

3. 溢油原因分析

（1）油气水管道内的油气中含有腐蚀性的物质，造成管道穿孔。

（2）管道制造或安装过程中产生的表面缺陷，在内压或腐蚀作用下易发生穿孔或断裂。

（3）管道长时间受到破浪载荷易发生疲劳裂纹或在焊接处断裂。

（4）管道受到海冰撞击的影响，易发生破损或断裂。

（5）操作人员误操作导致管道憋压，造成管道断裂。

（6）受到第三方破坏（物体撞击、锚挂等）而造成管道断裂破损。

4. 防范措施

（1）采用物理法、电化学法和增加防腐涂层等管道防腐蚀技术。

（2）在管道设计时，采用耐腐蚀的材料。

（3）定期检查管线，发现缺陷，及时修复。

（4）优化管道焊接工艺，保证焊缝质量。

（5）加强对操作人员的技术培训，避免操作失误。

（6）合理设计管道增加管道强度，防止外物撞击对管道的破坏。

2.2.2.6 井口平台溢油

1. 基本定义

井口平台定义：在井口附近采用隔水套管支撑的平台，上面只有必要的井口工艺设备和多路阀，井口物流通过多路阀、栈桥管线输送至自安装采油平台进行处理。

2. 污染的表现形式

海上作业时，当出现恶劣海况（如台风、地震、波浪、海冰等）可能会导致井口平台的倒伏或支架断裂；井喷和管线泄漏也是井口平台易发的严重事故，这些事故不仅会导致大量的油气泄漏，还有可能产生火灾、爆炸等事故。

3. 溢油原因分析

1）海洋环境因素导致的溢油事故

（1）海洋地震产生的地壳运动导致平台结构倒塌而发生溢油事故。

（2）海冰碰撞导致平台结构断裂而发生溢油事故。

（3）台风、波浪等环境载荷导致平台倒伏或结构损伤而发生溢油事故。

2）人员操作不当导致的溢油事故

（1）修井操作不当，造成套管挤扁而导致井喷事故。

（2）修井作业上提或下放钻具时误操作而导致井喷事故或油气泄漏。

（3）拆装采油设备时，控制及压井技术不过关造成井喷事故。

3）井口平台自身损坏导致的溢油事故

（1）井口平台上的各类工艺处理设备及其连接的管线、法兰、阀门可能会因为工艺物料的腐蚀、冲刷，工艺状况的变化，外力的破坏等发生油气泄漏。

（2）井口应急关断系统失效导致井喷产生。

4. 防范措施

（1）修建井口平台时尽量选择地质条件较好的海底进行修建。

（2）增加平台支架的强度，使其具有抗恶劣海况的能力。

（3）提高修井技术，充分做好各项工作准备。

（4）提高井控或压井技术，避免井喷产生。

（5）定期检查井口平台的各类工艺处理设备。

（6）加强操作人员的技术培训，强化人员安全意识，避免由操作失误引发溢油事故。

2.2.2.7　开排闭排罐溢油

1. 基本定义

（1）开排罐定义：一种安装有高液位开关和低液位开关的罐体装置。高液位开关和低液位开关分别与泵体的输入端相连，且罐通过管道与泵体相连通；罐内液面高于高液位开关时，高液位开关动作，开动泵体，将罐中液体抽到闭排罐；

当罐内液面低于低液位开关时，低液位开关动作，从而保证开排罐内液位高度始终控制在高液位开关和低液位开关之间。

（2）闭排罐定义：用以收集和处理海上平台生产系统和公用系统的带压排放气液混合物，并分离出含水污油，将其通过闭式排放泵返回原油处理流程的罐体装置。

2.污染的表现形式

开排闭排罐内部盛装的是易燃、易爆、有毒或腐蚀性物质，易受到外部撞击发生破损漏油，长时间处在高温高压作用下，是危险性较高的特种设备；在仪表损坏或人员操作失误的情况下，也极有可能发生溢流和冒顶事故。

3.溢油原因分析

（1）罐体受到腐蚀而发生油气泄漏事故。

（2）受到外部撞击和过大内压等偶然性载荷时，罐体易发生破损导致溢油事故。

（3）罐体结构焊接不合格，罐体有可能会发生破裂。

（4）仪表失灵或损害导致罐内液体发生溢流或冒顶而造成溢流事故。

（5）操作人员没有注意到仪表的变化，导致罐溢流或冒顶。

4.防范措施

（1）合理设计和安装。

（2）定期检查和维修。

（3）及时更换损坏部件。

（4）加强操作人员的技术培训。

2.2.2.8 外输泵溢油

1.基本定义

（1）密封刺漏定义：泵体密封处封圈材料耐磨、耐压、耐酸蚀等能力不足而导致的密封不严造成的泵内液体刺漏现象。

（2）回流管定义：为防止因启泵造成管网的压力过大而对管道造成伤害而设置的回流管线。

2.污染的表现形式

外输泵在输送原油的过程中，由于输送压力大，加上原油的高温、高腐蚀性等特点，泵非常容易发生密封刺漏、壳体密封失效和回流管断裂等导致的溢油事故。

3.溢油原因分析

（1）泵的工作条件不稳定，易振动，致使介质端面机械密封处的动静环两端面比压升高，导致泵的密封不实而产生溢油。

（2）外输泵结垢，导致其机械密封刺漏。

（3）密封圈长期在高温和腐蚀环境下失效而导致刺漏。

（4）密封结合处，表面质量不高，过于粗糙，易被腐蚀。

（5）回流管本身的焊接结构存在高残余应力，长期处在原油的腐蚀环境下，易发生断裂事故。

（6）操作人员操作不当导致输油泵憋压，发生刺漏和回流管断裂。

4. 防范措施

（1）保持外输泵工作环境的稳定性。

（2）改变端面比压，采用单端面平衡型金属波纹管机械密封。

（3）控制回流管焊缝成型质量，避免焊接缺陷。

（4）回流管材质更换为耐腐蚀材质，减少应力腐蚀开裂。

（5）采用耐温、耐压和耐腐蚀的密封圈材料。

（6）控制密封断面质量，使密封处有较好地贴合度。

（7）定期检查泵体结构，及时除垢或及时更换受损部件。

（8）明确操作规范，避免由操作失误造成憋压等事故。

2.2.2.9　穿梭油轮溢油

2.2.2.9.1　油轮过驳隐患及预防控制

1. 基本定义

锚地油轮过驳是指受油船（又称二程船或子船）系靠在卸油船（又称一程船或母船），且卸油船处于锚泊状态时进行的两船间原油或石油产品的转载操作。

2. 污染过程描述

油轮过驳作业过程中存在走锚、断缆、软管破裂、残油外溢和船舱破裂等风险，易酿成碰撞他船、搁浅、触礁等严重事故致使船体原油泄漏和外输软管断裂造成原油泄漏等，有可能引发严重的海洋污染事故。

3. 溢油原因分析

1）走锚原因

（1）锚地底质较差。

（2）锚地水深不足。

（3）风大流急，风流外力方向不一致时船舶出现偏荡现象。

（4）锚链绞缠、出链长度不够。

（5）锚抓力不足。

2）断缆原因

（1）风浪流等复杂变化的海况环境，两船间的纵荡和鱼尾运动可能导致系泊大缆拉力急剧增大，超过其破断值断裂，甚至外输软管被拉断造成原油泄漏。

（2）大型船舶质量大、体积大、受风面积大和受涌浪影响，船舶产生上下前后起伏运动时，巨大的惯性冲击将使系缆绳与导缆孔、船体突出物以及泊链部分与导缆器的边缘部分反复摩擦导致其疲劳破坏。

（3）导缆器与系泊线接触面过度疲劳运动，系泊链过载。

（4）钢缆与链完全脱离，钢缆上的阴极保护被海底锚链部分脱掉，导致钢缆被腐蚀。

3）软管破裂原因

（1）设计缺陷。

（2）生产制造缺陷。

（3）穿梭油轮脱离软管受拉，大缆连接失效导致软管受拉。

（4）软管老化严重存在明显裂纹（尤其末端严重磨损或撕破），管线阀门、法兰、弯头等处老化。

（5）原油流量过大或浪涌造成管内超压。

（6）法兰接头损坏。

（7）水击导致安全破断接头释放。

（8）断缆导致软管断裂。

（9）操作失误。

4）残油外溢原因

（1）海域环境对溢油的影响：

①风浪流等因素影响。

②海底不明障碍物多。

③助航设施设置不够规范完善。

（2）人为因素对溢油的影响：

①防污染规章制度及程序不健全；

②人员配备不足、培训不到位；

③没有定期进行设备维护及保养；

④缺乏管理层的监督管理；

⑤过驳人员操作不规范。

（3）设备因素对溢油的影响：

①油轮与井口或海底不明障碍物、油轮与其他船舶之间发生碰撞致使船体磨损、开裂和强度降低；

②油轮的服役期限长致使相关设备老化；

③油轮的船型选择不当；

④油管残旧、过驳时油压过大。

5）船舱破裂原因：

（1）碰撞致使船体破裂。

①相关机械设备失效：局部推进器控制系统失效、位置参考系统失效、船舶传感器失效等；

②人为操作失误：对技术系统功能错误的期望行为和错误的评估内外部状态；

③两船间距离小，碰撞几率大；

④发生鱼尾运动和纵荡运动；

⑤恶劣的海洋环境因素，环境突变（如波浪周期大于 15s）。

（2）过驳作业中断舱事故。

（3）过驳作业时发生海难事故如火灾爆炸等造成船舱破裂溢油。

（4）大缆失效。

（5）人员操作失误。

4. 防范措施

1）走锚的预防控制措施

（1）操作与管理控制：

①驾驶人员在抛锚时应选好锚地，正确锚泊操纵，保证足够的出链长度；

②锚泊中严守岗位，观察气象和潮汐变化，及早发现走锚。

（2）技术控制：

①利用雷达定位、GPS定位等精确度较高的方法实时检查船位以便及时发现走锚；

②观察偏荡情况。若强风中的锚泊船不断左右来回偏荡，则说明锚抓力仍能抵御外力的影响，船舶没有走锚；否则发生走锚；

③观察锚链情况。正常锚泊时，锚链常有周期性地松紧、升降现象，若锚链持续保持拉紧状态并间或突然松动，说明有可能在走锚；

④根据本船与他船相对位置变化来判断是否走锚。

（3）应急控制：

①发现走锚时应立即加抛另一锚并使之受力；同时紧急备车、叫船长；

②谨慎松长链长，只有在确认锚尚未翻动，松链后不致触礁或触碰他船时，方可适当松长锚链以增加抓力；

③开动主机以减轻锚链受力；

④如开车后仍不能控制走锚，则应果断决策，或另择锚地或出海滞航；

⑤双舷过驳时母船走锚，请求拖轮或监护船帮助；

⑥及时悬挂并鸣放"Y"信号，或用其他通讯方法高频警告他船。

2）断缆的预防控制措施

（1）人为操作与管理控制：

①船方应积极与当地代理、港口联系沟通，了解气象条件、受风、涌浪特点及附近水面交通情况等，然后有针对性地布置落实应对措施；

②装卸要避免单边装卸及船舶过度倾斜，避免系缆受力不均或因倾斜受力造成张力集中；

③船长在操作过程中，应该适当的进行间歇微速进车或是停车，直到缆绳受到的张力逐渐减少后，再加车。

（2）安全技术控制：

①把握出缆角度和缆绳均衡受力；

②合理使用和转换自动缆。受涌浪影响大、经常受强风袭扰区域，建议不要使用自动揽，改为手动，并绞紧后用刹车刹住；

③防止船舶在强风中漂移。切忌强行硬绞缆绳使船归位，尽量利用刹车保持住原有漂离状态，并申请拖船帮助；

④防止缆绳过度磨损。选质地较好、耐磨的钢质拖缆和交托缆；应避免使用固定洞孔的出缆孔，尽量使用滚轮、滚柱等可活动缆孔；在缆绳与缆孔摩擦部位附近用"双8字"方式缠上防滑链条或绑上麻袋等。

3）软管破裂的预防控制措施

（1）使用高完整性的软管、阀门、联结和其他外输设备。

（2）在软管接头处的上游安装自动关断阀并配备低压传感器或相似的传感器探测泄漏；独立低压传感器安装在每个卸载泵检查阀门上游处。

（3）外输速率控制在合理的水平。

（4）定期检查、维护和更换软管。

（5）在软管末端安装阀门避免软管释放造成油污染。

（6）制定完善的溢油控制程序。

4）残油外溢预防控制措施

（1）人为因素方面的控制：

①加强教育培训，提高船员的业务素质；

②加强管理，保证人与人之间良好的协调性和配合性；

③加强主管机关的安全监督。

（2）技术控制：

①对营运中的油轮船体结构的可靠性进行评价，及时发现油轮船体结构的缺陷；

②定期维护保养，加强对维护人员和设备使用人员的组织管理；

③过驳人员在拆油管操作时注意油管中的残油；

④更换残旧油管，控制过驳时油压过大。

（3）应急控制：

①立即停止转载；

②发出应急信号；

③评估泄漏货物特性；

④切断货物软管和必要时对解缆作出安置。

5）船舱破裂的预防控制措施

（1）时刻监测穿梭油轮船舶变化。

（2）穿梭油轮发生鱼尾运动时，可以开动尾部主推进器，使大缆上保持合理的张力。

（3）减小两船间名义距离，减少大缆张力。

（4)卸货船的船长应站在驾驶台监控收货船并靠和在必要时对船舶发出警报。

（5）在穿梭油轮尾部用拖轮适当施加拉力。

（6）评估油轮船体结构的可靠性。

（7）定期维护保养。

2.2.2.9.2　油轮卸油隐患的表现形式及预防控制措施

1.基本定义

（1）油轮接卸作业定义：油轮接卸作业主要包括油轮进出港航行、油轮的靠泊和离泊以及卸油作业三部分。进出港航行主要是由引航员负责的，确保油轮在岗域航道中正常航行及准确靠泊。

（2）卸油作业定义：将油轮中的油通过管道输入到岸上油罐的过程，主要是负责的班组（包括输转班组和计量班组）保证管线、阀门和泵等正常运行，顺利完成卸油作用。

2. 污染的表现形式

卸油作业作为接卸作业的主体部分，因卸油罐较船舱处于较高的位置、操作不规范等，可能导致油品漏入泵房、其他货舱、干隔舱或通过舷外阀进入水域而引发溢油污染事故。

3. 溢油原因分析

（1）油罐所处位置高于船舶货物的水平高度，当油罐存在压力且无止回阀时，易发生货油倒流现象引发溢油。

（2）在卸货过程中，船方的误操作可能导致油品漏入泵房、其他货舱、干隔舱或通过舷外阀进入水域。

（3）卸货次序安排不当、卸油速度过快等原因而引起船舶稳性不足、船体处于不利应力状况，导致船体结构破坏引发溢油。

（4）潮流造成船舶漂移或断缆导致溢油。

4. 防范措施

1）安全技术控制

（1）在卸油作业期间防止管路溢油和泄漏，包括下舱阀在内的各种阀门不用时均保持关闭。

（2）定时核对管线和软管或输油臂的油压，压力下降或测量参数有显著差异时，停止卸油。

（3）拆卸盲板之前，采取防止溢油措施。

（4）泄放所有管路和泵机中存留的残油到指定的货油舱、污油舱或指定的接收舱，防止溢油。

（5）检测卸货过程中的管道压力、各舱液面高度、压载水情况、油舱含氧量、管道压力和岸上油罐液面高度等参数，预防溢油的发生。

2）安全设施检测

（1）定期检查泵舱管路和密封装置，防止原油泄漏。

（2）定期检查阀门压盖和泄放塞，保证原油未发生泄漏。

（3）定期检查贯通舱壁的密封装置，保证其密封有效。

（4）对输油软管进行定期防腐检测，防止发生腐蚀穿孔泄漏。

3）安全管理控制

（1）加强作业人员的安全生产教育和培训，确保安全卸油，预防原油泄漏。

（2）完善应急组织，编制应急预案，并组织人员进行演练，提升应急能力。

（3）配备正压式呼吸器、便携式硫化氢检测仪、防毒面具、防护眼镜等劳动保护用品，以及氧气瓶、担架及开口器等应急物资。

（4）配备足够的消防设施，熟悉并演习相应的应急程序，确保消防系统设施、围油栏铺设合格，配备充足的吸油毡和溢油分散剂。

2.2.2.9.3　油舱清洗隐患的表现形式及预防控制措施

1. 基本定义

（1）油轮洗舱定义：清除掉舱壁上和构件上附着的油渣、油垢、舱底可能沉积的泥沙、杂质等，以保持舱内清洁，提高舱容的利用率。

（2）原油洗舱定义：是专门运送原油的船舶采用的一种洗舱方法，这种方法利用原油的溶解性，一边卸货，一边利用洗舱机将原油高压喷出，用以稀释和带走依附在舱壁和舱底的油泥和油渣，避免油轮货油舱内积累大量的油渣。

（3）水洗舱定义：分为两种，一种是普通海水洗舱，就是利用海水加温后来清洗货油舱。另一种是清洁液洗舱，也就是在海水中加入一定比例的清洁液，然后再洗舱。

2. 污染的表现形式

油轮洗舱过程中由于压力不合格，管线、阀门失效，检查不到位，以及阀门错开等误操作致使原油泄漏，引发海洋污染事故。

3. 溢油原因分析

（1）洗舱设施失效及阀门误操作引发原油泄漏。

（2）洗舱管路高压、高温导致原油喷出。

（3）洗舱操作测量及监控设备故障。

（4）发生油轮事故致使原油泄漏。

4. 防范措施

（1）洗舱系统要用原油进行漏油实验。试验时所用压力为洗舱机正常工作压力的 110%。

（2）加强原油洗舱作业监控，加强洗舱工作人员的安全教育及操作培训，防止漏油事故发生。

（3）原油洗舱作业严格执行交通部 JT154–94《油船洗舱作业安全技术要求》的各项管理规定。

（4）确保压载舱压载水位正常；确保缆绳松紧度适宜；在离泊前，检查缆绳松紧程度，防止断缆、船体漂移等情况发生。

2.2.2.9.4 油轮补给燃油隐患的表现形式及预防控制措施

1. 基本定义

燃油输送系统：是船舶动力装置的重要组成部分，完成燃油补给和油舱燃油调拨功能，其设计性能的优劣对于燃油补给时间、注油功耗以及调拨效率具有重要影响。

2. 污染的表现形式

油轮补给燃油过程因管线破裂、船体泄漏、跑油等造成海域污染，加装燃油的频繁性和港内操作，增大了油污事故的可能性及危害程度。

3. 溢油原因分析

1）管线的破裂

（1）补给燃油时输油管道连接不牢，法兰接头松脱。

（2）输油管道老化，一旦加装压力加大时，管道破洞。

（3）输油管盲板或加油口盲板松动，盲封不严或两舷加油管截止阀未关严，一舷加油时另一舷加油口溢油。

2）货油舱和燃油舱的溢油

（1）不加油的舱或已加满的舱阀门未关死，燃油部分进入非指定油舱造成溢油。

（2）供油方擅自或偶然加大泵量，导致满舱或空舱内排气不及，从透气孔产生溢油。

（3）燃油舱分配阀开错。

（4）舱内存油计算错误，量油不准。

3）船体泄漏

燃油舱与相邻污水舱，压载水舱之间产生破舱，排压载水或污水时，油污随水排出。

4. 防范措施

1）工艺流程安全控制

（1）根据加装燃油的数量、船舶稳性、吃水差的要求合理分配油舱，反复核实油舱内残油。

（2）按溢油应变布置准备好吸油材料和应急措施。

（3）反复检查油管完好程度及接头牢固程度；反复检查输油管盲板密封程度，各截止阀、分配阀正确开启。

（4）控制加油速度，先慢速试加，在确定盲板不漏、舱阀正确、人员到位的前提下再按常速加油。

（5）换舱时应先开空舱阀后关满舱阀。加油结束拆管时应注意管内残油，防止倒流甲板或溢入海中。

2）管线泄漏控制

（1）立即停止加装燃油的工作，并关闭相关阀门。

（2）打开应急警报器，实施最初的应急反应程序。

（3）找出破裂的原因，并进行清除工作。

（4）将破裂管线中的油驳入空舱或不使用的油舱中。

（5）使用可移动的轻便泵将溢出的油驳入空油舱中。

3）油舱溢油控制

（1）考虑是否应阻止气体进入居住舱室和机舱。

（2）将燃油驳入空油舱中，以降低溢油舱的油位。

（3）如必要应准备泵将货油 / 燃油驳入岸上接收设备。

4）船体泄漏

发现在邻近船舶的水面上有油，并查不出任何溢油迹象，则应怀疑可能是船体泄漏。

（1）查找泄漏原因，同时应启用防污染队伍。

（2）适当时降低惰性气体的压力至零。

（3）降低燃油的油位，应将油驳入空油舱。

（4）通过泵把水泵入受损油舱中的受损处，以形成一个水垫，防止更多的油漏出。

（5）如泄漏点在水线以下，则应找来潜水员作进一步的调查。

2.3　参考文献
References

[1] SY/T 6569–2003，油田注水系统经济运行 [S]. 2003.

[2] SY/T 6569–2010，油田注水系统经济运行规范 [S]. 2010.

[3] 张路刚，石　莹 . 渤海湾地区油田采出水的处理方法探讨 [J]. 海洋石油，2003，23（01）：31–35.

[4] 李长忠. 地层水回注新工艺探索 [J]. 石油与天然气化工，2005，05：420-422，340.

[5] 吴怀志，吴昊. 关于海上采油工艺发展的思考 [J]. 中国海上油气，2012，01：79-81.

[6] 黄振东，黎昵，朱懋斌. 已建海洋石油平台污水回注地层研究与应用 [J]. 广东化工，2012，18：95-96，89.

[7] 苏保卫，王铎，高学理，等. 海上采油水处理技术的研究进展 [J]. 中国给水排水，2009，24：23-27.

[8] 刘义刚. 海上油田含聚污水回注技术研究 [D]. 成都：西南石油大学，2013.

[9] 栾小锋. 海洋石油工程环境污染风险管理研究 [D]. 天津：天津大学，2012.

[10] 吕妍，魏文普，张兆康，等. 海洋石油平台溢油风险评价研究 [J]. 海洋科学，2014，01：33-38.

[11] 余建斌. 康菲公司"两个彻底"没完成 [N]. 人民日报，2011-09-03.

[12] 李雪飞，李广茹，陈袁袁，等. 浅谈防止海上油田地质性溢油的几个因素 [J]. 油气田环境保护，2013，23（1）：40-42，67.

[13] 张玮. 裂缝性油藏岩石力学特性及其对水力压裂起裂的影响研究 [D]. 青岛：中国石油大学（华东），2011.

[14] 王业众，康毅力，游利军，等. 裂缝性储层漏失机理及控制技术进展 [J]. 钻井液与完井液，2007，24（4）：77-80，102.

[15] 李家康. 渤海油气成藏特点及与断层关系 [J]. 石油学报，2001，22（2）：26-31，120-121.

[16] 张琴. 地质学基础 [M]. 北京：石油工业出版社，2008.

[17] 宋佳佳，裴峻峰，邓学风，等. 海洋油气井的硫化氢腐蚀与防护进展 [J]. 腐蚀与防护，2012，33（8）：648-651.

[18] 李淑华，朱晏萱. 井下油管的腐蚀防护 [J]. 油气田地面工程，2008，26（12）：49，60.

[19] 蒲仁瑞，刘唯贤. 气井管柱腐蚀机理研究及防治 [J]. 钻采工艺，2003，26（1）：80-82.

[20] 李继丰. 油井管柱抗 CO_2 腐蚀技术研究 [D]. 黑龙江：大庆石油学院，2006.

[21] 杨涛，杨桦，王凤江，等. 含 CO_2 气井防腐工艺技术 [J]. 天然气工业，2007，27（11）：116-118.

[22] 张忠铧，孙中渠，黄子阳，等. 经济型抗 CO2 腐蚀油套管用低合金钢的研究 [J]. 宝钢技术，2002（4）：37-40.

[23] 严焱诚，陈大钧，薛丽娜. 油气井中的湿硫化氢腐蚀与防护 [J]. 全面腐蚀控制，2004，18（4）：7-9.

[24] 焦卫东，张耀宗，张　清. CO2/H2S 对油气管材的腐蚀规律 [J]. 化工机械，2003，30（4）：250-253.

[25] 冯星安，黄柏宗，高光第. 对四川罗家寨气田高含 CO2、H2S 腐蚀的分析及防腐设计初探 [J]. 石油工程建设，2004，30（1）：10-14.

[26] 马丽萍，王永清，赵素惠. CO2 和 H2S 在井下环境中共存时对油管钢的腐蚀 [J]. 西部探矿工程，2008（11）：50-52.

[27] 李仕伦. 天然气工程（第二版）[M]. 北京：石油工业出版社，2008.

[28] 王国章，杜克勤，杨春雁. 废弃井期待"临终关怀"[J]. 中国石油石化，2011，16：18-19.

[29] 张起花. 废弃井因何而废 [J]. 中国石油石化，2011，16：20-22.

[30] 张起花. 寿终因何难正寝 [J]. 中国石油石化，2011，16：23-25.

[31] 陈自强. 废弃油气井的环境损害与法律责任 [J]. 西南石油大学学报（社会科学版），2011，05：1-9.

[32] 张　俊，孙广义，黄　琴，等. 海上半衰竭式水驱开发油藏注采平衡性研究 [J]. 新疆石油天然气，2014，01：62-65.

[33] 徐文江，谭先红，余焱冰，等. 海上低渗透油田开发基本矛盾和主控因素研究 [J]. 石油科技论坛，2013，05：12-16，64-65.

[34] 李　方. 注采条件下储层纵向压力分布研究 [D]. 黑龙江：大庆石油学院，2009.

[35] 赵文芳. 海上溢油污染的危害与防治措施 [J]. 安全、健康和环境，2006，09：25-26.

[36] 闫季惠. 海上溢油与治理 [J]. 海洋技术，1996，01：29-34.

[37] 王祖纲，董　华. 美国墨西哥湾溢油事故应急响应、治理措施及其启示 [J]. 国际石油经济，2010，06：10-13，103.

[38] 孙永生. FPSO 提油作业时穿梭油轮的安全操作 [J]. 航海技术，2010，6：23-24.

[39] 海洋石油工程设计指南编委会. 海洋石油工程设计指南 [M]. 北京：石油工业出版社，2007.

[40] 吕　妍，魏文普，王　佳，等. FPSO 原油外输溢油风险分析及风险评价 [J].

中国海上油气，2013，25（5）：89-92.

[41] 严大凡 . 输油管道设计与管理 [M]. 北京：石油工业出版社，1986.

[42] 孙 智 . 失效分析—基础与应用 [M]. 北京：机械工业出版社，2005.

[43] 王 陶，杨胜来，朱卫红，等 . 塔里木油田油水井套损规律及对策 [J]. 石油勘探与开发，2011，38（3）：352-361.

[44] 江志平 . 油罐渗漏问题研究 [J]. 石油库与加油站，2002，11（2）：38-40.

[45] 何梦醒，唐 晨，赵胜秋，等 . 油气水三相流管道流动规律研究进展 [J]. 中国石油和化工标准与质量，2012，13：45.

[46] 杜夏英 . 蓬莱 193 井口平台风险研究 [D]. 天津：天津大学，2005.

[47] 赵杰英 . 中海油东方 1-1 气田闭排灌结构改造及应用 [J]. 中国科技纵横，2013，24：168-169.

[48] 郭小柱，李炜峰，刘 峰 . 丁烷储罐盲板法兰的刺漏原因 [J]. 中国特种设备安全，2009，25（8）：72-73.

[49] 李 丹，邓 杰，刘伟杰 . 外输泵机械密封失效原因探讨 [J]. 科技创新导报，2007，35：108.

[50] 刘敬贤 . 现代大型油轮锚怕双般过驳安全问题研究 [D]. 武汉：武汉理工大学，2004.

[51] 鲍克者 . 大型油轮在宁波港销地过驳作业安全管理探讨 [J]. 交通企业管理，2010，8：13-15.

[52] 王树坤 . 锚地油轮过驳作业危险源辨识与对策 [J]. 工业安全与环保，2002，28（16）：42-44.

[53] 张圣坤，白 勇，唐文勇 . 船舶与海洋工程风险评估 [M]. 北京：国防工业出版社，2003

[54] 王逢辰，古文贤，郑经略 . 船舶操纵与避碰 [M]. 北京：人民交通出版社，1987.

[55] 吕 妍，安 伟 . FPSO 原油外输作业溢油风险评价系统研究 [J]. 资源节约与环保，2012，12（5）：86-89.

[56] 张海明 . 超大型液化气船舶对船靠、离泊操纵探讨 [J]. 航海工程，2003（2）：49-51.

[57] 隋万胜 . 油轮洗舱的安全管理 [J]. 青岛远洋船员学院学报，2010，31（4）：50-55.

[58] 王国福 . 油轮安全管理文献汇编 [M]. 大连：大连海事大学出版社，1992.

[59] 张兴芝，王忠忱 . 轮机长业务 [M]. 大连：大连海事大学出版社，2008.

第 3 章　溢油污染事故调查

Oil spill pollution incident investigation

海洋工程和船舶溢油污染事故调查处置是一种应急状态下的行政管理工作，是国家为保护海洋生态和环境、保护公共利益、维护公民合法权益，赋予海洋和海事行政主管机关的一项重要职能，是主管机关为了查明事故发生的原因、造成损害的范围、程度，确定事故性质和判断事故责任，依法合规进行的一系列活动。本章包括海洋工程溢油污染事故调查、船舶溢油污染事故调查、溢油量估算方法、溢油漂移跟踪预测和几种类型溢油事故风险及污染预测等五方面内容，综合阐述海洋溢油污染事故调查相关工作思路、监视内容和处置方法。

3.1 海洋工程溢油污染事故调查
Offshore engineering oil spill pollution incident investigation

根据《防治海洋工程建设项目污染损害海洋环境管理条例》第三条规定，海洋工程定义：是指以开发、利用、保护、恢复海洋资源为目的，并且工程主体位于海岸线向海一侧的新建、改建、扩建工程。海洋工程主要类型有：围填海、海上堤坝工程；人工岛、海上和海底物资储藏设施、跨海桥梁、海底隧道工程；海底管道、海底电（光）缆工程；海洋矿产资源勘探开发及其附属工程；海上潮汐电站、波浪电站、温差电站等海洋能源开发利用工程；大型海水养殖场、人工鱼礁工程；盐田、海水淡化等海水综合利用工程；海上娱乐及运动、景观开发工程。

结合历史资料和工程风险分析，众多类型的海洋工程中，已发生溢油污染事故最多和溢油风险最大的类型是海洋矿产资源勘探开发及其附属工程（该类型以海上石油勘探开发工程比例最大），该工程包括海底管道、海底电缆、固定式采油平台、移动式作业平台、FPSO 生产装置、人工岛、油气接收处理终端、海油陆采（又称滩海陆岸）等。因此，本章主要阐述海上石油勘探开发溢油污染事故调查。

3.1.1 事故等级
Incident scale

2008 年 5 月，国家海洋行政主管部门发布的《海上石油勘探开发溢油应急响应执行程序》规定，海洋石油勘探开发溢油污染事故分级，按照溢油污染事故的溢油量及溢油现场情况分为一、二、三级应急响应。其中，海上溢油源已确定为海上油田，溢油量小于 10 吨或溢油面积不大于 100 平方千米，溢油尚未得到完全控制的作为三级应急响应的标准；海上溢油源已确定为海上油田，溢油量介于10 吨至 100 吨或溢油面积介于 100 平方千米至 200 平方千米或溢油点离敏感区 15千米以内，溢油尚未得到完全控制的作为二级应急响应的标准；海上溢油源已确定为海上油田，溢油量在 100 吨以上或溢油面积大于 200 平方千米，溢油尚未得到完全控制的作为一级应急响应的标准。三级、二级溢油污染事故响应执行程序依照《海上石油勘探开发溢油应急响应执行程序》有关规定执行；一级溢油污染事故响应执行程序依照《全国海洋石油勘探开发重大海上溢油应急计划》有关规定执行。若溢油源尚未切断，具有持续性溢油特征的溢油污染事故应按照溢油量、溢油面积和溢油点距离敏感区距离的三个因素的变化情况，逐步调整事故应急响应级别。

3.1.2　事故报告
Incident report

在我国管辖海域从事海上油气勘探开发活动导致发生溢油污染事故的石油公司（以海上油田实际作业者为主要的事故调查和处理对象）应当立即向国家海洋行政主管部门和可能受到污染的沿海县级以上地方人民政府海洋主管部门或者其他有关主管部门报告，并采取有效措施，减轻或者消除污染，同时通报可能受到危害的单位和个人。

（1）溢油污染事故报告的主要内容。溢油污染事故报告应包括以下内容：事故发生的时间、位置、原因；溢油的性质、状态、数量（初步的溢油量和溢油面积）；作业者及现场负责人；事故发生时平台及周边海域环境状况；现场负责人员采取的应急措施和处理效果。溢油污染事故报告应同时记录在"防污记录簿"中，并使用季度报表的"海洋石油污染事故情况报告表"报国家海洋行政主管部门。

（2）溢油污染事故报告的时限要求。溢油污染事故报告的时限应根据油气开发设施离海岸的远近和溢油量大小确定。《中华人民共和国海洋石油勘探开发环境保护管理条例实施办法》第二十条规定：平台距海岸 20 海里以内，溢油量超过 1 吨和平台距海岸 20 海里以外，溢油量超过 10 吨的，要求作业者在 24 小时内报告海区主管部门；平台距海岸 20 海里以内，溢油量不超过 1 吨和平台距海岸20海里以外,溢油量不超过10吨的,要求作业者在48小时内报告海区主管部门。

3.1.3 事故信息
Incident details

1. 溢油污染事故的信息获取

除上述发生溢油污染事故的作业者主动向国家海洋行政主管部门报告的事故信息传递渠道之外,其他溢油污染事故信息获取渠道主要有:相关部门通报、海上油田定期巡航监视发现、现场执法检查发现、社会举报和新闻媒体报道等。

2. 溢油污染事故的信息核实

溢油污染事故获取的信息核实和处置原则如下:通过溢油源的海上油田作业者事故报告、油田定期巡航监视、现场执法检查,明确溢油污染事故,经核实溢油量、溢油面积和敏感区距离,事故处置人员按照《海上石油勘探开发溢油应急响应执行程序》有关规定执行。由相关部门通报、社会举报和新闻媒体报道的溢油污染事故信息,事故处置人员应第一时间到达疑似事故现场进行事件监视、现场勘验、利益相关者询问、信息确认、油污指纹取样,再进行综合分析、科学判断溢油源。若溢油污染事故的溢油源确认是海上油田的,则启动《海上石油勘探开发溢油应急响应执行程序》,若未确认或无法判断溢油源的无主漂油污染事件,则按照应急执法排查为主进行处置,若经排查进一步明确了溢油源,事故处置人员应将事故情况和现场处置情况,通报或移交给该类溢油源相关行政主管部门处理。

3.1.4 溢油源查找和监视
Determination and control of oil spill origin

按照《海上石油勘探开发溢油应急响应执行程序》的规定,事故处置人员应第一时间参与溢油污染事故响应、第一时间到达事故现场开展监视、第一时间编报事故监视和处置报告。事故处置人员通过全面核实溢油污染事故信息、汇总事故现场情况、连续跟踪监视、分析事故现场事态和关注特殊情况的方法,掌握溢油事故现场情况。

1. 溢油源查找原则

溢油源查找是海上油田溢油污染事故现场处置的首要工作,该项工作直接影响到事故的后续各项工作。溢油污染事故处置人员到达事故现场应立即监视、指导作业者查找和控制溢油源。基于海面漂浮油带的情况，以海面为界对周边海域油气开发设施进行逐一排查——首先应短时间内排查水面以上油气生产各系统流程是否存在溢油源（通常情况下，溢油污染事故发生在海面以上，溢油源和油污入海是直接关联的，现场人员较易判断和查找此类溢油源）。排除海面以上可能存在的溢油源后，现场人员再判断是否存在水面以下油气生产流程（主要是水下油气管道、储油装置和海底断层）发生溢油的可能性，此时现场人员应当注意油污入海形成海面油带的起始点往往不是直接的油污溢出点。

2. 溢油源查找应注意事项

溢油源的确认需要汇总各方面的事故信息进行综合判断，海面油带的出现是最直观发现溢油的方式。海上油气设施发生了溢油污染事故，并不一定在设施附近出现油带，溢出油污可能存在于海底地层或海底淤泥的覆盖之下，未上浮至海面。油气开发设施附近海面有油带出现，也不能说明一定是本设施发生了溢油污染事故，单一通过油带监视判断溢油源是不够全面和准确的。事故处置人员应学习石油工程专业知识，熟知海上油田油气生产流程，了解油气处理、输送主要设备原理，为监视、指导溢油源查找工作打下基础。溢油源查找工作的成效也取决于海上油田作业者对所辖油气设施流程的掌控程度以及生产现场的管理水平。同时，溢油源查找还应结合其他方面的信息（如：卫星和航空遥感、油指纹鉴定、溢油漂移轨迹预测、事故海域水文信息等）进行综合分析、判断，以快速找到溢油源。

3. 溢油源监视

海面以上溢油源监视较容易开展，事故处置人员定时排班开展监视即可，本节不再赘述。溢油污染事故处置人员对从海面以下溢油、难以判明溢油源的情况，应以海上设施名称或具体位置分别记录油污溢出点，准确记录海面油带生成的起点和断开的终点，估计新产生油带的油带面积。针对长时间持续性的水下溢油污染事故应开展连续性的溢油源跟踪监视，准确记录和报告油花溢出点、溢出方位、初始油花颜色、新生油带油膜等情况。

3.1.5　事故污染现场监视
Further monitoring of oil spill incident

溢油污染事故现场监视是海上油田溢油污染事故现场处置的主要工作。该项工作主要有四方面内容：海上油污区域确认——监视记录油污海域外围拐点，以初步判断事故污染面积和程度；海面油污动态——油带漂移方向、速度，以现场判断登岸或抵达敏感区域时间；海面油污描述——油带颜色、形状、覆盖率、油膜平均厚度（若可以测量），以合理判断油污的油品特征；其他情况——异常漂浮物情况。

与此同时，经上级部门批准同意，事故处置人员还应以事故调查名义，委托生态损害评估和环境污染评估技术单位，由技术单位筛选主要生态损害和环境污染的评估因子、生态和环境敏感目标，确定评估调查范围、评估因子和评估方法，编制并执行评估工作方案，编制生态损害评估报告和环境污染评估报告。

1. 海上设施污染现场监视

油带监视：溢油部位、颜色、形状、数量和处理情况等（油膜颜色一般分为9种：银白色、灰色、彩虹色、蓝色、蓝褐色、褐色、黑色、黑褐色、桔色或巧克力色）；

海上污染区域确定：使用定位设备获取污染区外围拐点，确定污染面积、程度；

海面污染动态：海面油污染漂移方向、速度，预测油污登岸和抵达敏感区的时间；

海面油污描述：油品种类和颜色、风化程度、油带形状（颗粒状、片状、块状、球状、带状）、油膜厚度；

海上污染区其他情况：其他漂浮物，如：清污用品、生活用品、救生器材、船用物品、生物死亡等情况。

2. 陆岸污染现状监视

陆岸污染区域：使用定位仪获取污染区位置、长度、宽度、面积，确定污染范围、程度；

油污染登陆情况：确定油污染位置（高潮线、低潮线）；

天气、海况：现场实测风向、风速，收集污染岸段的潮汐资料；

陆岸油污染现状：油品种类和颜色、风化程度、油带形状（颗粒状、片状、块状、球状、带状）、油膜厚度；

持续反复污染判断：油污有无被海沙覆盖或下沉，判断油污是否存在再次入海和二次登岸污染的情况；

陆岸油污染区其他异常情况：清污用品、生活用品、救生器材、船用物品、生物死亡等情况。

3. 生态损害和环境污染评估监视

事故污染海域损害对象及损害程度：监视事故污染海域的海水水质、底质和生物的损害情况；监视溢油事故临近保护区和海岸等生物和环境变化。

形成以下几项生态损害和环境污染评估结论：事故环境污染程度和容量损害评估、生态服务功能损害、生境恢复方案评估、物种恢复方案评估、公众意愿评估、总损害评估、其他海洋敏感区变化。

3.1.6　事故油田现场监视
Site monitoring of oil field

溢油污染事故现场监视主要内容：包括溢油地点、时间、油品种类、部位、方式、控制状况、报告情况等，是事故处置人员对海上油田生产、作业现场开展的监视工作内容。

溢油污染事故油品：可以是如下油品种类的一种或几种：原油、重质燃料油、柴油、润滑油（机油）、含油污水（机舱污油）、油基或含矿物油和生物油的泥浆及钻屑等，初步油品判断可以依据海面溢油特征（见表 3.1）进行判断；

溢油部位（溢油源所处设施、设备、油藏）：井口、平台管汇、外输泵、外输软管、储油舱（罐）、过驳油轮、火炬（含冷排空气管道）、海底输油气管道、油层断层（主要监视与发生溢油的油层断层有注采效应的井的运行情况）、固井环空等；

溢油方式：一次性溢油或连续性溢油；

溢油形式：井喷、井涌、渗漏、刺漏、泄漏、爆炸、储油容器破损等；

溢油源和溢出油污的控制状况：完全控制、基本控制、尚未控制；

监视作业者事故信息报告情况：发报时间、报送形式和方式、报告部门和对象等主要内容。

表 3.1　海面溢油特征

海面溢油种类	特征描述
含油污水（机舱污油）	溢油多呈黑色，油膜较厚，外边缘由于扩散可见在阳光下呈七彩色、灰色的薄层油膜
重质燃料油	溢油呈棕黑色，油膜很厚，集中部分有时出现块儿状，外边缘由于扩散可见在阳光下呈七彩色的薄层油膜
柴油	容易扩散挥发，油膜较薄，在阳光下呈七彩色

海面溢油种类	特征描述
原油	溢油呈棕黑色，集中部分有时出现块儿状，部分含轻烃边缘呈七彩色、灰色油膜
油基或含矿物油和生物油的泥浆及钻屑	油基泥浆溢油一般呈灰色或白色，混入钻屑时呈灰褐色，混入原油则呈灰黑色
润滑油（包括曲轴箱油、液压油、透平油、汽缸油等）	油层呈灰黑色，分布均匀，表面平滑，外边缘由于扩散可见在阳光下呈七彩色的薄层油膜

3.1.7 事故行政指令执行
Regulations and requirements

1. 溢油污染事故行政指令执行原则

事故处置人员应第一时间监视海上油田作业者执行国家海洋行政主管部门依法做出的行政指令。若有重大行政指令，上级部门应立即通报事故处置人员，事故处置人员应及时展开相关监视工作，记录作业者现场落实行政指令的情况。若存在难执行或落实不力的情况，事故处置人员应立即报告，并提出合理建议。

2. 溢油污染事故行政指令的主要形式

事故处置人员应监视作业者落实的海洋行政主管部门的行政指令形式有两类。一类是海上油田行政许可文件，如海上油田环境影响评价报告书核准意见、海上油田环境影响评价报告表批准文件、海上油田环保设施"三同时"（环保设施与生产设施应同时设计、同时施工、同时试运行）检查批复、海上油田环保设施"竣工验收"（环保设施和生产设施试运行平稳，满足长期正式运行条件）检查批准等长期具有法律效力的文件。

另一类是发生较严重溢油污染事故，国家海洋行政主管部门做出的直接与事故处置相关的行政指令文件，如蓬莱19-3油田"两个彻底"的事故处置指令、蓬莱19-3油田"三个停止"的停产令等。针对第二类行政指令，事故处置人员应督促作业者执行，并进行全程记录和进度控制。

3.1.8　溢油应急处置现场监视
Oil spill response evaluation

事故处置人员应以控制和切断溢油源为溢油应急处置监视的核心工作，依照有效备案的《溢油应急计划》和海洋行政主管部门行政指令，开展溢油应急处置监视工作。

1. 监督溢油应急处置目的

事故处置人员应具有海上油田溢油污染事故处置经验和石油工程相关专业知识，做好溢油应急处置现场监督工作，听取第三方溢油响应专业机构的事故现场评估意见，分阶段对溢油事故现场应急处置情况进行合理评估，研判作业者应急响应处置效果，提出合理的事故现场处置行政建议（如改变溢油应急作业者的现场响应级别，调整事故现场应急处置能力）。

2. 应急处置现场监视方法

事故处置人员提取《溢油应急计划》、海面油污围控清理方案、海底油污清收潜水作业计划等，掌握作业者落实进度，并安排人员随船舶、直升机到清污处置一线检查落实情况，必要时委托技术人员留存样品。其中，事故处置人员使用直升机进行航空监视是获取溢油污染现场状态最可靠的方法。通过距离海面300~500m 的航空监视，事故处置人员能够较为准确地识别和评估水面上的溢油，必要时使用电子传感器辅助监视。通过航空监视，事故处置人员可以完成的工作内容有：确定溢油污染面积；观测油膜运动；观测油膜外观和分布随时间的变化；指导溢油应急响应船只以最有效的方式进行油污围控、回收和处理；观测应急处置措施的有效性。

如果在一个大的海域进行飞行搜索，最有可能的搜索模式是一个梯形搜索，在 300~500m 高度进行视觉监控，其中油膜的漂移速度通过式（3.1）确定。图 3.1 为通过结合水流速度的 100% 和风速的 3% 预测的三天之后油从 A 位置到 B 位置运动。A 处的箭头分别代表水流、风和油运动一天的情况。A 处的侧风梯形搜索模式在 B 进行展示。

$$V_{oil} = V_{current} + (V_{wind} \times Q)\qquad\qquad（3.1）$$

式中：V_{oil} 是油膜移动的速度；$V_{current}$ 是海水的流速；V_{wind} 是海面 10m 高处风的速度；Q 是风速的经验因子（通常为 3%）。

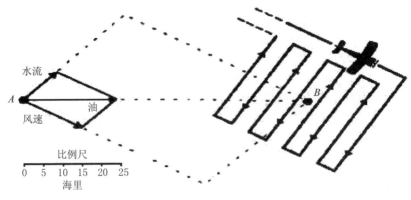

图 3.1 油膜漂移运动预测

3. 应急处置监视内容

事故处置人员应掌握海上油田《溢油应急计划》设置的应急指挥流程运行、应急影响力量的配备和使用、事故信息报告和通报等内容，检查作业者是否存在指挥混乱、能力不足、执行不力、措施不到位的情况。具体内容有：应急响应的启动时间、参与单位和部门、动用的船舶、设备、人员、处置方式和效果等；油污清理使用的溢油分散剂、吸油毡、吸油拖栏等应急物资消耗数量，以及回收的油污和油污垃圾的数量及处理情况；石油公司执行海洋行政主管部门应急行政指令的情况。

4. 海底油污监视

针对地质性溢油污染事故，事故处置人员还应监视海底油污清收作业，记录清收过程，包括：清理的时间、方位（经纬度）、范围、清理泥污量、清理出的泥污颜色、含油量、含砂量；每处清理现场应有相应监视照片（工作场面、清理出的泥污、取样过程等），技术人员提取油污样品；海底油污清收情况的变化——清收位置变化、泥污的数量和颜色变化、清理过程中油花溢出情况变化等；海底溢油临时性集油罩、水泥沙袋、水泥扣板的收油数量和控油效果。

3.1.9 事故调查原则
Incident investigation principles

溢油污染事故调查是中国海警（海监）队伍依照法定权限和法定程序，对溢油事故相关涉嫌违法行为进行了解、收集和核实证据的过程，是溢油事故行政处罚的核心程序，是事故处置人员的主要职责。调查是处罚的前提和基础，处罚是调查的结果与归宿。溢油污染事故调查是溢油污染事故处置工作中重要的组成部分，由此认定的事故原因和责任在一定程度上将影响事故后续生态损害索赔和环境污染追责等工作。

1. 调查人员要求

参与海洋石油勘探开发溢油污染事故调查主要人员应是中国海警（海监）执法队伍的两名以上在编公务人员，应持有主管部门颁发的《海洋执法监察证》，能独立执行执法检查任务，遵守《海洋监察员守则》，主动出示《海洋行政执法检查通知书》和《海洋执法监察证》，并统一着中国海警（海监）制式服装。此外，受委托的环境监测和生态评估承担单位应第一时间派出技术人员参与事故调查。

2. 调查装备要求

参与海洋石油勘探开发溢油污染事故调查人员应使用以下设备：取证设备——录音、照相、GPS 定位仪、摄像设备（包括微型录音机或数码录音设备、照相机、摄像机等）；通信设备——卫星电话、VHF 对讲机、无线网络传输设备；防护用具——防静电工作服、防碰工作鞋、安全帽、护目镜、手套等；交通工具——车辆、工作船；污染物取样工具（主要由技术人员负责携带）——取样包、油样品瓶、海上浮油取样器、样品保存箱等。

3. 调查文书准备

事故调查人员应携带和使用下列 9 种文书——《海洋行政执法检查通知书》、《现场笔录》、《调查询问笔录》、《提取证据材料登记表》、《陈述、申辩笔录》、《先行登记保存证据通知书》、《当场处罚决定书》、《责令停止违法行为通知书》、《送达回证》。按照《海洋行政执法律文书格式》的要求，使用上述文书。此外，事故调查人员还应每天定时填写《工作日志》和《应急快报》。

4. 调查工作目的

全面掌握溢油污染现场情况，分析溢油污染现场海域范围和可能的漂浮油带漂移路径，以及判断是否存在溢油悬浮水体和沉降海床的情况，督导溢油污染和处置现场，划定可疑溢油源范围，委托技术人员确定并实施采样方案，对事故现场、相关人员进行勘验记录、调查询问，同时提取事故相关原始证据资料，为行政处罚、刑事侦查和生态索赔提供第一手现场证据材料。

5. 调查人员的权力

根据《行政处罚法》第三十七条、《海洋行政处罚实施办法》第十五至十八条的规定，事故调查人员对海上油污染事故调查取证方法可采用以下几种：海上油污染事故现场检查，现场勘验，调取、查阅书面资料和提取物品，录音、照相、摄像，询问被检查人（可以是企业法人、负责人或工作人员）、证人或者其他有关人员，油污染现状调查、调访相关单位和个人，溢油量估算、鉴定等。

6. 调查工作原则

海上油田溢油污染事故现场调查取证工作不同于其他行政执法领域，具有鲜明的时效性和技术复杂性，大量证据稍纵即逝，事故证据链呈多分支、多环节，取证具有一定专业技术含量。事故处置人员应在事故相关工程情况、作业流程控制、承包商分工、关键设备（设施）指标参数和工作参数、溢油响应处置、行业标准和工作制度等多个方面开展调查取证，明确作业者、查明事故发生过程和溢油经过、初步判断事故原因。

7. 调查基本程序

事故处置人员首先对来源于作业者报告、有关部门通报、监视检查发现、社会举报和媒体报道等渠道的溢油污染事故信息进行初步分析，掌握事故整体情况，然后主要采用对溢油污染事故现场进行现场勘验、油污扩散和清理监视、相关人员询问、溢油指纹鉴定取样、提取相关书证、音视频原始材料等证据的方法开展事故调查。

3.1.10 事故调查基本内容
Incident investigation procedures

1. 调查取证主要内容

事故处置人员应广泛收集溢油污染事故相关各类证据材料，若证据种类较多，可以采取先提取原始证据后提取派生证据、先询问作业人员后询问管理人员的原则，合理取证。根据事故情况，事故处置人员采用设施容积溢出强度方法或波恩协议方法，初步估算溢油量。若原始证据缺乏或是关键证据灭失，事故处置人员重点做好主要事故相关人员的调查询问笔录，该笔录需要一定量的原始证据支持和其他事故相关人员笔录的相互佐证。

2. 应查明的主要事项

事故处置人员应查明：事故发生后，作业者是否按照要求，及时向海洋行政主管部门报告情况（时间、方式、部门、内容）；是否执行了经海洋行政主管部门批准的《溢油应急计划》，采取有效措施控制溢油源（控制状况：完全控制、基本控制、尚未控制），调集溢油应急响应力量围控、回收和清理溢出油污；是否按照有关规定使用消油剂等。事故处置人员还应查明：溢油污染事故是否属于一次性溢油或持续性溢油；溢油地点、时间、油品种类 [原油、重油、柴油、机油（润滑油）、油基泥浆、含油污水、含油泥浆、含油钻屑等] 设施部位 [井口、各类管汇、外输泵、外输软管、储油舱（罐）、油轮（过驳和外输）、火炬、海底输油管道、地层、固井环空等]、设施原油仓容或输送强度、控制状况；事故相关的系统流程、关断装置、服务商合同、作业设计、地质预测及风险预警、生产注水异常、井控异常等记录和数据；溢出油污漂移方向、漂移速度及扩散情况，事故发生时气象海况；委托鉴定溢出油污和平台原油的油指纹比对；溢油污染事故溢油量估算（估算溢油污染事故油类溢出量、入海量、回收量、单位时间溢出量）。

3. 应查明其他事项

若溢油污染事故明显构成《刑法》第 338 条环境污染罪的情况下，事故处置人员还应查清事故相关作业人员和管理人员的个人身份、职责关系、事故发生前后人员行为等。

3.1.11　事故原因
Incident causes

溢油污染事故原因直接影响事故责任的认定，是溢油污染事故调查的难点、重点。作为溢油污染事故调查取证工作的首要任务，查清污染事故现状和海上油污染事故发生的原因和源头，对事故违法事实的认定和处理起着至关重要的作用，因此，事故处置人员的调查取证工作必须细致和全面，根据事故特点明确调查思路和计划。事故原因有的当场可以确定、有的需要当场核实，还有的需要进一步调查确定。事故处置过程中，通常事故原因的认定存在初步判断、基本认定和最终明确的三个阶段调查，以最终明确的事故原因为下一步事故处理的依据。

1. 溢油污染事故形式

通常的海上油田溢油污染事故形式有：井喷、井涌、平台倒伏、管道破损泄漏、油罐容器破损、浅地层溢油、通天断层溢油、甲板地漏和火炬喷油等。事故处置人员应由浅到深边调查边判断，应注意特殊情况下，多个溢油污染事故形式可能同时发生、叠加一处难以区分，使得事故原因错综复杂。

2. 海上油田溢油污染事故原因

主要有如下几个方面：公司管理人员违犯环保法规和主管部门文件指令、现场负责人员违反管理制度和失职、生产人员违反操作规程和技术设计方案、技术相关人员设计方案缺陷和油田环境认知不足，具体作业人员（含承包商）擅离职守和故意损害，以及第三者破坏和不可抗力等。一般情况，小型溢油污染事故原因较单一。少数较大型溢油污染事故存在几种事故原因相互关联、共同导致的情况，需要事故处置人员的注意。

3. 事故原因调查主要证据材料

有如下几个方面：事故处置人员现场提取的事故相关生产数据、作业报告、设计方案、关键岗位日志、现场监控资料等；对石油公司提取海上油田开发环境影响报告书（EIA）及批复、立项开发方案（ODP）及批复、地震安评和安全竣工验收报告及批复、第三方设施和设备检验证书；提取事故相关石油公司生产作业合同、施工手册、油藏及地质解释、钻完井历史资料、注水生产历史资料、风险评估报告、作业风险控制工作制度等；提取相关权威部门的地震数据及解释、海洋气象资料、过境卫片解译、海事船舶运输管理资料；溢油指纹鉴定、油带漂移模拟、环境污染评估报告和生态损害评估报告等。单一事故原因的溢油污染事故涉及调查资料较少，而事故原因较复杂的溢油污染事故涉及调查对象多、提取资料种类也较多。事故处置人员应当注意原始性证据材料的提取、整理，不应仅凭事故相关人员的证言确定事故原因，应在原始性证据充分佐证事故人员的证言的情况下分析事故原因。

4. 事故原因分析主要方法

事故处置人员应判断上述证据材料是否与海上油田实际情况一致；设施设计与实际建设是否相符主要包括：开采位置、平台数、各类井数、井身结构、处理流程、管道材质和结构、泥浆配置及应急备料、井口和管道安全装置（紧急关断和导流系统）等；生产设计与实际生产是否相符主要包括：开采方式、规模、井控压力、管汇及法兰性能、流程异常报警；外输油量、温度、压力、清管、耐压测试；地层回注物质、方式和层位、回注量、回注压力；涉海单位报告：事故初步报告和分析、事故处置方案、事故处理情况报告等；事故处置人员应重视收集第三方技术单位、机构和专家的事故相关报告、鉴定和意见，作为辅助证据（主要形式有：事故分析报告、事故检验鉴定报告、事故评估报告、专家审查意见、专家咨询意见、专家鉴定结论等）。

3.1.12　事故责任
Incident responsibility

最高人民法院和最高人民检察院两次出台了环境污染罪相关司法解释，降低了入罪的门槛，细化了够罪的标准。环保主管部门和公安机关提出"环境污染犯罪，绝不能以罚代刑"。事故责任的认定影响事故相关石油公司、事故责任人员的处理。事故责任有行政责任、刑事责任、民事责任等3种。

1. 2013 年环境污染刑事罪责管理形势

2013 年全国公安机关立案侦查环境污染犯罪案件 779 起，抓获犯罪嫌疑人 1 265 人。其中，环保部门移送案件 372 起，是过去 10 年的总和，407 起是公安机关侦查、处理的一批环境案件。构成刑事犯罪的环境污染行政案件，环保行政管理部门应移交公安机关立案侦查，进一步追究刑责。

2. 溢油污染事故追责工作原则

溢油污染事故刑事追责涉及的石油公司范围应当是发生溢油污染事故的油田区块勘探开发合同内的所有国家公司、民营和国外公司（油田开发收益方），可以分为作业者和合作公司两类。一般情况下，溢油污染事故刑事责任方主要是作业者，但其他合作公司不能直接或全部免责。行政主管部门应依法根据溢油污染事故的等级、环境污染程度和社会影响程度等因素，判断是否提请有关部门（或上级石油公司）追究当事人的行政责任。若溢油污染事故的生态和环境损害后果满足《刑法》第 338 条环境污染罪的够罪条件，事故处置人员应提请上级部门将案件移交公安机关追究刑事责任。

3. 可以免除溢油污染事故当事人法律责任的几种情形

完全由于第三者的故意或者过失，造成海洋环境污染损害的；战争；不可抗拒的自然灾害；负责灯塔或者其他助航设备的主管部门，在执行职责时的疏忽，或者其他过失行为。此外，当事人应就法律规定的免责事由及其行为与损害结果之间不存在因果关系承担举证责任。通常法理上讲，只要排除第三者破坏和不可抗力的影响，海洋石油勘探开发作业溢油污染事故都存在相关石油公司直接和间接的事故责任。

4. 溢油污染事故刑事追责的够罪条件

由于严重污染环境罪是结果犯，行政执法机关在实施行政处罚过程中，若发现溢油事故已造成"严重污染"的环境损害结果，都应该按照《行政执法机关移送涉嫌犯罪案件的规定》移送公安机关进一步就追刑事责任。2011年5月1日起实施的《刑法修正案（八）》，对刑法第338条规定的重大环境污染事故罪作了进一步完善：一是扩大了污染物的范围，将原来规定的"其他危险废物"修改为"其他有害物质"；二是降低了入罪门槛，将"造成重大环境污染事故，致使公私财产遭受重大损失或者人身伤亡的严重后果"修改为"严重污染环境"。该条款修改为"违反国家规定，排放、倾倒或者处置有放射性的废物、含传染病病原体的废物、有毒物质或者其他有害物质，严重污染环境的，处三年以下有期徒刑或者拘役，并处或者单处罚金；后果特别严重的，处三年以上七年以下有期徒刑，并处罚金"。

5. 溢油污染事故刑事追责的够罪标准

溢油污染事故移送至公安机关后，公安机关应按照14种资源和环境污染情形开展侦查工作，判断事故是否够罪、提出量罚意见。2013年6月19日施行的《最高人民法院、最高人民检察院关于办理环境污染刑事案件适用法律若干问题的解释》明确了严重污染环境的14项标准。14项标准分别是：在自然保护区核心区排放、倾倒、处置有放射性的废物、含传染病病原体的废物、有毒物质的；非法排放、倾倒、处置危险废物三吨以上的；非法排放含重金属、持久性有机污染物等严重危害环境、损害人体健康的污染物超过国家污染物排放标准或者省、自治区、直辖市人民政府根据法律授权制定的污染物排放标准三倍以上的；私设暗管或者利用渗井、渗坑、裂隙、溶洞等排放、倾倒、处置有放射性的废物、含传染病病原体的废物、有毒物质的；两年内曾因违反国家规定，排放、倾倒、处置有放射性的废物、含传染病病原体的废物、有毒物质受过两次以上行政处罚，又实施前列行为的；致使公私财产损失三十万元以上的；致使三十人以上中毒的；致使三人以上轻伤、轻度残疾或者器官组织损伤导致一般功能障碍的；致使一人以上重伤、中度残疾或者器官组织损伤导致严重功能障碍的；其他严重污染环境的情形。

6. 溢油污染事故刑事追责涉及的几个概念

严重污染环境罪的构成要件中"排放、倾倒、处置"在海洋环保法规的定义："排放"指将本条所指的危险废物排入水体的行为，包括泵出、溢出、泄出、喷出和倒出等行为；"倾倒"是指通过船舶、航空器、平台或者其他载运工具，向海洋处置废弃物和其他有害物质的行为，包括弃置船舶、航空器、平台及其辅助设施和其他浮动工具的行为。"处置"主要是指以焚烧、填埋等方式处理废物的活动；"废物"包括废气、废渣、废水、污水等多种形态的废弃物；"放射性的废物"指放射物含量超过国家规定限值的固体、液体和气体废弃物;"含传染病病原体的废物"是指含有传染病病菌的污水、粪便等废弃物;"有毒物质"主要指对人体有毒害,可能对人体健康和环境造成严重危害的固体、泥状及液体废物;"危险废物"是指列入国家危险废物名录或者根据国家规定的危险废物鉴别标准和鉴别方法认定的具有危险特性的废物。

3.1.13 事故取证
Incident evidence

溢油污染事故调查的核心是获取证据,整个调查取证的过程实质上就是获取和运用证据的过程。海洋石油勘探开发溢油污染事故调查人员(主要是行政执法人员)应当严格执行《行政处罚法》、《海洋行政处罚实施办法》,以及其他相关法律、法规规定的基本程序和要求,进行事故取证。

取证行为应全面、客观、公正。全面,是指凡是与溢油事故有关的事实和证据,都应当进行调查、收集。具体表现在,对当事人不利和有利的两方面事实都应该纳入取证范围。客观,就是指调查取证活动以科学为基础,从事实的实际本原开展调查取证工作,防止臆断。公证,是指不编造伪证、不隐瞒实情。

参与事故调查取证的执法人员不得少于两人。《行政处罚法》第三十七条规定,行政机关在调查或进行检查时,执法人员不得少于两人。少于两人即为程序违法,其调查行为和取得证据均无效。在整个事故调查过程中,执法人员实施各种行政措施或行为时,一般以同步制作行政执法法律文书为主要形式,两名以上的事故调查执法人员亲笔签名,意味着这一行为的标准、合法、有效。

开展事故调查取证的执法人员必须出示有效执法证件、表明身份。出示证件、表明公务身份是对相对人开始进行调查的必要起始程序,《行政处罚法》和《海洋行政处罚实施办法》对此有明确规定。事故调查过程中,执法人员应每次取证前向事故相对人说明权力和义务,并根据相对人的合理要求,配合其主张陈述申辩权,可以制作多份《陈述申辩笔录》。

事故调查全过程应当制作笔录证据。笔录是事故调查过程的真实写照,是收集和固定证据的重要手段和方法。在调查取证过程中,争取将一切相关行为以及获得的信息制作成笔录,记录在案,方能发现事故线索和反映事故事实。行政程序中形成的各类笔录,一旦提交到人民法院即转化为诉讼证据,成为证明行政行为合法与否的重要证据。笔录的证据效力取决于笔录时间、地点等各要素的完备以及相对人、执法人员双方的签名确认。

事故调查的补充取证。为了进一步核实已取得的调查取证材料的关联性、合法性和真实性，避免遗漏和依据不足。溢油事故调查人员在现场应对已取得的取证材料及时进行综合分析与核实，若发现事实和证据有可疑处，或调查询问笔录内容与事实不相符以及原始证据不够充分时，可再次进行调查询问核实，要求被询问人说明情况和理由。

事故证据材料保存与保管。证据材料的保管，是保护证据在行政执法和行政复议、诉讼活动中的特有价值。一是防止证据的灭失和替换；二是保护证据的内容、特征、状态等属性的稳定性；三是保护证据法律价值。因此，证据的保管应注意如下方面：加强对证据的物理性、化学性保护，保证质量，防止损毁和灭失；健全、严格证据的移交、保管手续；制作证据标签或档案，注明案件名称及编号，提取日期和场所，提取人的姓名，主要特征等相关内容；物证在收集后任何人不得使用，改换、损坏或自行处理；及时立卷归档和入库保管，实行证随案走、统一管理。

溢油污染事故信息（尤其是事故调查的证据材料）保密。严禁向相对人透漏、暗示有关事故调查敏感信息；未经申请、批准，不得擅自对外提供事故调查取证材料；妥善保管涉及相对人商业秘密的取证资料；严格按照确定的渠道对外传递和发布事故信息。

3.1.14　事故油污取样
Oil samples analysis

《海面溢油鉴别系统规范》（GB/T 21247-2007）是我国海面溢油鉴别技术领域成熟、完整的技术规范，为海洋执法管理提供了强有力的技术手段，全面规范了溢油污染事故发生后的现场油污取样、储存、运输和鉴别等技术性工作，为油污样品的采集和鉴别的法律效力提供了保障。本章依据该规范主要对溢油处置人员现场的油污取样和基本的鉴别程序进行了介绍。

1. 人员技术资质要求

通常发生溢油污染事故后，事故处置人员应当具备《溢油检验鉴定执法业务运行系统上岗证》（类别：溢油采样）或者人员中有环境监测技术人员随从。具有技术资质的人员依相关规范提取的溢油样品最具有权威的法律效力。出于事态紧急，事故现场无溢油取样资质人员按照基本技术要求，也可以提取油污样品，但应全程记录取样过程，以确保样品真实、有效。样品采集、保存和运输过程中应避免沾污，尤其是严格避免接触到船用燃油、润滑油等其他油品。

2. 海面油污取样点的布设

在现场条件允许的情况下，事故处置人员在海面漂浮油污范围采集至少三个油污样品，首个油污样品应采自油膜最厚（颜色最深）的油污集聚区域，第二个油污样品采样点要尽量距离首个取样点的最远端区域，第三个油污样品采样取自前两个样品点之间区域，如果发现油带中有颜色异常区域也应当给予油污取样。如果油污样品明显受到其他油类物质（非溢油源油品）的污染，事故处置人员还需采集油带之外未受溢油污染的海水水样或其他底质样品作为背景样品。

3. 海上油污取样的两种方法

第一种是油膜吸附方法：取样人员可用一长杆连接一块吸油网布（吸油毡/棉和吸油拖缆/棉条也可），在海面油污（油带）上实施拖动从而使油污吸附到网布上。采集完毕后，将网布取下，折叠放入样品瓶中即可。吸油网布的材料一般为聚四氟乙烯（PTFE）或乙烯–四氟乙烯共聚物（ETFE）。若没有这两种材料，可采用吸油毡或其他对油品具有较强吸附能力的材料代替。若采用吸油毡采集，应采用洁净的吸油毡，剪成大小不超过 40cm×40cm 的片状，在海面上反复多次拖动以吸附足够多的油污，吸油毡上应能闻到明显油味。吸附完毕后将吸油毡放入玻璃瓶或塑料袋中保存。第二种是：直接采集法：若没有上述材料，事故处置人员也可在小艇（距离海面较近的小型艇、筏）上采用玻璃瓶直接采集水面油污的油膜，或用水桶大量采集水面油膜，然后再用玻璃瓶撇出表面油污油膜。玻璃瓶内采集的油污和海水混合样品表面应能见到明显油膜。油污不得超过玻璃瓶容量的 2/3。油污样品采好后盖紧瓶盖和衬里并用擦手纸将采样瓶清理干净。海上油区取样时，事故处置人员采集油污样品时应尽可能远离艇筏自身的排出物。

4. 混合油污取样方法

溢油油污与陆岸的沙滩、海岸沙、石子等或油污油带与其他漂浮物质相互粘连，事故处置人员对此类溢油油污采样时，不要试图现场就分离体积细小的异物（如沙、木屑、植物、小垃圾等），要将沾附油污最多的粘连混合物装到瓶里并盖紧瓶盖和衬里运回实验室去处理。保证瓶内有足够多的油量。粘附在桩基、海堤等大型构筑物的溢油油污。事故处置人员可用木制刮勺将油污刮下来装到样品瓶里。如果油污所粘附的构筑物（如平台导管架）曾经刷过油漆，应同时采集一个没有被油污弄脏的油漆样品，以对比、检查油漆对油污样品的可能污染，排除检验干扰。

5.溢油样品的数量要求

总的原则是应尽可能多地采集溢油样品。为了满足 3~5 种油品检验分析方法的样品量需要，最少也不得低于 2ml 的纯油量。对于可疑溢油源的油污样品，因需进行实验室的模拟风化过程，油污样品需要量会更多。在现场条件允许的情况下，溢油污染事故每次不低于采集 100ml 的纯油污量。

6.溢油取样应注意的其他问题

记录有关油样的采集、处理和传递方面的现场记事。正确填写现场采样日志及样品标签，记录好如下内容：采样时间、地点、船位、油带部位、把采样点标在溢油带图上；天气和水表面的现状，如潮汐、风速、风向、表层水温和气温等；注明样品的物理性质，如颜色、气味和表观黏度等；还应有事故处置人员和油田方人员或第三方人员签名、确认。在传递或运输过程中，油污样品应避免破坏或高温，尽量减少转运环节、减少运输时间消耗，并应对油污样品瓶及时加封，防止挥发性损失。

3.1.15　溢油鉴定一般程序
Oil spill identification procedure

鉴定，是指具有特定专业知识、技术能力的部门或个人，接受指派或委托，对事故中涉及到需要用特定专业知识或特殊技能加以解决的问题进行鉴别或判断的活动。指派鉴定亦即指定鉴定，是指执法机关指派本单位鉴定机构内的鉴定人员进行的鉴定。委托鉴定，是指执法机关委托有鉴定资格的鉴定机构进行的鉴定（一般是第三方单位）。

海洋石油勘探开发溢油污染事故主要鉴定内容有：油类指纹鉴定；环境或生态损害评估；溢油量评估；含油泥浆、钻屑、污水分析鉴定；化学消油剂鉴定；生物、动物死亡鉴定；吸油材料鉴定；设备、材料鉴定；溢油漂移溯源。鉴定部门和鉴定人的条件和鉴定的对象。鉴定部门和鉴定人应具备以下 3 个条件：一是具有法定的单位资质或个人专业资质；二是接受执法机构的指派或委托；三是必须与溢油污染事故相对人无利害关系，客观公正地作出鉴定结论。溢油污染事故相关鉴定的一般程序：

执法机构委托鉴定部门及鉴定人员。执法机构对需要鉴定的问题，经负责人批准后，应制作委托书，委托具备资质部门及人员进行。

执法机构向受委托单位交流必要的事故情况。及时向受委托鉴定单位送交有关物品样本等原始材料，或带领鉴定人员到溢油污染事故现场，介绍、指认（一般要求当事人参与指认）与鉴定有关的基本情况，明确提出要解决的问题。任何人员不得暗示或指使鉴定人作出某种倾向性鉴定结论。

在合理时间内，受委托单位向执法机构出具鉴定结论。鉴定人应当按照鉴定规则或有关技术规范，运用科学方法进行鉴定，最后出具鉴定结论。鉴定结论应载明：委托人和委托鉴定事项，委托人提供的原始物品和材料，鉴定采用的技术方法和手段，鉴定过程，鉴定结果，鉴定部门和鉴定人的资格，鉴定时间，鉴定单位和鉴定人的盖章或签名。

重新或补充鉴定。溢油污染事故调查人员认为鉴定结论有误，经负责人批准后，可以进行补充鉴定或重新鉴定。经批准，事故调查人员向相对人通报鉴定结论，相对人有异议的可提出申请，经批准后，也可补充鉴定或重新鉴定。重新鉴定应另行委托鉴定单位及鉴定人。

3.2　船舶溢油污染事故调查 [5]
Vessel oil spill pollution incident investigation

3.2.1　事故调查权限
Incident investigation authority

新修订的《防治船舶污染海洋环境管理条例》第六章，即船舶污染事故的调查处理中对船舶污染事故的管辖有明确的规定。该章中规定的船舶污染事故管辖也采取了地域管辖为主，级别管辖为辅的模式，具体规定上与《船舶污染事故调查处理管理规定》的要求略有不同。

《条例》第四十四条规定，船舶污染事故的调查处理依照下列规定进行：

（1）特别重大船舶污染事故由国务院或者国务院授权国务院交通运输主管部门等部门组织事故调查处理。

（2）重大船舶污染事故由国家海事管理机构组织事故调查处理。

（3）较大船舶污染事故和一般船舶污染事故由事故发生地的海事管理机构

组织事故调查处理。

船舶污染事故给渔业造成损害的，应当吸收渔业主管部门参与调查处理；给军事港口水域造成损害的，应当吸收军队有关主管部门参与调查处理。

3.2.2 调查机关的权利与义务
Obligations of the investigation authority

我国海事相关法律、法规在明确了对船舶污染事故的调查机构的同时，也赋予调查机关以对船舶污染事故进行调查的权利，这些权利包括：

（1）有权要求事故当事各方接受调查处理。

（2）可以邀请有关机关和社会组织参加事故调查。

（3）船舶发生海损事故造成或者可能造成海洋环境重大污染损害的，有权强制采取避免或减少这种污染损害的措施。

（4）当事故责任确定后，给予事故责任人行政处罚，或建议有关单位对事故责任人予以行政处理，涉及刑事责任的，移送司法机关追究其刑事责任。

（5）依法要求肇事方提交担保。

（6）因调查需要，可以责令船舶驶抵指定地点接受调查。

（7）对隐匿、谎报案件或抗拒查询的当事方给予行政处罚。

（8）在查明事故原因，判明事故责任后，责令有关船舶、设施的所有人、经营人加强对所属船舶、设施的安全管理。对拒不加强安全管理或在限期内达不到安全要求的，责令其停航、停止作业，并可采取必要的强制性处置措施。

海事机关在行使上述权利时，特别是责令船舶驶往指定地点、滞留船舶及禁止船舶离港等可能严重影响船舶的正常运营，以及各有关方的利益时，应该慎重考虑。尤其要注意确定肇事嫌疑船舶时务必尽力准确，范围尽可能小。

3.2.3 事故协查
Investigation assistance

船舶在港区水域发生污染事故没有被及时发现，致使肇事船舶离港逃逸，即形成污染事故肇事逃逸案件。肇事逃逸案件还有一种情况，就是船舶航行途中，在某一区域违法排放造成污染事故，但船舶并没有靠泊该区域内的港口，而是开往其他区域甚至国外港口。调查肇事逃逸船舶，往往由于不能全面掌握事发水域交通流情况或发现不及时或目标分散等原因使工作开展比较困难，这就需要开展水上污染事故的协查。在协查肇事船舶过程中，需要各地海事机关的密切配合和合作。《船舶污染事故调查处理管理规定》的颁布实施，标志着我国船舶污染事故协查机制的正式建立。污染事故协查工作在主管机关依法行政、树立权威形象、震慑违法行为等方面有着重大作用。

1. 协查的条件

根据《船舶污染事故调查处理管理规定》，发生船舶污染事故后，出现下列情况时，事故发生地的海事管理机构可组织事故协查：肇事船舶在本辖区发生污染事故后逃逸的；污染事故嫌疑船舶已经开航离港的；辖区发生污染事故但暂时无法确认污染来源，经分析可能为过往船舶所为的；其他需要组织协查的情况。

2. 协查的程序

根据《船舶污染事故调查处理管理规定》，船舶污染事故协查按照以下程序进行：需要进行协查时，请求协查的海事管理机构应向被请求的海事管理机构发出《水上船舶污染事故协查通知书》，并尽可能提供相关的信息；收到《水上船舶污染事故协查通知书》的海事管理机构应及时组织开展嫌疑船舶查找；经调查发现有重大肇事嫌疑船舶的，应保全有关证据，并立即通知请求协查的海事管理机构。请求协查的海事管理机构可组织调查，嫌疑船舶所在地海事管理机构应协助配合；请求协查的海事管理机构也可委托嫌疑船舶所在地海事管理机构进行事故调查、处理。调查、处理完毕后向请求协查的海事管理机构发出《水上船舶污染事故协查反馈书》，并移交相关资料；协查工作结束后，请求协查的海事管理机构应及时发出《水上船舶污染事故解除协查通知书》。

3. 协查注意事项

追查船舶应及时、迅速，不应影响船舶的正常营运；在确定为肇事逃逸船舶之前，被追查船舶均以协助调查的方式接受调查；除非有充分的理由，否则不应滞留船舶；确需滞留船舶时，应遵守有关规定；在没有掌握充分的证据之前，不能将被追查船舶以肇事逃逸船舶论处。

4. 船舶污染事故协查书

《水上污染事故协查通知书》的主要内容有接收单位、事故概况、待调查船舶的基本情况、协查要求、发出单位及其联系人和联系方式等。协查要求是协查书发出单位在初步掌握案情的前提下，根据实际情况对接收单位提出的调查请求，务必要言简意赅地把所要求的事项写清楚。协查书的基本内容必须完整。

5. 国际协查

航行于国际航线的船舶涉嫌污染案件时，需要开展国与国主管机关之间的协查，即国际协查。国际协查的主要环节是协查书的起草，在内容上要求与国内协查是一致的。《船舶污染事故调查处理管理规定》规定，需要国外相关机构协查的，应由中华人民共和国海事局组织实施。

3.2.4 事故现场勘查
Incident scene investigation

船舶溢油污染事故现场勘查是调查人员对发生污染事故的现场进行勘视、绘图、对照测量、拍照、录像以及水下探摸等活动的过程。

1. 现场勘查的目的

船舶溢油污染事故现场勘查是确定嫌疑船舶、核实船舶、设施及其技术状态、污染物分布状况，寻找在事故发生过程中可能留下的痕迹等。

2. 现场勘查主要内容

船舶溢油污染事故现场勘查通常需要对照船舶机舱管线布置图和船舶油类与货物作业记录，初步确定可能用于排放污染物的进出口、路径、确定进行物证取样时的取样点，同时也形成船舶是否可能排放污染物的大致印象。除了要对船舶、设施、装卸货物情况进行调查外，调查人员还应对事发地点的水文、气象以及周围环境、油带颜色及分布范围、扩散漂移方向、敏感资源分布、岸上排污口位置、船舶排出口及外舷的油迹线位置等进行勘查。

3. 现场勘查注意事项

现场勘查的工作一般是一次性完成，但对有些重大或案情复杂的事故，可能要进行多次勘查，这些勘查主要是针对某些重点、疑点、有争议的敏感区域或关键部位进行重复或细致的调查。现场勘查的情况应在《船舶污染事故现场勘查报告》上详细记录。勘查记录应由勘查人员签字并注明日期，如果有见证人的话，见证人也应该在勘查记录上签字。

3.2.5 事故物证
Empirical evidence

物证一般包括但不限于以下几种：海上和船内不同位置的机舱污油、燃油、润滑油样本，合理设计取样点；事故现场照片和事故所涉及的任何设备、器材（比如软管、渗漏物）等的照片；重点部位、油带、受损资源的照片。搜集属于船上的、或在船上的物证时，应有一位船长指定的负责人在场。对所获得的每件物证都应做如下详细记录，严格执行取样工作程序。

3.2.6　事故书证
Documentary evidence

书证是用文字记载或用符号、声音、图像等表达的，反映船舶及其机器、设备的性能与技术状况，船舶航行、停泊的动态和机舱作业情况，以及事故发生经过的证据，其内容对事故的真实情况具有证明作用。搜集的书证和视听材料可以是原件，也可以抄录、复印、拍照，所有资料应让当事人签字认定。调查中应搜集的书证资料包括：

（1）船舶的基本资料，如船舶概况、船舶入级证书或船舶检验证书、船东、船舶保险情况等。

（2）航海日志、轮机日志等原始记录。

（3）油记录薄、货物作业记录薄的相关等。

（4）港口日志或装卸货作业的相关记录。

（5）船舶机舱、货舱污油水管系图，原始建造资料。

（6）航次维护计划、修理申请记录、机器设备操作和维护手册。

（7）天气预报或事故发生区域当时的水文气象记录。

（8）理货、港调的作业记录。

3.2.7　事故污染源鉴定
Pollution source identification

油污染源比对分析鉴定又称油指纹鉴定，鉴定结论对于证明事故的事实或情节，分析事故的技术原因或因素，指导事故调查工作，以及认定事故原因均起着决定性的作用。2002 年 4 月生效的《中华人民共和国水上油污染事故油样品取样程序规定》对此做出了明确的要求。取样点设置要根据溢油的种类、溢油排放入海的可能的路径进行精确的设置，为了取得与溢油比较吻合的嫌疑油源样品，船上取样时应本着宁多勿少的原则，多设点，多取样。污染源比对鉴定结论对认定污染肇事责任起着决定性的作用。

3.2.8 事故调查基本内容
Investigation contents

国际海事组织1995年11月23日通过的A.787(19)港口国监督程序附录2《关于按照MARPOL73/78公约附则I进行调查和检查的指南》的第3部分详细列出了认定违反MARPOL73/78附则I排放规定可能证据的项目清单。该清单所列项目对船舶污染事故的调查、处理、诉讼，乃至索赔等具有重要意义。在调查事故的过程中，调查人员没有必要把清单所列内容全部调查清楚，要根据案件的实际情况，参照清单的内容开展调查。

船舶污染事故调查应查明的基本内容：必要的船舶资料收集齐全（有关的证书、文书、图纸资料等），图纸资料重点收集船舶总布置图、舱室布置图、管系图、仓容图（表）等；查清船舶事故前后存油情况（油轮的货油舱，以及船舶储存船用油料或者残余油类及污油水的舱室，包括重油舱、轻油舱、润滑油舱、日用油柜、沉淀油柜、各类循环油柜、残油舱、污油水舱、油渣柜等）；了解船舶及其所属公司的情况（船舶的种类及各种参数、保险情况、公司情况及其拥有船舶数量、名称及经营情况等等）；详细了解事故情况及污染状况（事故报告、现场勘查情况、污染损害情况）；调查询问有关人员（调查事故发生情况、污染情况等，重点调查清楚污染物种类、分布位置、数量、泄漏情况；注意调查有无免除责任限制的情况）；油取样、保存、送检。

3.2.9 事故调查的一般原则
Investigation principles

船舶油污染事故调查时应遵循以下原则：

1. 调查的开展必须及时、迅速

一方面，发生船舶溢油污染事故，调查人员或管理部门应立即查找溢油源，并果断采取应急措施切断溢油源，防止造成进一步溢油，同时还应确保船舶的完整性和稳定性；另一方面，调查人员第一时间到达事故现场获取第一手资料，避免或减少由于溢油扩散带来的嫌疑船舶范围扩大的问题，并减少肇事者伪造现场等的可能性。

2. 及时对海面溢油进行采样、保存

按照采样程序要求，对海面溢油进行采样、保存必须及时，应该在调查人员达到现场后首先进行。因为，溢油一旦到了海上直接与海水接触，一方面容易扩散，不利于样品的采集，另一方面，与海水接触的时间越长，由于乳化、风化等理化作用导致溢油的性质发生改变的可能性就越大，会直接影响到鉴定结果的准确性。

3. 嫌疑船舶的确定应快速，范围要尽可能小

在事故调查开始之初，尽快确定嫌疑船舶十分重要。根据先前已经掌握的情况，尽可能在较短时间内将肇事嫌疑船舶锁定在尽可能小的范围内，可以使事故的调查少走弯路，效率大大提高。但应该注意的是排查工作必须仔细、谨慎，否则，一旦使肇事船舶被排除在嫌疑船舶范围之外，后续工作将全部失去意义。

4. 登轮调查时，应首先对相关处所进行采样

在登轮对各嫌疑船舶进行调查时，应首先按照采样程序要求，对有关处所进行油样采集和保存，然后再展开后续调查工作。这样有助于防止肇事者伪造现场，甚至人为破坏有关处所存油性质的可能性。

5. 询问员当事人、证人时，有关人员应回避

调查人员（一般为 2 人）对有关当事人、证人进行询问时应选择合适的地点单独进行，避免有关人员知悉谈话内容，一方面是为了防止有关人员串通口供，另一方面，也可以保护当事人、证人的合法权益。

6. 现场勘察应细致

事故发生后，肇事者往往采取一些措施来掩盖事实，迷惑调查人员，需要调查人员细致详细的勘察和分析，才有可能发现蛛丝马迹。尤其是登轮调查时，对机舱等处所的勘察、对有关设备的检查、对有关人员的操作性检查等要细致，明察秋毫，不能被简单的假象和当值人员的简单解释所迷惑。

3.2.10　操作性船舶污染事故的特点
Vessel cargo characteristics

绝大多数的船舶污染事故发生后，肇事者都要尽力掩盖事实，以推卸责任，逃脱处罚。致使证据的获取较困难，案件的调查、侦破难度较大。海难、海损、海上交通事故所致的污染事故，以及散装油轮发生货油泄漏污染事故外，船舶污染事故多数系疑难案件。这类案件具有如下一些基本特征。

1. 溢油线索排查难

疑难污染案件中的污染事故溢油一般比较普通和常见，即可以存在于任何

一条船上，如轻、重柴油、润滑油（包括齿轮油、汽缸油、增压器油等）、机舱污油、液压油、油渣（油泥）等，这些油类是多数船舶上都存在的，如果溢漏的是这些油类，嫌疑船舶的范围很大，这就使得调查人员不能轻易根据油的种类来确定肇事船舶。

2. 嫌疑船舶数量多

如果溢油发生在船舶密集区域，比如港池水域或者是船舶密度较大的锚地水域，同样也会增加案件调查的难度。

3. 时间的不确定性

疑难案件的发生时间往往是较复杂的，夜间发生的事故也屡见不鲜。因此等污染被发现时，往往已经与发生时间相去深远。这期间溢油已经受风流的影响改变了位置，有的甚至由于和水接触时间较长，油的性质发生改变，使得调查者不容易判断出嫌疑船舶的准确范围，难以确定肇事船舶。

3.2.11　船舶污染事故的几种形式
Types of vessel pollution incidents

1. 货油装卸、扫舱作业造成的溢油事故

油轮在进行装卸油以及作业完毕后的扫舱过程中常常会发生溢油事故，其主要原因多为油舱满溢、加油（扫舱）管路爆裂、阀门启闭错误等。油轮发生货油泄漏污染事故时，往往比较容易确定肇事者，因为散装货油比较单一，与船舶本身携带的用于维持船舶运转其他油类物质有质的差别，一般只从油的种类上即可以判断出肇事船舶。

2. 船舶内部油料调驳造成的溢油事故

船上的油料不断被消耗，需要不断的进行油料调驳，完成油料的沉淀、净化等过程，以补充被消耗的油料。在这个过程中也会发生污染事故，常见原因主要有：值班人员责任心不强导致的油柜（油舱）满溢、由于对相关的管系不熟悉错开阀门等。

3. 共同管系带油造成的污染事故

有些低标准船舶仍然存在共同管系，设有总用泵。在用总用泵排放污水后，没有清洗管路，或者管路清洗不充分，在再次使用总用泵排放压载水、消防水等时，一些共同管路上残存的污油便随着排放出来，造成水域污染。共同管路上的残存油类一般不会很多，这类污染事故中污染物一般不多，污染程度一般较轻，污染物主要为舱底污油水。

4. 尾轴漏油造成的污染事故

因尾轴漏油造成的疑难污染案件，以发生在船舶密集的港池内居多。这里的尾轴漏油主要是指油润滑尾轴的尾密封而言。尾轴尾部密封的漏油一般不会是突然的、大量的，一般也不会造成严重污染事故，污染物主要为润滑油。

5. 柴油机滑油冷却器带油造成的污染事故

港区水域发生的这类污染事故，一般为发电机居多。柴油机的润滑油一般采用直接冷却式，用海水作为冷却介质，为防止冷却器内冷却管破裂造成海水进入润滑系统，设定的润滑压力要高于海水压力。一旦冷却器内管道破裂，润滑油便随着冷却水排出，造成污染。这类事故一般不严重，污染物主要为润滑油。

6. 压载水带油造成的污染事故

除共同管系带油的情况外，有些老旧船船舶状况差，舱室隔板锈蚀严重，油舱、水舱串通的情况时有发生。在排放压载水过程中，把含油压载水排入海中，这种情况有发生大事故的可能，污染物以燃油、润滑油，燃油居多。

3.3　溢油量评估方法
Oil spill volume assessment

《海洋溢油生态损害评估技术导则》（HY/T 095-2007）是我国现行适用于海洋溢油污染事故生态损害评估（含溢油量估算）的推荐性海洋行业标准。该导则提出——采用现场监测技术（海洋环境监测）、遥感技术、溢油漂移数值模拟技术等进行溢油污染事故的溢油量估算。"当上述技术方法估算的溢油量不一致时，应以现场调查数据为准"。本章以该导则相关溢油量估算内容为依据，介绍溢油量估算原则和几种估算方法。

溢油量估算原则。事故处置人员在事故现场应第一时间，准确地收集溢油量估算相关原始数据。溢油量估算相关数据应及时得到代表作业者的油田现场管理人员的核对、确认。事故处置人员应视现场情况，科学选择溢油量估算方法，若现场难以取得准确的溢油量结果，应及时委托监测技术部门进行溢油量评估工作。事故处置人员通过现场调查数据测算得出的溢油量结果具有较强的法律效力。

3.3.1　事故调查法
Incident investigation methods

事故调查法有：观测计数方法、溢油前后容器存油差方法和设施溢出强度方法，各方法都有成熟运用。在不明确溢油源的情况下，事故处置人员应首先使用观测计数方法进行溢油量初步估算。在明确溢油源的情况下，若溢油事故发生在海上输油期间，泵率和开始漏油至闭泵的时间间隔已知，则总溢油量可利用最大泵率与出事到关泵的时间间隔之乘积来估算；若溢油事故属于输油管线泄漏，可以根据泄漏的速率和时间确定溢油量；若船舱、油罐等储油容器发生泄漏，可以事故前后存油数量差确定溢油量。事故调查法的溢油量一般采取"最少溢油量"原则，在我国实际案例中应用广泛，其评估误差视具体事故的具体情况而定。如下面两起案例：

1999 年 3 月 24 日，台州公司所属的东海 209 轮与福建公司所属的"闽燃供 2"轮在伶仃水道附近水域发生碰撞。碰撞造成"闽燃供 2"号轮船体破裂，该轮所载重油泄漏，造成珠海市部分水域及海岸带污染。根据中华人民共和国深圳进出口商品检验局对"闽燃供 2"号轮的海损鉴定，该轮装载的燃料油出库单数量是 1 032.061 吨。1999 年 3 月 24 日翻沉后，于同年 3 月 27 日由交通部广州打捞局打捞扶正吊起，驳卸到禅油 605 轮的货油重量是 392.087 吨，闽燃供 2 号轮底油数量是 50.261 吨，由此计算的油量相差为 589.713 吨，考虑到禅油 605 轮过驳的并非纯油，"闽燃供" 2 号轮底油也不是纯油，都只是未经分离的油水混合物，因此可以确定闽燃供 2 轮的溢油量至少为 589.713 吨。

2002 年 11 月 23 日凌晨 4 时 08 分，马耳他籍"塔斯曼海"轮与大连"顺凯一"号轮在天津大沽口东部海域发生碰撞，造成"塔斯曼海"轮原油大量泄漏，对该海域海洋生态环境造成了严重损害。事故发生后，根据商检局出具的卸货量检验报告推算，实际卸货量与装货港装货量相差 205 吨，由此可以确定本次溢油事故溢油量至少 205 吨。

3.3.2　遥感（航拍）图像分析法
Remote sensing and image analysis

首先，在卫星或遥感航拍图像上，根据颜色将溢油的异常区域精细划分成各个小区，计算出各小区的溢油面积，然后利用油膜颜色灰度值与油膜厚度之间的对应关系，确定出各小区溢油厚度，最后根据溢油品种的密度计算出溢油量。其中，油膜颜色应以事故现场海面油膜观测为准，海面油膜颜色观测时间与遥感图像获取时间尽可能同步。计算溢油量的基本表达式为

$$G = \sum_{i=1}^{n} S_i H_i \rho \qquad (3.2)$$

式中：G – 溢油量；S_i – 各小区溢油面积；H_i – 各小区溢油厚度；ρ – 溢油的密度；n – 小区数量。

在开阔的海域发生的溢油无法准确测量其油膜厚度，而且油膜基本上都集中分布在海水表面，受污染的海水都集中在表层，其深度也无法准确测量，因此国际上基本都采用《波恩协议》来计算溢油量。

1. 以颜色确定油膜厚度

由于油膜的种类与厚度不同，其表面所呈现的颜色也不同。采用国际上公认的《波恩协议》中建议的方法，利用油膜色彩估算油膜的厚度如表 3.2 所示。

表 3.2　油膜色彩与油膜厚度的对应关系

序号	1	2	3	4	5	6	7	8	9
油膜颜色	银灰色	灰色	深灰色	淡褐色	褐色	深褐色	黑色	黑褐色	桔色
厚度 / μm	0.02~0.05	0.1	0.3	1	5	15	20	0.1mm	1~4mm

2. 确定油膜的分布面积

海底溢油形成的油膜会在风、流以及过往船只的影响下飘移，在不同的时间会处于不同的位置，其面积也会发生变化。因此，污染面积要比油膜面积大很多。例如，1 平方千米的油膜带可能漂移 100 平方千米，其影响的面积就会累加为 100km2，但在测算溢油量时，只能依据 1 平方千米，而不能依据 100 平方千米。

3. 误差分析

一是本溢油量估算方法无法涉及悬浮油颗粒和沉积海床油污的溢油量估算；二是油膜厚度和油膜颜色的对应关系也具有很大的不确定性；三是卫星和固定翼飞机遥感图像质量和颜色受气象、设备因素的影响，对油膜厚度的估算将具有较

大的误差；四是遥感图像获取与海面油膜颜色观测的不同步且时间差异较大。因此，事故处置人员应在现场组织直升机低空航拍和海面船舶观测的同步行动来应用本方法，以减少上述误差影响。

3.3.3 环境监测评价法
Environmental monitoring and evaluation

环境监测方法运用较少，尚未形成被广为接受的估算模型，但在蓬莱 19-3 油田严重溢油污染事故处置中，相关海洋环境监测技术单位进行了较好的探索、尝试，取得了较为可靠的估算结果。

3.3.4 采油工程法
Production engineering

采油工程方法适用于溢油污染区域面积较大（溢油污染区域面积越大使得环境监测方法的误差进一步放大，影响了其溢油量结果的可信度）、溢油量较大的地质性溢油事故（或油井倒伏、井喷等）。如超压注水导致油藏整压，在断层开启的条件下发生地下溢油，其物理过程类似于石油开采增产措施的水力压裂，开启的溢油通道相当于水力压裂裂缝，因此可利用压裂模型来估算最大可能的海底溢油量（相关参数区间使用最大值估算出最大可能溢油量）。

将断裂带的溢油点假想为一口自喷采油井，采用封闭边界无限大地层中心一口垂直单相油井的稳定生产产量公式，在没有产生裂缝时的稳定流出量为

$$q_o = \frac{C k_0 h \left(\bar{p}_{\mathrm{r}} - p_{\mathrm{wf}} \right)}{\mu B_o \left(\ln \dfrac{r_{\mathrm{e}}}{r_{\mathrm{w}}} - \dfrac{1}{2} + S \right)} \qquad (3.3)$$

产生水力裂缝后，油井产量相对于没有压裂的油井产量比值可由普拉兹公式计算：

$$\frac{q_{\mathrm{f}}}{q_0} = \ln \frac{r_{\mathrm{e}}}{r_{\mathrm{w}}} \Big/ \ln(\frac{r_{\mathrm{e}}}{0.25 L_{\mathrm{f}}}) \qquad (3.4)$$

式中：q_0 – 没有裂缝时的油井产量；q_{f} – 压裂油井的产量；C – 单位换算常数；k_0 – 地层中油相渗透率；p_{r} – 地层平均压力；p_{wf} – 井底流动压力；μ – 地层原油粘度；B_0 – 地层原油体积系数；r_{e} – 流动边界半径；r_{w} – 油井半径；S – 油井表

皮系数；L_f – 裂缝半长。

3.3.5　油藏物质平衡法
Reservoir material balance

物质守恒原理——在油藏开发阶段的某一时期流体的采出量加上剩余的储存量等于流体的原始储量。物质平衡法是油藏工程计算中的经典方法，广泛应用于油藏的动态储量估算、油藏采收率评价以及生产动态预测。物质平衡法可以直接运用于因注水生产导致的地质性溢油污染事故最大可能溢油量估算，该估算较为简便。虽然该方法不需要大量的油藏数据，但需要准确地油藏能量变化监测资料，包括地层及流体的弹性系数、地层流体的采出量、开采过程中地层压力的变化。将溢油通道假设为一口生产井，则溢油量等于油井的产量，物质平衡的表达式为

$$N_p B_o = N B_{oi} c_{eff} \triangle P \tag{3.5}$$

$$C_{eff} = \frac{C_0 S_{0i} + S_{wc} C_w + C_p}{1 - S_{wc}} \tag{3.6}$$

油藏的地质储量（N）可采用容积法储量公式计算：

$$N = A \cdot h \cdot \phi \cdot (1 - S_{wi}) / B_{oi} \tag{3.7}$$

结合上面的公式，可得到油藏溢油量的估算公式：

$$N_p = (N B_{oi} c_{eff} \triangle P) / B_o \tag{3.8}$$

式中：N_p – 累积采油量（油藏溢油量），m^3；B_o – 原油体积系数，m^3/m^3；N – 原油地质储量，m^3；B_{oi} – 原始地层压力下的原油体积系数，m^3/m^3；C_o – 原油压缩系数，$1/MPa$；C_w – 地层水的压缩系数，$1/MPa$；C_p – 油藏岩石孔隙压缩系数，$1/MPa$；S_{wc} – 油藏束缚水饱和度，小数；S_{oi} – 油藏含油饱和度，小数；$\triangle P$ – 油藏压差 MPa。

公式表明，累计溢油量与油藏压力变化成正比，利用这一关系，根据溢油事故期间的地层压力变化，测算出超压层通过裂缝的最大溢油量。储层多孔介质内流体的渗流速度较慢，因此地层流体的流入、流出与地层压力的响应具有时间延迟，压力监测点获取的地层压力资料也具有较大的区域性，这些不确定性均会导致对溢油量估算的误差。解决的办法就是在油藏投产后，加强对地层压力的监测，包括增加压力监测点和压力数据监测频率、采用高精度压力计直接测量地层压力，准确、全面计量油藏的注入量和产出量，随时监控油藏内压力和流体进出量之间的物质平衡关系，并建立溢油风险的评价准则和风险预警机制。通过全面收集目

标油藏的各种静动态参数，建立完备的储层地质定量计算模型，并对不确定性的地质参数建立合理的评价范围；对目标油藏开发方案及开发方案的实施细节要有充分的了解，对各种工艺技术及其对油藏能量和油水分布造成的影响进行深入分析；并要对各种动态监测数据的一致性、合理性和代表性进行全面的分析和评价；对溢油过程建立细致的物理模型，并要对溢油通道（从油藏到水面）进行全面的分析，综合运用以上各类评价方法，并要对评价结果进行比对、分析，以降低不确定性对溢油量估算结果的影响。

3.3.6 油藏数值模拟法
Reservoir numerical simulation

油藏数值模拟法依据油藏的各种静态、动态数据以及相关的实验、测试资料，充分考虑了油藏的构造形态、断层作用、岩石和流体的物性和空间分布规律等非均质性，该方法估算过程能够展现地质裂缝溢油开启时间阶段、溢油泄压后裂缝的闭合、超压层位置以及超压层向相邻低压层的溢油通量和海底溢油点的位置，因此估算结论具有较高的科学性。同时，该方法对溢油过程的模拟有利于对溢油风险的监测和溢油发生后事故处理方案的优化及对事故治理效果的评估。

估算溢油量评定结果的参考价值取决于数据的准确程度和对溢油过程描述的准确程度。由于该方法需要数据较多，很多数据难以获取，例如地层裂缝的方位、裂缝的开启压力等，这些参数只能由对本地区地质条件非常熟悉的专业技术人员依靠长期的该油藏开发经验进行掌握，因此估算溢油量误差一般较大。

3.3.7 溢油量估算方法的意义及参数选择
Parameter selection and assessment

前述的几种溢油量估算方法均存在一定程度的估算误差。一般情况下，这几种溢油量估算方法的误差范围由小到大的顺序：事故调查法（观测计数方法、溢油前后容器存油差方法又称容差法、设施溢出强度方法又称截面通量法）、遥感（航拍）图像分析法（又称波恩协议方法）、环境监测方法（基本原理是受污染水体含油量与本底数值差）、采油工程方法、油藏物质平衡法、油藏数值模拟法。

在溢油事故的实际处理过程中，需要根据事故的具体情况，结合多种评估方法，对污染面积、污染深度、溢油量进行连续的全方位综合评估。其中，事故调查法应用较多，能够适用该方法的情况得到的溢油量误差相对较小，各方普遍接受。若事故悬浮油颗粒和沉降油污较少，并尽可能减小遥感图像误差和油膜颜色观测同步误差，遥感（航拍）图像分析法的溢油量估算结论也能够得到接受。环境监测方法应用较少，估算模型尚存在较大争议。环境监测方法主要用于前两种方法因缺少关键数据无法估算，或是存在明显比例的悬浮油污和油污沉降海床使得波恩协议无法全面覆盖的情况。

通常运用环境监测方法估算溢油量时，事故处置人员还应使用采油工程方法、油藏物质平衡法和油藏数值模拟法估算最大可能溢油量为环境监测方法估算的溢油量提供一个"天花板"数值。目前，各方接受该三种溢油量评估方法估算最大可能溢油量数值，不能作为实际溢油量进行使用。因此，采油工程方法、油藏物质平衡法和油藏数值模拟法在参数选择上，一方面优先选用海上油田长期开发已实际应用验证或多次获取求证的各类参数区间，再使用实验室的理论参数区间；另一方面在参数区间内取值时，应根据该三种溢油量估算方法，即使是选用区间极值，也应选取使估算结果最大的参数数值。

3.4　船舶溢油量估算方法 [5]
Vessel oil spill volume assessment

目前国际上（包括 IMO）尚没有形成被认可的统一的计算方法，溢油量更多的是评事故调查人员的经验取得。行业内逐步形成了以下 4 种计算方法：公约计算法、装载计量法、视觉估算法、回收估算法。值得注意的是，这 4 种方法并不是全部可用的方法；每种方法相互联系，可比较使用，最终溢油量的确定往往是多种方法的结合。

3.4.1　公约计算法
Calculation according to the regulation

公约计算法源于 MARPOL73/78 公约附则 I 第 23 条（意外泄油状况）的规定，类似的规定出现在附则 I 新增的第 12A 条（燃油舱的保护）中。这些规定了油轮发生意外事故货油舱或燃油舱泄漏最大溢油量的计算方法，其目的并非提供实际溢油事故溢油量的计算方法，而是借此规定油轮各舱最大载货量，防止一舱载货油量超过规定的量造成更加严重的污染。该条中第7.3款的计算思路，即根据静水压力平衡原则，计算一舱内可能溢出油的数量值得借鉴，尤其是目前尚没有更为准确的理论计算方法存在的情况下，通过静水压力平衡方法计算出的溢油量尚有一定的公信力。

（1）船舶搁浅情形下的静水压力平衡公式如下

$$\rho h_c + Z_1\rho_s + 1\ 000p/g = d_s\rho_s + t_c\rho_s \qquad (3.9)$$

船舶应假定为搁浅且纵倾和横倾均为零，潮汐变化前的搁浅吃水等于载重线吃水 ds。公式左侧为舱内静水压强，右侧为舱外静水压强，两侧压强应相同。其中：ρh_c 表示舱内油的压强，是用舱内油液体的高度乘以所载货油的密度得出；$Z_1\rho_s$ 表示油面以下海水的压强，是海底基线以上货油舱内油位最低点的高度乘以海水的密度得出；$1\ 000p/g$ 表示油面以上气体的压强，计算的是高于正常大气压的气体压强；$d_s\rho_s$ 表示舱外船舶吃水线以下，吃水高度的水压；$t_c\rho_s$ 表示潮汐变化引起的舱外水压的变化。具体参数如下：$Z_1=$ 在海底基线以上货油舱内最低点的高度，以 m 计；$h_c=Z_1$ 以上货油的高度，以 m 计；$t_c=$ 潮汐变化，以 m 计。潮汐的减少以负值表达，$\rho_s=$ 海水密度，应取 $1\ 025kg/m^3$；$p=$ 如安装惰性气体系统，正常的超压以 kPa 计，应不小于 5kPa；如未安装惰性气体系统，超压可取为 0；$g=$ 重力加速度，应取为 $9.81m/s^2$；$\rho=$ 取货油的实际密度；$d_s=$ 实际吃水。

在船底损坏中，货油舱泄出的一部分油可能被非载油的舱室留存。根据经验值，公约第 12 条用一种简洁的计算方法得出实际的溢油量，即如果溢油量为 1，则对于由下面为非载运油类舱室为界限的货油舱，其溢油量为 0.6，否则溢油量即为 1。

（2）实际计算方法。上述公式仅为说明压力平衡的理论，实际计算时应按以下步骤进行：首先，根据上述公式，可推导出舱内实际油位高度 h_c 的计算公式为：$h_c=\{(d_s+t_c-Z_1)(\rho_s)-(1\ 000p)/g\}/\rho$ 然后，根据在没有发生破损情况下舱内的原液位高度（h_o，一般以实际测量得出），即可计算出溢油前后舱内油液位的高度变化（H_{os}），如下公式：$H_{os}=h_o-h_c$ 再者，通过查阅船舶的舱容图，计算出实际溢出的油品体积，将油品体积乘以所载货油的密度即可得出溢油量。

如前所述，该计算公式存在许多假设和局限性，在使用时应注意以下事项：假设仅在静水情况下，水动力因素未予以考虑，如加上水动力因素的影响，其计算公式将更加复杂，目前，国际上尚没有公认的计算公式，这也是为何 IMO 在历次修正 MARPOL73/78 公约附则 I 没有提出可信的新分式的原因，即使在 2006 年 3 月 24 日通过的 MEPC.141（54）号决议，增加 12A 条对燃油舱规定时仍采取第 23 条的计算公式的原因；如上公式所示，该公式使用人工方法即可计算出溢油量，其前提条件之一是假定船舶的纵倾和横倾均为零，从而减少了修正纵倾和横倾的繁琐，如需考虑纵倾和横倾因素，可采用计算机模型来计算，该模型可在中国船级社上海规范研究所查到。

上述公式是以船舶搁浅情形为例，实际事故中，在发生船舶舷侧破损的情况下，应分两种情况考虑，一是对于发生碰撞导致舷侧大面积破损时（相对于船舶大小），一般情况下，较长时间未采取堵漏或过驳等措施，在压力和海水动力的影响下，可假定舱内油品全部漏出；二是对大型油轮舷侧发生结构性破损，且破损面积很小，如出现针眼或小范围的裂纹，此时，可根据静水压力平衡套用上述压力公式计算液面的变化，但应充分考虑破损口的高度，且不考虑水动力的影响；假定油水未发生混合，即完成压力平衡是在瞬间完成的，如考虑油水的混合，需实际取样测定油水的含量以及油水混合物的密度，可按实际密度套用上述公式；理论上，在不采取任何措施的条件下，油分子与水分子经过足够的长时间混合，由于海水的量远远大小舱内油品的量，船舶进水后将会最终导致船舱内油品全部溢出。

3.4.2　装载计量法
Cargo disparity assessment

装载计量法因其操作简单，为实际测量，往往有公正机构的数据支持，可信度高，是计算溢油量普遍采用的方法。鉴于船舶实际测量多为船员或检验人员（如，分布在各港的中国检验认证集团的分支机构）按规定的标准和工艺进行，在本书中不对油量测量的技术问题详述，仅在假定实际的测量符合规范要求，数据可信的前提下，根据测量的结果计算溢油量的方法进行探讨。对油轮而言，装载计量法分为对岸上罐柜的计量和对船上船舱内油品的计量两种方法，而对船上船舱的油量计量又包括了对整船油量的计量和对个别船舱油量的计量。

（1）岸罐计量船舶装卸量对比法。该方法是通过对装油港岸上罐柜的测量，得出装船的油量，该油量与在卸油港岸上罐柜的测量得出的卸油量进行比较，两者的差值即为船舶的溢油量（Wos）。即

$$W_{os}=W_u-W_1 \tag{3.10}$$

其中，W_u 表示在卸油港测量岸上罐柜的船舶卸油量；W_1 表示在装油港测量

岸上罐柜的船舶装油量。

（2）对少量溢油，该计量方法有其局限性。根据商业运输合同的约定，一般情况下，低于0.5%短量标准，属于合理范围。如果根据上述公式计算出的货差小于短量标准，则一般不能认定为出现货物短量。另根据《进出口商品重量鉴定规程》规定，可允许的静态计量系统误差应 ≤ 0.3%。因此，如果计算出的溢油量在这些范围之内，一般很难采信该数值。

（3）整船油量的计算原理如同上述岸罐计量船舶装卸量对比法，所不同的是对整船装油量和卸油量的比较，得出溢油量。其局限性也如同岸罐计量船舶装卸量对比法，由于商业习惯的存在，对一定限度的货物短量被认为是正常的。因此，整船装卸量对比法在少量溢油事故中应慎用。

（4）在发生溢油事故后，船上人员发现后往往后采取一些应急过驳措施，将破损油舱的油品转驳到船上其它可用的舱室中，通过对相关舱室事故前后的所载油的数量进行比较，可以得出实际的溢油量。

使用这种方法计算溢油量，应首先调查清楚船上过驳活动的真实情况，否则很容易计算错误，甚至会出现计算出的量有增无减，在这种情况下，应根据事故调查的具体情况，确定计算的溢油量是否采信。同时，计算一个舱室溢油量时，如舱内进水，应充分考虑破损舱室中残存的油水的比例，可通过取样检测来确定油水的比例。由于现实操作中，船上有时会采取各舱室自流的方式转移货油，这时，也应综合考虑自流前后的液位高低，如时间充足，根据静水压力平衡的原理，互通的舱室最后的液面应一致。

3.4.3 视觉估算法
Visual estimation

同前述遥感（航拍）图像法。

3.4.4 回收估算法
Reclamation estimation

回收估算法是根据回收到油污水的数量，减去其中的水含量，并综合考虑溢油在海水中的扩散、漂移、蒸发、分散、乳化、光化学氧化分解、沉积以及生物降解等作用导致油量的减少，来估算溢油量。

表 3.3　Amoco Cadiz 油轮溢油的质量平衡

	吨数	百分比
溢油总量	223 000	
进入潮间带下沉中的量	18 000	8
在岸上（海滩、沼泽、岩石区）的量	62 000	28
在水中的量	30 000	13.5
生物降解的量	10 000	4.5
挥发	67 000	30
其他	46 000	20.5

通过上述分析，大致可以判断出某类油品在水中的消减量，例如，通过上述作用可能导致油品在水中的减少率为 50%，通过水上回收作业回收量为 X_1 吨，未回收到的油量约为 X_2（估算得出），回收到的油污水的油含量为 30%，则可用以下公式溢油量（W_{os}）：

$$W_{os} = \{(X_1 \times 30\%) + X_2\}/50\% \qquad (3.11)$$

使用该方法时，应注意的是，水中油含量可请专业机构作出鉴定，但回收的溢油量往往是估算得出，而任何事故应急都不可能将油品在水中的自然消减后的残余量全部回收，因此，水中残余的油量也为估算得出。并且，油品在水中的自然消减率多为根据不同油品的经验值，也不可能非常准确，油品在水中的消减与时间有很大的关系。因此，根据该方法计算的溢油量只能是一种估算的数值。

3.4.5　船舶溢油量估算方法的局限性
Vessel oil spill volume assessment limitations

4 种船舶溢油量估算方法，在使用这些方法时应注意以下问题：

一是 4 种方法仅为目前使用的众多方法的一部分，尤其是公约计算法，仅为公约条款下的一种简单计算方法，如前所述，存在着许多假设。要准确计算溢油量，建议通过科研机构寻求综合考虑了流体力学等影响因素的计算模型，如有必要，可通过物理模拟建立数学模型，从而更加准确地计算溢油量；

二是 4 种方法要综合利用，可能在一次事故中同时运用到四种方法，而根据四种方法计算出的溢油量又存在着较大的差别，这时，应分别甄别每种方法的真实性和可用性，其中装载计量法的可信度较高，尤其是事故相关舱室的计量，如计量人员操作准确，记录完整，其可信度更高，该方法若能辅以回收估算法或视觉估算法，将可能更准确地计算溢油量；

三是使用上述每一种方法时，应充分考虑各种方法的局限性，但具体运用时，有的方法可用在事故应急阶段，作为初步掌握溢油等级用，有的方法可用在事故调查阶段，作为最终确定溢油量的依据，为此，掌握各种方法在污染事故的调查处理非常重要。

3.5 溢油漂移跟踪预测
Oil spill drift – tracking and prediction

尽管事故溢油发生的机率较小，也需要引起足够的重视。海上可能发生溢油事故的主要地点就是海上油气平台设施和大型油轮，在发生较大溢油污染事故时，大量溢油在海流及海上风的作用下发生移动。由于受海洋、大气和太阳辐射等环境因子的共同作用，海上溢油的状态相当复杂，存在着极其复杂的物理、化学和生物过程。如石油在海面上的分散、运移、蒸发、溶解、光分解、生物降解、乳化、悬浮物的吸附和沉积过程等。

海上溢油迁移变化过程如图 3.2 所示。

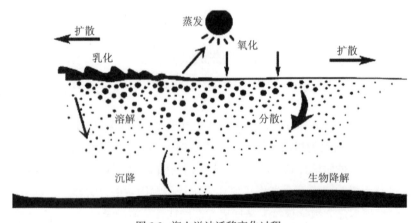

图 3.2 海上溢油迁移变化过程

溢油漂移过程的有效预测，在溢油污染事故处置过程中具有非常重要意义。

基于溢油漂移预测，事故处置人员一方面可以更好的监督、指导和监视海上油田作业者或船舶组织开展溢油应急处置活动，另一方面对可能将受到污染的生态和环境敏感区、利益相关者和岸滩区域提前组织有关应急响应力量，采取措施减少损失。

3.5.1　溢油漂移预测模型现状
Oil spill drift prediction models

20 世纪 60 年代开始，国外学者开始对溢油漂移轨迹模型展开研究，并建立了各种模型。如 Fay（1969）提出的溢油扩展模型；MacCay（1980）提出的溢油蒸发和乳化模型；NOAA（1994）的 ADIOS 模型；ASA 研究所的 OILMAP 模型系统；Mark Reed（1999）等提出的 OSCAR 模型系统等。20 世纪 90 年代开始，国内学者也在溢油漂移轨迹模拟模型方面开展了大量研究，如张存智（1997）等提出的三维溢油动态预报模式；乔冰（2001）提出的应急反应溢油模型；娄安刚（2001）等提出的三维海洋溢油预测模型。图 3.3 为溢油动态模拟信息系统结构。

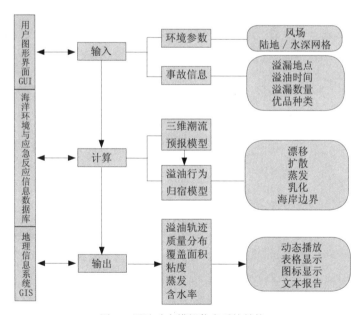

图 3.3　溢油动态模拟信息系统结构

目前，国内大多数海上油田的溢油应急计划使用一个溢油行为与归宿数值预测模型，该模型采用拉格朗日"油粒子"概念来描述海上溢油的行为变化，可以模拟溢油漂移、扩散等运动过程和蒸发、乳化、分散、溶解、粘度和密度变化等风化过程。科研部门在此基础上，建立了用于实现模型数据管理和可视化的溢油动态模拟系统，能够作为溢油事故应急事故指挥的决策支持工具，也用于海上溢油风险评估和海洋环境损害评估。本章重点介绍该模型。

3.5.2 三维潮流预报模型
Three-dimensional current forecast model

海流是油膜产生漂移运动的主要驱动力，流场模拟是溢油动态预测的基础。海流预报的模型采用 POM（Princeton Ocean Model）。该模式是由美国普林斯顿大学大气海洋科学项目组在 George L. Mellor 发起和主持下形成的三维全动力海流预报模型。该模型自 1977 年至今 30 多年的不断完善过程中，逐渐被众多的海洋科学工作者接受和采用，取得了许多令人满意的效果。

1. 控制方程

采用 Blumberg 和 Mellor 所定义的 σ 坐标系。海面（$z=\eta$）转换成 $\sigma=0$，而海底则相应的变成 $\sigma=-1$，则计算三维潮波运动的控制方程的在 σ 坐标下形式为

$$\frac{\partial \eta}{\partial t} + \frac{\partial (Hu)}{\partial x} + \frac{\partial (Hv)}{\partial y} + \frac{\partial w^{'}}{\partial \sigma} = 0 \qquad (3.12)$$

$$\frac{\partial u}{\partial t} + u\frac{\partial u}{\partial x} + v\frac{\partial u}{\partial y} + \frac{w^{'}}{H}\frac{\partial u}{\partial \sigma} - fv + g\frac{\partial \eta}{\partial x} = \frac{1}{H^2}\frac{\partial}{\partial \sigma}(\mu_x \frac{\partial u}{\partial \sigma}) + \lambda(\frac{\partial^2 u}{\partial x^2} + \frac{\partial^2 u}{\partial y^2}) \qquad (3.13)$$

$$\frac{\partial v}{\partial t} + u\frac{\partial v}{\partial x} + v\frac{\partial v}{\partial y} + \frac{w^{'}}{H}\frac{\partial v}{\partial \sigma} + fu + g\frac{\partial \eta}{\partial y} = \frac{1}{H^2}\frac{\partial}{\partial \sigma}(\mu_y \frac{\partial v}{\partial \sigma}) + \lambda(\frac{\partial^2 v}{\partial x^2} + \frac{\partial^2 v}{\partial y^2}) \qquad (3.14)$$

$$w^{'} = w - \vec{u}(\sigma\nabla H + \nabla \eta) - (1+\sigma)\frac{\partial \eta}{\partial t} \qquad (3.15)$$

其中：g 为重力加速度；$f=2\Omega\sin\phi$ 为科氏参数，Ω 为地转角速度，ϕ 为地理纬度；η 为自静止水面算起的水位高度；h 为自静止水面算起的水深；$H=h+\zeta$；u、v 为 x 向、y 向流速。w' 为 σ 坐标下的垂直速度。$\vec{u}$ 为水平速度矢量，∇ 为哈密顿算子，w 为 z 坐标垂直速度，μ_x、μ_y 为东向和北向的垂直粘性系数。垂直粘性系数 μ 由混合长理论得到。λ 为水平粘性系数，系统内置经验公式进行计算，也可以通过用户数值试验获得。

2. 边界条件

（1）水陆边界上：法向速度为 0，切向满足无滑动条件。

（2）自由表面（σ=0）：$w'=0$，$\dfrac{\rho\mu}{H}\dfrac{\partial \vec{u}}{\partial t}=\vec{\tau_s}$，其中 $\vec{\tau_s}=(\tau_{sx},\tau_{sy})$ 为海面风应力，基于实时预报的需要，在模式中只计算纯天文潮，故海面风应力为 0。

（3）海底（σ=−1）：$w'=0$，$\dfrac{\rho\mu}{H}\dfrac{\partial \vec{u}}{\partial t}=\vec{\tau_b}$，其中 $\vec{\tau_b}=(\tau_{bx},\tau_{by})$ 为海底摩擦应力。

在数值模拟中以近底网格结点上的流速参数化公式表示，即 $\vec{\tau_b}=\rho\,\dfrac{k}{\ln\dfrac{H+z_b}{z_0}}|\vec{u}|\vec{u}$

其中 k 为 kaman 常数（约为 0.4），$H+Z_b$ 是离海底最近底网格结点与海底底距离，z_0 为粗糙度。

（4）外海开边界：用水位调和常数给定，对于 m 个分潮

$$\eta(x,y,t)=\sum_{i=1}^{m} f_i H_i \cos(w_i t - g_i + (V_i+U_i)_{di}) \qquad (3.16)$$

3.5.3　溢油漂移轨迹预测模型（溢油行为归宿模型）
Trajectory prediction model

（1）"油粒子"模型。"油粒子"模型就是将海上溢油离散化为大量拉格朗日粒子，每个粒子代表一定的油量，当粒子在海面时表现为油膜，当处于水体中的粒子表现为油滴，海面油膜的面积则由表面粒子的叠加来表示。通过在每个计算时间步长内模拟每个"油粒子"在海流、风等的作用下漂移、扩散、蒸发、乳化等变化过程，并记录其空间位置、重量、性质变化等信息，从而实现对溢油的行为动态的模拟。

（2）漂移过程。溢油的漂移是指由于受风、海流及海况的影响而导致的溢油水平和垂直运动的过程，包括平流过程和扩散过程。根据"油粒子"模型，采用确定性方法模拟溢油粒子的平流过程，用随机走动法模拟其扩散过程，计算公式如下：

$$X_i = x_{i0} + u_i \Delta t + E_{ix} \qquad (3.17)$$

对于第 i 个"油粒子"，（x_{i0}, y_{i0}, z_{i0}）是原始位置；（x_i, y_i, z_i）是经过 Δt 时间后的位置；u_i、v_i、w_i 分别是原始位置处 x、y、z 方向流速，它是潮流、风海流、余流等的合成；Δt 为时间步长；E_{ix}、E_{iy}、E_{iz} 分别是 Δt 时间在 x、y、z 方向的随机走动距离。

在很多情况下，用简单的油膜漂移计算就能为事故应急响应提供很大的帮助。

油膜漂移的运动速度 U_0 可视为表层海流流速 U_c 和风速 W 的百分率 α 的矢量和：

$$U_0 = U_c + aW \qquad (3.18)$$

根据实验表明，在风的作用下，油膜漂移速度的增加量为风速的3%，α 取值3%。

（3）扩散过程。溢油的扩展是指油膜由于自身特性而导致面积增大的过程。Fay 提出三阶段理论是描述溢油扩展过程的经典理论，揭示了油膜依其自身的理化特性而致的扩展机制，这一过程实际上持续时间较短。溢油在海面上的扩展过程，主要受剪流和湍流的控制，剪流导致油膜的变形，湍流则直接影响油膜的扩展尺度。近年来，不少学者（张存智，1997）采用随机走动法来模拟湍流扩散过程。

溢油粒子的随机走动导致油粒子云团的尺度和形状随时间变化，对于三维情况，随机走动的距离为

$$\Delta \alpha = \text{R} \bullet \sqrt{6K_a \Delta t} \qquad (3.19)$$

式中，$\Delta \alpha$ 为 α 方向上的湍动扩散距离（α 代表 x，y 或者 z 方向）；R 为 $[-1,1]$ 之间的均分布随机数；K_a 为 α 方向上的湍流扩散系数；Δt 为时间步长。对于油粒子的垂直方向（z 方向）随机扩散，湍流扩散系数 K_z 采用 Lchiye 公式计算：

$$K_z = 0.028 \left(\frac{H_s^2}{T}\right) e^{-2kz} \qquad (3.20)$$

式中，H 是有效波高；k 是波数；T 是波周期；z 是深度。

海岸边界。溢油油膜漂移到海岸时会被吸附到岸边，但由于海浪、海流的作用可能重新被带回水体中。根据各种海岸类型的最大"容油量"以及油迁移速率，容油量依赖于海岸坡度和其渗透性，暴露于风和波浪的程度。如果在海岸上存在的油量达到最大"溶油量"，就不会有更多的油留存下来，油膜会继续被风和海流移走。否则，会有油膜在海岸线上留存下来，直到达到最大"溶油量"。在一段时间内，来自海岸线部分油的总量可用下面计算公式计算：

$$\Delta m = m_i[1 - \exp(-r_i \Delta t)] \qquad (3.21)$$

式中，m_i 是在初始时在不同类型海岸上的油量；r_i 是不同类型海岸的油消除速率。

（4）蒸发过程。蒸发是由于石油烃类从液态向气态的相变而造成的油膜与空气之间的物质交换。溢油的组份、表面积及其物理特征、风速、温度、海况以及太阳辐射的强度等都影响蒸发的速率。溢油在海面的蒸发速率随时间的延长而降低，溢油在最初几小时内蒸发得很快，而数小时后蒸发速率逐步降低至最低值，此后溢油组分保持相对稳定。实际溢油事故中也可以用该溢油油品的蒸发曲线估

算蒸发量。

溢油组分对其蒸发的影响最大，它可决定其蒸发速度和总量比，低烃类组份有较高的饱和蒸发压，有较高的蒸发速率，蒸发后溢油中的低沸点烃类迅速减少，导致蒸发后油污的密度和粘度逐步增大。一般情况下，轻质原油和轻质成品油的轻烃组分的含量较高，海面漂移过程中，蒸发速度快且蒸发总量比大。据有关科研统计，溢油中碳原子数小于 15 的烷烃可以全部蒸发；C16~C18 的烷烃可蒸发 90%；C19~C21 的烷烃可蒸发 50%。汽油的主要组分为 C9~C11 的烷烃，溢到海面全部蒸发；重质原油和重质成品油的轻烷烃组分含量较低，蒸发慢、蒸发总量比小。

在溢油粘度和扩散影响下，油膜厚度逐步减小，也影响到溢油的蒸发速率。薄油膜蒸发快。溢油蒸发的总量比不受油膜厚度的影响。温度也能够影响溢油的蒸发，不仅能够影响溢油的蒸发速率，而且还可以影响蒸发总量比，即：温度越高，油蒸发得越快，蒸发总量比大（但幅度有限）。风速影响溢油的蒸发速率，即：风速越大，蒸发越快。海况也在一定程度上影响溢油蒸发，即海况越差，蒸发越快。

本章采用 Stiver 和 Mackay（1984）的参数化公式，溢油蒸发系数可定义为：

$$\theta' = k'At/V_0 = k't/\delta \tag{3.22}$$

式中，$k' = 2.5 \times 10^{-3} U_w^{0.78}$；$U_w$ 为海面以上 10m 处的风速；A 为油膜的面积；V_0 为溢油的初始体积；t 为时间。

蒸发率则是蒸发系数、沸点温度等因素的函数，可写为：

$$F_V = \ln\left[1 + B'\left(\frac{T_G}{T}\right)\theta' \cdot \exp(A' - B'\frac{T_0}{T})\right] \cdot \frac{T}{B'T_G} \tag{3.23}$$

式中，F_V 为蒸发率；$A' = 6.3$；$B' = 10.3$；T_G 为沸点曲线的梯度；T 为油的温度；T_0 为油（在 $F_V = 0$ 时）的初始沸点温度。

乳化过程。乳化是一个油包水的过程。研究表明，能发生乳化的内在因素是原油的沥青质中含有乳化剂，当含量达到一定程度时，即发生乳化现象。沥青质含量大于 0.5% 的溢油，易形成稳定的乳状液，即通常所说的"巧克力冻"，而沥青质含量小于该值的溢油易于分散。溢油的乳化减弱化学分散剂的分散效果。乳化形成毫米级的油包水颗粒，呈现棕色、桔黄色或黄色。海况能影响乳化剂的乳化的速度，但最终的乳化总量与海况无关，而仅取决于乳化剂的含量。这种乳化物具有较高的密度和粘性，不容易消散的特征减慢了溢油的扩散过程，并为溢油清除带来困难。轻质易蒸发的溢油很少形成乳化物，重质成品油或原油会形成相当大量的乳化物。

　　随着吸水量的增加，乳化物的密度接近于海水密度，当乳化颗粒与碎屑或生物残骸等密度较大固态物质结合后沉降到海底。悬浮在海水中的溢油乳化颗粒在海洋环境中很难自然消失，漂移遇到固态物体或岸滩就会粘附，很难消除。

　　目前对溢油乳化过程的描述都是经验性的，一般可用含水率 Y_w 来表征乳化程度：

$$Y_\mathrm{W}=[1-\exp\left(-K_\mathrm{A}K_\mathrm{B}\left(1+U_\mathrm{w}\right)^2t\right)]/K_\mathrm{B} \tag{3.24}$$

　　式中，Y_w 为乳化物的含水量；$K_\mathrm{A}=4.5\times10-6$；$U_\mathrm{w}$ 为风速；$K_\mathrm{B}=1/Y_\mathrm{w}^\mathrm{F}\approx1.25$；$Y_\mathrm{w}^\mathrm{F}$ 为最终含水量；t 为时间。

　　密度变化。溢油的蒸发和乳化会导致其密度产生变化。

　　乳化对油密度的影响表示为

$$\rho_e=\left(1-Y_\mathrm{W}\right)\rho_0+Y_\mathrm{W}\rho_\mathrm{W} \tag{3.25}$$

　　蒸发对油密度的影响表示为

$$\rho=\left(0.6\rho_0-0.34\right)F+\rho_0 \tag{3.26}$$

　　综合两者的影响，油的密度表达为

$$\rho=\left(1-Y_\mathrm{W}\right)\left[\left(0.6\rho_0-0.34\right)F+\rho_0\right]+Y_\mathrm{W}\rho_\mathrm{W} \tag{3.27}$$

　　其中，ρ_e 为乳化后油的密度，ρ_0 为乳化前油的初始密度，ρ_W 为海水密度，Y_W 为乳化物含水量，F 为挥发系数。

　　粘度变化。溢油粘度随温度而变化，如果在溢油发生过程中环境温度变化不大，则可忽略温度变化对粘度的影响。因此，溢油粘度的变化分别采用以下计算公式：

$$v=v_0*10^{4F_V}\cdot\exp\left(2.5Y_\mathrm{w}/\left(1-0.654Y_\mathrm{w}\right)\right) \tag{3.28}$$

　　式中，v_0 为溢油的初始运动粘性系数，

　　Y_w 为乳化物含水量；

　　其他溢油行为归宿。

　　图 3.4 为油膜变化过程时间尺度。

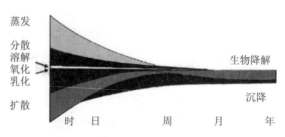

图 3.4　油膜变化过程时间尺度

　　溢油的沉降。溢油入海后经蒸发、乳化和化学分散剂分散，密度逐步增加，

当剩余油污的密度临近或大于海水密度时，发生油污悬浮于同密度海水水层或沉降至海床。部分高含蜡的重质原油能够直接沉降于海床。悬浮油颗粒的沉降也会受海水水温影响，水温较高时，油颗粒漂浮于表层海水；水温下降时，油颗粒会降至底层海水。沉积在海床的油污经过一定的时间后，一部分被生物降解，一部分在沉积矿化作用下得到净化。

溢油的溶解和氧化。溶解是石油中的低分子烃向海水中分散的一个物理过程。原油中的重组分实际上在海水中并不溶解，低分子的烃类化合物，尤其是芳烃如苯和甲苯稍溶于水。但这些化合物也极易蒸发，这种蒸发速度要比溶解快很多。石油烃类的溶解浓度很少超过 1ppm，油污的溶解对于溢油清理没有较大影响。溢油的氧化，一方面使油污分解为可溶性物质，另一方面使油污结合为持久性焦油。油污的氧化伴随着油污漂移的始终，随漂移时间增长而加剧，但是相对于其它非动力过程，氧化的油污比例是微不足道的。

溢油的生物降解。油污的生物降解过程与海洋中的微生物等因素有密切关系，是海洋环境本身净化的根本途径。目前，海洋科研领域已发现 200 多种水体微生物能够降解油污，这些微生物一般生长在海面及海床。海洋微生物对油污的降解，1/3 用于细胞合成、2/3 分解为水和二氧化碳。油污的生物降解主要受微生物种群、海水温度、水体含氧量及营养物质氮和磷的含量等因素影响。油污的生物降解速率对短时间的溢油应急响应行动来说不能起到主导作用，对油污染的海洋环境来说需要数年才能得到恢复。

3.6　几种类型溢油事故风险及污染预测
Degrees of oil spill risks and hazards

海上石油勘探开发生产期间，工程建设和生产运营（包括船舶运油作业）时都存在因事故风险导致的环境污染风险。但发生事故不一定产生环境污染，也就是说环境污染风险要小于工程事故风险。下面主要针对环境污染风险较大或重大的石油勘探生产开发期间的主要事故如井喷、管线泄漏、火灾和油轮碰撞等突发性事故的环境污染程度进行预测。风险树中环境影响级别为：A 级最严重；B，C 级次之；D 级则表示无污染事故发生。

3.6.1　井喷事故
Blowout risk and pollution prediction

井喷事故一旦发生，其后果往往无法预料，而且对周围生态环境及人群生命健康产生严重威胁。一般情况下，井喷而导致大量溢油事故的概率至少比井喷事故的概率低一个数量级。一旦发生井喷，多数情况下将发生火灾和爆炸。在发生井喷而未发生火灾情况下，井喷物将全部进入海洋，故环境风险级别为 A。当井喷引起火灾和爆炸事故时，虽然部分井喷物被燃烧，减少了井喷物进入海洋的总量，但是火灾和爆炸事故将可能引起事故升级，因此井喷而导致火灾和爆炸时的环境风险级别也定为 A。而当防喷器失灵及其他防喷措施失败，且井喷溢油事故未引起火灾或者爆炸的情况下，此时溢油对海洋造成的污染最为严重，可以达到 A 级，如图 3.5 所示（风险概率仅供参考）。

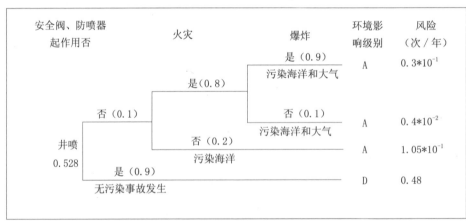

图 3.5　海上井喷事故环境污染预测分析树

3.6.2　海底油气管道溢油事故
Subsea pipeline fracture risk and pollution prediction

海底油气管道一旦破裂，由于管道中除失压、失量报警（只有该两个参数明显下降才可能触发报警）之外，尚无其他成熟监控措施，必然导致原油或天然气的泄漏。一般情况下，输气管道在发生泄漏事故后，其管道中的天然气将通过海水进入大气，对海洋基本不会产生较大影响，对大气造成的影响也较小，可定为

C 级。而输油管道一旦发生泄漏，将造成其管道内的较多原油进入海洋中，从而造成对海洋的污染，可以达到 A 级（如埕岛油田登陆管道 312 事件）。对于油气混输管道，可以参照输油管道预测。海底管道的泄漏主要为井流和原油。由于其泄漏源在水下，因而一般情况下不会出现火灾和爆炸事故。泄漏到海面上的油通常不会被引燃，海况较好的情况下围油栏能够起到围油作用，能够降至 B 级。如果泄漏得不到控制，且围油栏和溢油分散剂均不起作用时，则必然出现 A 级环境风险，如图 3.6 所示（风险概率仅供参考）。

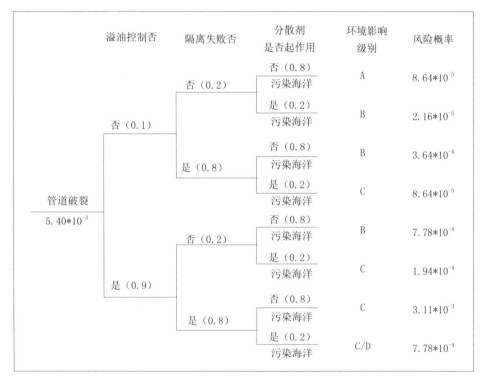

图 3.6　海底管道破裂事故环境风险树

3.6.3　火灾事故
Explosion risk and pollution prediction

当灭火成功后，对环境不造成污染；当灭火失败，但隔离成功时，将只对大气环境造成污染，环境风险等级为 C 级。得不到有效隔离但不发生爆炸，会对大气环境造成污染，环境风险等级为 C 级，风险概率为。只有在灭火和隔离均失败的情况下才会出现 A 级环境风险，如图 3.7 所示（风险概率仅供参考）。

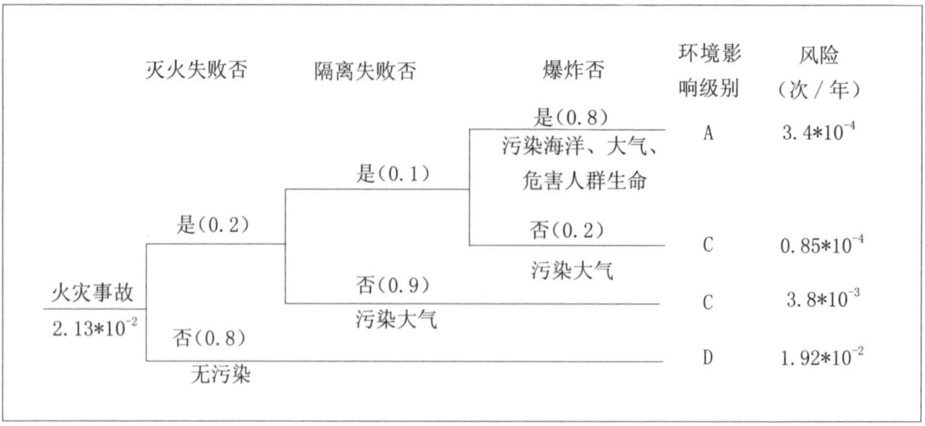

图 3.7 火灾事故环境风险树

3.6.4 油轮碰撞溢油事故
Tanker collision risk and pollution prediction

海上油轮碰撞事故或油船（其他航行船）与石油平台相撞的事故发生时，多数情况下，溢油事故将得到控制而不会对海洋环境造成污染（D 级）。但仍有约 40% 的事故可能造成溢油污染，其中，若不采用围油栏、撇油器和喷洒消油剂等措施或措施不当，很可能对海洋环境造成较为严重的污染（A、B 级）。海上油轮一旦破舱溢油，对海洋环境污染是 A 级，如图 3.8 所示（风险概率仅供参考）。

溢油污染事故调查实践中可能碰到各种情况，本章事故调查只能给出分析问题、解决问题的一般方法，不能给出适用于各种情况的包罗万象的调查模式。按照本章介绍的分析方法和经验整理进行溢油事故调查，应当能够找到适于实际情况的事故调查方法，获取具有法律效力的事故现场证据材料。

本章为代表我国海洋、海事行政主管部门的事故处置（调查）人员依法合规开展溢油应急监管，梳理了开展溢油应急处置的工作思路，较为全面的整理了溢油应急处置直接相关的业务内容。另一方面，也为石油公司（作业者）、船舶代表、溢油应急专业公司等海洋工程、海事船舶的经营和环保组织，更好的了解溢油应急处置相关现行法规规定，建设日常溢油应急能力，做好溢油事故应急响应，给予了间接指导。

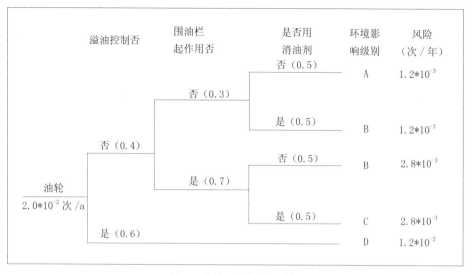

图 3.8　油轮碰撞事故风险树

3.7　参考文献
References

[1] 国家海洋局 . 赵东油田生产开发溢油应急计划（报批稿）[Z]. 2011.

[2] 国家海洋局 . 曹妃甸作业公司溢油应急计划（钻完井）[Z]. 2012.

[3] 中国海监北海总队 . 渤海海洋石油勘探开发活动溢油应急平台值守工作细则（暂行）[Z]. 2013.

[4] 吴晓丹 . 海上溢油量获取的技术方法 [J]. 海洋技术，2011，30（2）：51-58.

[5] 张春昌，李盛泉，候旭可 . 船舶污染事故调查技术 [M]. 交通运输部海事局 .

[6] 宋朋远 . 渤海油田溢油扩散与漂移的数值模拟研究 [D]. 青岛：中国海洋大学，2013.

[7] 徐淑波，熊德琪，廖国祥 . 海上溢油行为与归宿的数值模拟研究 [J]. 中国科技论文在线 .

[8] 李传亮 . 油藏工程原理 [M]. 北京：石油工业出版社，2005.

[9] 张和庆，李福娇. 近海海面油类漂流扩散的研究和预测实践 [J]. 热带气象学报，2001，01：83–89.

[10] 国家海洋局. 海洋石油勘探开发溢油事故应急预案 [R]. 2008.

[11] 国家海洋局. 海上石油勘探开发溢油应急响应执行程序 [R]. 2006.

[12] 孙艾茵，刘蜀知，刘绘新. 石油工程概论 [M]. 北京：石油工业出版社，2008.

[13] 宋成立，郑本祥. 采油工实用读本 [M]. 北京：石油工业出版社，2009.

[14] 刘德华，刘志森. 油藏工程基础 [M]. 北京：石油工业出版社，2004.

[15] 罗平亚，杜志敏. 油气田开发工程 [M]. 北京：中国石化出版社，2003.

[16] 张一伟，金之钧. 油气勘探工程 [M]. 北京：中国石化出版社，2003.

第 4 章　溢油应急清理处置方法

Oil spill clean-up and contingency

4.1 溢油清理处置方法概述
Overview

随着经济的发展，人类对石油的需求量越来越大，频繁的溢油事故随之而来，成为我国环境保护面临的重要问题。石油泄漏对环境的污染可分为3个方面：一是油气挥发污染大气环境，表现为油气挥发物与其它有害气体被太阳紫外线照射后，发生物理化学反应，生成光化学烟雾，产生致癌物和温室效应，破坏臭氧层等。这种形式的污染基本是无法控制的，只能听之任之。二是海洋水体及海床的污染。本书第二章主要阐述了对海上石油生产运输溢油安全隐患的防控，本章及第五章着重阐述溢油污染的清理方法及应对方案。三是污染土壤和地下水源，导致土壤破坏和废弃，有毒物质通过地下水和农作物进入食物链系统危害人类健康。这种形式污染的清理在本章以及第五章也有阐述。

4.1.1 方法分类
Classification

溢油清理处置方法按学科，可分为化学、物理和生物法。按时效，可分为应急处理和事后修复法。按油污处置去向，可分为溢油围控、粘附吸附、回收、分散沉降和燃烧方法。

其中化学法中包括燃烧法和分散沉降法，是时效分类中的应急处理方法。物理法包括溢油围控、吸附和回收法，是时效分类中的应急处理方法也是事后修复方法。

生物法是指生物降解法，属于生态修复方法，不属于溢油应急清理处置范畴。

本书按油污处置去向分类：

溢油围控法，溢油被有效地控制在一个区域内；吸附法，溢油被粘附物吸附，随粘附物一起被当作垃圾处置；回收法，溢油可以回收再利用；分散沉降法、燃烧法和生物降解法，溢油改变了原来的存在形态，在大自然中慢慢消化。

4.1.2 作业参数
Operation guidelines

1. 海上作业工况参数

海况：有关海表面风浪特性的描述。包括海面在风的作用下波动的情况，以及海区的温度、海水成分、浮游生物组成等情况。

环境温度：海平面以上的空气温度。温度测量方法有：干球温度法、湿球温度法、黑球温度法等。

水温度：海水的温度。

能见度：能见度又称可见度，指观察者离物体多远时仍然可以清楚看见该物体。气象学中，能见度被定义为大气的透明度，因此在气象学里，同一空气的能见度在白天和晚上是一样的。能见度的单位一般为米或千米。

洋流：洋流亦称海流，是具有相对稳定的流速和流向的大规模的海水运动。洋流是促成不同海区间水量、热量和盐量交换的主要原因，对气候状况、海洋生物、海洋沉积、交通运输等方面，都有很大影响。

潮汐：潮汐是地球上的海洋表面受到太阳和月球的潮汐力作用引起的涨落现象。

天气和海况描述如表 4.1 所示。

表 4.1 天气和海况描述

风级和海况条件						
蒲福风级	平均风速	极限风速	说明	海面波浪	浪高 /m	最大浪高 /m
	测量海拔高度为 10m					
0	00	< 1	无风	平静	–	–
1	02	1~3	软风	微波峰无飞沫	0.1	0.1
2	05	4~6	轻风	小波峰未破碎	0.2	0.3
3	09	7~10	微风	小微波顶破裂	0.6	1.0

（续表）

风级和海况条件

蒲福风级	平均风速	极限风速	说明	海面波浪	浪高 /m	最大浪高 /m
	测量海拔高度为 10m					
4	13	11~16	和风	小浪白沫波峰	1.0	1.5
5	19	17~21	劲风	中浪折沫波峰	2.0	2.5
6	24	22~27	强风	大浪白沫离峰	3.0	4.0
7	30	28~33	疾风	破风白沫成条	4.0	5.5
8	37	34~40	大风	浪长高有浪花	5.5	7.5
9	44	41~47	烈风	浪峰倒卷	7.0	10.0
10	52	48~55	狂风	海浪翻滚咆哮	9.0	12.5
11	60	56~63	暴风	波峰全呈飞沫	11.5	16.0
12		≥ 64	飓风	海浪滔天	≥ 14	

以上描述的是开阔海域的情况，在封闭的或靠近陆地的海域，离岸风、浪高会小一些，但波形比较陡。

注：
（1）估算海况风力标准是一件比较难的事情。因此估算风力和风速也可以采用其他方法，例如感觉、烟雾等进行描述。
（2）应综合考虑起风后的滞后效应与海面上升的影响。
（3）进行海平面风力评估时应考虑风浪、浪高、涨潮、大雨和潮汐的影响。

参考溢油应急作业环境参数（Q/HS1020 1711-2005 中国石化颁布的《海上溢油作业安全环保管理规定》）：

海上风力 ≤ 5 级

流速 ≤ 3kn

浪高 ≤ 1 米

冬季在无冰区

能见度≥1 海里

无雷电或暴风或冰雹等恶劣天气

水温≥–4℃

水深≥2 米

2. 溢油情况参数

溢油量：发现溢油事故时估算的初始漏油量。

溢油速度：溢油事故未得到有效控制而造成的每天持续漏油或间歇漏油量。

最大溢油量：为制定有效的应急作业方案，估算的最大漏油量。

实际溢油量：事故处理基本完成后，评估的总漏油量。

污染面积：发现溢油事故时估算的初始污染面积。

最大清理面积：考虑溢油事故未得到有效控制而造成的持续漏油或间歇漏油，以及在复杂海况条件下溢油的扩散污染，为制定有效的应急清理作业方案，估算的最大清理漏油面积。

实际污染面积：事故处理基本完成后，评估的泄漏油污在水面或其他地方扩散的最大面积。

扩散速度方向：物质分子从高浓度区域向低浓度区域转移速度的方向。

油膜厚度：定量油污在水面上稳定后形成油面的厚度。

油粘度：反映油品在流动时，在其分子间产生内摩擦力、粘性的大小，是表示油品流动性的一项指标，粘度又分为动力黏度、运动黏度和条件粘度。

乳化程度：是指两种互不相容的液体，通过乳化作用所能达到的混合程度。

挥发性：是指化合物由固体或液体变为气体或蒸汽的过程。

毒性：是指外源化学物与机体接触或进入体内的易感部位后，能引起损害作用的相对能力，或简称为损伤生物体的能力。

3. 设备功能参数

额定收油能力：每小时最大收集油水混合液的量。

额定清油速度：每小时清扫水面溢油的面积。

收油功效：回收油与收油设备耗油的体积比。

浮油回收率：纯物理法回收海面溢油量占总溢油量的比例。

沉底油回收率：纯物理法回收海底溢油量占总溢油量的比例。

清理作业航速：环保作业船清理作业航行速度。

4. 清理效果参数

清理面积：在清理作业过程中，清理溢油污染的总面积。

实际收油量：漏油事故发生后，通过不同方式收集的总油量。

回收效率：收油装置在单位时间内回收的纯油量与油水混合液总量的百分比（关于收油效率，目前研究人员提出收油率、收油效率、有效回收和日有效回收率等概念进行更科学合理的描述）。

收油率和收油效率，有效回收率和日有效回收率，是两组不同的概念。第一组说明收油机本身性能，第二组说明包括收油机在内的收油系统性能。第一组中收油率与收油机的泵性能有关，用泵排量标定收油机的能力，通常用水或全油作为试验液体标定。

应急能力的量化不是以收油率和收油效率为尺度而是以有效回收率和日有效回收率为依据。有效回收率是指整个收油系统的效率，有效回收率乘以 8（小时）即是日有效回收率。量化说明应急能力时主要使用日有效回收率。

以收油机为核心，前端增加围油栏后端增加临时储罐，再加上三位一体使用的船舶构成收油系统。单位时间的有效回收率要求收油系统的最大作业时间保证，引进遭遇率或集油率的概念，只有连续地集油才能使收油系统连续作业，因此对高速围油栏的研发比收油机投入更多。临时储罐的作用同样维护收油系统的最大作业时间，不因满舱而停止。临时储罐的容量通常取收油率的 2.5 倍。

如果围油栏连续集油（集油率或遭遇率 100%）临时储罐的容量也满足收油系统连续作业的理想条件，收油系统的有效回收率接近收油机的收油效率。遗憾的是开放水域的溢油会漂移扩散，收油系统的作业时间短且不连续，有效回收率远低于收油机的收油效率。

外排水含油率：收集的油水混合物，经过油水分离后，外排出水的含油率。

单位面积油膜残留比：每平方千米允许的残留油膜面积占每平方千米的比例。

化学分散剂使用量与总溢油量控制比：处理单位体积的溢油所需的化学分散剂的质量与单位体积溢油的质量比。

吸油材料数量丢失率：丢失的吸油材料数量占总投放吸油材料数量的比例。

4.1.3　方法选择
Selection guidelines

溢油应急清理是一项非常艰巨复杂的工作，实际作业中不仅事前要做大量的应急工作准备，事故发生后还需要快速对事故做出准确判断。首要任务是对事发当时的泄漏量、溢油速度以及最大溢油量做出估算，合理调度配备有效的应急人力物力，并充分考虑天气海况以及环境保护因素，从而明确抢险清理作业工作重点，制定有效的溢油应急清理作业方案。

根据溢油应急清理作业中面临的一些复杂困难情况，推荐选择以下清理处置方法：

1. 大面积、灾害性溢油的清理

近年来溢油污染的频率增加，危害等级高的污染事件频繁发生，溢油应急储备能力不断提高。

对于危害等级高、污染总量大的事件，大面积使用围油栏围控、大面积喷洒消油剂、大面积铺吸油毡等黏附吸油材料都是杯水车薪的。使用快速高效的大型机械回收设备，并配套环保作业船以适应不同海况的作业，是我们应该选择的清理作业方法。

2. 长期间歇或连续性溢油的清理

海上钻井作业井喷、海上油田采油回注水注水层破裂、大型油轮沉船泄漏等是造成长期间断或连续漏油的原因，有时还可能诱发火灾。使用防火围油栏围挡溢油，控制污染扩散是首要的，然后是选择一些快速可靠的机械回收设备，持续快速清理，把事故范围控制到最小。

3. 不同油层厚度的溢油清理

溢油油层比较厚的情况下，使用机械回收方法是有效地，大多数机械回收设备都有比较好的回收效果。这种工况下不应使用消油剂，因为消油剂在油层较厚的情况下药剂的分散效果很差，大量的使用会对环境造成二次污染，并且是一种极大的浪费。

溢油油层比较薄（大概小于 1cm）的情况下，接触式、粘附式收油机械设备收油效果会很差，而以流体力学为设计原理的机械回收设备有很好的收油效果。在这种工况下，机械回收设备标定的收油能力往往与实际相差很大，建议使用单位面积清理作业能力作为应急清理作业方案制定的主要设备能力参数。

4. 不同粘度油层的溢油清理

对于粘度非常低的油品，如轻质油、汽油、柴油等，选择接触式、粘附式机械回收设备的收油效率是很低的。

非结冰区海水温度一般在 20℃左右，大部分原油在这个温度范围内已在或接近其凝固点温度。对于高粘度原油，如沥青，以及在自然环境中以高粘度物性存在的原油，选择粘附式收油设备的收油效果会差。

对于粘度大的原油以及在在凝固点温度内的原油,使用消油剂的效果也是非常低的。

以流体力学为设计原理的机械回收设备有较宽的油层使用范围。

5. 解决机械回收液混合物含水量高的问题

机械回收设备标定的收油能力一般是指收集油水混合液的能力,在实际作业中混合液中的含水量往往很高。海上应急抢险清污作业要求快速高效,而机械回收的混合液往往含水量大,制约了抢险作业运输能力。海上作业空间条件局限,需要选择小巧高效的撬装集成油水分离设备作为回收设备的配套设备。

6. 解决机械回收设备垃圾频繁堵塞问题

溢油事故处理首先是使用围油栏控制污染扩散,迅速调配机械回收设备开始作业清污。不建议一开始就使用大量的收油毡、吸油材料等,否则遗失的吸油材料会造成回收机械设备的堵塞,影响清油效率。

有些溢油回收机械设备在油污通道内有机械破碎设计,可以有效地解决这个问题。

7. 特殊工况条件下的溢油清污作业

1) 恶劣海况

海洋环境中的海浪、海流、潮汐、暗涌对海洋生产作业影响很大,在恶劣海况下,溢油的扩散性更强,溢油清理作业难度更大。对于大于4级风速、1m浪高的海况,海洋作业难度大情况复杂,机械回收设备的收油能力会大大降低。在这种情况下,使用高强度围油栏以及布放粘油材料,有效控制污染的扩散是首要任务。

2) 冰凌期

原油的凝点温度一般在20度左右,温度小于0度的原油物性发生了本质的变化,浮油失去了流动性,和冰参合在一起,粘附式收油设备将不起作用。浮油混杂着大量冰渣冰块,选择以水带油的水力学收油设备,以及具有碎冰功能的设计,是我们应该考虑的。

3) 河道

河道溢油清理作业面临的问题是水面浮油随水流运动太快,难以控制。分几段布放围油栏,并结合吸油材料的使用是首要工作,然后快速清理。

4) 近港港湾

为防止油污污染近海区域和海岸,尤其是一些风景度假旅游区及养殖区域的敏感高价值海滩,在机械回收清理设备配置能力欠缺的情况下,可以适当使用消油剂，把油污阻止在海上，一部分消散在海水里，等待大自然慢慢消化，一部分沉到海床，在大自然中慢慢自然降解。

两害相权取其轻，消油剂本身有毒性、使用昂贵，并且实际上污染物并没有被清除，污染将长期存在，所以选择使用消油剂要慎之又慎。

5）狭窄水域

狭窄水域溢油或小面积轻污染漏油，可使用吸油毡等吸油材料清理，不会造成太大的浪费。

8. 防气体毒害

海上溢油清理作业还应该注意硫化氢气体中毒问题，设备操作需要高度自动化，操作人员的操作区域要与污染区域有安全的距离，操作人员配备防护装置，并且在上风口进行清油作业。

9. 成本控制

海上溢油清理是难度大并且作业情况复杂的工作，各种清油方法标定的清理能力与实际作业中的效果往往相去甚远。制定科学有效的溢油应急清理处置方案，控制清理作业成本也是我们要非常重视的一个问题。

4.2　溢油围控
Oil containment

围油栏是处理溢油事故中使用的一种常用设备，主要用来封锁和控制溢油大面积扩散和维持油膜厚度以便于溢油回收，主要由浮体、裙体、张力带等组成，在事故水域布放围油栏可以在海面形成一道墙，阻止溢油的扩散和飘移，是溢油发生后首先应使用的应急装置。

溢油事故发生后，溢油漂浮在水面，在自身重力、风浪、海流以及其他因素的作用下迅速扩散和漂移，围油栏的作用一是将溢油围控在事故原地，阻止溢油的进一步扩散和漂移，防止污染的扩大，从而减轻污染损害程度；二是将溢油围控拖带到相对不敏感的水域，以避开或远离敏感高价值海域，如风景度假旅游区及养殖区域。

这种快速布放围油栏，以阻止溢油的进一步扩散和漂移，将溢油污染控制在较小范围内的措施称为溢油围控。

4.2.1 围油栏的作用
Boom characteristics

溢油清理处置过程中，正确地使用围油栏对溢油的拦截围控、清理回收是非常重要的。根据国际海事组织 IMO《油污染手册》（Manual On Oil Pollution）内容，围油栏的作用归纳起来主要有以下几个方面：

（1）迅速布放围油栏可以在第一时间有效控制溢油的扩散。

（2）防止连续溢油和间歇溢油的扩散。

（3）配合收油船和收油设备进行溢油回收。

（4）保护敏感水域、资源和环境。

（5）转移扩散油膜远离敏感的资源和环境。

（6）转移扩散油膜到更容易回收的区域。

4.2.2 围油栏的结构及类型
Boom types

4.2.2.1 围油栏的结构

目前国内外围油栏的种类繁多、形式多样，但主体结构仍由浮体、裙体、张力带、配重和接头组成，结构如图 4.1 所示。

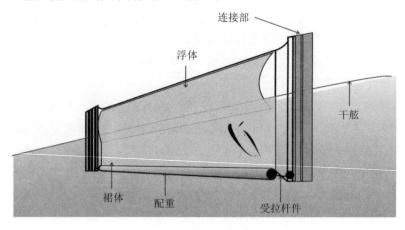

图 4.1 围油栏结构

浮体：为围油栏提供浮力的部分。

裙体：指浮体以下围油栏的连续部分，在水下形成一道屏障，防止溢油在水面扩散。

张力带：指一些能够承受施加在围油栏上的水平拉力的长带构件，主要用来承受风、波浪和潮流拖曳产生的拉力。

配重：使围油栏能够垂直立在水面的压载物，一般为钢、铅金属材料或水，安装在裙体下，和浮体共同作用，在群体上形成上下反向拉力，保证围油栏在海面竖直摆放。

接头：用于链接每节围油栏或其他辅助设施的连接装置。

围油栏的性能指标主要包括围油栏的干舷、吃水、高度、总高度、重量、总浮力、浮重比和抗拉强度（见表 4.2）。

表 4.2　围油栏的性能指标

指标	含义
干舷	水线以上围油栏的最小垂直高度，防止或减少溢油从围油栏上方逃逸
吃水	水线以下围油栏的最小垂直深度
高度	围油栏的干舷和吃水之和
总高度	围油栏的最大垂直高度
重量	包括围油栏接头在内的完全组装好的一节围油栏的重量
总浮力	围油栏全部没入水中排开水的重量
浮重比	围油栏的总浮力与总重量之比
抗拉强度	围油栏受拉破断时的破断张力

4.2.2.2　围油栏的类型

目前市场上有许多不同类型的围油栏，以适应各种不同的需求和条件。围油栏根据不同情况可进行不同的分类，按包布材料可分为：橡胶围油栏、PVC 围油栏、PU 围油栏、网式围油栏、金属围油栏或其他材料的围油栏；按浮体结构可分为：固体浮子式围油栏、充气式围油栏和浮沉式围油栏；按使用水域环境可分为：

平静水域围油栏、平静急流水域围油栏、非开阔水域型围油栏和开阔水域型围油栏；按使用情况可分为：永久布放围油栏、移动布放围油栏和应急型围油栏；按用途可分为：一般用途围油栏、特殊用途围油栏，例如防火围油栏、堰式围油栏、吸油围油栏、岸滩式围油栏等特殊用途围油栏。根据中华人民共和国交通行业标准——围油栏（JT/T2022-2001 简称围油栏标准）将围油栏分为：

- 固体浮子式围油栏（Solid floatation boom）
- 充气式围油栏（Inflatable boom）
- 栅栏式围油栏（Fence boom）
- 外张力式围油栏（External tension boom）
- 岸滩围油栏（Shore seal boom）
- 防火围油栏（Fire resistance boom）

在 IMO《溢油应急培训示范教程》中，将围油栏分为 3 类，即帘式围油栏、栅栏式围油栏和岸滩式围油栏。本书按此分类分别进行介绍：

1. 帘式围油栏

帘式围油栏的基本构件包括浮体、裙体、张力装置、配重和接头等，如图 4.2 所示。

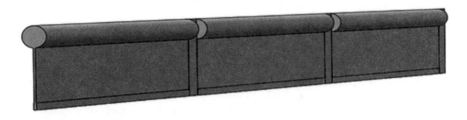

图 4.2　帘式围油栏的基本结构

根据浮体材料类型，帘式围油栏可分为充气式围油栏和固体浮子式围油栏两种类型。

1）充气式围油栏

浮体为充气式的帘式围油栏称为充气式围油栏。按充气方式其又可进一步分为压力充气式和自充气式；按照气室结构，充气式围油栏又可分为单气室和多气室（一个气室的长度为 2~4 米）。从实际情况来看，多气室围油栏漂浮能力更强，在其中一个气室破损的情况下，整体围油栏不会因此而下沉，因而应用更广泛。

图 4.3 围油栏是一种独立气道式多气室围油栏，组成部件如下：①充气浮筒；

②外套；③拉链；④加强；⑤螺栓；⑥活扣；⑦气阀；⑧内胆；⑨钢缆；⑩气管；⑪拉头。

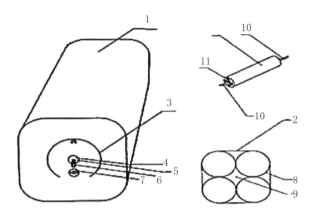

图 4.3　独立气道式多气室围油栏

2）固体浮子式围油栏

浮体由柱状或粒状的泡沫填充或由钢质材料制成的帘式围油栏称为固体浮子式围油栏（见图 4.4）。其中浮体为钢质耐热材料的围油栏也称为防火围油栏（在"溢油燃烧"中将做详细介绍）。

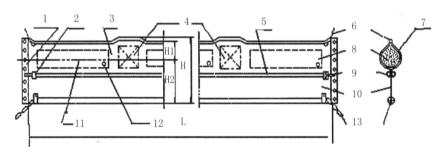

1- 接头；2- 压板；3，7- 包布；4- 柔性隔；5- 拉力带；6- 脊绳；8- 浮子；9- 固锚室；
10- 群体；11- 吃水线；12- 潜水孔；13- 配重链；L- 围油栏节长度；M- 围油栏本体；
H- 总高；H1- 干舷；H2- 吃水

图 4.4　固体浮子式围油栏基本结构

帘式围油栏的张力带通常由钢制链条或钢丝绳组成，位于裙体的下边缘，同时这种张力带还起配重作用。有些帘式围油栏的张力带位于浮体的下方取代下部裙体；另有一些帘式围油栏使用加强带替代张力带，如PVC围油栏中部的加强带就起张力带的作用。

帘式围油栏的配重部分附在围油栏裙体下面，配重通常为钢链或铸铁块。有些围油栏的配重也见于裙体里面，或直接将配重悬挂在裙体下面。

帘式围油栏就其结构而言，具有下列特点：①浮重比高，浮重比一般在5:1~20:1之间；具有较好的随波性能，吃水为围油栏高度的3/5，帘式围油栏的干舷通常为围油栏高度的2/5；②充气式围油栏布放速度慢，放气后储存体积小、表面平整，容易清洁；长气室充气帘式围油栏充气简单、快捷，但对刺伤、划伤敏感，随波性差；③就使用地点而言，充气式围油栏大型帘式围油栏适用于开阔水域，小型帘式围油栏适用于近海、港口等流速较小的遮蔽水域；④与充气式围油栏相比，固体浮子式围油栏布放速度快，对刺扎不敏感，但回收时复杂，工作强度较大，存储占用的空间较大。

2. 栅栏式围油栏

栅栏式围油栏由浮体、裙体、张力带和配重等部件构成，如图4.5所示。

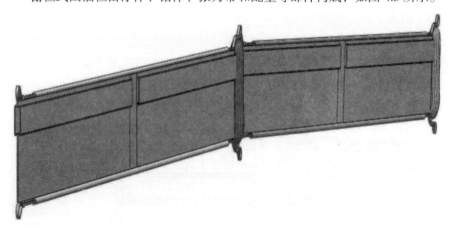

图4.5　栅栏式围油栏基本结构

栅栏式围油栏主要用于流速较大的海区，其浮体为固体并以栅栏形式进行排列，裙体材料多为玻璃纤维网络或其他刚性材料。浮体与浮体之间利用柔性隔段连接，使围油栏的浮动更加灵活。围油栏的张力带通常采用带子或钢丝绳，并置于围油栏内层。围油栏的配重一般为钢丝绳、钢制链条和铸铁块等。

根据浮体的布置形式和张力带等结构特点，栅栏式围油栏可分为中心浮体式、外置浮体式和外加强带式3种：

（1）中心浮体式围油栏具有一组中心浮体群，即浮体在围油栏中心线两侧且对称，浮体群通常由固体泡沫盘组成，这种浮力盘相对减少了围油栏的储存体积。

（2）外置浮体式围油栏的浮体一般设置在围油栏的一侧，也可以设置在围油栏的双侧。

（3）外加强带式围油栏也分为两种：一是把加强带配置在面向潮流方向的一侧，即单侧加强带式围油栏；二是把加强带配置在两侧，并用钢丝绳将加强带固定在围油栏的顶部和底部，即双侧加强带式围油栏。

栅栏式围油栏的特点是：浮重比低，一般在 3:1~6:1，随波性较差，一般不适用于开阔海域；围油栏干舷占围油栏总高度的 1/3，吃水占总高度的 2/3。

栅栏式围油栏主要优点：布放比较快，成本也较低，结构简单，抗潮流性能好，适用于较封闭的河域和河流的长期布放。中心浮体式围油栏与水接触面积小，摇摆性能差，容易出现翻滚。外置浮体式围油栏与水接触面积大，增强了抗翻滚性能，但外置浮体在水中强度较弱。外加强带式围油栏虽然抗潮流性能好，但布放复杂，回收时加强带易缠绕，而且单侧加强带式围油栏只能在单向潮流水域使用。总的来说，栅栏式围油栏制造简单，但缺点是储存体积大。

3. 岸滩围油栏

当溢油扩散到岸滩时，普通围油栏很难围住溢油。因为水深小于围油栏吃水深度，围油栏易翻倒。专门针对岸滩特点设计了岸滩型围油栏，其结构如图 4.6 所示。

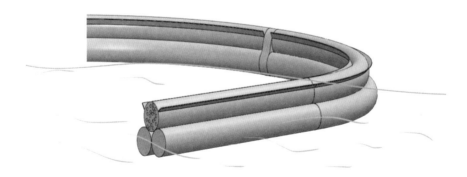

图 4.6　岸滩式围油栏

岸滩围油栏一般由 3 个 10~25m 长的独立管腔组成一个整体，其中一根管腔位于顶部，另外两根管腔位于底部，从而形成一个"品"字型结构，其材料多为聚氨酯。上管腔充气，为浮体；下管腔充水，为裙体，提供足够的重量使围油栏与地面或岸滩保持密封状态。该围油栏构造独特，干舷是上管腔的高度；吃水为下官腔充水后的垂直高度，约占围油栏总高度的一半；张力带为本身的结构材料；而配重为底部两个管腔中的水。

适合布放在潮间带或水陆交接处。布放这类围油栏时，一般需要先选好地点，然后给下部的管腔和上部的管腔分别注水和充气，注水量需要掌握好，过多会影响其与地面的密封效果。

这种围油栏具有如下特点：①使用范围狭窄，适合布放在潮间带和水路交界处；②布放条件受限，一般布放在地势平坦处，以保证其密封效果；③可与其他类型的围油栏对接使用；④由于构造独特，外表脆弱，易被刺伤和划破。

4.其他类型围油栏

还有一些其他类型的围油栏，不属于上述主要定义范围内。这些包括气泡式围油栏、网式围油栏、简易围油栏和水气墙围油栏。

1）气泡式围油栏

这种围油栏布放在从一个固定的海底管道中产生的气泡的上方。上升的气泡产生一个向上的水流。该水流可以降低浮油的流速以达到控油的目的。气动围油栏的优势在于它们不妨碍航运交通很容易实施，所以港口应急广泛采用这种围油栏。缺点是在深水和强流速和风力作用下效果有限。他们也很容易被淤泥堵塞，需要进行基础设施建设（如空气压缩机）以提供所需的空气量。

2）网式围油栏

网式围油栏的设计主要针对粘性油。这类围油栏和捕鱼的拖网基本一致。它们容易堵塞，一旦被污染很难清理干净。

3）简易围油栏

在偏远地区，围控溢油可以根据当地的现成材料以围油栏设计的基本原则为基础进行设计。围油栏可以临时使用漂浮材料，如空油桶、木块、空气袋、稻草和天然吸附材料装网制成围油栏。

4）水气墙围油栏

水幕围油栏是一种新型围油栏的技术发展方向，依靠一根潜没在水面以下1.5米左右的一根弹性管－压缩空气软管，通过安置在水面平台的空气压缩机，向管道中提供足够的压缩空气，并通过喷枪向水面喷射过程中形成水气混合体，体积膨胀，在气泡上浮力量的裹挟下水向上部移动，在水面上形成突出的水气墙，依靠它来阻挡溢油的突破，原理上说，溢油是相对静止，本身动能是低于水气墙的，因此，溢油不可能在没有外力协助的情况突破水气墙的。

这种新型的管道式水气墙围油栏，底部依靠钢管，钢管内部加入压载材料，钢管和上部压缩空气软管之间使用支架连接，喷枪的角度可调。对海面上固定点源的溢油点，在浅海区域使用柔性的砾石锚袋进行固定，在深水区域使用动力定位设备对其进行定位（见图 4.7）。

根据需要，可以向压缩空气管道内混合空气注入凝油剂粉末，喷射到溢油区域，帮助溢油回收，尤其是对轻质油；压缩空气向溢油中心附近排放大量空气，造成溢油中心区域的空气流动加强，减弱了溢油释放出来的有毒有害气体对人员的危害。该产品比传统的围油栏，具有低成本、体积小、操控方便、消耗少、不受风浪的影响等特点。

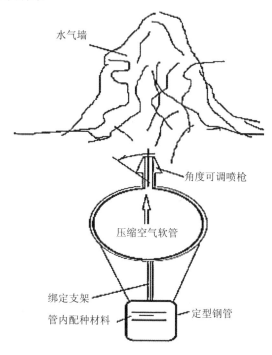

图 4.7　水气墙围油栏

4.2.2.3　优质围油栏的特征

根据多年溢油工作总结，优质的围油栏应具有以下特性：①易展开和回收；②具有高浮沉比率；③良好的静力学和动力学稳定性；④良好的流体力学特性；

⑤密实且不阻塞；⑥易水洗；⑦接台部件可抗紫外线和抗水解；⑧抗磨损、抗穿刺和抗油。除了以上特性，围油栏还需要既能防止溢油在水平方向上的扩散，又能防止原油凝结成焦油球，在海面垂直方向上的扩散。同时还需考虑其他特定情况下的使用，如在有冰的条件下部署的适应性等。

4.2.3 围油栏的选择
Boom selection

不同类型的围油栏其结构和用途也不尽相同，根据实际情况，正确选择适宜的围油栏并采取合理的布控形式，才能真正发挥围油栏的功能，达到溢油围控和回收的目的。

4.2.3.1 围油栏的性能要求

1. 围油栏的一般性能要求

在《围油栏标准》JT/T465-2001 中，使用围油栏的水域，划分为平静水域、平静急流水域、遮蔽水域和开阔水域四种。水域的环境不同，对围油栏的性能要求也不同，根据特定的水域环境选择适合的围油栏充分发挥围油栏的功能和作用。表4.2是不同水域对围油栏的干舷、吃水、浮力重量比、总张力强度性能要求，表4.3则是围油栏在不同水域条件下的一般要求。

表4.2　不同水域对围油栏的性能要求

性能 ＼ 水域	波高小于 0.3m 的平静水面 湖泊港湾	有潮流的河流水面	波高小于 1.5m 的遮蔽水域（近岸）	波高大于 1.0m 的开阔水域
干舷	0.2~0.5m	0.3~0.5m	0.4~0.5m	0.5~1.0m
吃水	0.2~0.5m	0.3~0.7m	0.4~0.8m	0.6~1.5m
浮力重量比	3:1~10:1	3:1~10:1	5:1~12:1	8:1~15:1
总张力强度	不小于 10kn	不小于 30kn	不小于 50kn	不小于 150kn

表 4.3　不同水域环境条件下围油栏的一般性能要求

性能			平静水域	平静急流水域	非开阔水域	开阔水域
总高（范围）①，mm			150~600	200~600	450~1 100	900 以上
总浮力与重量比②			3:1	4:1	4:1	8:1
最小总抗拉强度③，N			6 800	23 000	23 000	45 000
最小经向抗拉强度，N/50mm	橡胶布		10 000	10 000	10 000	10 000
	其他涂层织物	双受拉构件	2 250	2 250	2 250	2 250
		单受拉构件	2 250	2 250	2 250	2 250
最小撕裂强度，N	橡胶布		850	850	850	850
	其他涂层织物		450	450	450	450

①围油栏的尺寸以总高表示，围油栏的肝纤维总高的 1/3~1/2，平静、非开阔水域时，干舷宜取低值，而平静、急流水域时干舷宜取高值。
②表中给出的数据是通常使用围油栏的最低要求。
③计算围油栏受力的主要变量是水流（拖带）速度和围油栏的吃水，表中给出的具体数据是不同水域环境条件下，300m 围油栏按照 1:3 的展宽率布设成一个典型的链状形式，水流（拖带）速度为 3kn（急流水域为 5kn）时，围油栏最小吃水所受的拉力。

2. 抗拉强度

抗拉强度应按照相应标准进行测试（详见围油栏标准附录），并达到表 1 中的要求。吃水较大的围油栏其抗拉强度应达到如下要求：

（1）平静水域：每毫米吃水 57N。

（2）平静急流水域：每毫米吃水 140N。

（3）非开阔水域：每毫米吃水 64N。

（4）开阔水域：每毫米吃水 72N。

3. 包布

包布应按照相应标准进行性能测试（详见围油栏标准附录）。使用抗拉式包布的围油栏，也就是无受拉构件的围油栏其总抗拉强度应满足表 4.3 中的要求。

关于围油栏其他的质量要求，详细可查阅围油栏标准 JT/T465-2001。

4.2.3.2 围油栏的选取原则

选用围油栏时，应首先考虑水域环境对围油栏的性能要求和围油栏的基本性能参数，然后在考虑现场环境和围油栏的操作性能。

（1）水域环境：水域环境一般指 3 种情况：一是浪高为 0.3m 的平静水面（湖泊、港口等）；二是有水流的平静水面（如、河流）；三是波浪高于 1.0m 的遮蔽水域和开阔水域。

（2）围油栏的性能参数：围油栏的性能参数在这里指干舷、吃水、浮重比和总拉力强度。

（3）围油栏的操作性能：围油栏的操作性能通常包括围油栏的耐用性、易布放、具有良好的随波性、布放速度快、较好的岸线密封性、容易维护保养、便于储存以及适用性。

选用围油栏，除了认真考虑上述各种因素以外，还应根据布放目的，是为了围控、导流还是保护以及布放要求、操作环境、使用维护保养等因素来进行性能、价格等方面的比较，从而选用真正适合实际情况的围油栏。表 4.4 列出了《北方海区溢油应急计划》中的围油栏选用指南。

表 4.4 围油栏选用指南

符号说明 1. 好 2. 中等 3. 差		围油栏类型				
		固体浮子型	充气型	自充气型	张力构件型	栅栏型
环境状况	近海 Hs > 3ft V < 1kn	2	1	2	1	2
	港口 Hs > 3ft V < 1kn	1	1	1	2	2
	平静水面 Hs > 3ft V < 0.5kn	1	1	1	2	1
	高流速 V > 1kn	2	2	3	1	3
	浅水水深 < 1ft	1	2	2	3	3
性能特征	有粗糙物体情况下	1	2	3	3	2
	富余浮力	2	1	1	2	3
	随波性	2	1	1	2	3
	强度	2	1	3	1	1
操作特性	易搬运	2	2	1	3	2
	易清洗	1	1	1	3	1
	可压缩性	3	1	1	2	3

4.2.3.3　围油栏选用实例

1. 开阔水域围油栏的选用

围油栏在开阔水域使用时应主要考虑：①围油栏的强度：所选择的围油栏强度必须能够承受风、浪和潮汐给围油栏带来的各种外力；②容易布放：选择的围油栏应能够非常方便地从船舶上或其他地方布放到水面，并形成理想的围控形状；③存放空间：发生溢油时，前往溢油现场的船舶可能载运应急设备较多，这时应考虑船舶甲板是否具有足够的空间；④浮重比：经验表明，布放在开阔水域的围油栏的浮重比应在 8:1 以上；⑤干舷和吃水：干舷和吃水的尺寸应由使用水域的波高和潮汐情况而定。

从表 4.4 围油栏选用指南中可以看出，在开阔水域，充气式帘式围油栏具有较大的优势，满足以上各种因素的要求。

2. 河流和近岸水域围油栏的选用

在河流和近岸水域布放围油栏，一般是为了对溢油进行导流，布放范围比较大且布放时间相对比较长。因此在选用围油栏时，应主要考虑的因素是：①抗刺扎能力：建议使用固体浮子式围油栏或者对刺扎不太敏感的充气式橡胶围油栏；②水流与潮汐：在潮流微弱的区域，可以使用标准的中心式栅栏围油栏，在急流水域选用带有加强带的栅栏式围油栏或以配重链作加强带的帘式围油栏。

3. 码头水域围油栏的选用

用于保护码头水域的围油栏，首先要考虑的是容易快速布放。自充气式围油栏或固体泡沫栅栏围油栏适用于这一目的。如果码头水域流急，则应选择栅栏式围油栏或固体浮子式围油栏。如果在波浪较大的泊位布放固定式或半固定式围油栏，应选择强度大和浮重比高的围油栏。橡胶围油栏或固体泡沫栅栏式围油栏适用于这种情况，这两种围油栏对尖锐物体不太敏感。

4.2.4　围油栏的布设及固定
Boom configuration and anchoring

4.2.4.1　围油栏布设长度

围油栏的成功部署取决于位置、天气条件、海况和其他因素。要确定所需数量和表 4.5 提供的相关信息，以及在不同的保护应用中应使用的长度。表 4.6 列出了在河流中布放围油栏的角度和长度关系。

表 4.5 常规条件下围油栏的布放长度

应用场合	水域环境	围油栏长度
围控沉船	取决于海况	船长的 3 倍
围控装卸点泄漏	平静水域或取决于海况	船长的 1.5 倍
与收油器配合使用	海上	每台收油器 460~610m
保护河流入海口	平静水域	水域宽度的 3~4 倍
保护港湾、港口、沼泽地	平静水域或取决于海况	水域宽度的 1.5+ 流速（kn）倍

表 4.6 在河流中布放围油栏所需的角度和长度

流速 /kn	围油栏与岸线的夹角 /°	相对河流宽度围油栏的长度
0.7	90	1.0 倍河流宽度
1.0	45	1.4 倍河流宽度
1.5	30	2.0 倍河流宽度
2.0	20	3.0 倍河流宽度
2.5	16	3.5 倍河流宽度
3.0	15	4.3 倍河流宽度
3.5	11	5.0 倍河流宽度
4.0	10	5.7 倍河流宽度
5.0	8	7.0 倍河流宽度

如流速 3.5kn，布放角度为 11°，围油栏的长度应为河流宽度的 5 倍。

4.2.4.2 围油栏的布设方法

围油栏的布放形式对溢油的围控、导流和防范具有重要作用，不同的情况下需采用不同的布放方法以达到特定的目的。实际操作中，有各种不同的部署方法，其主要布放方法有如下几种方法：

1. 包围法

该方法适用于溢油初期或者单位时间溢出量不多，以及风和潮流都较小的情况下使用，用来包围溢油源。根据溢油回收工作的需要，应设作业船，油回收船的进出口。在实践中，海洋条件可能妨碍围油栏的有效布放，固定锚比较困难或者难以实现。在这种情况下围油栏长度通常至少需要物体的 3 倍长，如包围船舶。这种方法主要用在平静或遮蔽海域。如果泄漏的源是一个岸上设施，海岸线也可能是包围的一部分或是船舶泄漏，船体也可能是包围的一部分。

2. 等待法

适用于溢出量大、围油栏不足或者风和潮流影响大、包围溢油困难的情况下使用，在溢油向更远地方扩散时围住溢油。在这种情况下围油栏放在距离溢油源一定距离的位置来拦截溢油。然而，海况和风向的任何变化都会导致这种方法失效。这方法应主要在平静或遮蔽海域。潮汐水域中，情况更加复杂，另一组的围油栏需要布放在潮汐另一边，以阻止反向的水流作用（见图 4.8）。

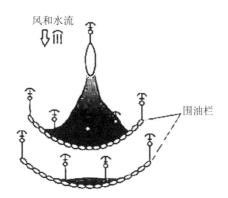

图 4.8　围油栏围控等待法

3. 闭锁法

该方法主要在港域狭窄的水道、运河等发生溢油时使用。根据水流的速度布置合适的角度，有限开放的可配置的中心提供允许船舶交通通道。必须注意防止溢油在潮汐的各个阶段从岸边停泊点逃逸。

4. 诱导法

适用于溢出量大，风和潮流影响大、溢油现场用围油栏围油不可能的时候，或者为了保护海岸及水产资源，可利用围油栏将溢油诱导至能够进行回收作业或者污染较小的海面。

5. 转移法

在深水的海面或风、潮流大的情况下，以及在使用锚不可能或者溢油在海面漂浮的范围已经很广泛的情况下使用。该方法主要用于开阔水域，其形式主要取决于布放围油栏的目的和参与布放围油栏作业船舶的数量，典型的围控布放形式有单船布放（单侧拖带和双侧拖带）、两船布放和三船布放（见图 4.9）。如果油扩散远离漏油点，围油栏在水中可以低速拖拽（低于 0.5m/s）并配合回收设备使用。

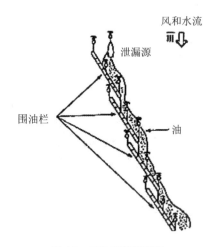

图 4.9　溢油围控转移法

6. 自由漂流法

如果水流速度太高或水太深不易于锚固围油栏，采用漂移式包围法将溢油围住。漂移速率可通过利用海洋浮标锚来控制。在较浅的水域，长链或其它材料也可达到同样的目的（见图 4.10）。

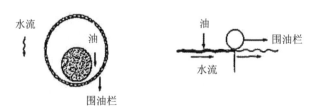

图 4.10　溢油围控自由漂流法

7. 多层设置

如果由于夹带石油从固定围油栏逃逸，需要在围油栏后设置更长的二级围油栏。如果需要部署多个围油栏，应保持围油栏之间的合适距离。以一定的水流速度使围油栏裙体倾斜或保持围油栏之间距离为 1~5m 来确保二级围油栏能有效围住逃逸的油。还应该指出，如果容易发生溢油逃逸的情况，则不适用围油栏多级布置法。

8. 网状法

这是个比较复杂的系统，涉及部署、围油栏、浮标、锚、配重和网。网设置在浮标和配重、裙体和配重之间，从而减轻围油栏上的负载并保证其停留能力（见图 4.11）。在焦油球或垃圾悬浮在水中的情况下，应避免油污通过网污染水体或敏感区域，或者油污通过网延伸至海床进行污染。通常这种方法应用在海岸附近，特别是在清洁海滩地区或焦油球再次出现的地方。

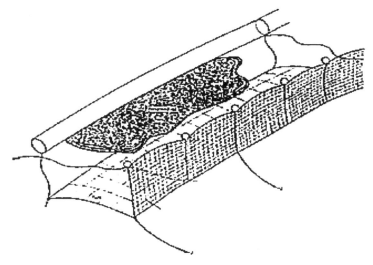

图 4.11　溢油围控网状法

上述几种方法属于基本的布放方法。实际布放围油栏时的部署是艰巨的，潜在较多危险，必须进行周密计划部署和监督，同时需要围油栏作业队伍做根据油类型、溢油量、事发地点敏感性、溢油扩散情况、围油栏类型、围油栏长度等因素综合考虑围油栏的布设方法，让其行之有效。以上围油栏的布放可根据具体情况灵活应用，可以多种方法联合使用，但要考虑到自然条件的变化，有计划的展开部署。

4.2.4.3 围油栏的布设形式

围油栏对溢油的围控、导流和防范作用需要通过适当的布放形式来实现。在国际上，实际溢油围控中，根据实际情况常采用图 4.12 中的布放形式。

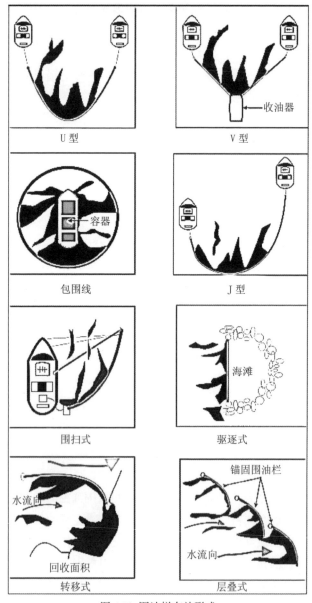

图 4.12 围油栏布放形式

在国内，根据人民交通出版社出版《溢油应急培训教程》的划分，按照不同的水域类型把围油栏的布放形式分为开阔水域的布放形式和近岸、河流的布放形式。

1. 开阔水域围油栏的布放形式

在开阔水域布放围油栏，其形式主要取决于布放围油栏的目的和参与布放围油栏作业的船舶数量。典型的围控布放形式有单船布放（单侧拖带和双侧拖带）、两船布放和三船布放。

1）单船布放

单船布放形式，需要溢油回收船舶、挺杆（伸出臂和浮子）、围油栏或备有撇油器的围油栏等设备。挺杆长度根据船舶的大小选择，长度一般为 5~15m。单船拖带有单侧拖带（从船舶一侧深处挺杆）进行水面溢油围扫，也有双侧拖带（从船舶两侧伸出挺杆）。单船拖带围油栏的形状通常是 V 型，但采用这种形式布放大型围油栏，船舶的操纵性能会受到一定的限制。

V 型单侧拖带是将围油栏分别与船舶和伸出臂的顶端连接，V 形一侧围油栏长度通常从 10m 到 50m 不等，主要取决于船舶的大小。这种布放形式，只能形成一个回收区，因此只需将撇油器应放在 V 型的底部，即溢油最集中的地方进行回收。回收过程中，应注意观察，不断调整挺臂，使 V 型的底部尽量靠近船舷以便于回收。单侧拖带如果回收的溢油呈固体状态，则应采用收油网进行回收。

如在船舶双侧布放围油栏，则可形成两个回收区，这样不仅可以使船舶两侧的受力基本相同，而且船舶在这种情况下比单侧围扫更容易操纵，值得注意的是，双侧围扫需要宽敞的区域。如果可拖带的水域狭窄，就不能采用双侧拖带。

2）两船布放

两船布放围油栏，通常采用的是 J 型布放，也称为 J 型拖带这种布放方式一般同时需要两艘船。一艘作为主拖船，用于拖带围油栏较短的一端，同时存放所需的回收设备和回收作业人员；另一艘作为拖船，用于拖带围油栏较长的一端。

围油栏的长度需要 200~400m。从主拖船至 J 形底部之间围油栏的长度为 20~40m，收油器放置在 J 形底部。围油栏要尽可能紧靠在主拖船的一侧（10~20m），以便于收油器或其他回收设备的操作。

为了获得并保持理想的围油栏底部形状，可以通过拉动连接围油栏与船舶之间的绳索，对围油栏底部的形状进行适当的调整。

两船布放形式用于溢油导向作用时，围油栏的长度一般为 100~400m。如果围油栏过长，辅助船舶难以保持理想的位置，该系统的效能就会下降。

在进行两船拖带作业时，一般情况下主拖船为指挥船，主拖船应根据溢油围扫情况，及时、准确地向前面的拖船发出指令，拖船应注意随时与主拖船保持良好的通信联络，严格按照指令及时调整航向和航速，只有这样才能时刻保持良好的 J 型围扫形式，达到理想的浮油回收效果。

3）三船布放

为了加大溢油围扫面积，人们在实践中逐步发现使用三艘船舶进行围油栏布放和围扫效果更好。

三船布放模式，通常采用的形状是 U 型或开口 U 型围控。U 型围控主要是用两艘船舶并行地对围油栏进行拖带。拖带时，围油栏的长度一般需要 600m。与 J 型拖带相比，两艘船舶并行操控，更容易保持正确的位置。在前面两艘拖带船同时并进的同时，第三艘船舶则应根据两艘拖船行进的速度，始终处于 U 型的底部外侧，利用收油器等其他适宜的设备，对 U 型底部围拢的溢油进行回收作业。此种形式的围扫作业，回收量较大。因此，在进行作业前应充分考虑到第三艘船（回收船）的仓容，避免因仓容不足，而不得不中途返回或反复更换回收船舶，建议配合高效油水分离装置及回收油存储罐或运输油船，以便能连续进行油回收作业。

开口的 U 形围控是由 U 形围控进一步发展而成的，两段围油栏在开口处分别向两侧延伸 3~10m，形成一个漏斗，利用绳索调整 U 形底部，使其开口宽度为 5~10m，以减少湍流对浮油的影响。该形式能够控制溢油的流动，使回收工作更加容易。然后，通过第三艘船，利用单侧围扫或双侧围扫进行溢油回收。

上面讲到的 3 种布放形式，不管哪一种，作为主拖船或负责回收作业的船舶，在围扫回收作业时，应始终注意观察围油栏后面是否出现涡流或重新出现油膜漂浮，如果出现这些现象，说明拖船速度过快，应逐渐减速，直到这些现象消失为止。

2. 近岸和河流中围油栏的布放形式

近岸水域布放围油栏，至于采用何种布放形式，往往取决于布放目的。如果布放目的在于围控溢油，特别对潮间带这样水陆交替的区域，最好采用岸滩围油栏与其他围油栏连接并用的形式，接有岸滩围油栏的一端布放在靠近岸滩的一边；如果用于导流，应采用多层围油栏重叠布放的形式进行逐级导流。在河流中，用于溢油围控或导流目的时，围油栏的布放方式主要有肩章式和交错肩章式布放形式如图 4.13 所示。

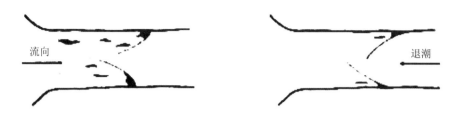

图 4.13 港湾河流溢油围控的布设方式

近岸和河流中围油栏布放方式与开阔水域有所不同，要使围油栏发挥作用，应主要考虑以下几个因素：

（1）水域环境：这里所讲的水域环境，主要指拟保护水域的流向和流速，以便决定采用合理的布放速度。经验表明，当相对于围油栏垂直方向的流速超过0.7kn 时，溢油很容易从围油栏的下面逃逸，达不到围控溢油的目的。因此，在河流或沿海水域布放围油栏，应注意将围油栏的布放与流向形成一定角度（见图4.14），并根据流向的改变及时进行调整，以缓解溢油相对于围油栏的漂移速度。

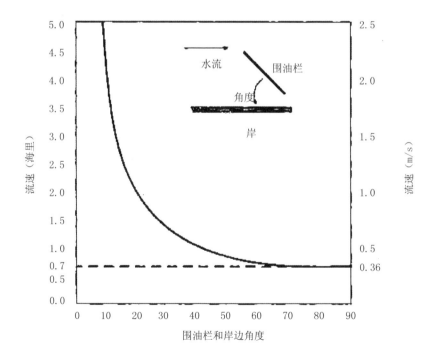

图 4.14 围油栏和水流的角度与水流速度的影响

流速越大，围油栏相对于流速的夹角应越小。同时，还应注意围油栏的长度，根据具体需要增减围油栏的长度：一般情况下，在河面上，实施溢油围控，围油栏的长度大约是河流宽度的 2 倍。由于河流很急，会经常发生溢油逃逸现象，针对这种情况，可以通过同时重叠布放多条围油栏以减少溢油逃逸现象的发生。

（2）布放围油栏地点的选择：多数河流都有相对的静水区域，这些静水区域一般位于河流转弯的内侧或长有植被的地方或岩石突出的地方。这些地方是最好的溢油导流地点，也是溢油回收的较为理想的场所。

在实施围控时，根据通航情况，可以将围油栏分成两部分，进行溢油拦截，不要将围油栏横跨河流，以免妨碍船舶进出该区域。另外，就围油栏围控形式而言，在一定条件下，短的围油栏比长的围油栏更容易布放成形，这一点需在布控作业时予以考虑，只要能达到围控目的，围油栏应尽可能缩短长度，这样也可以减轻后期的围油栏回收和清洗工作。

在溢油围控作业中经常会发现围油栏在围控溢油的同时应将垃圾清除，如杂草、树枝和树叶会与浮油一起混合漂浮进来，聚集在围油栏围控一侧。这些垃圾一般不会对围油栏造成什么损坏，但对回收作业中的撇油器会产生一定的影响。因此，作业人员应注意观察，发现垃圾尽可能及时清理走，确保撇油器能够连续不断地高效进行溢油回收作业。

为了减少漂浮垃圾进入围油栏，可以在围油栏的上游布放原木对垃圾进行事先拦截，以减少水面漂浮垃圾对围油栏造成的影响：用于拦截垃圾的原木必须固定系牢，避免被水流冲走造成不必要的伤害。

（3）当地水域的潮差和水深：在近岸、浅水区，布放围油栏应考虑该水域的潮差和水深是否可以满足围油栏的吃水要求：通常情况下，布放围油栏区域的水深应至少是围油栏吃水的 3 倍。否则，水深不够，即使布控了围油栏也会失去围油栏的围控作用：对于浅水区或水深不够的区域，最好根据实际情况，考虑与岸滩式围油栏配合使用，防止溢油意外泄漏对河岸和潮间带造成污染。

4.2.4.4 围油栏的布放

围油栏的布放是实现溢油围控的重要环节，布放前应在陆地或船舶甲板上按照需要的大概长度尽可能完整的组装好，所需要的长度可参考围油栏长度选择。常规条件下围油栏的布放长度。根据围油栏的种类和使用区域，布放围油栏的方法很多，可以从岸上、码头、船上、集装箱、平台以及可利用的固定位置进行布放，但常用的是从船上布放和从岸上布放。

1. 从船上布放

从船上布放，围油栏应存放并固定在船舶甲板上。使用船舶布放围油栏应遵循下列几个步骤：

（1）布置方案的确定：

布放方案是围油栏能否快速布放并达到有效的溢油围控目的关键步骤，主要应考虑选用何种围油栏、围油栏的长度、布放平台以及布放手段。布放方案的成功实施，离不开所有参与围控作业的船舶和人员都严格履行自己的职责以及服从指挥人员或指挥船舶统一指挥的有效完成。以船舶布放为例，应首先根据溢油规模和水域环境等具体情况确定采用多大的主、辅拖船及其配套的辅助器材，同时对随船进行围控作业的人员，应确定人数及作出职责分工，明确具体操作步骤以及通信方式，初步拟定拖带路线，使每位参战人员能够作到心中有数，保证行动统一，步调一致。

（2）拖带船舶的选择：

布放围油栏时，正确选择拖带船舶，是实现有效围控的关键。选择拖带船舶时，要考虑拖船的拖带能力，除了考虑拖带能力以外，还要考虑甲板空间，是否足以装载必要的清污设备，另外还要考虑是否具有足够的仓容以及围油栏布放长度的影响。

（3）布放前的准备：

在正式将围油栏投放入水之前，必须检查一切有关围控作业的事项是否已经准备完善。如围油栏散放在甲板上，应检查围油栏的每个单元是否连接良好，确保围油栏的其中一端以及不需入水的其他设备都应固定在船舶的甲板上，如果布放船甲板上没有加固点，应设置加固设备，防止操作过程中不该入水的设备被意外拖进水中。围油栏的拖绳一定要事先与船舶甲板连接牢固。具体负责布放作业的人员应穿好救生衣，各就各位并注意自身的安全。

一般情况下，如选用栅栏式围油栏和固体浮子式围油栏进行布放，围油栏储存装置可以放在船舶尾部即可，一是不需要太大的空间，二是布放操作比较方便。但是，如果使用充气式围油栏，围油栏的储存装置和船尾之间通常需要较大的甲板空间甲板空间大小取决于围油栏单个气室的长度，通常为 5~6m。总之，甲板空间应足以满足布放围油栏的各个操作环节。

（4）布放作业：

在开始布放围油栏过程中，布放船应慢速行进，待围油栏放出 10~20m 后，再视具体情况加大船速，借助水对围油栏产生的阻力作用将剩余的围油栏拖出，一般情况下，围油栏的直线拖带速度为 5kn 左右，破断拉力强的围油栏直线拖带速度可达 7~8kn，但不超过 10kn，曲线拖带速度为 3~4kn，U 形拖带速度小于 2kn。拖带时，应防止将围油栏和拖带设备缠绕在螺旋桨内。

（5）特定围油栏的布放：

布放栅栏式围油栏、固体浮子式围油栏或自充气式围油栏一般不需要进行其他操作，可方便进行布放。在甲板上操作多节围油栏的布放时，可将其他围油栏放在船舶的一侧，方便于围油栏间的相互连接操作工作。布放时，先从船舶尾部的围油栏开始，然后逐一布放紧连在一起的围油栏。

布放充气式围油栏之前，要使用充气机充气，绞车应慢速转动。当围油栏布放到最后几节时，操作应格外谨慎，避免围油栏的另一端也落入水中。

除以上注意要求外，还应注意围油栏的拖绳一定要与船舶甲板事先连接牢固：当布放到围油栏最后一节时，先布放自由漂浮的拖绳，然后将围油栏的拖绳系固在缆桩上或类似物体上，并系牢在辅助托船上。这时布放成型的围油栏便可开始围控作业。充分考虑操作的每个环节，才能使油栏的布放工作成功完成，以便进行溢油抢险的下一步工作。

2. 从岸上布放

岸上布放围油栏应事先选择好布放围油栏的地点，利用船舶和人工将围油栏逆流从岸上拖入水中，将围油栏布放成需要的形状。

布放围油栏的程序基本与从船舶布放围油栏的程序相同，不同的是需要一艘辅助船舶。岸线上需要一人进行指挥并与船舶保持联系。

当围油栏的一端固定在岸上时，辅助船舶拖带围油栏并保持围油栏处于正确的位置。在流速非常急（3~6kn）的近岸区域，布放 200m 的围油栏需要动力大的船舶来保持围油栏的正确位置。在具有潮汐变化大的码头区域，还应考虑潮差。

除以上的布放方式外，还可采用飞机运输布放围油栏，这种方法速度快，但比较复杂，并只能布放自充气式围油栏。

4.2.4.5 围油栏的固定

由于风、水流等诸多影响，围油栏的布放形式很难保持预定的形状，从而起到围控溢油的作用。一般情况下常使用锚来固定，使用船固定费用较高。固定围油栏除了用锚之外，还需要释放绳、锚绳、系锚球、提锚绳、锚链、抛锚浮漂、拖头、灯及其他附属件。

1. 围油栏的用锚

围油栏的固定最常见的方法是使用锚或混凝土块。锚固点的数量取决于所需的配置及风和水流的强度。一般来说，系泊需要的绳子的长度为水深的 5 倍，当使用浮力材料的绳子时，须通过增加额外的链子或配重来固定绳子。这是为了避免在围油栏的垂直张力。这可以通过在围油栏上安装一个 3~4 米的浮标锚链帮助定位和回收锚，脱扣浮标通常是连接到锚，长度为水深 1.5 倍（见图 4.15）。围油栏用锚的位置考虑如下两个因素：

（1）如果围油栏布放水域的流向为单向，锚必须放在围油栏面向流向的一侧。

（2）如果流向变化，如潮间带，围油栏两侧都要设锚；多数围油栏都有挂锚座或可供连接锚的围油栏和接头。

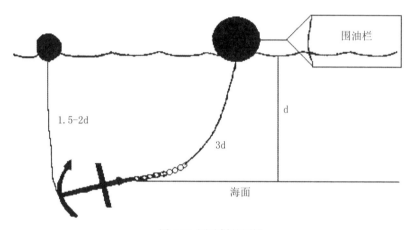

图 4.15　围油栏的用锚

选择合适型号和数量的锚对防止脱锚非常重要。Danforth 锚在沙或泥基板上效果较好，但是渔夫的锚在岩石底部效果更好。

2. 用锚数量

锚的使用数量和大小取决于作用在围油栏上的力（风、流、波浪）、流向、围油栏的长度、船舶大小等因素。一般情况下，浮子围油栏（高度约 1.2m）40~80m 抛一个或两个锚。充气式围油栏（高度为 2m）100m 可以抛 2~4 个锚。

按照《围油标准》对围油栏用锚的要求，使用人工投放和回收锚，其单锚重量不宜超过 150kg。锚的类型可以是大抓力锚、渔具锚或燕尾锚、海军锚、丹福斯锚、四爪锚、单臂锚。通常使用 20~100kg 的有提升装置的锚。

3. 锚抓力

在需要用锚的情况下，锚抓力是决定围油栏能否维持有效的围控形式实现溢油围控的关键。一般情况下，应先了解锚的抓力（见表4.6），再根据水域土质情况，做出正确的选择。

表4.6 丹福斯锚的抓力

锚重 /kg	抓力 /kg		
	泥浆	沙子	黏土
15	200	250	300
25	350	400	500
35	600	700	700

锚的抓力还受其他因素的影响，主要取决于锚杆与海底的角度，最适宜的角度为0°，如果锚杆被提起超过10%，锚的抓力明显减少。用锚链与锚杆连接可以减少锚杆的移动，同样，使用系锚球可以防止锚杆被提起，系锚球能够在围油栏与锚绳之间形成一定角度，这个角度能够减少围油栏系统移动对锚系造成的影响。

为防止因波浪作用将锚提起，连接锚和系锚球的绳子长度至少应是水探的3倍。不同海况下的锚绳长度：一般海况，锚绳长度是水深的5倍；平静水域，锚绳长度是水深的3倍；恶劣海况下，锚绳长度是水深的7倍。

系锚球的大小由锚的重量决定，通常系锚球的体积为60~250L。从安全角度考虑，防止回收锚时间过长而影响围油栏的快速移动，通常在系锚球与围油栏之间使用快速释放装置，如卸扣。

在锚的使用过程中，有可能出现锚绳断开或被卡住的情况。为了便于回收锚，通常用抛锚浮子标示锚的位置；当锚被卡住时，借助抛锚浮子通过提锚绳从相反方向回收锚。锚与抛锚浮子之间的绳子长度应至少是水深的2倍。

4. 用锚时注意事项

根据人们在溢油应急反应的长期实践中总结出如下经验：

（1）在流速较大的水域布放围油栏，应先抛锚，再布放围油栏，之后再将围油栏固定在适宜的位置上，在受潮汐、流速、波浪影响较大的水域内，布放围油栏，固定围油栏的绳索应留有足够的松弛度。

（2）除了用锚固定围油栏，堤岸上的树、桥梁的柱子等物体都可以起到临时固定围油栏的作用；在有些水域（如河流），可以根据固定的水流方向，选用适宜的围油栏并将一端长期固定好，让另一端自由活动，只要需要，可以随时将自由活动的一端将驳油的船舶围拢起来。

4.2.4.6　围油栏的连接

围油栏的连接常采用连接器对围油栏与围油栏、围油栏与码头岸壁、围油栏与船体等直接进行连接。重要的是要确保围油栏与任何结构或硬表面上所连接的密封性良好。下面是几种常用的连接方法：

（1）工字钢终端连接：本装置使用一块工字梁纵向驱动入海床或固定在码头面作为终端。滑动浮漂，其臂连接，安装在梁上。浮子可滑动应对潮汐的变化。

（2）磁性连接器：动臂的一端连接到一个磁性连接器，可在一个钢表面如船的船体或码头打桩。操作人员可根据船舶的吃水或潮汐情况，手工调整围油栏的实际高度，达到围控溢油的目的。人们根据经验研制出潮汐补偿器的连接器，它可以在不需要人工的情况下，随潮水的高度自动升降及时调整围油栏的高度。它是一个垂直滑动装置，其构造主要由一个圆柱式浮体和一个可以垂直滑动的槽和箍套组成，需要时只要将整个装置固定在所对应的岸壁上并与围油栏的一头连接即可。这种可以滑动的连接器不仅不受潮汐涨落的影响而且保证了围油栏与码头岸壁的密封。

（3）重物线：一定长度的重物绳线连接到围油栏上并拖拽围油栏到海堤的位置，然后将其固定。

除了工字钢端固定到海堤、防波堤或其他结构，支撑力的附件通常是不足以承受围油栏的持续张力，有必要采取措施来缓解围油栏张力。这可以将围油栏与码头上或船的甲板上的一段围油栏连接来缓解围油栏张力。

4.2.5　围油栏的失效及其预防纠正措施
Boom failure and correction

根据交通部《溢油培训教程》和 Merv Fingas《The Basic of Oil Spill Cleanup》分类，围油栏失效是指围油栏所围控的溢油从围油栏上面或下面逃逸，而降低了围油栏作用的现象。围油栏布放后，由于水流、波浪及风等环境因素和布放技术等原因，会造成各种失效现象，本节主要介绍溢油携带逃逸、溢油泄漏、溢油飞溅、围油栏倾倒、围油栏沉没、积累临界、围油栏结构损坏、浅水堵塞等失效现象（见

图 4.16）产生的原因及其预防、纠正措施。

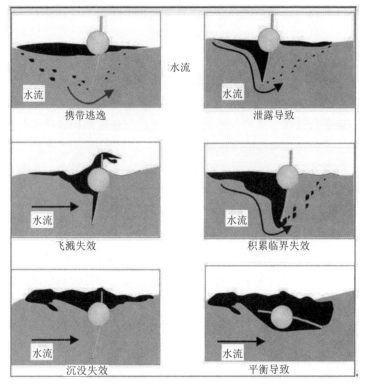

图 4.16 围油栏失效形式

4.2.5.1 携带逃逸

溢油携带逃逸（Entrainment Failure）是指围控的油膜底部在水流的作用不断出现油滴游离，并在围油栏另一侧又重新聚集形成油膜的现象。这种现象是由水流和波浪等因素造成的。当水流和波浪是同向时，相对于固定的围油栏来说，溢油的运动速度就是波浪和流的速度之和。当这一速度超过 0.7kn（0.36m/s），就会在围控的油膜底部下面产生湍流，致使油膜底部产生油滴，被湍流携带逃逸，其中部分逃逸的油滴会在围油栏另一侧重新浮出形成油膜。

在实际围控作业中，携带逃逸现象是难以避免的。为了尽量减少溢油携带逃逸现象的发生，应减小已有垂直流向围油栏的速度。因此，在开阔水域拖带围油栏时，可通过降低拖带速度（相对于流速）达到此目的；在河流布放相对固定的围油栏和其他围控装置时，解决问题的唯一方法是将围油栏的布放与流向形成一定的角度，以减小垂直于围油栏的流速，同时将浮油导向流速相对较低的区域，达到减轻溢油携带逃逸的目的。

4.2.5.2　泄漏

泄漏（Drainage Failure）是指围控的溢油从围油栏裙体底部自行游离的现象，导致这个现象的原因主要有两个：

（1）围油栏内侧围控的溢油太多，超出了围油栏裙体所能控制住的溢油，溢油将从裙体下方逃走。通常情况下，与溢油携带逃逸相比，泄漏逃逸的油量较多。为了防止围控的原油出现泄漏，首先要及时用撇油器或其他收油装置回收已经围控好的溢油，或在逆流的方向布放吸油围油栏，其次还可以减慢围油栏相对油膜的拖带速度，避免集中过多的溢油而来不及回收。

（2）围油栏裙体的形状出现异常。理想的裙体形状，应该始终向围控溢油的方向稍微弯曲，略成弧型，否则很容易造成围控的溢油泄漏。有时，由于水的压力过大，会造成裙体后翻，致使围控的溢油从围油栏的下面逃走。为此，有人曾试图增加围油栏的裙体高度以解决上述问题。但经验表明，增加裙体的深度只能使上述问题更加严重。这是因为围油栏不能挡住水的流动，只能引导水从裙体的下方走。裙体越大，其下方水的流速越大，以至于将油从围油栏裙体下方带走。实践表明裙体的深度不能超过水深度的1/3。

4.2.5.3　飞溅失效

飞溅失效（Splashover Failure）是指围控的溢油从围油栏的干舷顶部越过造成溢油逃逸的现象。出现飞溅失效一般有两种情况。一种是水域环境造成的。当围油栏围控溢油的水域出现劈浪，即波长与波高之比小于 5：1 时，便会使围油栏出现飞溅失效现象。这种情况多发生在浅水区域。产生飞溅失效的主要原因是劈浪的间隔距离短，围油栏很难跟上波浪的节奏而致。

出现飞溅失效的另一种情况，是围油栏本身的结构，结构不当也能引起飞溅失效现象的发生，如干舷越低越容易产生飞溅失效，浮重比低的围油栏（低于 4：1）随波性差，当波高浪大时，在发生泄漏失效的同时还将伴随着飞溅失效。

防止飞溅失效的措施是在布放围油栏的上游设置一道能够起到破浪作用的吸油栏。另外，当浪高达 1.0~1.5m 时，应使用高浮重比的围油栏。这就要求现场指挥人员熟悉当地水域情况，了解实际布放环境中可能出现的波高、波形，并根据水域情况及时准确地选用适宜的围油栏。

4.2.5.4 积累临界失效

积累临界失效（Critical Accumulation Failure）常发生在油层较厚时，油层厚度累积到一定量时，达到围油栏边沿而导致失效。如果配备高效的收油设备及时回收溢油，即可防止积累临界失效的发生。

4.2.5.5 沉没失效

沉没失效（Submergence Failure）是指由于在高速拖带的情况下使围油栏被外力压到水面以下而引起溢油逃逸的现象。出现这种现象是拖带速度太快造成的，这种情况通常出现在拖带围油栏不合适位置过程中还没有进行实际溢油围控前发生的。另一种情况是，如围油栏已经围控了一些油，在发生浸没失效的同时也会发生泄漏失效。解决和预防浸没失效的方法是降低围油栏的拖带速度，或采用浮重比大于10∶1的围油栏。一般来说，浮重比大于10∶1的帘式围油栏可以以3kn的速度拖带而不发生浸没失效。

如果从码头开始将围油栏拖带到溢油围控地点，其拖带距离有时可能很长，这时，可以用适宜的拖船拖带，将围油栏放在船尾先直线拖带，以减小作用在围油栏上的力。当开始围扫溢油时，围油栏的拖带速度则应不超过0.7kn，这样可以避免发生沉没现象。

4.2.5.6 平倒失效

平倒失效（Planning Failure）是指在水面平行力的作用下导致围油栏出现与水面平行的倾倒而引起的溢油逃逸现象。发生这种情况主要是由于水面上的强风与急流的方向完全相反，也就是作用在围油栏上的这两个力的方向正好相反致使围油栏产生平倒。出现这种现象主要是围油栏接触水面的面积太小时极易发生，因此，在围油栏选用时应充分考虑到这一点。栅栏式围油栏、帘式围油栏有时也会出现平倒现象。

防止出现平倒失效，可以考虑在围油栏上面增加足够的配重或采取缩短围油栏配重链的方法以保持围油栏尽量处于正常状态，避免发生平倒现象。另外还可以使用与水的接触面积较大的围油栏，如圆柱状浮体的围油栏，就很少出现此种现象。

4.2.5.7 围油栏结构损坏与受力情况

结构损坏（Structure Failure）是指围油栏的受力超过所用材料的破断强度而

造成围油栏的损坏。作用在围油栏上的力通常由水、风的压力、摩擦力和由围油栏的形状与风、流、波浪作用产生的力等组成。

造成围油栏结构破坏的主要原因是：拖带围油栏时的速度太快（围油栏速度是相对于水面的速度）；围油栏被突出或锋利的障碍物挂住；围油栏被拖船的螺旋桨缠住；围油栏过长，摩擦力增大等。

4.2.5.8　浅水堵塞

浅水堵塞（Shallow water blockage）是指浅水区域布设的围油栏，当在围油栏底部形成快速水流时发生的失效现象。围油栏就像大坝，在上面的几个现象中，水流使得失效的可能性增加。而对于浅水而言，小的围油栏应该比大的围油栏更适用，然而平时人们并没有给予小围油栏应有的重视。

4.2.6　围油栏的清洗与存储
Boom cleaning and storage

4.2.6.1　围油栏的清洗

对于反复用于溢油围控作业的围油栏一般不需要清洗。但如果围油栏是用来保护非油污区域或转入岸线清除作业而中途将使用的围油栏闲置下来或需要将围油栏存放入库时，则需要进行清洗。

清洗围油栏时，应在回收的同时，用专用清洗装置进行清洗。如果没有专用清洗装置，可先将围油栏回收上来，然后在岸上进行清洁，但要设置清洗区域，避免清洗下来的污水四溢造成二次污染。

人工清洗围油栏，应先用刮片（最好木质）将粘在围油栏表面的厚油层轻轻刮去，再用温水清洗或使用分散剂刷洗，最后用吸油毡擦净。在好的天气条件下，一天 6~12 个工人可以清洗围油栏 305m。

4.2.6.2　围油栏的储存与保养

围油栏的储存与保养工作直接关系到能否进行快速溢油应急响应，有效地实施围控作业。为了保证快速反应，围油栏的运输和部署，应遵守以下预防措施：

（1）定期检查围油栏的材料磨损，随着时间的推移导致部分材料磨损，并对接头的腐蚀／破坏进行检查，任何缺陷应进行修理，必要的进行更换。

（2）储存区应交通方便，如果可能设备应保存在叉车搬运方便的地方。在某些情况下围油栏尽可能存储在接近可能溢油的地方，能保证它们尽快被使用，例如，在特定的码头或码头在港口地区。

（3）长时间布放在海上的围油栏必须带上岸，清洗去除腐蚀海洋的附着物和检查围油栏的损坏情况。

（4）围油栏不应存储在炎热的天气环境中，若不可避免必须进行适当的保护工作，免受阳光的直接照射，还应设在排水良好的位置。

（5）当折叠存储时，围油栏应放在托盘或货架上避免由于多余的重量变形，必须定期（每隔几个月）复性以防止在织物永久折痕。

（6）当卷轴存储时，必须采取避免扭曲和过度的压力。

（7）当存放在室内，存储空间应该是干湿相宜。存储空间必须通风或安装空调以避免高温度和湿度，从而变成了模具。

（8）在围油栏使用后，放回到仓库之前应进行清洗和维修。

围油栏的保养主要指日常保养和回收作业结束后的保养。回收作业结束后的保养主要检查围油栏是否破损、附属件是否齐全或是否需要更换和维修；日常维护保养一般检查围油栏的有无因拉扯和其他装卸原因造成的围油栏磨损、破裂、纤维老化、连接器腐蚀或坏损，并进行必要的维修和更换；对于长期布放在水域中的围油栏，也要定期进行维护，一般根据具体情况应定期将围油栏拖上岸，清除附在围油栏表面的海洋生物和其他粘着物；不论进行的是那种维护和保养都要详细作好记录并根据记录安排检查和保养项目，确保在一定的时间段内对围油栏所涉及到的全部内容都能够进行一次普遍的检查和保养，从而使围油栏时刻处于良好的备用状态。

4.3 溢油回收
Recovery of spilled oil

溢油回收是指在不改变溢油形态的情况下利用各种手段将油从水面或陆面分离出来进行油的回收。物理法是回收和处理溢油最为简单有效的方法，不但回收油品，还可以最直接的减少油污对环境的影响。任何溢油事件的发生，机械回收处理是首先采取的治理方式，这一点已经形成共识。

目前世界范围内的海上应急收油装置主要有：堰式收油机、带式收油机、转刷收油机、真空式收油机等。这些设备绝大部分都是采用粘附的方式将水面的溢油收集起来，这种粘附式收油法根据油层厚度和粘度不同对粘附效果有很大影响。对于油层厚的情况，主要是采用机械刮扫，大部分收油装置能达到较好的收油效果，例如：堰式收油机、双体船等；对于油层薄的情况，主要采用材料粘附，收油效果和收油效率差强人意，以现场转刷式应用情况为例：如果滚刷转得快则收上来的主要是水，转的慢，则效率太低。在各种粘附式收油技术中，由于追求高含油量，势必需要降低滚刷转速以获得足够的脱水时间，这就造成收油速度低，导致更多的油品扩散，因而严重制约了海上应急污染控制与处理的速度。没有一种收油设备能完全满足所有的溢油情况，因此根据溢油情况、围控情况、天气状况选择合适、高效的溢油回收设备对溢油情况的控制具有重要的作用。

根据国内外溢油回收经验总结，溢油回收系统应包括回收系统、油水分离系统和足够的存储空间，其流程如图 4.17 所示。

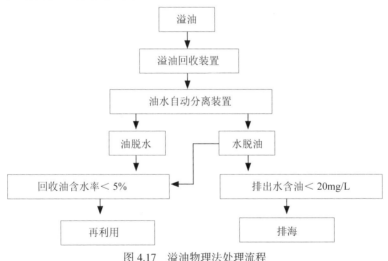

图 4.17 溢油物理法处理流程

下文主要介绍目前常用和较新的溢油回收设备。

4.3.1 堰式收油机
Weir Skimmer

1. 工作原理

堰式收油机的工作原理是借助重力使油从水面流入集油器并将集油器内的油泵入储油容器的装置（见图4.18）。堰边可以根据油水界面的变化，在水的作用下，在垂直方向上得到调整，溢油通过堰边不断进入收油腔体。大多数堰式收油器是通过自调节型的堰边来完成的，收油速度可随泵的流量进行调节。

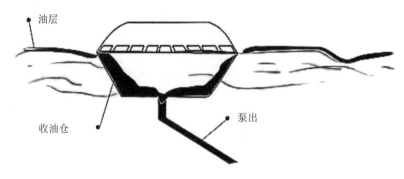

图 4.18　堰式收油原理

堰式收油机又可分为普通堰式收油机、重型堰式收油机和组合堰式收油机三类。

2. 性能参数

W（1）普通堰式收油机：轻质油——效果好；中质油——效果好；重质油——效果一般；最大工作水流速度——1kont；最低水深——300mm；油层厚度——大于5mm。

优点：适用于浅水水域、油层厚时效果较好、便于操作。

缺点：油水回收效率低、对垃圾较敏感、对水深有一定要求。

W（2）重型堰式收油机：轻质油——效果一般；中质油——效果好；重质油——效果好；最大工作水流速度——2konts；最低水深——1 000mm；油层厚度——大于5mm。

优点：适用于水深大于1m的浅水水域、能够回收高粘度原油、不需要启动泵、易于布放和操作、结构坚固。

缺点：只适用于小于蒲福2级的海况、重油有时需要人工协助流动到堰里、当输送较粘原油时压力较高会影响排油。

W（3）组合堰式收油机：轻质油——效果好；中质油——效果好；重质油——效果一般；最大工作水流速度——1kont；最低水深——1 500mm。

优点：小碎片垃圾不影响收油的连续性、随波性好。

缺点：只适用于小于薄福 2 级的海况、回收效率低、布放和回收较困难。

4.3.2　粘附式收油机
Adhesion Skimmer

粘附式收油机主要依靠亲油材料（如聚丙烯、PVC 即是很好的吸附物质）吸附海面溢油再收集到集油容器中的回收方法，主要有转刷式收油机、绳式收油机、盘式收油机、亲油带式收油机等几大类，下面对这几种收油装置分别进行介绍。

4.3.2.1　转盘 / 转筒 / 转刷式收油机

1. 工作原理

转盘 / 转筒 / 转刷式收油机采用吸附装置旋转做功的原理，利用半浸于液体中的吸附材料不断转动，将溢油粘附在表面上带出水面，再用刮油板将油刮下，流入集油槽中，经装在集油槽下方的输油泵排走，达到回收浮油的目的（见图 4.19）。

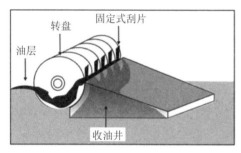
（a）

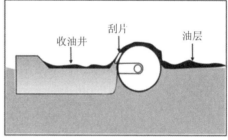
（b）

（c）

图 4.19　不同类型收油原理

（a）转盘收油机　（b）转筒式收油机　（c）转刷式收油机

2.性能参数

W（1）盘式收油机：轻质油——效果好；中质油——效果好；重质油——效果一般；最大工作水流速度——1kont。

优点：装置小巧（两人即可操作）、设备活动部分较少易于操作、对厚度大于5mm的油层效果较好、设备远离动力部分和泵较远随波性好、回收效率高。

缺点：只适用于小于蒲福2级的海况、垃圾易堵塞导致吸附装置停转、对风化和固体的油没有效果、对喷洒了分散剂的油其效率降低、泵放置位置较远影响回收高粘度的原油。

W（2）刷式收油机：轻质油——效果一般；中质油——效果好；重质油——效果好；最大工作水流速度——2konts；最低水深——1 500mm。

优点：小垃圾不影响收油、随波性好。

缺点：只适用于小于薄福2级的海况、回收效率低、布放和回收较困难。

4.3.2.2　绳式收油机

1.工作原理

用环型绳拖把吸附水面溢油，通过辊子挤压装置将绳拖把吸附的溢油挤出并存放在集油器内的装置（见图4.20）。有台式车和悬托式的挤压机两种：台车式收油机固定在岸上或船上，通过浮动导轮和长收油绳回收水面溢油；悬托式收油绳悬垂在溢油水面，操作简便。

图4.20　绳式收油原理

2.性能参数

轻质油——效果一般；中质油——效果好；重质油——效果一般；最大工作水流速度——5~6konts；先进模式——无。

优点：在海况薄福3级的情况下效果仍较好、不受水深限制、回收率高、除对海草敏感外其他垃圾无影响、在水流速度低时可当围油栏使用、对狭窄较深的水域以及碎冰块区也能操作。

缺点：若用在含沙地区磨损率较高、不能回收油类垃圾、布放操作复杂、对高粘度原油不适用。

4.3.2.3　带式收油机

1. 工作原理

带式收油机利用传送带回收水面溢油的机械装置，可分为吸附式带式收油器和非吸附式带式收油器（见图 4.21）。对于亲油带式收油机，向下传动，亲油带推动水线下的浮油，被粘附的油在系统顶部用挤压皮带或刮板将油回收，没被粘附的油集中在皮带后面的储存区，被回收的油和集中在皮带后面的油通过吸管泵入储油槽。向上传动，亲油带接触油膜，油膜和浮体杂物粘附在带上被带走，油被辊轴挤压机挤压进入油槽，杂物被刮入储存箱。

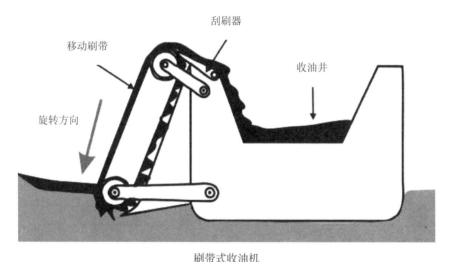

刷带式收油机

图 4.21　带式收油原理

2. 性能参数

轻质油——效果差；中质油——效果好；重质油——效果好；最大工作水流速度——0.75konts。

优点：在海况蒲福 3 级的情况下效果仍较好、一些小碎片垃圾不影响收油、

227

适用于高粘度原油和不同类型的原油。

缺点：吃水较深不适用于浅水水域、机械结构复杂、回收带提升效果差、设备造价高、运行费用高

4.3.3 动态斜面收油机
Inclined induction devices

1. 工作原理

收油带通过运动将水/油混合物向后带入水下进入集油井中。集油井底部有排出口让井底部的水排出，油留在井上部。收油带向后运动速度与收油器的向前运动速度相等，使收油带和油层处于相对静止状态，这样油层不受搅动更易被收油带所带动。当井中油膜较厚时，收油器的输液泵将井中的油排出。垃圾和油块留在井中的杂物筐中。

动态斜面收油机主要由抽油泵系统、可拆卸的动态斜面传动带、船舶悬挂支撑系统、防油固体浮筒、导油板、动力站、液压系统、自动控制系统等组成（见图 4.22）。

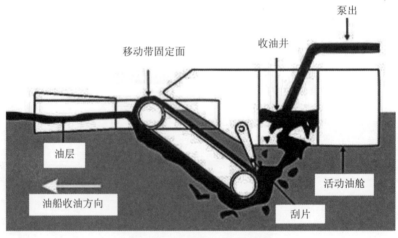

图 4.22　动态斜面式收油原理

2. 性能参数

轻质油——效果好；中质油——效果好；重质油——效果一般；最大工作水流速度——2.5konts。

优点：除了船及泵需要动力外不需要动力、多余水直接排出、将水面浮油的集中并同时回收完成、对油膜厚度收油效果影响小、对风浪和垃圾敏感度低。

缺点：油水分离设备的效率低会导致部分油随水排出、垃圾进入收油器后会缠绕在收油器上、在海况较差的情况下回收效率降低。

4.3.4　真空式收油机
Vacuum-driven skimmer

1. 工作原理

真空式收油机由收油机主机（缓冲罐、吸油头）和真空动力站两部分组成（见图 4.23）。柴油真空动力站由柴油机带动真空泵，将柴油动力转化为真空动力，在缓冲罐中产生真空，通过吸油头将地表、水面上的溢油吸收到缓冲罐中。然后由输油泵将收集的溢油输送到岸上或船上的储油设备中，从而实现溢油回收的功能。

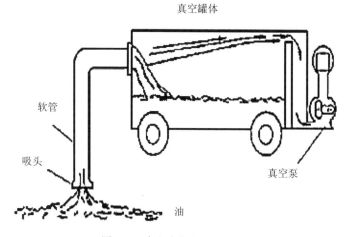

图 4.23　真空式收油原理

2. 性能参数

轻质油——效果好；中质油——效果好；重质油——效果一般；最大工作水流速度——1kont。

优点：不受水深限制、垃圾堵塞后易于清理、油层厚度大于 5mm 时回收效率较高、机械结构简单易于维护、岸滩地区较适用。

缺点：仅适用于平静的水面、易被垃圾堵塞、油层厚度小于5mm时效果较差。

4.3.5 下沉式旋流收油机
Sinking type swirling flow skimmer

1. 收油器介绍

下沉式旋流收油机是一个新的收油技术，由国内一水处理公司发明。其结构一般由收污筒、旋转桨叶、动力构件、稳油杆、出水套、整流板组成（见图4.24）。工作时整个设备通过浮筒或吊架悬挂沉没在水里，整体可随油面厚度调整高度，吸油口开口向上贴近油水界面，装置底部的动力构件旋转，向下向外推水，使水体进行轴向环流，带动水面油污向装置中心收油口聚集，然后泵送到油水分离装置进行分离或直接回油罐。该收油系统主要包括收油器、油水分离装置、脐带管转盘吊臂、液压动力站、无线控制等。

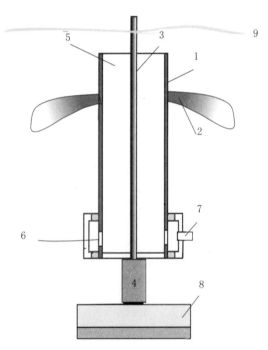

图 4.24　下沉式旋流收油器组构图

1- 收油筒；2- 旋转桨叶；3- 稳油杆；4- 动力构件；5- 收油口；6- 旋转水套；

7- 出油口；8- 整流板；9- 水面

2.主要工作模式

1）撬装移动设备收油（见图 4.25）

（1）撬装移动式收油设备分两个作业撬（转盘吊臂撬和油水分离撬）。

（2）需要应急收油时，需用工程船拖载到溢油海域进行作业。

（3）进行收油作业时，首先固定两个作业撬在船的前甲板上。

（4）通过转盘吊臂自带的抬升、旋转臂施放收油头到溢油海域；

（5）转盘吊臂施放收油器的同时，绞盘装置需要同步盘放脐带管（30m）。

（6）收油器入海后，遥控收油头的自航器拖动收油头在半径约 30m 圆周范围内进行溢油回收。

收油头回收的溢油经过脐带管泵送到工程船上的油水分离撬，进行油水分离作业。

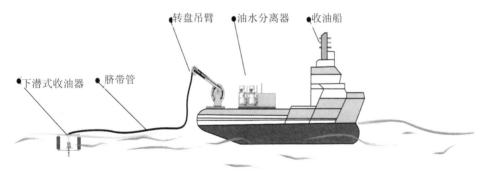

图 4.25　撬装移动设备收油

2）双体船（或作业平台）内置收油（见图 4.26）

（1）双体船内置收油器方式：收油器内置在船体中间潜水部分，分离器固定安放在船甲板上。

（2）通过两艘小工作船拖曳围油栏到一定位置，在船头形成 V 字型集油区。

（3）双体船和两艘工作船同时前行，海面油污通过船头通道汇入内置收油器收油范围，进行收油作业。

（4）收油头回收的溢油经过脐带管泵送到双体船上的油水分离装置，进行油水分离作业。

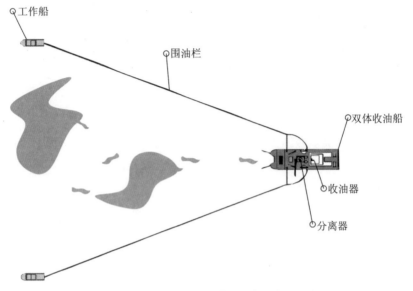

图 4.26　双体船（或作业平台）内置收油

3. 技术原理

下沉式旋流收油器工作流场模型如下：

（1）重力场。

桨叶上方流体在桨叶的驱动下向下流动，由于桨叶是开场式结构，流体向下流动的同时会向外推开相邻流体，桨叶上方流体向下流动后，会形成碗型界面，附近流体在重力作用下补充过来（见图 4.27）。

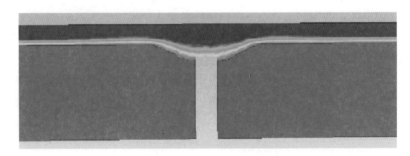

图 4.27　流场模拟—碗型界面

（2）离心涡流场。

桨叶旋转，在近桨叶附近形成一个离心涡流场，水面形成初步的油水分离和聚集，水面浮油向中间流动，进入收油口。这个离心涡流场碗型界面像一个隐形的收油堰，水下半径可达 1 米（见图 4.28）。

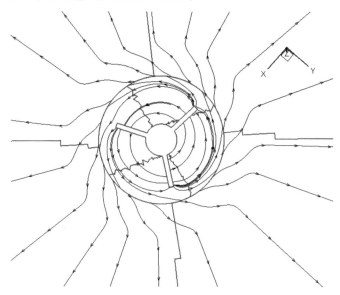

图 4.28　流场模拟—中心离心涡流

（3）巨大的远场回流场。

桨叶上方流体在桨叶驱动下向下向外流动，桨叶旋转的能量主要转化为驱动流体回流的能量，在远场流线向上流动，并从液体表面返回，形成巨大的回流流场，把水面的浮油扫进收油口。这个远场回流像一个巨大的隐形滚刷，水面可视半径可达 30~50 米。水下连续的上下水体交换可消除一部分涌浪规律的波动能量（见图 4.29）。

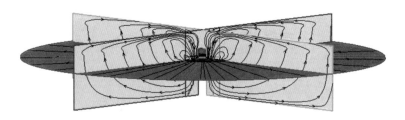

图 4.29　流场模拟—巨大的远场回流

（4）轴向吸力流场

收油口打开相当于在收油口位置叠加了 1 个吸入的动力，4 个流场协同作业，迅速把水面浮油吸到岸边、船上（见图4.30）。

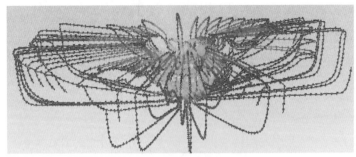

图 4.30　四力协同作用流场

4. 性能参数

轻质油——效果好；中质油——效果好；重质油——效果好；最大工作水流速度——2.5konts。

优点：①收油速度快；②适用于各种厚度油层回收，尤其是薄油层回收；③适用于各种粘度油品回收；④也可收集海面垃圾，收油作业不易会因海面垃圾堵塞停机；⑤配合油水分离装置小巧高效，收集液分离后可达外输油标准，大大降低应急抢险运输压力；⑥有一定的随波性和抗风浪性能，能满足海洋作业要求；⑦对大面积溢油有区域固定控制能力。

缺点：①下沉式旋流收油机收油速度快，利用了水的流动性好于油的特点，以水携油，实现了溢油应急收油的快速有效，但是下沉式旋流收油机也收上来很多的水需要分离。应急抢险需要装置轻便灵活、操作简便，在这里推荐双旋流油水分离器和双筒螺旋板油水分离器；②下沉式旋流是一个非常新的技术，尚需在实践中反复检验。

5. 设计使用参数

收油功效 >200；回收油含水率 <1%；应急收油作业外排水含油率 <150mg/L。

4.3.6　配合机械回收法使用的化学助剂
Chemical fertilizer/mechanical recovery

4.3.6.1　集油剂

集油剂（也称聚油剂、化学围油栏、活塞膜）是一种用于处理水面溢油污染的化学处理剂。它可以在水面形成一层极薄的集油膜，显著降低水的表面张力，从而使与集油膜接触的油膜收缩。它可用于阻止水面溢油油膜的扩展，并可使薄油膜收缩为厚油膜，达到溢油容易回收和处理、减少溢油污染危害的目的。

集油剂通常由活性物质和溶剂配制而成，其中的活性物质是一种不溶于水且能够显著降低水的表面张力的表面活性剂；溶剂主要是为了协助活性物质在水面展开，利于集油膜的形成，并维持集油膜集油能力的持续性。高级脂肪酸就是一类可作为该活性物质的化合物。

集油剂在处理海面溢油时具有一定的特点和优势，能够快速、安全、方便的对溢油进行处理。可以用于清除不易靠近区域的油膜，并且只要表层水的流向不指向陆地，便可以用来阻止油膜向海岸扩展，并且可以提高所有油回收系统的效率。同分散剂一样，集油剂也可以采用船舶喷洒、人工喷洒和空中喷洒。

集油剂本身也有一定的缺点，表现在：①对于高挥发性的汽油，很容易引发火灾；②油层厚度较大时，使用集油剂无效；③集油剂可以阻止油膜的扩散，但不能使油膜停在固定的位置，油表面膜系统会随水流而运动；④集油剂不能逆着水流驱动油膜离开海岸或其他不易接近的地区；⑤风化后的原油和来自于工业废水的漂流物会干扰集油剂的效果。

4.3.6.2　凝油剂

凝油剂也称油胶凝剂、油固化剂，是一种能使溢油胶凝呈块状物的化学制剂。

1. 凝油剂的结构及作用机理

凝油剂一般具有如下的结构特性：①亲油性能（常含亲油基团）；②凝油性能（常含功能基团或凝油基团，如羟基或羧基等）；③疏水性能（不溶于水）。

凝油剂具有使油—水分离，增大油水界面张力的作用，固此凝油剂不属于表面活性剂。其作用与乳化分散剂相反。凝油剂虽然能将溢油胶凝，但不能将分散于水中的油集聚起来。凝油剂既具有足够低的亲水性，又具有极性或足够的分子间作用力才能凝油。

2. 凝油剂的分类

根据孙云明和陈国华（1999）的研究，将溢油凝油剂划分为以下 5 类：①氢键键合类凝油剂；②化学键键合类凝油剂；③吸油高聚物类凝油剂；④长链酯或蜡类凝油剂；⑤无机盐类凝油剂。

3. 各类凝油剂凝油性能的比较

靠化学键键合的凝油剂凝油性能最强。这类凝油剂形成的凝胶块无弹性，在用量足够的情况下，由于与油形成化学键键合的空间网状结构，因此凝胶强度很大。例如聚合物交联凝油剂、羧酸盐凝油剂、胺 –D 凝油剂和无机盐凝油剂等。在凝油剂成分与油分散的情况下，这类凝油剂的凝油能力也较大，用量较少（一般小于 10%）。

靠氢键键合的凝油剂凝油性能比靠化学键键台的凝油剂凝油性能要小，形成的凝油块具有一定的弹性和可测定的粘度，并含有一定数量的水。这增强了凝胶中油分子之间的密堆集和凝油剂之间的作用力（氢键），但也对凝胶的后处理增添了麻烦。若凝油剂为固体，由于在油中的分散受限，所以凝油能力也较小，用量较大（一般大于 20%）。在无水体系中，又无其他分子间强键力的情况下，这类凝油剂将无凝油性能，而只存在对油有限的物理吸附作用。

吸油高聚物凝油剂及长链蜡或酯类凝油剂形成的凝胶强度最低，且不稳定，受温度和压力等因素的影响较大。但由于长链烃的存在，使这类凝油剂的凝油能力较强。这类凝油剂凝油过程为可逆的，因此凝油剂可反复使用。

4. 凝油剂的使用

凝油剂对 1~1.5cm 厚的油膜可起控制扩散作用。在 0.3~0.5cm 厚的油上，喷洒凝油剂后，凝油剂与溢油发生交联反应，使溢油迅速凝固。在风浪的搅拌下，交联速度加快，溢油凝固成块状或片状，可用油拖网回收溢油。一般在机械回收大部分溢油后再使用。在海况恶劣无法使用机械回收设备时，凝油剂也可以作为独立的方法处理海上溢油。

5. 凝油剂的应用及发展

目前，世界上一些国家如日本、英国、美国已研制出凝油剂，用来处理溢油，我国在这方面的研究还比较少。今后，凝油剂的主要发展方向主要是考虑以下几个特点：起效快、污染低、用量低、毒性低、易回收、受周围环境影响小的新型凝油剂。

4.3.7 人工回收
Manual recovery

少量溢油或者偏远地区发生溢油时有时会采用人工回收溢油（见图 4.31）。重质油比轻质油更易于通过人工法进行回收。靠近岸线的水面溢油清理通常采用铁锹、耙子或者割去受油污染的植被。人工主要是从水面将油舀到桶中，这项工作不但冗长乏味，同时还面临坠落到油污中的危险，以及油污气味等对人体的影响。岸线清理常采用人工法进行油回收工作。

图 4.31 人工回收溢油

4.3.8 回收油的临时存储
Temporary storage of recovered oil

提供临时回收油存储是溢油围控和回收成功的重要环节。如果溢油高效成功回收，临时存储资源在短短的几个小时内被用尽的话，将严重影响回收速率及抢险效果。历史经验表明，这个环节往往容易人们被忽视或不给予足够的重视，只是在应急规划阶段做一些不切实际的可行性假设从而影响对溢油回收的效果。临时性存储容器有：

1. 船载容器罐

单独置于船上用来存储回收的溢油。在实际运行中，一旦可用的存储容量被用尽，反应容器需要返回港口卸油及含油污水，因此溢油回收工作受到限制。在许多情况下，船舶没有专门为储油罐进行设计，以致容器的存储能力限制了溢油的回收工作。另外，容器储罐的一个常见的问题是，一旦油水被泵入，再把它倒出来则比较困难，尤其是粘性油水混合物。因此需在容器罐内设置加热线圈以降低油粘度，保证回收液能顺利排出。该容器在使用之后还需要清洗，这部分工作比较耗时且也不容易进行。

2. 油驳

油驳具有较大的舱容，一般在 1 000m³ 以上，较适合用于溢油应急中使用。

3. 油船

在港口和码头，可以采取租用油船来存储回收的溢油。驳船一般比较大型，较难操纵，且它们的干舷太高不太适合一些分离器和泵的类型，特别是重质油或粘性油。小的驳船更易于管理和港口的溢油回收，驳船内最好设有加热槽设施，使回收油能容易处理和泵出，同时还应设油/水分离器设施，做到油水及时分离，分离出的水及时排回大海的，最大化的利用贮油空间及降低抢险运输负荷。

4. 浮动油囊

与驳船相比油囊是专为溢油回收设计，具有一定的拖带强度，其容积一般设计为 5~100m³。

5. 顶部敞口容器

顶部敞口容器的容量设计较为灵活，从几立方米到几百立方米不等，这种装置适用于近岸水域的溢油回收，可放在船上使用，但充满后不能运输，必须就地驳载。

6. 浮桶

浮桶容积可设计较大，如 1 000m³，具有坚固的拖带装置。既可以用于临时存储，又可用于拖带运输，但存储高粘度油和乳化油时，驳载很困难。

4.4 溢油吸附
Oil absorption

溢油吸附材料是指能将溢油渗透到材料内部或吸附于表面的材料。理想的溢油吸附材料应疏水、亲油、吸附量大，亲油后能保留溢油且不下沉，还应有足够的回收强度。吸附材料便于携带，操作方便，适用于吸附很薄的油层，如后期产生的彩虹膜的处理，但是粘附式的溢油清理方法对于应急抢险来说速度太慢，通常在大型溢油事故的处理后期或较小的溢油事故中使用。

4.4.1 吸附材料种类
Material types

1. 天然吸附材料

天然吸附材料主要有稻草、泥煤、锯末、鸡毛、玉米秸、碳灰块、雪、珍珠岩、蛭石和火山岩等。这些材料容易得到且数量多，吸油能力好，但有的也吸附水分并会沉入水中，回收起来比较困难。

天然吸附材料在实际应用中有很多案例。例如，每公斤头发估计大约可吸收10升原油，墨西哥湾发生漏油后，官方曾经发出收集毛发的征集令，不难想象，毛发的需求量是巨大的！而且若现场有风的情况下，毛发不易投放。

2. 合成吸附材料

合成吸附材料主要包括聚氨酯、聚乙烯、聚丙烯、尼龙纤维和尿素甲醛泡沫等材料。它们具有较高的亲油性和疏水性，吸油量是其自身重量的 10~25 倍，有些合成材料可以重复使用 3~5 次，但使用合成吸附材料比天然材料的费用高。

目前，常用的合成吸附材料有多种形状，如带状、片状、毯子、垫状、松散的粒状，绑扎成枕头、围油栏形状的，集聚装置等。根据使用的习惯，可把合成吸附材料分为吸油毡、吸油栏和吸油颗粒。

1）吸油毡

吸油毡是人们最常见、最常用的吸附材料，不同粘度的溢油应使用不同类型的吸油毡，其理化性能指标应符合表 4.7 要求。吸油毡吸油效率高，含水率低，但是选用可通过生物降解处理的吸油毛毡才是最佳的选择。

表 4.7　吸附材料吸附性能表

序号	主要性能	性能指标
1	吸油性	为本身重量 10 倍以上
2	吸水性	为本身重量 10 倍以下
3	持油性	油保持率 80% 以上
4	破损性	经振荡 12h 后，保持原形
5	溶解性	在淡水、海水中无溶解和形变现象
6	沉降性	吸油后经振荡 12h 仍浮于水面
7	强度性	钩挂自重 25 倍的重锤 3min 后不发生撕裂

（续表）

序号	主要性能	性能指标
8	使用性	可反复使用
9	燃烧性	燃烧处理无二次污染

其他吸油毡相关技术要求可查询附录中船用吸油毡标准 JT/T560-2004。

2）吸油栏

吸油栏是将吸油毡加工而成。可分为导向吸油栏、围控吸油栏。吸油毡或吸油栏可以通过专用挤压设备将溢油从吸油毡或吸油栏中挤出来，挤压后能重复使用，但是使用过的吸油毡或吸油栏的吸油效果大打折扣。

3）吸附颗粒

吸附颗粒是松散型的，易撒到水面，但在风和水流的影响下很难全部回收。实际应用中，可以将吸油颗粒与孔径比吸附颗粒小的长网和吹风机一起使用，将吸附颗粒吹进网里，形成一个长而移动的吸油栏。

4）油拖网

油拖网专用于捞取回收高粘度块状浮油及固体垃圾，另外可做凝聚剂喷洒凝结油的回收装置。分船用油拖网和手动收油网两类，各配有不同孔径的网。对于高粘度的原油，常温下凝结成块状固体，漂浮于水面或悬浮于水中，机械收油设备难以回收，使用收油网可得到较好的回收效果。油拖网主要有框架、浮体、主体网、拖网、尼龙布袋组成。拖网与主体网可分离，收满时可更换拖网。

4.4.2 吸附材料的性能及使用
Material properties

对吸油材料的一般要求是：吸附油的能力强、可大批量生产或材料来源广泛易得、易于保存，在贮存期间不会变质。表 4.8 为不同吸油材料的吸油能力，对于较小范围的海上石油泄漏，抛撒吸油材料是一种有效的方法，但对于大规模的石油泄漏事故，它的作用很小或只能作为一种辅助手段。吸附材料一般在发生小型溢油时使用，其投入使用的吸油材料数量可通过溢油量来估算，表 4.9 为不同吸油材料形式适合使用的场所。

表 4.8　吸油材料的吸油能力对比

吸油材料	最大吸油能力（比率）		吸油后是否浮于水面
	高粘度油（25℃时 3 000cst）	低粘度油（25℃时 5cst）	
蛭石	4	3	沉
火山灰	20	6	浮
玻璃丝	4	3	浮
玉米秸	6	5	沉
花生壳	5	2	沉
红木皮	12	6	沉
稻草	6	2	沉
泥煤	4	7	沉
木质纤维素	18	10	沉
聚氨酯泡沫	70	60	浮
尿素甲醛泡沫	60	50	浮
聚乙烯纤维	35	30	浮
聚丙烯纤维	20	7	浮
聚苯乙烯粉	20	20	浮

表 4.9　合成吸油材料的使用场所

吸油材料形式	适用场所
方形和条形（片状）	用于吸附控制区域的少量溢油；为了充分吸收吸附溢油需要将吸油材料在溢油中多停留一段时间
圆滚状	与方形和条形的使用方法相同，但操作更加容易，可以切割成人意长度的一段；使用其保护人行道路、船舶甲板、工作场所、围控临时储油场所等；布放和回收操作方便
吸油栏	在平静水域起到吸油和围控的双重作用；将吸油材料压缩装进网内，限制了溢油的穿透能力，要求吸油栏可以在溢油中滚动使用，也可以使用吸油栏向围油栏内驱赶溢油。可以用来保护遮蔽水域，还可以布放在围油栏的后面吸附逃逸的溢油；可以装在袋子里运输
松散材料	在处理开阔水域溢油事故时，不建议使用这种材料。可以用来处理岸滩上或难以进入区域的溢油

4.4.3　使用后吸附材料的集中和处置
Concentration and disposal

溢油清理作业结束后会收集到大量废弃的吸油材料，废物的储放和弃置是应急溢油作业的一个重要环节，溢油应急方案应明确这项内容，严格执行各类废物的废弃处置管理规定。

现场废弃物要集中统一进行处理。主要处理方法及优缺点如表 4.10 所示。

表 4.10　使用后吸附材料的处理处置

处理方法	优点	缺点
再加工	通过利用油类的生热属性加以循环利用 不需要永久储放	沾油废物可能需要再加工前进行处理 设施和加工能力有限 在等待加工时可能需要长时间储放废物

（续表）

处理方法	优点	缺点
固化	各国立法常常允许对固化的沾油材料采用较为简单的弃置方式 通过在建筑中使用固化的沾油材料来进行循环利用	只适合残片大小较小的沾油砂砾、砂石和卵石 沾油材料的处理需具备相关技能的人员和合适的接收设施和设备
焚化	可以用于多种类型的沾油材料 不需要永久性储放	相对较贵的弃置工艺 相应的设施和加工能力有限
地耕法或堆肥	加强生物降解的自然过程	越来越难找到合适的地点 只适用于规模相对较小的溢油，因此法需使用大片土地 并非所有油类成分都能降解 过程缓慢，需要定期翻耕和监视
填埋	有机物可能可以在填埋场中自然生物降解 可以快速处理大量废物	应用受到当地立法限制 指定用于处理危险废物的场地稀少，可能会收取很高的费用 很多类型的废物可能会长期存在

溢油应急作业过程中产生的油及油性物质的存储、处理处置等相关问题将在下文中详细描述。

4.5 溢油燃烧
Burning

随着海上溢油应急处理技术的不断发展，溢油现场燃烧技术由于其在处理溢油时具有除油率高、燃烧效率高、无需转运储存和清洗设备、适用性强、可在夜间工作、后勤工作少、操作方便、环境影响相对较小、费用低等优点，是现场实际作业中经常使用的方法。

但是海面溢油燃烧是有条件的，既要有一定的油膜厚度、油膜面积，还要有与燃烧速率相适应的集油速度、适宜的现场气候、海况和溢油的乳化程度等，同时还应有相应的专业设备。

虽然现场的燃烧设备和技术发展很快，但使用传统的围油栏和收油器进行围控和机械回收技术仍是应该首要选择的方法，因为尽最大可能回收原油才是我们的终极目的。

4.5.1 燃烧基本条件
Recommended conditions for burning

4.5.1.1 油膜厚度

为了防止油层的热量向油层下面的水产生传输损失，油层的最小厚度不少于2~3mm 才能维持点火区域的温度，以使油层持续蒸发并维持燃烧。所有使用新鲜原油进行燃烧试验的结果显示，当油层厚度降低到 1~2mm 时燃烧很快停止。因为如果油层太薄，水冷却速度快，热量损失很快，使油温降低到油蒸发温度以下，而不足以支持油的燃烧。

当然，维持燃烧的最小油层厚度并不是所有油都是一样的，如柴油、风化乳化的原油以及重质燃料油，因其易挥发组分少，这种最小燃烧厚度可能达到8~10mm 才可以维持燃烧。

4.5.1.2 溢油的风化

海面溢油风化增加了其燃烧的点火难度，通常比未风化油的点火温度要高，点火时间要长。对乳化油来说，油种不同，含水量的多少对点火的影响也不同，有的油含水量达 50%~70% 还可以点燃，而有的油含水量仅有 10%~20% 时也难以点燃。通常，油的含水量为 30%~50% 时，就需要采用特殊的办法来点燃。因此，在处理海面溢油时，要决定是否采用现场燃烧技术，应进行综合分析，只有溢油现场的上述情况符合燃烧的基本因素，才可以将溢油现场燃烧技术作为溢油处理过程中的处理方案之一。

4.5.2　燃烧作业
Burning operations

成功燃烧作业需要两个先决条件：一个条件是增加溢油油层厚度的手段；另一个条件是点火的安全方法。溢油可以被岸线、浮冰或其他物体自然地围控，也可以使用防火围油栏围控，增加油层厚度，实现溢油源现场燃烧，或由围油栏拖带到远离溢油源的水域点火燃烧。

在制定燃烧方案以及现场实施中，应对控制燃烧的规模进行评估，并对现场燃烧事态进行精心计划，确保安全地进行现场燃烧，减少对环境的影响，避免对人居区域、自然资源等产生破坏，避免威胁或伤害现场的工作人员、船舶、设备设施。

4.5.2.1　燃烧速率与效率

水面上溢油的燃烧速率是指油层厚度降低的速率，或单位区域面积内溢油容积的减少速率。燃烧效率是指由于燃烧使油从水面上消失的百分比。燃烧效率主要由开始燃烧时的油层厚度和燃烧后的油层厚度决定。可控制条件下进行的燃烧实验表明燃烧效率高于 90%，有些燃烧实验显示燃烧效率可高达 98%~99%，但实际操作中情况差异很大。

4.5.2.2　油膜的控制

为保证油膜厚度和面积以维持燃烧，可以使用防火围油栏聚集海面漏油，例如：应用 300m 防火围油栏以 U 型的方式拦截，将形成百余米的拦截宽度，拖拽这个围油栏，油膜在 U 型底部聚集增厚，可方便点燃，这一部分的油膜面积可以占到整个 U 型内面积的三分之一。如果使用普通围油栏在防火围油栏的前面预先围控油膜，再导入 U 型围油栏，效果会更好。

4.5.2.3　防火围油栏

早在 20 世纪 70 年代，加拿大 DOME 石油公司研制了一种不锈钢制成的防火围油栏，成本昂贵，且笨重。在 20 世纪 80 年代早期，SHELL 石油公司研制了一种在破冰条件下具有溢油应急反应能力的防火围油栏。目前，3M 公司最新一代防火围油栏更加牢固、耐火时间更长。其围油栏是由陶瓷纤维和耐高温的浮芯组成。这种防火围油栏的结构设计和操作与传统围油栏非常相似，并经过 48h 的燃烧试验。美国 OILSTOP 公司最新研制了体积较小的充气式防火围油栏。图 4.32 是不同类型的防火围油栏。

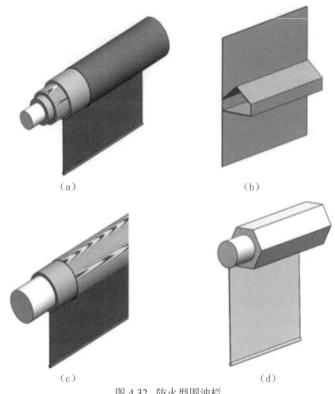

（a）　　　　　　　　　　　　　　　　（b）

（c）　　　　　　　　　　　　　　　　（d）

图 4.32　防火型围油栏

（a）耐热纤维基础型围油栏　（b）不锈钢围油栏　（c）水冷式围油栏　（d）陶瓷围油栏

4.5.2.4　点火作业

溢油被防火围油栏围控后就开始点火作业，燃烧被控制的溢油。点火方法的选择要有效地针对不同的溢油种类。对大型溢油、连续溢油，已经被防火围油栏控制的油层只使用一个点火源就可以了；如果溢油已经风化或乳化，或者溢油被风波浪搅动，可能需要多个点火源才能点火成功。在所有情况下，为了使点火源向油膜传递足够的热量蒸发溢油，并点燃溢油，要求作业中做到点火源装置相对稳定，对油层尽量不扰动。

在有些情况下，点火源可以是浸有油的破布。还有一些专用的点火装置，包括：

美国 SIMPLEX 公司生产的直升飞机抛投点燃火炬装置，该点火装置喷洒出大量的凝固燃油滴落在油层表面燃烧。加拿大研制了两种手动点火装置，"PYROID"和"DOME"点火装置。安装在直升飞机上的标准点火装置喷洒出很多聚苯乙烯小粒，利用喷洒这些聚苯乙烯小粒时释放出的化学热量点燃这些小粒。最近，加拿大环保组织做了用商用激光点燃溢油的试验，在一些平静的水面情况下试验取得了成功。

总之，溢油点火并不是都采取相同的方法来实现，要根据溢油现场的点燃难易程度来综合考虑点火方法。

4.5.3　燃烧的安全与环境问题
Occupational health safety and environment

4.5.3.1　安全问题

在所有的溢油应急反应中，人身安全最为重要，在制定任何燃烧程序、现场燃烧或特殊燃烧的计划时，都必须优先制定安全计划。指挥人员必须通盘考虑现场燃烧潜在的爆炸危险性，这种危险评估至少包括下列因素：

（1）通过估计溢油量、燃烧速率以及采用的燃烧控制措施，预测燃烧的规模和持续的时间。

（2）由于潮流变化、应急清理设备作业失败或围油栏拖带围控故障等情况，造成燃烧地点变化，或使人员、动物、船舶等靠近不安全燃烧区域，直接暴露在燃烧产生的热辐射区域或暴露在燃烧产生的有毒烟雾中。

（3）由于偶然因素的发生，或出现预先未考虑到的应急反应不完善等原因，可能对燃烧溢油在燃烧控制区域内的移动以及持续时间失去控制。

（4）停泊船舶、码头、桥梁等一些固定的设备设施建筑可能直接暴露在溢油燃烧的火焰中，或燃烧影响区域。

实际作业中要确保工作船位于上风处、使用足够长的防水围油栏拖栏、并提供足够的人员安全设备。同时应有侦察飞机进行高空侦察，确实掌握燃烧情况，以指挥海面工作船作业。燃烧海域如果离海边城市、生活居住区很近，还应该随时监测居住地区的空气质量

燃烧作业的计划方案制定以及现场实施都要严格执行国家职业安全和健康管理的有关规定，包括涉及有毒有害废弃物的处理规定。所有现场作业工作人员都应经过专业培训，具备较好的现场应变能力。

4.5.3.2　环境问题

1.燃烧烟雾

燃烧产生的烟雾是对环境的二次污染，也是燃烧法最不好的一面。石油燃烧的主要产物有：烟灰（颗粒状的会下沉）、烟气（一氧化碳、二氧化碳和二氧化硫）、未燃烧的碳氢化合物和燃烧剩余的其他残余物。虽然烟灰只占燃烧产物比例的很小部分，由于烟灰明显可见，其产生的小于10微米的烟颗粒容易被吸入肺里，引起人们的关注。

燃烧烟雾产生的环境影响程度有待进一步研究及实践，有一实例可以参考，如加拿大环保署在纽芬兰附近海域组织了一次大规模的海上现场燃烧实验，对燃烧所带来的烟雾等环境问题进行了验证，结果表明，燃烧所产生的烟尘是很低的，在距燃烧点下风向150m的海平面上，所检测的全部化合物浓度都低于规定标准；在500m处只有几种物质可以检测出来；在地面上能检测出的影响人体呼吸（粒径小于10μm）的颗粒物质及烟雾中的挥发有机物的浓度，都低于未燃烧溢油挥发出的浓度。

2.燃烧残余物

燃烧残余物的多少不但与燃烧效率有关，还与燃烧的油层厚度有关。加拿大环保署在纽芬兰进行的燃烧实验，只剩下了大约0.5m3的燃烧残余物，它只占全部投放油的1%，燃烧效率为99%。其他机构进行的燃烧残余试验表明，溢油燃烧产生的残余物数量远比原来的溢油数量少，一般只占溢油的2%~5%。由于水的冷却，燃烧残渣凝固、粘度很高，在风和流的作用下，积聚在一起，容易使用围油栏围控并打捞。

3.水质和水温

在加拿大纽芬兰进行的燃烧实验，还对燃烧前后油层下面的水质进行了监测，对几种化合物的检测发现，这些化合物的浓度在燃烧前后基本没有变化，油层下面水中的生物毒性未检出。油层下面的水温也没有显著的变化（即便是较浅的水层），因为油层本身起到了隔热作用。

4.5.4　燃烧法相关规定
Oil burning regulations

现场燃烧是一种快速、相对安全地消除大量溢油的方法，但受溢油状况的限制和受燃烧时机的限制，有影响视觉、对大气释放有毒物质（如 VOC、PHAs、CO、金属灰等）以及浪费能源等缺点，实际应用中需综合考虑溢油情况，选择适合有效的现场溢油燃烧技术。溢油燃烧法因其会造成环境二次污染的，是一种不得已而为之的应急方法。

不同国家和地区关于现场燃烧的管理是不同的，有些国家燃烧溢油需要得到批准。例如美国各州法律对在领海内使用现场燃烧技术的批准使用要求也不尽相同。美国几个海岸线长的州制定了请求批复使用现场燃烧技术的指南和应急反应操作指南，避免由于行政决策原因失去了使用现场燃烧技术的最佳时机。《中华人民共和国海洋环境保护法》中溢油燃烧没有做出明确规定，但在已颁布的溢油应急计划中，该技术已作为应急决策的一种可行措施。相关法律法规及应急处理机制应进一步完善。

4.6 溢油分散及沉降
Dispersion and sedimentation

溢油在海面扩散形成漂浮的油膜，海浪、海流会击打、冲刷油膜，使油膜变成细小的油颗粒消散到大海里，这是自然状态下的分散，化学分散剂可以加速实现这一过程。

分散剂是一种化学物质，能够快速地改变油品的物理化学性质，使溢油分散成细小颗粒或沉降至海底。目前用于溢油分散沉降处理的常用化学药剂有分散剂、沉油剂和沉降剂。根据现场作业对浮油的不同分散状态的需求，也可使用胶凝剂、乳化分散剂或破乳剂等化学药剂。

一般来讲，海面的浮油最终会被海浪、海流带到岸上，对于一些高价值、敏感区域岸线，在回收作业失效、应急能力配置不够或围油栏无法把溢油拖拽到远离这些岸线的水域等情况下，使用分散剂把溢油快速分散沉降在远离岸线的海上，是两害相权取其轻、不得已而为之的方法。可以有效的保护海滩，这是使用分散剂的主要目的。

对于海洋生物来讲，使用分散剂使海洋生物更加暴露在石油污染中，并且分散剂本身具有比石油污染更大的毒性，使用分散剂后，事故海域的水体毒性会大大增加，对事故海域的海洋生物及海床的损害很大。但分散剂的使用使油污分散成细小颗粒，有利于事故水域的海水在更广阔的海域里置换新鲜的海水，有利于原油在大自然中的自然生物降解。所以权衡利弊，如果在开阔海域，分散剂和油污可以迅速扩散，在短时间内稀释到安全浓度水平，使用消油剂是科学合理的；反之，在封闭、半封闭、狭窄水域则不适合。

4.6.1 分散剂
Dispersants

溢油分散剂也叫"消油剂"，它可以减少溢油与水之间的界面张力，从而使油迅速乳化分散在水中。

4.6.1.1 溢油分散剂的组成及作用机理

1. 基本构成

溢油分散剂主要是由表面活性剂、溶剂和少量的助剂（润湿剂和稳定剂等）所组成。表面活性剂由亲油和亲水基团两部分组成，在分散剂中起主要作用。由于表面活性剂对油和水都产生亲和力，能改变油–水界面的作用并极大地降低油膜的表面张力。分散剂通过亲油基团和亲水基团把油和水连接起来，经过机械搅拌或波浪作用，形成一个个水包油乳化粒子，随着水体的自然运动扩散于水体中。在分散剂中使用的表面活性剂绝大多数是非离子型，有极少数是阴离子型表面活性剂。

溶剂是表面活性剂的载体，可使表面活性剂与油更快地接触。常用的溶剂有水、醇类和烃类，尤其以醇类和烃类应用较普遍。稳定剂的作用是调节 pH，防止腐蚀，增加乳液的稳定性。

2. 作用机理

当分散剂均匀地喷洒在海面上与溢油混合，表面活性剂的分子排列在油 / 水界面上，降低了油水界面的表面张力，使油膜分散成小油滴。被分散的小油滴总表面积远远大于油膜原来的表面积，它们随着海水的流动而不断扩散。较小的油滴由于浮升速度很低，易滞留在水中，油滴的平均直径在 0.2mm 左右，抑或更细小。因此，除了在风平浪静的条件下，它们很难再升至海面（见图 4.33）。若一片黑色溢油被较好的分散处理，几分钟后便可看到海面上一团团浮云状或羽毛状的咖啡色浊油团慢慢地分散开并逐渐沉入水中。

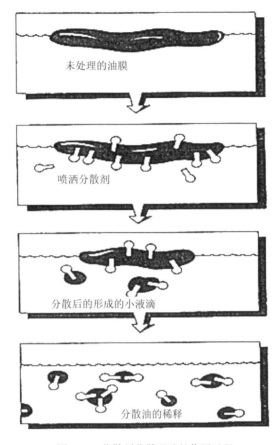

未处理的油膜

喷洒分散剂

分散后的形成的小液滴

分散油的稀释

图 4.33　分散剂分散溢油的作用过程

4.6.1.2　溢油分散剂的分类及特点

根据溢油分散剂国家标准（GB18188.1—2000），溢油分散剂大体可分为两类：常规型（也称普通型）和浓缩型。

常规型溢油分散剂的表面活性剂含量一般只有 10%~20%，其溶剂比例高达80%~90%，因而普通型溢油分散剂溶解溢油能力强，处理高粘度油及风化油的效果好。使用时应直接喷洒，然后搅拌。该类分散剂使用前不能用水稀释，使用比率（分散剂 / 油）在 1：1 至 1：3 之间为宜。

浓缩型溢油分散剂的表面活性剂多数是从天然油脂中提取的脂肪酸，从糖、玉米及甜菜中提取的梨醣醇，基本上无毒。浓缩型溢油分散剂的表面活性剂含量较高，一般为 40%~50%，因此能迅速地分散溢油。相对于常规型而言，浓缩型溢油分散剂的溶剂含量较低，为 50%~60%。浓缩型溢油分散剂多为水溶性，分散溢油效率高，但处理高粘度油效果差。使用时可直接喷洒，也可以与海水混合喷洒，但前者效果更好。该类分散剂喷洒后不需搅拌，使用比率（分散剂／油）在 1：10 至 1：30 为宜。

4.6.1.3 分散剂使用注意事项

1. 环境因素

使用分散剂并没有将油污清除，而是使油污均匀分散在一个更大的水域里，降低单位水容积的污油含量，交由大自然消化处理。选择使用分散剂应充分考虑对海洋环境可能造成的潜在危害，即从使用分散剂和不使用分散剂对环境造成的短期和长期影响进行对比评价。

使用分散剂的水域环境是开放水域较好，水体流动性好并且水体交换补充性好，有利于分散剂的快速混合起效以及油滴的快速分散稀释。对于相对封闭水域——小海湾、封闭港口和沼泽地建议避免使用分散剂，因为分散剂和油水混合物难以扩散，而在封闭区域内会聚集，起不到稀释扩散的功能。

对于一些高价值敏感海域（包括海面、海面以下水体以及海床），例如渔业养殖区、海水淡化取水点、资源保护区等，使用分散剂是需要格外谨慎的。在制定溢油应急方案时，还应充分考虑风向、水流对使用分散剂后效果的影响，确保污染水体不会对高价值敏感区造成伤害。

2. 时间因素

如果溢油未得到及时清理，已经风化的原油粘度会明显增加，这时使用分散剂的效果将非常低。一般来讲，分散剂有效投放时间是原油溢出时间到投放消油剂时间的间隔不超过 48 小时，最好在 24 小时以内。实际应用中使用分散剂的时间窗口很小，溢油应急反应要快速，所以对特殊敏感海域的溢油应急计划应准备在前，以确保在溢油事故发生后迅速决定是否使用及如何使用分散剂。

3. 生态因素

分散剂的使用依然是一种事后补偿法，即在溢油回收作业、溢油围控失效后采取的补救方法。使用分散剂并没有使油污离开海面，只是加速了自然环境中由海风、海浪对油污的风化分散作用，对于整个海洋环境来说，海面的污染损害减轻了，但海面以下的海洋环境的污染危害加深了，所以只有当我们判断如果不使用分散剂，海面的环境生态损失远远大于海面以下的环境生态损失时才使用分散剂。但对溢油事故危害评价判断中，要权衡长期环境生态影响而不是短期，比如，短期考虑可能保护了海鸟迁徙、聚集地，但长期来看，损害了水域环境，破坏了海鸟的食物链，可能彻底破坏了海鸟的迁徙、聚集地。

溢油产生的海上污染油膜对海鸟是致命的，在溢油事故案例中，有大量海鸟被粘在有面上窒息而死或活活饿死。如果溢油事故发生在对于海鸟迁徙地或海鸟生活聚集地，水域开阔，使用分散剂可以将海面的油膜迅速分散，并且分散的油滴可以迅速溶解到大海中，对于保护海鸟是行之有效的办法。

对于离人类生活生产聚集较近的海域、海水淡化取水点、水产渔业养殖区、海底生物保护区，使用分散剂是被禁止的。

分散剂的使用是要非常谨慎的，只有在允许使用分散剂的海域，并确定使用分散剂处理溢油污染比不使用分散剂处理能减少对生态环境的损害才使用分散剂。使用分散剂时，要充分考虑天气、海况等作业影响因素，什么时候用、什么地方用、怎么用，以确保在使用分散剂后污染物迅速扩散，水体中的污染物浓度在安全范围以内。在使用分散剂作为事故处理方法后，需要在一个相当长的时间内对投放水域进行生态监控。

4. 油品物性因素

原油粘度是是否使用分散剂的一个主要物性，不是所有的油都能进行分散处理，目前还没有相关的标准，但在以下情况中人们已达成共识：①粘度在 2 000~5 000cst 的高粘度的重燃料油和大于 5 000cst 的超粘度油稠油是很难分散的，分散剂失效；②当油在环境温度低于其倾点的情况下泄漏时，油基本呈固体或半固体状态，喷洒分散剂起不到效果；③润滑油也较难分散，因为它们含有添加剂。

同样，分散剂对乳化状态的溢油效果也受到影响，乳化液其粘度在 5.0~10.0cst 之间。乳化是限制其分散效果的一个重要因素。许多溢油会很容易在最初几小时内乳化而失去分散特性，因此这些油应在泄漏后尽快采用分散剂处理。如果油已经部分风化，应该采用更灵活的处理方式，如分阶段喷洒分散剂：第一个阶段是使用剂量较低（分散剂与油比，DOR 1：50），主要是打破乳化效果并降低油粘度；紧接着第二个阶段是正常的使用剂量（分散剂与油比，DOR 1：20），分散石油。在石油风化程度较高，大多数已经形成稳定乳液时，分散已基本不能使用。

对于轻质油，如柴油，由于它在自然环境中本来就会消散得很快，所以，不使用分散剂，只有当现场可能产生燃烧爆炸情况时，可能选用分散剂。

5. 环境温度因素

环境温度也是影响分散剂使用的一个主要因素，因为原油的粘度随温度的降低而增大，如果环境温度低于其凝固点温度，溢油的物理形态基本是半固或全固体，完全不可能分散。原油的凝点一般在十几度到三十几度，海水的温度也基本在这个范围之内，所以在实际应用中，使用消油剂的环境温度窗口也很小。

在燃料油中如轻质燃料油柴油自然分散非常迅速，很少使用分散剂得到，除了减少潜在的火灾危险性。

由于分散剂是通过提高自然扩散的速度，一些湍流的分散剂是有效。薄福风力 3 或更高的风强度通常需要提供足够的天然混合能量。机械湍流可以在少量的油是有效的。

4.6.1.4 溢油分散剂的用量及其限制

分散剂根据《溢油分散剂使用准则》规定的适用或不适用的原则，根据不同水域也有不同的使用要求及使用量。

1. 不同水域对分散剂的使用要求（见表 4.11）

表 4.11　使用或不使用分散剂建议

水域或敏感区	建议
开阔的海洋，水深在 20m 以上	A. 备胎方案
封闭的海湾和海港 与不稳定的潮间带的相邻水域 与海滨相邻的水域 近岸沙滩、卵石、沙砾区	B. 限制使用
红树林 沼泽地 鸟和海洋哺乳动物的栖息地 盐滩 珊瑚礁 海草床 潮间带、海草床 掩蔽的岩石性潮间带 卵石 流砂	C. 禁止使用分散剂

2. 分散剂用量（见表 4.12）

表 4.12　分散油在水中的浓度随油膜厚度和水深的变换

油在水面的外观	油的近似厚度 /mm	在以下水深，如果均匀混合，分散油在水中的浓度				
		1m	2m	5m	10m	20m
勉强可见	4×10^{-5}	0.05				
银色光泽	8×10^{-5}	0.1	0.05			
开始有少量的色彩	1.5×10^{-4}	0.2	0.1	0.04		
灿烂的色带、彩虹	3×10^{-4}	0.4	0.2	0.07	0.04	
色彩趋向暗淡	1×10^{-3}	1.2	0.6	0.2	0.1	0.06
棕色或黑色	0.01	12	6	2.4	1.2	0.6
黑 / 暗棕色	0.1	120	60	24	12	6

注：（1）油的厚度与油膜在水面上的外观相互之间的关系，在理论上是正确的。实际上，观察者在水面的距离与光线的角度会影响水面上油的观察力。

（2）由于油膜的厚度直接影响对分散油在水中的浓度，因此在可能的情况下最好采用其他方法进行测量油膜的厚度或用溢油量除以溢油面积来计算油膜厚度。

表 4.12 中所列数据，对水深不到 20m 的水域，分散剂可根据水深确定其用量。允许用量应以水域的各个水层（从表层到底层）均匀混合的分散剂混合浓度不超过 10mg/L 计算，一般情况下，建议使用量如表 4.13 所示。

表 4.13　分散油在不同水深水域的使用量

水域水深 /m	< 1	1~2	2~5	5~10	10~20	> 20
分散剂使用量 L/ 亩	< 3.785	3.785	7.57	18.925	37.8	允许使用分散剂，用量按水面油量定

分散剂的使用比率取决于溢油的类型和分散剂本身的特征。确定溢油分散剂的使用比率纪要考虑油的比重、粘度、倾点，同时还考虑分散剂的种类和组份，还要考虑油膜的厚度及其流动性等因素。

按照分散剂的实验和使用经验，分散剂与溢油的使用比率为：

常规型的分散剂 / 油：1:3~1:1

浓缩型的分散剂 / 油：1:30~1:10

稀释型的分散剂与水的比率为 1:10，直接用于清洗油污。

3. 国家标准及使用规定

中国海洋局（国海管发 [1992]479 号）关于颁布《海洋石油勘探开发化学消油使用规定》的通知第十四条中明确指出，当出现下列情况之一时，不得使用消油剂：油膜厚度大于 5mm；溢油为易挥发的轻质油品，而且预计油膜迁移至敏感区域之前即可自然消散；溢油再海面呈焦油状、块状、蜡状和油包水乳状物（含水 50% 以上）以及溢油粘度超过 5 000 豪帕斯卡·秒；海域水温低于 15℃；溢油发生在养殖区、经济鱼虾繁殖季节的区域。

国家标准《溢油分散剂技术条件》（GB18188.1—2000）和《溢油分散剂使用准则》（GB18188.2—2000）自 2001 年 10 月 1 日起施行。交通部也制定了相应标准：JT 2013《溢油分散剂技术条件》。《溢油分散剂使用准则》中规定可使用分散剂的情况有：溢油发生或可能发生火灾、爆炸，危及人命安全或造成财产重大损失；溢油用其他方法处理非常困难，而使用分散剂将对生态及社会经济的影响小于不处理的情况（见表 4.14）。

表 4.14　溢油分散剂技术标准

项目		技术指标
外观		清澈、透明、无分层
PH 值		7~7.5
燃点		> 70℃
运动粘度（30℃）		< 50mm2/s
乳化率	30s	> 60%
	10min	> 20%
鱼类急性毒性——在规定浓度 1 下的半致死时间		> 24h
可生物降解性（BOD$_5$/COD）		> 30%

1. 规定浓度：常规型分散剂 3000mg/L，浓缩型分散剂 600mg/L。

4.6.1.5 海上喷洒方法

分散剂可通过船舶喷洒、空中喷洒和人工喷洒。选用何种喷洒方法取决于溢油分散剂的类型、溢油位置、面积大小以及分散剂的有效利用率（见表4.15）。

表 4.15 各种喷洒装置的主要特性

喷洒装置	分散剂类型	最大喷洒率 L/min	最大处理能力 t/h	优点	缺点
背负式	普通型 浓缩型	2.5 2.5	0.3 3	轻、便于携带、有效	装载和喷洒率受限
消防水枪	浓缩型	10~70	1	适用于大多数船舶	与油面接触范围受限用量大
远海喷洒装置	普通型 浓缩型	90 9.0	10 10	费用低、能安装于大多数船上	与油面接触范围受限，不能悬挂船首、泵量不可变
近海喷洒装置	普通型 浓缩型	32 3.2	4 4	费用低、便于安装，适用近岸	与油面接触范围受限，不能悬挂船首、泵量不可变
浓缩型直接喷洒装置	浓缩型	220	70	费用低、装于船首速度可调节	喷洒速率大、浪费严重
播种飞机	浓缩型	120	40	启用迅速、效率高，对不连续油膜适用	装载量和续航时间受限
道格拉斯喷洒飞机	浓缩型	400	320	启用迅速、效率高	

喷洒分散剂控制喷洒率是其中一个重要环节，喷洒率的大小根据溢油类型、油膜厚度以及油的流动状态相关，控制喷洒率可通过控制泵的速率或改变船舶／飞机的航速来实现，其关系如下：

泵排放率（L/min）=0.003 × 喷洒率（L/公顷）× 航速（kn）× 喷洒宽度（m）

4.6.1.6 溢油分散剂剂的毒性效应

分散剂的毒性始终是人们使用其最担心的原因，因此有必要对分散剂的毒性进行研究。分散剂的主要有效成分为表面活性剂，分为阴离子、阳离子和非离子 3 种类型。由于其本身具有的毒性和难以降解性，使其在使用时往往会给海洋环境带来二次污染。通过破坏生物细胞结构，阻止生物体内 SOD 酶等大分子的抗氧化作用，引起生物体的毒性损害。如 1967 年，Torrey Canyon 溢油事故中所使用分散剂就是以阴离子表面活性剂为主要成分，这使得受污染海域的海洋生物和底栖生物几乎全部被毒死，并且至少需要几十年才可以恢复原来的生态环境。

国内一些学者研究了双象 1 号分散剂对孔石莼的生长毒性影响，研究结果表明，该类型分散剂在浓度为 3 mg/L 以上时，该藻体内叶绿素 a 含量均有所下降。专家根据分散剂的毒性研究大致将溢油分散剂分为 3 种：以① 1~100 mg/L 为高毒性；② 100~1 000 mg/L 为一般毒性；③ 1 000~10 000 mg/L 为微毒性。

许多研究表明，在溢油事故中使用分散剂对生物链产生的消极影响比石油本身更大，比如分散剂对鱼类的味觉器官有很大的影响，从而影响其进食，并且对繁殖、迁徙及防御等行为的影响也很大。分散剂还会影响贝类粘贴在生物上的能力，对植物的再生细胞造成不可复原的损害，造成植物亚致死结果，并且对栖息在经喷洒分散剂的岩石上的贝类会产生生物体剥蚀的影响。

因此，溢油分散剂的使用应谨慎行之。

4.6.1.7 存在问题及前景展望

我国对溢油分散剂的开发始于 20 世纪 70 年代。目前的分散剂主要用于近岸和浅海油田的溢油处理，但性能指标与国外产品仍有一定的差距。随着国际石油贸易的进一步发展，在我国海域发生溢油事故的频率将会增加。因此，极有必要加强与溢油分散剂相关的科学研究。

尽管分散剂已经在溢油处理现场得到了很好的应用，分散剂引起的生态效应仍是众说纷纭。此外，石油烃在环境中的最终去除在很大程度上依赖于微生物的作用，施洒分散剂对油降解菌的影响却是不明确的。因此，在分散剂的研究中，一方面应研究其作为一种应急措施可能带来的生态影响，另一方面，还应该进一步研究如何将其更好地与其他措施（如后续的生物修复）相互配合和呼应。

4.6.2　沉油剂
Sediment agents

一种清除水面溢油的方法，然而随着清除溢油技术的进步，现在普遍认为这是一种不推荐的使用方法，主要原因如下：

（1）油和药物的窒息作用，水底植物和动物易受到有害影响。

（2）沉油剂要通过一个从水面到水底很宽的生物带，会堵塞水生物的鳃。

（3）时间影响长，沉入水底的油和药剂在广泛的地区内移动、扩展其有害作用。

（4）沉油剂会污染渔网和渔具，而且在有一定的搅动和温度的情况下，已固定的油会重新释放出来，形成二次油污染。

4.6.3　沉降剂
Settling agents

沉降剂其作用于吸附剂作用属于同一种方式，只是沉降剂密度较大。用于沉降剂的材料包括，处理过的砂子、碎砖块、水泥、涂层氧化硅、飞灰等。这种也只是将油污从表层转移到水底；而且，在水底部生物降解作用十分缓慢。也不允许在有海底生物聚集的地方使用。

沉降剂一般未经允许不得随意使用。

溢油分散及沉降，从字面意思即可知道只是将溢油分散成细小的油颗粒以及转换了溢油的空间，并没有真正去除溢油的危害，其后续对人类、环境、动植物以及生态环境的二次污染是人们必须面对的巨大问题。

4.7　污油生物降解
Bioremediation

生物法是通过微生物利用油类作为新陈代谢的营养物质将其降解，从而达到去除溢油污染的目的。生物法安全、无二次污染同时具有化学方法所不可比拟的优点而被人类广泛关注，其做法如下：

（1）假丝酵母、节细菌、假单胞菌等通过分解利用石油中的消化物和硫化物转化成为生物能以达到去除溢油的目的。

（2）但微生物的获得需要人工培植，发生原油污染事件，将优化得之菌种撒于污染处，并提供所需之养分，使其大量繁殖来"吃掉"石油。

从以上可以看出生物法不具备抢险特性，不适宜用作应急溢油处置的方法，只适用于溢油后期生态功能修复阶段。因此该方法将在第六章—溢油污染的损害及评估中进行详细介绍分析。

4.8 油和油性垃圾管理与处置
Oil management and waste disposal

4.8.1 概述
Overview

在海上和岸边的溢油发生后，在应急反应中会产生大量的油和油性垃圾，管理和处置回收油和油性垃圾也是重要的应急反应环节，因此在溢油应急规划过程中应充分考虑这个环节。在应急规划阶段和清理操作的所有阶段，同时还应该考虑废物最小化、不同类型废物的分类处理，这将大大简化后续的处理和处置方案及处理成本。废物的存储、管理和最终处置应充分考虑这些环节给环节带来的影响，并将对环境的危害降至最低。

同时，在溢油应急规划中在选择清理技术和治理方法时，应充分考虑油性垃圾的减量化，尽量减少垃圾最终处置的数量，应建立如下可持续的废物管理原则：

（1）采取预防措施和数量最小化。

（2）回收后可再次循环利用。

（3）处置方法不危害人体健康或环境。

目前大量的油和油性垃圾最终处置主要是后勤问题。对于任何特定的废物处置路线的选择必须要考虑最环保的方法和处置地区地方性法规的规定，包括废物处理浓度和数量等。

在可能的情况下，回收油应再利用或运回炼油厂进行炼制。另外油和油性垃圾在处理、运输和存储环节应充分考虑健康和安全的预防措施，在符合当地和国家立法和操作规程的情况下，应选择训练有素的操作者进行相关工作的安全预处理。

4.8.2　回收物质的类型
Properties of recovered matter

回收物质主要有以下几类：

（1）海上（或岸线）回收的油或乳化油。

（2）油沙。

（3）油海滩垃圾（木材，塑料或海藻），鸟类和哺乳动物。

（4）焦油球。

（5）石油污染的清理物质、设备及防护服。

（6）冲洗站或设备产生的残留物。

回收液可能含有浮渣或油已被乳化（含水率高达 70%~80%）。一般来说，乳化油比刚溢出的油更难回收，其含水率也大大提高，同时也增加了后续处理难度。为了降低乳化油的数量，常在乳化液中加入破乳剂油使油水分离。这种方法会产生大量的含油污水，如果排入环境会产生二次污染，因此需要进一步处理后才能外排。油性垃圾回收后需单独分开放置再进一步进行处理处置。

在回收操作过程中，将回收物质分类放置具有重要的意义，这样可以减少回收物质后续处理处置的费用，由其产生的问题也大大减少。最基本要求，回收物质应该被分为固体、非生物降解性固体（油塑料、受污染的清理设备等）和可生物降解（例如海海藻）的类型，这将有助于高效的处理废物。油污染的海滩（如沙子、卵石等），一般在现场通过处理后直接返回到原来位置。油和油性垃圾的分离和处理方法如表 4.16 所示。

表 4.16　油和油性垃圾的分离和处理方法

物质类型	分离方法	回收方法及处置
液体		
未乳化油类和废水	重力分离 机械分离油水混合物	作为燃料油或者炼化油原料 分离出的水返回环境中
乳化油	破乳方法： －加热 －破乳剂 －与沙子混合 机械分离油水混合物	作为燃料油或者炼化油原料 焚烧 分离沙子 分离出的水需进一步处理才能返回至环境中
固体		
混有砂石的油类	在临时存储阶段从沙子中浸出的液态油 通过水或溶剂冲洗分离出的油 通过过滤法分离的油	作为燃料油或者炼化油原料 直接处置 无机物稳定化处理 农田降解 生物法 焚烧 沙子进行填埋处理 分离出的水需进一步处理才能返回至环境中
与卵石、砂石混合的油类	在临时存储阶段从沙滩物质中浸出的液态油 通过水或溶剂冲洗分离出的油	直接处置 焚烧 分离出的水需进一步处理才能返回至环境中
与木块、塑料、海藻及吸附剂混合的油类	在临时存储阶段从垃圾中浸出的液态油 通过水冲洗分离出的油 机械分离油水混合物	直接处置 焚烧 农田降解 生物法 分离出的水需进一步处理才能返回至环境中
油块	过滤分离	固化或重复使用 填埋 焚烧

4.8.3　现场临时存储和固液分离
Temporary site storage and separation

　　在对油及油性物质进行处理处置前，现场需要临时存储设施对回收油及油性物质进行存储，同时考虑物质运输至最终处理场所的可操作性和经济性，所以要求事先应考虑和安排好回收油及油性物质的存储地点（见图 4.34）。地点的大小、数量和类型取决于回收油及油性物质的数量和油的性质。另外，油及乳化油应和油污染的固体物质分开放置。

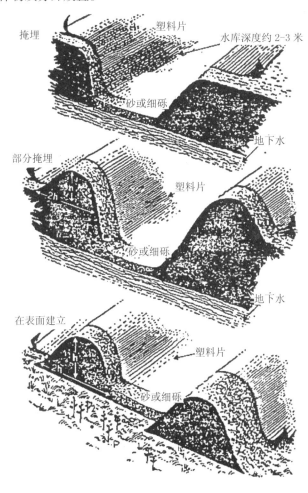

图 4.34　油及油性垃圾存储场所选择

临时存储设放置地点应选择在清理操作现场的附近，方便进入公共道路。现场应明确划分含油区、清洁区。临时储存区域的选择应考虑将所有可能对周围环境存在的风险降到最低。可以选择以下地区作为存在区域：

（1）远离居民区。

（2）脆弱的地下水区域以外。

（3）高灵敏度环境区域以外。

（4）水源 10m 以外且越远越好。

（5）能够提供设施处理和存放溢油。

有时不可避免的将临时贮存设施设置在地下水或地表水的污染敏感区域。在这种情况下，必须提供更严格的安全保障，如在湖周围修建堤围和双排水系统防止地表示径流到受污染的处理区域。

不敏感的地区，可在一个坑内衬厚的塑料片以临时存储回收油和油性物质，但是应防止塑料被破坏导致石油泄漏而污染环境。因此，应在塑料底部放置在细沙或细砾石作为垫层，顶层覆盖沙子作为保护层。保护层和衬垫的厚度取决于此项操作的规范建议。所有的垫层及保护层应定期检查其完整性。基坑的宽度（底部）应超过 2~3 米，而长度可以 10~20 米或以上以方便车辆出入。为了减少暴雨的风险，基坑不应储存太满的液体，便于控制和调节。

在回收油的同时大量的海水也会被回上来。因此应在临时存储区域放置油水分离装置（或专业的油／水分离装置）。分离出的油中含水率应尽可能降低以达到炼油厂进油的要求，也大大的减少了运输风险和费用；分离出的水达到当地污水的排放标准。图 4.35 为专业的油水分离装置，具有占地小、油水分离快、撬装装置安装方便灵活、易于操作等特点。

图 4.35　双旋流除油器

固体污染废物包括受污染的砂、卵石、碎石和清理材料如吸附剂等也需要临时存储,这些物质应存放在适当的水平表面,例如一个停车场或海岸线附近,方便收集和运输到最终的处置场所。存储区域应首先放置厚塑料衬,周围设置土壤或砂子堆积物。如果需要车辆进入存储区域,塑料下面应设一层沙或土壤作为垫层进行保护。存储区域的渗滤液应集中收集处理,避免污染环境。图 4.36 是固体临时存储区域,该区域应划分不同垃圾存放点,以便进行垃圾分类工作。

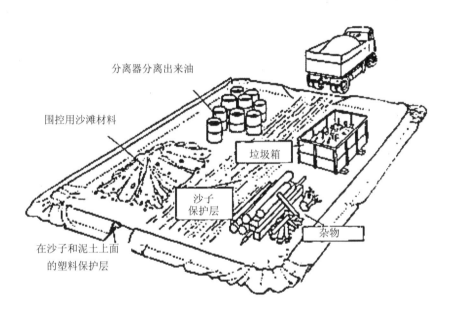

分离器分离出来油

围控用沙滩材料

垃圾箱

沙子
保护层

杂物

在沙子和泥土上面
的塑料保护层

图 4.36   固体油污染垃圾临时存储

4.8.4   运输
Transport

清理之后需要弃置的大量废物经常回在装卸期间带来重大的物流问题。为了让清理作业连续,有必要将收集物临时存放,以在收集和最终处理之间提供缓冲。这样也给政府机构选择合适的废物处理方法(如果未确定)争取时间。

4.8.4.1   液体输送

传统运输装置均可用于将液体从收集地区或临时存储位置运输到最终处置场。平板车装放置容器也是一种比较好的选择。当使用车辆运输的挥发性液体油时，应充分考虑环境、健康和安全的风险。

4.8.4.2 油性垃圾的运输

可采用普通敞篷卡车输送固体废物，但需在车底放置塑料防止油或乳液从车上泄漏。也可以用较厚的大型塑料袋（或更大，能够承重 25 公斤）来收集油海滩物质和垃圾。这种收集方法比较方便，但运输至最终处置场所后需要将其与油性垃圾再次分开。

采用 200t 规格的油桶来收集和存储油性垃圾更方便操作，即便有金属、尖锐的垃圾也能不被划破而继续使用。在输送含油废物从临时存储区的最终处置场时，应向当地人请教一个合适的路线，以减少污染风险和降低运输成本。

4.8.5 污染物的处置方法
Waste disposal management

用于回收油和油性垃圾处置的原则方法：

（1）再利用：回收的油作为燃油或者炼油厂原料油再利用。

（2）稳定化处理：含油废物处理的另一种方式，稳定化后不再对环境构成的威胁。

（3）填埋：油性垃圾放置在一个预先指定的和规范的废物处置场地。

（4）焚烧：或附近溢出地区或在一个固定的焚烧炉。

（5）生物法：在泄漏现场或在土地上耕种或堆肥。

（6）固化法：将油性垃圾采用石灰等物质进行固化的方法。

在实践中，废物处置的处置方法根据不同的回收材料而现在不同的处理方法。首先应考虑的处理方法是回收原油并进行再利用。

4.8.6 油的回收
Oil recovery

4.8.6.1 破乳

乳化液的油水分离可通过简单的重力分离或热处理后再重力分离的方法。加热能够降低油的粘度促使油水快速分离。乳化油的粘度通常比较高，流动性较差，而在容器内部加热比较危险，因此乳液最好通过一个外部加热装置循环加热。工作温度应控制在 60~66℃的安全范围内，最高温度为 80℃。

稳定的乳化液可以采用化学破乳剂，加药量约为 0.1%~0.5%（体积）。不是哪一种破乳剂都适用于各种乳状物，它需要现场试验筛选出最有效的化学试剂和最佳的使用剂量率。另外，化学破乳剂应充分与液体混合，降低药剂的使用量。

4.8.6.2 沾油固体废弃物的分离

如果沾油固体废弃物中含油量大于 20% 可以通过用水或溶剂（如汽油）清洗海滩来回收油。或者也可以放入一个基坑中，用低压水冲洗，上浮的油污和垃圾经泵抽离通过重力作用油水分离。

清洗油砂的设备从小型搅拌设备到专业大型的洗砂设备，种类繁多，应有尽有。现场应根据运输距离、运输成本等因素合理考虑油砂清洗的必要性、经济性。

在大多数情况下，海滩被焦油球中度污染一般不采用传统的植物进行清理，而是采用人工清理。油和沙子的混合物可以通过机械筛分或人工分拣减少含油废物产生的量。

4.8.7　油砂的固化
Stabilization of oil sands

不含大量浮木和残片的沾油砂石可以与生石灰（氧化钙）等无机物粘合形成惰性产物来防止油类浸出，并能在比未处理的含油砂石更宽松的条件下进行弃置。或者，可以将此类混和物用于不需要高承重属性的填海造地和道路建设中，如铺路或路堤等。显然，技术是否适合取决于固化材料的充足供应。生石灰通常可以从水泥厂采购，而且具有一个优势，即与废物中的水分反应产生的热量能降低油类的粘度，促进粘合。也可以使用其它材料，如水泥、沸石、粉煤灰废物和一些市面销售的产品。

所需粘合剂的最佳量主要取决于废物中的水含量而不是油含量，这可以通过实验决定。在处理中心，粘合剂将通过持续的流程与废物混合。此方法要求使用连续滚筒式搅拌设备。较小的量应以批量方式使用混凝土搅拌机处理，尽管此过程会发热，但反应的腐蚀性会妨碍对热能的利用。或者，可以在最终弃置位置的处理地基上以最多 30 厘米一层的厚度铺开，并使用加入石灰的粉碎搅拌机混合。在处理之后，废物要么保留在原地并加以覆盖，或送去填埋场。如果有足够的土地供使用，则这可以成为较为经济高效的方法有时候可能在泄漏地的临时储放坑中执行直接混合的做法更可取，这样能够更为方便地运输混合物，例如使用敞篷车或槽车而不是油罐车运输。

然后再在较大的接收设施使用专用设备进行最终处理。此技术可能导致出现大量腐蚀尘埃，应该谨慎选择处理场所，以最大限度减少传播到邻近区域的尘埃量。作业人员务必穿戴防护服和面罩来保护皮肤、肺部和眼睛。如果在混合后，材料将要用于道路建设，务必使用筑路设备压实。

4.8.8 填埋
Landfill

将含油废物弃置到指定的填埋场是最常用的方法，尽管此方法目前在很多国家/地区受到立法的严格限制，但可能是处理泄漏中产生的大量废物的唯一可行性选项。填埋场通常根据特定的条件进行许可授权，可接收的废物可能仅限于特定类型或特定量的废物，或者要求废物的浓度低于特定的阈值。在某些国家/地区，受油类污染的废物将需要在为危险垃圾指定的场所进行弃置。此类场所通常数量很少，而且可能距离受影响海岸非常远。

在可接受直接弃置的地方，要弃置的材料应具有较低的油含量，以避免浸出液造成二次污染。确切含量根据地理位置不同而不同。含油废物弃置位置应该远离有裂缝或多孔渗水的地层，以避免污染地下水的风险，尤其生活或工业用途取水地区更要注意。在某些国家/地区可以接受将油类和生活废物一同弃置，因为油类能牢固地吸附在各类生活废物中，几乎没有很难浸出。含油废物应该堆积在至少 4 米的生活垃圾之上，并配以 0.1 米厚的表层带或 0.5 米深的沟渠，以便自由排水，而且应该至少在其上覆盖 2 米厚的生活废物，以防止在受到弃置场车辆的重压时油渗出到地表面。

4.8.9 焚烧
Incineration

在特定情况下，就地焚烧刚刚泄漏的漂浮油可能是快速去除大量油类的有效方法。不过，泄漏油类在海上往往短时间后就失去其挥发成分，通常会含有大量的水分。因此，如果不首先减少水分（尤其是油类已在海上漂浮了较长时间后），焚烧搁浅在岸上的油类难度较大。不建议在陆地上直接焚烧未围控的油类或含油残片，除非在非常偏僻的区域，因为产生的火焰和浓烟可能很难控制。在陆上的开放区域焚烧油类时，油类往往会扩散，并可能渗入地下。此外，可能仍然存在焦油残渣，因为这种物质很少能够实现完全燃烧。

这些问题可通过使用能以高温控制燃烧的焚化炉来摧毁废物加以克服。已经开发了轻便式焚化炉，供在偏远位置使用，主要用于焚烧医疗废物。不过，当地立法和环境考虑可能禁止使用此类设备焚烧海岸线上的含油废物，而且这种设备只能小批量地处理少量废物。对于更大规模的情况，水泥厂和工业窑是焚化含油废物的有效方法，但受到技术限制的约束，如大体积固体的去除等，另外还受到废物所含重金属、氯或硫磺等因素的影响。

在水泥厂中进行共同焚化也是一种经济高效的弃置方法，因为油类物质具有足够热量值可以替代烧炉窑所需的燃料。此外，废物焚烧产生的灰能提供铝、硅石、粘土和其它矿物，这些材料通常会添加到水泥生产的原材料进料流中。不过，能够接受的含油废物类型有限，而且水泥厂经常处在远离海岸线的位置，因此必须考虑运焚化温度。沾油防护服、吸油物、编高温分解（废物在没有氧气的情况下热降解为气体和固体残渣的过程）是另一个在重大事故中使用的方法，不过这种方法具有专用性，且成本高昂，有重金属成份。可用设施很有限。

4.8.10　地耕法和堆肥
Land farming and composting

油类和含油废物通常将在足够长的时间之后通过生物过程分解（生物降解）。不过，这个变化发生的速度太慢，不适合作为可行的短期清理选项。微生物对油类的生物降解只能在油和水的交界处进行，因此在陆地上，油类必须与潮湿的培养基混合。降解的速度取决于温度和氧、氮和磷的存在情况。有些油类成分（如树脂和沥青质）不易降解，可能会长期存在。

生物修复是加速油类物质微生物分解的一种方法，地耕法就属于这种方法的范畴。多年来，众多石油精炼厂建造了地耕设施来处理含油废物，但立法机构逐步限制此方法的使用，越来越难找到适合采用地耕法的场地。地耕法只可能适用于相对较小的泄漏，因为此方法需要大片陆地，而降解速度很慢。受污染的材料应该具有相对较低的油含量，理想的情况下，选择的土地应该为低价值土地，远离饮用水源，而且应该不具渗透性。首先应通过耕耘将顶层土壤耙松，并为此区域筑堤来限制油类流出。然后将含油残片覆盖在地表，深度不超过 20 厘米，最大覆盖率为每公顷约 400 吨。应将油风化直至失去粘性，然后再使用犁或中耕机将其与土壤充分混合。在前 6 个月应每 4~6 周耕一次，之后可以延长时间，以提高通风率，从而加快生物降解的速度。还可以添加化肥来加快生物降解速度。如果采用了地耕技术，则在清理作业期间使用天然吸附物（如禾秆、泥煤或树皮）比使用合成材料更可取。应该将大体积残片（如木材和大石头）剔除。大多数油类降解后，这些土壤应该能够种植多种植物，如树木和草。如果要种庄稼，则应该密切监视是否含有重金属成份。

促进降解的另一个有效手段是采用堆肥技术，受污染的海草和天然吸附物材料尤其适合采用此方法。如果混和物的油类含量相对较低，则可以堆成堆来进行堆肥，而且可通过引入空气来成功地加速分解。因为堆积能保留在堆肥过程中产生的热量，因此该技术尤其适合较为寒冷的气候环境（在寒冷环境中地耕法的降解速度较慢）。

在某些环境下，可能适合采用市场有售的生物修复剂和化肥来加速自然油类降解。不过，应该注意确保其使用带来的好处具有高性价比。

4.9　溢油应急处置案例分析
Spill contingency response case study

4.9.1　BP "深水地平线" 漏油事故
BP Deepwater Horizon oil spill

以 2010 年发生在美国墨西哥湾的英国石油公司（以下简称 BP）的 "深水地平线" 平台漏油事件为例，从距离美国路易斯安那州海岸 65 千米以外、1500 米深的地下涌出，污染海域面积达到 23000km2，该次溢油预计造成了约 490 万桶原油的泄漏，给墨西哥湾当地的海洋环境及海域经济带来了灾难性后果，已成为美国迄今为止历史上最严重的海上漏油事故（刘亮、范会渠，墨西哥湾漏油事件中溢油应对处理方案研究）。

1. 事件背景

2010 年 4 月 20 日 22: 00 左右(美国中部时间),瑞士越洋钻探公司(Transocean)

所属、由英国石油公司（下称 BP）租用的石油钻井平台"深水地平线"发生爆炸并着火。4 月 22 日，平台沉入墨西哥湾，随后大量石油泄漏入海。事故发生时，该石油钻井平台上有 126 名工作人员；事故导致 11 人失踪，17 人受伤，造成了巨大的经济损失和环境危害，图 4.37 是爆炸发生前平台的照片。

图 4.37　深水地平线平台

2. 应急响应过程

为了应对该事故，BP 公司在休斯顿设立了一个大型事故指挥中心，包括联络处、信息发布与宣传报道组、油污清理组、井喷事故处理组、专家技术组等相关机构，并与美国当地政府积极配合，寻求支援、动员各方力量、采取各种措施清理油污。

应急处理方案主要分为五个步骤：准备工作、第一时间应急反应、评估和监测、预防和阻止扩散以及清理，如图 4.38 所示。

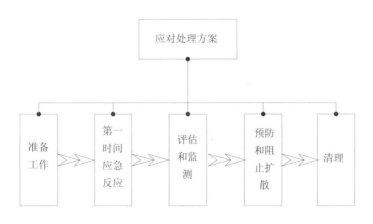

图 4.38　应急处理方案流程

3. 围油栏的布控

此次漏油事故处理中进行了史上最大的溢油围油栏部署，共使用了超过 1 400 万英尺的围油栏，其中包括约 420 万英尺的普通围油栏和约 910 万英尺的吸油围油栏。

4. 溢油回收

直接从水中回收溢油被认为是当前最有效的方法（见图 4.39）。但伴随着石油动态运动及特性的持续变化，如何确定溢油处理的规模和持续时间已成为一个新的挑战。这要求必须对现有收油器进行改进，包括收油的过程和工作原理以及收油器的维护和部署。

（1）收油能力达到有史以来最大规模。

（2）加强国际合作；在高峰期，开阔海域中超过 60 个收油器，同时还部署了 12 条救援船只（其中白天有 5 条），此外还有一些由海岸警卫队提供的船只。

（3）部署了四个由驳船改装成的"BigGulp"收油器，该收油器可以用于处理乳化油和清理水草。

（4）研发了新技术以提高深海区域溢油回收船的作业效率（包括：围油栏的拖放和溢油船上分离漏油的效率），并在一条 280 英尺长的海洋工程船上部署了收油器。

图 4.39　收油设备收油

5. 吸附法

一些公益组织将头发及动物毛皮装进长丝袜里，放到漏油区域里进行吸油，也起到了一定的效果。

为了防止石油渗入脆弱的湿地，在沿岸建立了 72 千米的沙堤，并采用了一种箱型多孔状墙体材料，通过在其中放置砂子或吸油化合物，有效防止漏油入侵。此外，还在海滩上使用稻草垛堆成稻草围墙，构筑多道防护堤坝等。

6. 溢油受控燃烧法

通过这次事件，溢油受控燃烧法经历了一个从概念的提出到实际用于溢油处理的过程，影响此方法的关键因素在于如何在开阔水域聚集溢油、燃烧技术、燃烧条件、耐火围油栏等，专家们在此次事件后对于该方法的使用经验都得到了显著增强。

对于此次溢油的燃烧采用并实践了很多新的方法：

（1）本次溢油事件共执行了 411 次受控燃烧，控制燃烧最长时间持续近 12 个小时，共处理石油约 26.5 万桶。

（2）培训和部署了 10 只专业的燃烧队伍，相关专家人数从最开始的不到 10 人增加到超过 50 人。

（3）提高了耐火围油栏的技术，包括水冷式和可重复利用的围油栏。

（4）采用新技术来控制和燃烧溢油，此外还开发出"动态燃烧法"，该方法可通过连续燃烧新油来增加控制溢油燃烧的长度。

（5）开发和实施了新的人工点火技术，明确了影响受控燃烧法的因素。

（6）采用了新的安全技术，包括使用有颜色的油布来识别溢油燃烧船。

图 4.40 为溢油海面燃烧的场景。

图 4.40　溢油海面燃烧

7.空中喷洒分散剂

统一指挥在开阔水域使用溢油分散剂可能是降低溢油对海岸线影响最有效、最迅速的方法，在此次事故漏油事故的初期，用飞机喷洒分散剂（主要是Corexit9500/Corexit9527A）至海面，是主要的溢油处理方法。

（1）在溢油事故发生的2天内出动约400架次飞机喷洒分散剂。

（2）应用成像技术及其他技术包括培训相关的监测人员来提高喷洒的精度和实现喷洒数量的控制。

（3）改善分散剂的供应链，保证供应，以提高Corexit分散剂的可靠性。

（4）由政府机构和BP负责编制详细的取样和监测方案。

在这次溢油处理中，共计使用了3 554立方米海面分散剂和1 719立方米海底分散剂。

8.溢油处置方式总结

墨西哥湾溢油事件的溢油治理措施，美国政府采取的大多是较常规的技术，取得了一定的效果，但最终造成的环境影响还是很严重的并且是持久的。

4.9.2　大连7·16漏油
Dalian oil spill on July 16

1.事件回顾

2010年7月16日18时50分左右，一艘利比里亚籍油轮30万吨级油轮停靠在大连新港，因故引发陆地上中石油一条直径900毫米输油管线爆炸，并引发原油泄漏。火焰高达七八层楼高。爆炸点离储油罐群较近，可能引发连环爆炸，情况十分危急。23时30分许，该管线火情被完全扑灭，但爆炸导致另一条700毫米管线起火，且该起火管线油泵损坏，无法切断油路。现场还发生多次爆炸，火情一度出现反复。导致1 500吨原油此四处飘散，曾经碧波荡漾的大连湾油污遍布。

爆炸发生后，大连市启动红色应急预案。17日9时许，大火基本扑灭。10时，大连市政府召开新闻发布会，宣布爆炸现场储油罐的所有阀门已全部关闭，火势基本扑灭。大连市出动本市全部消防车和2 000余名消防员参与本次灭火行动。辽宁省出动了全省14个支队，1 600多人，使用了泡沫灭火剂500多吨，干粉灭火剂20多吨。

图4.41为污染现场。

图 4.41 污染现场

2. 事件应急处理

此次事故海上清污作业面积 41 平方千米，溢油面积 32 平方千米，出动人员 6 600 多人（组织协调专业清污人员 1 300 多人，其他社会人员 5 300 多人攻坚，其中专业清污人员 835 人）。出动船只 1 258 艘，其中专业船只 40 艘，渔船 1 218 艘。在溢油回收过程中还采用上海港最先进的 SLICKBAR DIP 402 型船用收油机，该机器通过滚动式履带能将油污从海面吸至接油船。

截至 2010 年 7 月 19 日，从秦皇岛调用围油栏 2 000 米，从全国各地调用的溢油分散剂约 32 吨。

根据专家估计，该次事故清污成本或超 10 亿。

大连漏油事故污染的有效控制是依靠人力捞油，大连现场的应用情况也反映出目前已有收油设备的收油速度和效率都不够理想，现场滚刷式收油机工作效果如图 4.42 所示，该设备滚刷转得快回收液基本是水，滚得慢则效率极低；另外，所收油中含水率往往大于 50%，增大了抢险运输的负荷，降低了抢险速度；另外，对油层已经很薄的海面，传统设备包括人力都束手无策。

海面上除了收油设备及人力收油外，另外还采用"围油栏、吸油毡、消油剂"等方法清除原油；礁岩上采用高压喷枪清洗机进行冲洗；沙滩上采用採铲土机刮除在运至处理厂处理。另外，现场还喷洒溢油分散剂清除溢油及吸附材料（如吸油毡、吸油棉等）粘吸油污。现场渔民还将稻草放到海里，油污、杂物等被稻草吸满后再把它们捞起以达到回收油的目的。其中现场部分收油装置、吸附材料的工作效果如图 4.42 至图 4.45 所示。

图 4.42　滚刷式收油机收油效果

图 4.43　现场吸油栏

图 4.44　双体船收油效果

图 4.45　人工喷洒分散剂

　　此次事故抢险中，下沉式旋流收油技术成功应用于事故港湾海面的收油清理。该装置由海上收油器和双旋流油水分离器组成，海上收油器在海面形成直径十米左右的离心涡流场，将海面溢油快速扫吸入收油口，吸入的油水混合物进双旋流油水分离器进行油水分离。在现场该设备可每小时收集油水混合物 10m³/h，混合物平均含油量 50%，分离出的油含水率小于 1%，分离出的水含油量小于 30mg/L 直接排放至大海。其现场效果如图 4.46 和图 4.47 所示。

图 4.46　下沉式旋流收油流场

图 4.47　现场工作设备

历史告诉我们，任何一次石油泄漏的危害都是不可挽回的、长期的。中国环境科学研究院某研究员表示，大连这次事故给大连污染海域造成的生态危害，可能持续十年左右。

4.10　参考文献
References

[1] BP. Deepwater horizon accident[Z]. 2010.

[2] BP. 美国墨西哥湾"深水地平线"石油钻井平台爆炸泄漏事故概要 [Z]. 2010.

[3] BP. Deepwater horizon containment and response：harnessing capabilities and lessons learned[R]. 2010.

[4] 中华人民共和国国家发展和改革委员会. 国外海上溢油应急快速反应技术现状及趋势 [Z]. 2007

[5] 张国平. 生物处理法在船舶溢油事故中的应用探讨 [J]. 珠江水运，2011，12：111–113.

[6] 杨先碧. 海洋漏油之灾 [J]. 科学之友，2011，11：11–13.

[7] 崔　源，郑国栋，栗天标，等. 海上石油设备溢油风险管理与防控研究 [J]. 油气田环境保护，2010，20（1）：29–32.

[8] 潘大新，霍有利. 海上油气田工程油气泄漏事故风险分析 [J]. 海洋环境科学，2009，28（4）：426–429.

[9] 布雷德利 H.B.. 石油工程手册 [M]. 北京：石油工业出版社，1992.

[10] 闫季惠. 海上溢油与治理 [J]. 海洋技术，1996，15（1）：29–34.

[11] 段云平. 独立气道式充气水上油污围栏 [P]. 中国专利：200710147413，2008.

[12] 王万财，赵俊颖. 高强度防火围油栏 [P]. 中国专利：CN200920153963.X，2009.

[13] Oebius H U. Physical Properties and Processes that Influence the Clean Up of Oil Spills in the Marine Environment[J]. Spill Science and Technology Bulletin，1999，5

（3）：177–289.

[14] Nordvik A B. Summary of Development and Field Testing of the Transrec Oil Recovery System[J]. Spill Science and Technology Bulletin，1999，5（5）：309–322.

[15] 周李鑫，濮文虹，杨 帆 . 海上溢油回收技术研究 [J]. 油气田环境保护，2005，15（1）：46–49.

[16] Gardner W W. Tilting pad thrust bearing tests–influence of oil flow rate on power loss and temperatures[J]. Tribology Series，1998，34：211–217.

[17] Atta A M，Arndt K F. Swelling of high oil–absorptive network based on loctene and isodecyl acrylate copolymers[J]. Journal of Polymer Research，2005，12（2）：77–88.

[18] 胡 涛，陈 静，周素芹，等 . 吸油材料的应用与研究 [J]. 科技与经济，2006，20：97–99.

[19] 曹亚峰，刘兆丽，韩 雪，等 . 丙烯酸酯改性棉短绒高吸油性材料的研究与性能 [J]. 精细石油化工，2004，03：20–22.

[20] Mosiewicki M A，Borrajo J，Aranguren M I. Moisture absorption effects on the thermal and mechanical properties of wood flour/linseed oil resin composites[J]. Polymer International，2007，56（6）：779–786.

[21] 赵如箱 . 溢油应急反应中的现场燃烧技术 [J]. 交通环保，2002，23（3）：39–42.

[22] Wardrop J A. Chemical Dispersant Use in Oil Spill Management：Kill or Cure? The Controversy Persists[J]. Society of Petroleum Engineers，1991，11（4）：501–512.

[23] 李 斌 . 溢油分散剂的特性及应用 [J]. 中国水运，2005，11：48–49.

[24] 夏文香，林海涛，李金成，等 . 分散剂在溢油污染控制中的应用 [J]. 环境污染治理技术与设备，2004，5（7）：39–42.

[25] 吴吉琨，钟海庆，赵云英，等 . 海面溢油分散剂的研制 [J]. 海洋环境学，1998，17（3）：76–79.

[26] Moles A，Holland L，Short J. Effectiveness in the laboratory of Corexit 9527 and 9500 indispersing fresh，weathered，and emulsion of Alaska North Slope crude oil under subarctic conditions[J]. Spill Science and Technology Bulletin，2002，7（5）：241–247.

[27] 孙云明，陈国华 . 海上溢油凝油剂的化学组成、结构与凝油性能 [J]. 海洋科学，1999，5：24–27.

[28] 刘春华，汤磊明，李同信，等 . 聚油剂凝油剂在海上溢油治理中的作用 [J]. 海洋环境科学，1986，5（4）：58–60.

[29] Canevari G P. Oil collection agents and their use in containing oil slicks[P]. US：3959134，1976.

[30] 陈国华，李干佐，徐桂英，等 . 水面溢油集油剂研究 [J]. 海洋环境科学，1999，19（3）：1–4.

[31] 陈国华，王洪申，楼　涛 . 羧酸系列集油剂的水面集油性能 [J]. 石油学报，2006，22（2）：81–86.

[32] 曲维政，邓声贵 . 灾难性的海洋石油污染 [J]. 自然灾害学报，2001（1）：70–71.

[33] 杨志勇 . 论船舶溢油的危害和防止对策 [J]. 交通科技，2005（4）：122–123.

[34] 王丽萍，包木太，范晓宁，等 . 海洋溢油污染生物修复技术 [J]. 环境科学与技术，2009，32（6C）：154–159.

[35] 裴玉起，储胜利，杜　民，等 . 溢油污染处置技术现状分析 [J]. 油气田环境保护，2011，1（17）：49– 52.

[36] 张兆康，冯　权，苏　薪 . 重大溢油事故应急能力的尺度探讨 [Z].

[37] GB/T 12917–2009，油污水分离装置 [S]. 2009.

[38] HJ/T 243–2006，环境保护产品技术要求油水分离装置 [S]. 2006.

[39] GB 4914–85，海洋石油开发工业含油污水排放标准 [S]. 1985.

第 5 章　各类溢油险情的
控制与回收作业方案

Risk control and recovery strategies under various types of conditions

溢油事故发生后，必须进行溢油险情的控制和溢油清除作业。应根据国际行业机构 IMO 和 IPIECA 推荐的原则进行：

（1）条件允许的情况下一定要尽力进行溢油回收作业。

（2）如因作业区气象、海况条件恶劣，造成条件不具备的可将溢油从环境敏感水域引导到敏感度较低的水域。

在一些特殊天气、海况条件下，溢油围控和机械回收作业无法进行，或会增加潜在危险，这时不建议采取溢油回收作业。如：

（1）海上溢油现场风速达到或超过 6 级。

（2）海上现场海浪高度超过 1 米。

（3）其它潜在火灾、爆炸等安全因素。

不论使用机械回收、化学分散剂处理、点火焚烧、生物降解、还是交由大自然环境自行清理，应急响应的作业方案制定应当以溢油事故前的评估为基础，考虑事故现场作业环境和海况条件，需要考虑在规定的应急响应时间内应急设备、资源和运输船舶的可用性和适用性。

无论应对何种溢油险情，首先都必须切断或遏制溢油源。这需要海洋石油工程的专业人员使用专业设备和工具与溢油应急人员协同作业，统一指挥，保证安全和效率。针对不同作业区域、不同作业设施、不同作业环节，本章介绍一些行之有效的控制方法和回收作业方案。

本手册第 1 章 1.3 节介绍的溢油在海洋环境中的行为，即风化过程，是不依人的主观意志转移的客观规律。风化的各项过程有些有利于溢油回收，有些则相反。我们无法改变它，只能遵从和利用这些规律。对于不利回收的风化过程，要尽量减少或减缓它的发生；有利于回收和清理的，通过对其机理的模仿，采用物理、化学的方法加速其进程。

迄今为止所有溢油的回收、清理作业方法，都是人类利用溢油风化过程的工业实践成果。

5.1 浅滩、海岸线、港湾及近海溢油回收
Shoal waters, beach, coastline and harbor oil recovery

5.1.1 溢油险情
Oil spill response workplace hazards identification

浅海和岸滩是极其宝贵的环境资源和经济资源，一旦发生溢油污染会对沿岸地区的生态环境、经济发展和周边民众生活带来灾难性的影响。随着我国加快近岸油气勘探开发的步伐，在浅海和滩涂地区大规模油气开发相关的潜在溢油风险也急剧增加。

对大多沿海国家和地区来说，浅海和岸滩在应急响应策略上通常是布设围油栏保护拦截，但即使溢油在登岸之前已经受到来自海上拦截和回收，在目前现有的溢油应急技术能力下，也会有 20~40% 的溢油逃逸到岸线，这取决于溢油量和离岸距离等诸多因素。溢油登岸，说明开阔海域的溢油应急围控出现困难或者是局部失误，未能有效阻挡住溢油，迫使人们不得不开辟辅助战场进行岸线清理和回收。

第二种情况是溢油源本身就发生在浅海水域、岸滩，并非来自海上。这时的油品并非是风化过的而是新鲜油品。

此时溢油的溶解过程会随着水中含盐度的降低而增加，油品的毒性高于在含盐度高的开阔水域。溢油在浅水环境降解过程消耗氧分，降解率会衰减。而流动的水环境虽增加氧分，但加速了溢油扩散和乳化。

登岸油污的处置和清除是非常令人头疼麻烦的工作。需要针对不同岸滩类型和敏感保护级别实施艰苦漫长的岸线清理工作，需要大量的人力参与，清理作业成本高昂。在很多情况下，考虑到作业成本和溢油量，也会搁置给大自然慢慢消化降解。

5.1.2 特点及现状
Characteristics and immediate situation

浅滩、海岸线、港湾及近海溢油应急保护的对象是水资源、土地资源、海洋

及陆地共生的生态环境。发生污染这种相对关系将被破坏或不复存在，需要漫长时间才能恢复。

对于第二种溢油源发生在岸线和滩涂的情况，如井喷事故溢出量难以预测，且很快扩散到滩涂养殖业、盐业、渔业、海水浴场、取水口，应对反应时间非常仓促。新鲜油品所含的高浓度有毒物质会给浅海养殖区和滩涂造成很大损失。

浅海岸滩地形地貌复杂，加上海浪、潮汐的作用，岸线溢油清理工作难度大、情况复杂、清理周期长，需要动员大量的人员参与，需要提供指导和包括后勤、医疗在内的支持，对志愿人员提供安全、技能的岗前培训。与开阔水域溢油应急处理相比，很难提出规范统一的清理作业模式。

保护沿海群众健康和安全是应急作业中的首要目的，也是应急作业得以成功实施的基本条件。这包括使用安全的作业程序、正确的作业流程以减少应急作业者、周边社区居民的健康安全风险。限制对危险区域的进入是一项保护公众免受溢油污染损害的有效措施。

因为在陆地或接近陆地，社会敏感程度高。大量人员进入岸滩作业，大众、媒体和其他利益团体也可以进入，会对每项环节加以点评，任何作业指令包括作业终止指令的下达都会引发批评，经过媒体放大，成为社会公众关注的焦点。因此岸线清理任务也是民心工程、危机管理的课题，极具挑战性。

在岸线清理策略和清理技术实际应对中，我国从 2004 年海南岛海口岸滩受不明来源油污染清理和 2011 年广西北海银滩受管线泄漏溢油污染清理，2012 年大连湾海滩受新港码头事故油污染的岸滩清理，积累了一些经验，结合理论研究和事后总结，在应急处置和回收策略上有了一定进步。

2013 年南海东部应急联合演习中，在惠州岸滩设计了岸线清理的环节，积累的经验通过演练加以总结归纳如下：

（1）与海上溢油回收和清理作业相比，陆基岸线清理作业需要更多的人力资源。

（2）对于大型溢油事故，人力需求的高峰期通常在事故后几周。

（3）现场应急响应作业人员结构比例通常 1 个总指挥 10 个部门负责人员 100 个作业人员。具体需要依据溢油特征和事故发生位置而定。1：10：100 的比例可以作为溢油应急人力需求计划的基础。

（4）总指挥必须直接与现场部门负责人员通讯沟通。

（5）溢油登岸后典型的岸线清理工作日约为峰值人力日 × 整个应急作业日 × 0.6。

溢油清理与时间、所需人力之间的关系如图 5.1 和图 5.2 所示。

所需人力以千计

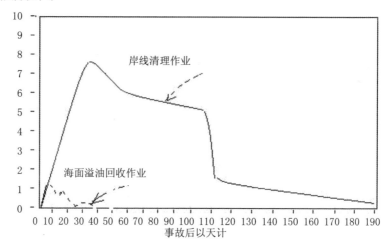

图 5.1　溢油清理与时间、所需人力之间的关系（以 10 天为单位）

所需人力以千计

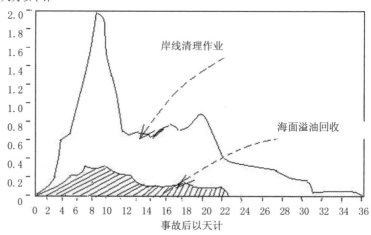

图 5.2　溢油清理与时间、所需人力之间的关系（以 1 天为单位）

溢油登岸事故发生后，急需从各种油污清理的方法中做出果断的抉择，以便将溢油对岸线环境、周边社区、经济造成的不良影响降到最低。

对岸线清理目标的考虑要根据岸线类型、用途和溢油对岸线的污染程度来确定。要以最为切实可行的方式加以解决。溢油量和溢油种类也影响不同控制和回收方案的制定。要权衡比较不同应变策略的优缺点，还要将各种应变策略的利弊与自然清理的利弊加以权衡比较，这种评估程序就是所谓"净环境效益衡量法"（Net Environmental Benefit Anlysis，NEBA）。

基于经验判断的 NEBA 分析并不复杂，因为应急时间的局限，决策者急需从不同利益群体、不同专业背景的团体听取不同声音，做到"两害相权取其轻，两宜相权取其重"。因此 NEBA：

（1）用于平衡各种应急策略的优缺点，致力减少对环境和经济资源的整体影响。

（2）源自常识。

NEBA 强调历史事件作为可供参考的经验，考虑：

（1）自然清理的时间比例。

（2）油污对生态和经济的影响。

（3）不同清理策略的效率与成本。

最终采取策略根据以上经验各方都必须接受某些必要的妥协达成。

5.1.3　清理作业难点
Cleanup operation difficulties

浅滩、海岸线、港湾及近海溢油应急存在技术瓶颈、成本昂贵、清理污染时间漫长的难点。溢油一旦登岸，需要根据油污的分布状况及程度、受污染资源等方面的信息，对清除策略予以评估，并在清除过程中对策略进行调整。首先必须了解浅滩、岸线的敏感区分布和重点清理、保护目标。根据如下因素进行排序：

生态资源：珊瑚礁、海草床及海藻床；野生动植物，海龟、鸟类及哺乳动物。

社会经济资源：贝类栖息地、鱼类及甲壳类哺育区、工业取水口、休闲娱乐资源及具文化或历史价值的景点。

其他因素：清理难易度、恢复周期长短、经济价值、季节性变化。

现有大多溢油应急技术和回收设备都是针对开阔水域设计，在浅海及近岸滩涂围油、收油设备的布放和运载受水深的限制，设备性能难以施展，清理作业难度大。因此充分考虑岸线特点和安全作业需求，特殊岸滩环境如海冰、湿地、滩涂条件下应急资源的运输调配、进入，以及清理技术的适用性。

其次因为动员人力较多，且来自方方面面的协同作业，在管理上要求严格，要求作业人员：

严格遵守国家有关环保法律，法规要求。

（1）执行海洋石油作业关于危险及环境因素辨识与评价控制程序。

（2）知晓溢油应急组织结构和指挥系统。

（3）熟悉岸线溢油应急作业流程。

（4）熟悉溢油应急设备、材料的使用。

（5）最后要考虑作业成本。浅滩、海岸线、港湾及近海溢油清理情况复杂，清理成本难以核算，往往成本很高，而效果却难以保证。以1989年的"威廉王子湾"重油污泄事故为例，事故污染了北美大片的岸线，导致了大量鸟类和鱼类的死亡。尽管每天花费都要高达100万美元用于清理成本，效果并不明显。

残油夹杂在岩缝、沙石、植物里，在浪涌的冲击下清理难度很大。历史上浅海和岸滩溢油污染都造成巨大环境灾难和面临漫长的恢复期。如1991年的第一次海湾战争期间造成约1 100万桶原油泄漏，溢油污染对海湾沿岸自然资源造成长达十年的损害。2003年仅沙特阿拉伯800多千米海岸仍积存约800万方油泥尚未清除。存留的油污45%在泥沼平坦岸边，23%在含盐沼泽和红树林区域。

2007年12月，韩国西海岸泰安郡港锚地，两艘拖轮拖着韩国籍浮吊船"三星一号"时，一根缆绳突然断裂，"三星一号"失控撞向正在锚泊期间的中国香港籍超级油轮"河北精神"号油轮，造成"河北精神"号左舷1.3.5号货油舱受损，导致大约10 800吨原油泄漏入海，2小时后原油登岸，除专业应急团体外，韩国动员军队、大学生和居民志愿者，总共5万人参加亚洲历史上最大的一次岸线清理行动（见图5.3）。

图5.3　2007年韩国海岸线溢油污染清理

5.1.4　回收方案
Recovery strategies

1. 基本原则

近海石油开发作业者应急的核心是最大努力地避免原油登陆污染，这是溢油应急的原则；具体流程是"溢油监视预警→海上回收和拦截→围油栏保护拦截→岸线清理工作→生态修复"。

对于岸滩油气管线破裂引起的溢油的处置通常是：

（1）关断管内来油，安装临时增强塑料油罐接油。

（2）确定处置方案和需要时间。

（3）根据土壤类型计算溢油渗入的最大深度。

（4）钻探取样核实溢油渗入的实际深度；据此选取不同的清理策略。

2. 溢油监视预警描述

溢油监视预警使用船舶遥感监视、航空遥感监视、卫星遥感监视等监测预警设备和技术，对浅海、泥地、沼泽、碎石滩、陆海过渡区、冬季冰水混合区等特殊敏感区域进行监测。

为节约成本，可在现有浅海及滩涂地区监测设备的基础上升级改造。优化海上工作船的航海雷达导航功能，增配溢油监视系统和信息采集处理设备，实现大面积监视溢油的能力。对生产平台、固定港区、海区水道、主要岸滩沿线的监视摄像头和油气管线登陆点所架设的 CCTV 工业电视监控系统改造、升级及整合，作为区域范围内的监视手段。

3. 海上回收和拦截描述

潮间带应急策略必须考虑潮汐运动对岸滩溢油清除的影响，制定科学的收油方式、配置有效的设备资源，快速清理回收溢油。

潮汐作用下溢油分散剂使用效率和毒性残存周期有待进一步研究，但两害相权取其轻，为防止污油上岸，使用溢油分散剂也是一种选择。

4. 围油栏保护拦截描述

根据溢出油品锁定在发生地的原则，事故发生后分浅海、潮间带、无水岸滩和人工岛三种类型的作业现场预先设立围控区。无水岸滩和人工岛因无潮水因素需事先针对大中型溢油在项目周边开挖井字沟槽，选择高强塑质薄膜铺设槽内防渗，作为事故发生后的围控屏蔽和临时储罐。工程体周边地表面要预先做好防漏处理。对于水深较浅但符合小型船舶吃水深度的浅海地区，需要在收油水域事先以机械或人工挖坑以保证收油机的作业深度。

潮间带的潮汐为应急防范带来干扰。当潮水退去，溢油会随着海水渗入碎石缝隙，潮水涨来时这些溢油又会返回水面。而事先挖好的沟槽在涨潮时毫无用处。需要对现场潮汐机理和周期进行分析，制定涨潮、落潮时的策略方案。

5. 岸线溢油回收清理方案描述

1）岸线评估

对所污染的岸线进行实地的评估。评估的内容为：岸线的污染程度、岸线的类型、岸线的敏感等级、岸线的长度等。这样在制定清理方案时就能够有针对性的对不同类型的岸线采取最佳的清除方式，增加方案的可行性和减少不必要的额外工作。同时在全面了解的基础上为岸线清理作业的工作分配更有计划性。

在这一环节就清理类型及程度寻求专家意见，选用方案要以对海岸线负面影响最小为考虑因素，方案实施要根据潮汐循环协调。

图 5.4 为不同类型的海岸线。

图 5.4 不同类型的海岸线

2）统一行动

岸线清理作业要动员相当多的人力、物力。要将如此多的人和物组织起来并协调好是一件非常困难的事情，所以在岸线清理过程中要严格遵守指挥中心的统一领导，统一行动，协调开展并按照清理方案精心组织，周密安排，有条不紊的进行清污作业。

为方便指挥，除使用附近的现有指挥中心外还可以在附近选择旅馆、招待所，也可以在现场附近搭建临时帐篷作为指挥中心，基本要求是：有良好的接受信号条件、进出交通方便、避免设在潮间带。

3）划分作业区、分段负责制落实

为更有效的进行岸线清理，按照岸线的污染程度、类型、工作难度等情况进行分段，每一段分配给一个作业小组，做到任务分配到人（见图 5.5 ）。

图 5.5　人工清污

限制对危险区域的进入是一项保护公众免受溢油污染损害的有效措施。现场区域划分以后，以不同颜色围带圈闭（见图 5.6 ）。尤其靠近敏感区一侧必须圈闭。

图 5.6　现场区域划分

作业现场需要划分为 3 个部分。

W（1）作业区：实施作业，只有经过培训的作业人员方可进入。

W（2）缓冲区或物资区：进出清洁和装备更换、应急物资储备。

W（3）准入区或接待区：安全提醒、传媒应对、医疗后勤。

区域外和各区域之间使用警示带分隔，为方便志愿者通过进入，周边路径交通需要指引牌引导。

4）一次性清污

有效地对岸线作业进行组织与管理是减少废弃物生成的关键。因此，应特别注意避免将未被油污染的水、沙、石和其它岸滩材料一起携带走。同样，在使用处理轻度污染的岸滩方法上，应始终就其技术可行性以及成本效益问题进行研究和跟踪。这有益于减少材料的运输和处置数量，同时避免发生二次污染。

图 5.7 为 2004 年我国海口岸滩清理现场的照片。

图 5.7　2004 年我国海口岸滩清理现场

5）废物妥善处理

岸线清理工作必然会产生大量的废弃物，这就急需安排废弃物临时储存设施。临时储存设施可以因地制宜就地建造而不是组织调运，以满足应急行动迅速、快捷的要求。建立临时储存设施的方法很多，可建在岸滩的上部分（在停车场或公用农用场地），但需要采取适当的措施确保不会出现短期泄漏、外溢或造成地下土壤污染。为了有利于后期处置，管理人员还要设法保证将临时储存的各种废弃物进行分别归类。

6）岸线清理主要方法描述

采用何种清除方法取决于油污种类和被污染的岸线的类型。被污染的区域可能是泥浆的、沙的、细卵石、粗卵石、岩石的或珊瑚礁构成的地面。高潮水线上的植被可能是草地、芦苇地、红树沼泽地等，还有可能有水泥、木材等人工建筑。

对于不同的溢油和被污染的岸滩，每种清除方法都有其优缺点。图 5.8 为履带式机械清污的场景。

（1）机械清除。

如果高粘度的油沉积在高潮水位线上，必须尽力将其清除；有时只需清除沉积下来的油，有时要连同一层几厘米厚的被污染的海滩物质一起清除。应该将这些物质运到对环境无害的地方并遵守当地环境主管部门的指导。

对于固态或半固态的焦油状沉积，对于一堆堆粘稠油污和沙的混合物，使用机械清理是唯一的方法。可以使用带耙的农业机械，也可使用铲土设备；但机械清除适用于沙滩渗透程度和敏感程度低的岸线。作业时，机械设备应沿着岸线方向自岸线方向自岸上向水边逐步工作，将污染物集中起来。

机动车不允许越过油污的沉积物，避免导致污油被埋入沉积物中，造成二次污染。图 5.8 为机械清污船在作业的场景。

图 5.8　机械清污船在作业

（2）人工清除。

如果被污染的岸线敏感性高、油的沉积物很分散或沉积地点机械设备无法到达，清除作业必须通过人工进行。通常用一些很普通的工具，如铲、耙、提桶、铁锹、塑料袋（工业强度的）或着其它临时的存储器械、手推车。人工清除效率很低。

（3）高压水冲洗。

高压水冲洗仅仅适用于砾石、鹅卵石等石质堆积物或者码头、防波堤等人造结构的表面（见图 5.9），这种方法会导致油的乳化，不建议再用吸附剂来收集重新浮起的油。从石头表面冲下来的油可以汇集到岸上围栏或其它类似物中。然后，用真空抽吸或收油机回收。所需的材料和劳动力变化会很大，取决于因为溢油的散布情况、预期清理的速度、基底的类型以及形成存油容积的易难程度。

图 5.9　高压冲洗

（4）投放吸油材料。

无论天然材质还是人工合成，吸油材料广泛用于浅海、岸滩、码头的溢油控制和吸附回收。

使用吸油材料可以用来清扫沉积在海滩上的油，特别是那些较稀或者粘度较低的油品，处理方法分为 3 个步骤。

第一步：将吸油材料撒在沉积于海滩上的溢油上面；

第二步：以某种方式施用压力或搅动；

第三步：将被溢油浸透的吸油材料收集起来，以某种适当的方式进行处理。可将吸油材料撒到水边的溢油上，然后进行搅动，再用细齿耙捞起运走。

用于浅海岸滩的吸油材料如吸油毡（见图 5.10）、吸油栏，考虑其吸油率受到局限，如含水饱和和被动式的捕油方式，作业效率和成本限制了其大量使用。

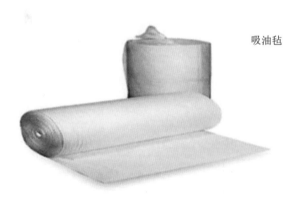

吸油毡

图 5.10　吸油毡

燥的沙质岸滩渗透很快，粘性土或水侵土岸滩渗透很慢，甚至不渗透只在地表面扩散。

5.1.5　典型岸线的污油清理方法
Typical shoreline cleaning methods

岸线类型错综复杂，具有一定潜在危险性。因此，在进入岸线进行清理作业之前，要对作业环境进行熟悉；识别所有的危险因素，采取相应的安全预防措施。这些危险因素如：有毒野生动植物、陡峭或湿滑岸线、近水岸滩以及恶劣的气象。

1.沉积海岸

（1）冲洗特别适用于坡度缓和的坚固沉积海岸。用低压常温水冲洗，可把冲洗对沉积物结构及有机物的损害降到最低；但冲洗操作可能侵蚀沉积物，在必要时可能要停止冲洗作业。应在海岸底部围堵、回收冲洗掉的溢油；如果因此要开挖壕沟，必需避免掩埋溢油（如果涨潮的海水掩没壕沟，就会出现这种情况）。

（2）在小型污染区域，溢油在沉积物内的下渗量不大，因此适合使用人工清理（如使用耙子和铁铲）。在清理片状油污时，或机械设备无法进入海岸时，或用机械清理将损害海岸结构时，人工清理是一种很有用的方法。但人工清理必须谨慎进行，尽量不清除未受污染的沉积物、不损害存活的动植物。如果车辆能够进入海岸，那就可使用前装式装载车先把油渣归集成堆，然后清除。如果车辆不能进入，就应把油渣等装袋，随后处置。

（3）机械清理是沙滩上最常用的方法，因为沙滩上的油污面积大，但油污未向深处下渗。可用推土机清除沙滩表面遭受油污的沙层，但深度不要超过油污的下渗深度；然后用前装式装载车收集清除掉的油污沙层。也可单独使用前装式装载车清理，但可能将清洁沙层一同清除，这会增加后期处置难度。当要考虑重要的短期问题时，例如，需要清理从事渔业或旅游业的海岸（重要的社会活动及经济活动需要在海岸上继续下去）时，最适合的方法是清除沉积物。

（4）机械性重置，即是将被污染沉积物移到海岸的底部，使用其在波浪作用的作用下加速清理过程；或将埋入沉积物的油污移到表面，达到同样的目的。在裸露程度较高的海岸上，最适合用这种方法清理被溢油严重污染的粗粒沉积物；当然波浪作用将最终使这种海岸恢复正常状态。

（5）可用吸附剂清除汇集到沉积物洼地中的少量油污。

（6）耕翻法即是将油污与沉积物混合，从而既能防止油污与沉积物合成"沥青面板"，又能加快油污的氧化作用、加快间隙水的流动。这能促进微生物对油污的自然降解。

（7）真空泵抽吸法适用于清理厚的油污层（如沉积在海岸洼地中的油污）。应该仔细操作，尽量不要将海岸沉积物及沉积物上（内）栖息的有机物一同清理掉。

（8）当沉积物中的油污含量不超过约 10 000 毫克 / 千克时，使用生物修复法（施用养料加快微生物对油污的降解过程）的效果最好。使用该方法的其它必要条件还有，沉积物的氧供应和间隙水必须充足。在某些情况下，适当地重复施用缓释肥料，似乎能促进天然微生物的活动，从而加快油污的生物降解过程。

2. 岩石海岸

1）真空吸油设备

确认不会造成损害的条件下，真空类吸油设备能加快污染清理（见图 5.15）。但必须考虑这些吸油设备非常笨重，不方便在崎岖的海岸上搬运。在缺乏机械运输通道的岸滩环境要权衡它的优势与劣势。

图 5.15　收油设备

2）常温海水低压冲洗法

这种方法需要许多人工协调使用多种设备。用这种方法既能冲掉海岸上的油污块、又不引起物理损害，好处是很明显的，但必需将油污控制在围油栏内，并用收油机回收，以防其污染其它海岸。沿不敏感的海岸下部区向下冲洗油污也是可行的，因此可以在潮位几乎与被污染岩石的高度相当时实施这类操作。要获得理想的效果，就应该持续不断地调节水压与用水量（见图 5.16）。

图 5.16　常温海水低压冲洗

3）高压冷（热）水冲洗法和蒸汽清理法

这些方法会对生态环境造成损害，可能摧毁岩石海岸的自然生态群落，并大大延缓恢复速度，所以只应在考虑其它更重要因素而可以不计这些损害的时候，才使用这些方法。如果是在小面积海岸上部区清除焦油或油渍，就应该在高潮时使用这些方法，或者在使用时要进行圈闭并清除油污渍水（见图 5.17）。

图 5.17　高压冷水冲洗

4）溢油分散剂

最新型溢油分散剂由于毒性很低，对环境的损害不可能比油污更大。然而，在喷洒溢油分散剂后，消散到水中的油污，可能会污染使用前未受污染的深部水域，除非能将油污圈闭并清除。使用溢油分散剂的主要益处，是使得某些油类更容易被清除（即不必使用繁杂的物理清理方法）。但溢油分散剂对粘度高的油类失效，而且必需做许多准备和评估工作。

浅海岸滩环境下使用溢油分散剂需要格外慎重。因为其毒性作用深度大约水深 10 米，考虑到为水域的鱼类和其他动物逃生通道，低于 10 米水深的环境一般禁止使用溢油分散剂。这也是为何需要严格遵从使用规定，报请国家管理部门审批的原因之一。

5）吸附剂

使用吸附剂的限制条件很高，只用以处理小面积（如岩池）的液态油污。在缺少吸油设备的情况下，使用吸附垫可以快速清除岩池水面的油污（见图 5.18）。

这是一个很简单的人工操作方法，但操作完成后，对吸附材料不应置之不顾，而要迅速收集并做适当处置。

图 5.18　铺洒吸附剂

3. 盐沼地

（1）在盐沼地上布满了稀泥浆和纵横交错的小河沟，还可能存在一些潜在的危险动物如毒蛇，所以清扫溢油的工作具备一定的危险性；而且由于没有任何一种清扫方法能够有效清除盐沼地上的溢油，一般不进行清扫溢油的作业。

（2）对于块状的油，唯一可行方法是利用人工收集。如果这些油块是在平坦和易于到达的地方可以使用细齿耙。收集起来的油块，可以烧掉或送到选定的弃置地点。喷洒了去污剂以后用水龙带冲水，能够将这些油清除，但这要以杀死大量的、生活在沙土和溪流中的动植物为代价。因此，应避免采用这种方法。

（3）使用重型设备收集沉积在沼泽地上的油，将会对沼泽地造成损害，所以任何清扫作业都必须用人工操作轻型设备和工具来进行（见图 5.19）。

图 5.19　重型清污设备

4. 芦苇地

（1）芦苇地可看作是沼泽地的一种，所出现的问题与沼泽地是相同的。在夏末或秋天，将芦苇割下来运走或烧掉是唯一有效的处理方法。

如果岸线水体边缘紧邻植被已被油污，点火烧掉或割倒需要考虑季节。割掉也只能在秋季或冬季。而在其他季节，割倒受污植被对新茬植被的损害很大。

点火燃烧的方法同样须慎重，要考虑风力影响和对火焰的控制措施（见图 5.20）。临近城镇居民区附近的需要考虑空气污染的影响。

（2）作业时应特别谨慎，不宜使用溢油分散剂。应避免机械设备在芦苇地上行驶和作业人员在行走中将芦苇踏倒。

图 5.20　芦苇荡

5. 泥浆洼地

（1）对于比较浓稠的油或柏油块，可连同泥浆顶部一起刮走。

（2）对于泥浆洼地的任何机械的损伤或变动都可能影响潮水在其上面的流动，这可能带来长期不良影响。

（3）由于泥浆洼地通常是高度敏感的河湾地区的一部分，不建议使用溢油分散剂。

图 5.21 为泥浆洼地

图 5.21　泥浆洼地

6. 构筑物（防波堤、海边游廊）

（1）在处理人工建筑时，进行有力的搅动（如用刷子刷），然后用水龙带冲洗，可以使被污染的表面变得很清洁，但必须采取措施收集冲洗过后的水。

（2）用可以控制方向的高压水龙带，可以清洗几乎任何被污染的表面。也必须使用围油栏来包围被冲下来的污染物。如果可以在碎浪区的外围布设围油栏和使用收油机回收所产生的浮油，潮汐和波浪也可以被用作为一种清洗海滩的方法。

5.1.6　生物降解和生态修复
Biological degradation and ecological restoration

生物降解技术不是人类的发明，自然界早就存在这种机理和现象。石油本身也是一种自然物质，在人类用作能源大工业开发之前，地球因地质原因和地壳运动，在深海、浅海和陆地都存在自然溢出的现象。那时没有人工干预，生物降解则是大自然自我平衡自我修复的机理之一。适合使用生物降解技术的条件应考虑：

（1）适用于轻度污染的海岸线。

（2）适用于最后的清理步骤。

（3）针对敏感地区的优先选择。

因此应该在作业之前将区块各个建立生态环境模型作为事故后恢复的模版和依据。这是一项颇费功夫但十分有意义的工业实践活动；通过历史资料搜集、现场观测、环境跟踪监测、物理模型实验和数学模拟相结合的方法来建立模型档案。

物理方法很少能够完全清除溢油，目前在大型的石油泄漏事故中使用机械方法能回收不超过 15% 的溢油（OTA，1990）；而墨西哥湾深水地平线事故为期 3 个月溢油回收清理作业，动用和消耗了近 2 000 艘作业船舶，不过回收和清理了 13% 的溢出总量；生物修复自 1989 年埃克森·瓦尔迪兹号漏油事件应用后的一个最有前途的辅助修复方案。限制生物解降技术的是它需要较长或漫长的时间。

生物降解主要使用：

（1）高效石油烃降解菌（PDB），添加石油烃降解菌来扩充现有的微生物种群，提高在受污染环境中的石油降解率。同时为微生物提供必需的营养素，如氮和磷。

（2）添加生物修复营养剂（BN）。由于生物降解具有成本低，不会造成二次污染的优势，被广泛用于大型溢油清理后续残留污染的土壤、海岸线、地下水和废物污泥的处理。

生物降解技术并非对所有的溢油都有效。比如 API 比重大于 30 的油品易于降解，溢油成分中的烷烃、环烷烃类成分易于降解，而重分子的树脂类和沥青则不易降解。

依据事故发生地的土壤营养基，氮、磷含量和含氧量，决定生物降解技术的效率。同时高能水域不宜菌种的生长，也限制了生物降解技术的使用。

大地本身具有自我修复的功能，各类菌种参与其中，如同人类的免疫系统。土壤中的各项指标在一个合理、健康的范围内如同钟摆来回摆动。只是由于人类工业事故引发局部溢油量过大，钟摆超出回摆范围，免疫系统无法修复，需要人类用生物降解进行人工干预。但请记住，不是干预到底，只需将钟摆轻轻推入回摆范围即可。以这种思路，在细致规划作业、监测评估基础上，严格控制营养基和菌种的使用量，可以很好发挥生物降解技术的效率。

5.2 开阔海域溢油控制与回收
Open sea oil spill control and recovery

5.2.1 地理信息
Geographic information of open sea

　　用于油气勘探、开发和运输作业的开阔海域可以是主权海域整体也可以局部划分的海区，包括支持海区油气勘探、开发和运输作业的码头、供应基地、陆地终端所在的岸边带和岸滩。

　　为便于区分，除浅海岸滩和潮间带，以及沿海大陆架边缘深水部分外，大部分都分布在开阔水域。严格说来，深水海域也可以归类为开阔海域。开阔海域周边没有明确的地理方位，根据海洋石油工业作业现状，大部分海洋石油设施都安装在广阔的沿海大陆架以上水域。目前标注开阔海域的区域划分是以 GPS 地理坐标为准。

　　渤海是位于我国最北部的一个海域，为辽东半岛、辽河平原、华北平原和山东半岛所环抱，东侧以渤海海峡与黄海相接，是一个近于封闭的内海。渤海水域南北长近 500 千米，东西宽 346 千米，总面积 78 000 平方千米，平均水深 18 米，最大水深 70 米。浅水部分 2 到 5 米，大部分渤海水域属于开阔水域。

　　渤海为半封闭内海，循环周期大约需要 40~200 年，自身的纳污净化能力非常有限。

　　东海位于我国东海岸，北面以长江口为界，与黄海接壤，南面以广东南澳岛至台湾岛南段的鹅銮鼻连线与南海分界。东海海底地形比较复杂，西部为宽阔的大沿岸伸出的东海大陆架，占东海总面积的 66.7%；东部为大陆坡。东海大陆架平均水深 72 米，陆架外缘水深 120 到 200 米。

　　南海东部海域西起雷州半岛，北从广东海岸线南到深海水域边界。作为太平洋和印度洋的海上通道，印度季风和亚洲季风在此交汇，季节性风暴在该海域形成和光临。

　　南海东部海域东起雷州半岛，北从广西海岸线南到深海水域边界，分为北部湾海域、海南岛莺琼海域、南海珠江口盆地西部海域三个部分。与南海东部海域类似，季节性风暴也常在该海域造访。

虽然我国海洋石油勘探开发四大作业海域的深度、海况、气象条件、水动力条件和环境温度各有不同，但开阔海域的海流潮汐每天都经历着涨潮→落潮→平流→涨潮的相同的循环过程。

开敞海域的另一共同特点是多风，且风向有一定的规律，每天早上太阳初升的时候，陆地温度上升快，海上的潮湿大气会被低气压吸附到陆地；而到了夜晚的时候陆地大气温度常会低于海面，陆地的干燥的大气经常被海面的低气压所吸附；这样形成了海陆风。

开敞海域也是运移海水当中的水分到陆地去的重要策源地，它运移水分的手段就是海风；任何湿度差、密度差、温度差等因素，都可能导致海风的出现。

由于主要海洋石油设施和作业环节集中在开阔水域，因此引发的溢油事故源头多聚于此，从应急处置实践中实行切断溢油源、抵近源头围堵回收、拦截和防止溢油登岸的策略思路。

5.2.2　溢油应急处置的不利因素
The disadvantages of contingency response

开阔海域溢油油膜是流动和扩散的，难于捕捉，需要人工目测、漂移预测模拟、航空监测、卫星遥感或红外雷达辅助下进行追踪清理。围油栏的拖航速度受到诸多限制，追踪过程收油机必须收起。即使是专业溢油回收船舶，为安全起见，围油栏也不能布放在水中。实践中的海上应急处置，追踪时间多于回收作业时间，严重影响回收率和回收效率。

海上石油设施溢油污染的追踪清理作业受作业船舶的对海况的适应能力限制非常大。国内的溢油回收船舶往往属于小吨位，是抗风能力比较弱的船舶；严重影响了海上作业的宽容度。

大海上的溢油在路过船舶和平台过程中容易被发现，因此，人们发现溢油的主动性较差，从发现到发出溢油应急响应要求的时候，溢油应急的人员到达现场后往往难于发现油带的位置，因为油带是漂移的；尤其是在夜晚发生的溢油事故的时候，预警和处理的难度更大。

在溢油清理的过程中，一般是按照先围控溢油，然后实施回收作业；必须指出在海面溢油较少的情况下，应考虑溢油回收的成本问题；这是一个重要的问题，节能和环保问题是共生共存的问题，溢油应急的本身就是消减溢油对环境的危害，溢油应急的船舶燃烧燃料来驱动，船舶发动机对海洋的大气能造成的污染非常严重；比如：预计溢油应急船舶在一次溢油应急活动中要消耗 10 吨柴油，而回收起来的溢油只有 10 升，这样的溢油应急处置的功效非常低下，现实当中是不可取的，应该采取其他更加节能的方式来处置。

5.2.3 控制回收方案
Recovery and control strategies

开阔海域的溢油应急处置要考虑交由大自然处置的可能性。如果浮油不会向海岸移动，附近无重要敏感资源受到威胁，溢出的油会自然消散或因气象条件或溢漏地点的影响，可以考虑无作为的应对策略。如果不具备上述条件，人工干预必须实施。

（1）首先精确锁定溢油区域的位置，确定溢油源头的性质和切断溢油源。

（2）海洋石油生产现场配置溢油应急设备设施，船舶出海赶往事发海域。

（3）进行溢油回收作业。

1）漂浮的有限量溢油应急清理：漂流回收

（1）首先进行围油栏布放，将溢油面积逐渐压缩增加集油率。

（2）布放围油栏的过程中避免螺旋桨水花扰乱油带，围油栏和船舶应随海流同时漂移，尽量减少相对速度，否则油带可能逃逸出围油栏。

（3）回收溢油采取各类溢油回收设备和材料进行溢油回收。

操作要点：油带船舶共同漂移收油的有利时间很短，因此，应采取高效高速的收油方式，注意气象条件与海面状况，考虑海流与围油栏的相对速度，考虑溢油特性中的粘度。在选取收油机正确的条件下，提高收油率和收油效率的重要因素是提高集油率。传统 U 型或 J 型使用两艘或以上拖船拖带围油栏，保持拖航速度和两船安全距离，如图 5.22 所示。

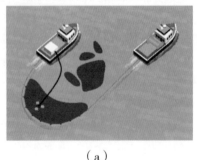 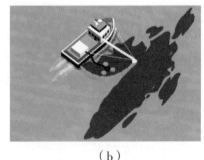

（a）   （b）

图 5.22 单船拖航溢油回收

单艘船只同样需要保持拖航速度和尽可能伸展围油栏。

集油率的提高需要提高拖航速度和增加围油栏的扫海宽度,这会受到安全和围油栏强度的制约。在目前高效围油栏供应缺失条件下,海上指挥人员平衡各方面因素,提高集油率是海上溢油机械回收的重要一环。

2)固定水下泄漏点源的应急清理(如海底管道泄漏)

固定泄漏点源在海域的泄漏点位置是固定的。因此,溢油出水的位置大体也是固定的,出水后在水面上是一个扫把带,落潮和涨潮时"扫把带"方向相反;如果使用柔性围油栏,围油栏将在海流的冲刷下形成弧带;在涨潮和涨潮的两个时间段将出现两个相反方向的变形,因此,如果想使用一套围油栏,在两个潮汐方向对水下固定泄漏点源进行围控,必须对围油栏使用定型措施;一般要使用锚进行分段固定。

充气式围油栏布放如图 5.63 所示。

图 5.23　充气式围油栏布放

如果在遭遇和即将遭遇恶劣天气的情况下,应直接对水下漏点进行水下围控,这样可以在水上溢油回收失效的情况下继续捕捉溢油。

(1)水面围控的操作方法:

对漂出水面的溢油在出水区域进行围油栏布放圆圈围控,下锚分段定形。

操作要领:应抛投钢丝砾石笼形式的重力锚,围油栏定形可以根据需要按照四点法、六点法或多点法进行固定。

在集油圈内的下流方向进行溢油回收作业。

（2）水下围控（浅水）的操作方法：

由潜水员对水下溢油泄漏点安装控油罩。

操作要点：控油罩进口应和漏点进行严密结合；应对控油罩进行水下缆绳固定，避免海流损伤；潜水员应避免体表粘附溢油，以免造成人身伤害；控油罩应具有足够的储存容量。

做好海面观察和溢油回收。

5.2.4　相关知识

General Knowledge

一旦海面溢油事故发生，最重要的是迅速把它围控起来，防止它的扩散。现场应急指挥管理团队必须知道溢了多少油，何种油品，发生地点和周边环境情况，它的漂移方向、溢出行为和潜在环境影响评价，同时也为应急策略、动员人员、设备及应急周期作初步判断。

图 5.24 表示了溢油量与清理时间的线性关系。

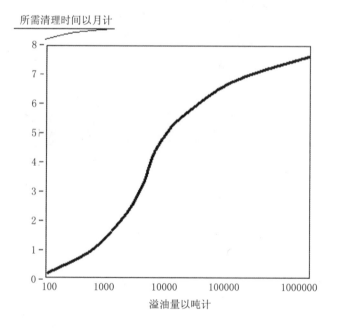

图 5.24　溢油量与清理时间的线性关系

接到溢油事故报告后，作为确认程序之一，除电话沟通外，溢油清理委托方需要提供一些基本信息传真；这些数据需要送达溢油漂移追踪模拟软件和计算机专家系统。如果有些数据在事故初期无法得到，就应该使用快速估算的方法。

兵贵者在于信息的掌握。通常事故单位请求援助时会提供一些简单资料，通过传真或接听录入《溢油事故现场情况信息表》。但这些往往不全面，也不准确。编制策略前需要使用一些工具做些推算和测算。

根据快速反应原则和作业实践，只要接获请求，应急动员必须准备启动。这不影响继续核实报告内容。

从安全角度出发，需要溢油信息和作业海况信息的确认。

溢油参数必须包括常温下的运动黏度、动力黏度、API 比重、闪点、倾点和凝点。就策略而言最有价值的参数是黏度和闪点。前者涉及资源组合与收油机的挑选，后者涉及海上作业的安全。对于天然气和危险化学品的应对除关注闪点外，其化学毒性必须关注。

海流承载溢油，故其流向、流速加上风向、风速大体决定了溢油漂移走向。通常，客户或当地气象会提供当天风向、风力信息。风力的大小帮助确定作业船舶类型，围油栏的选取和作业人员的安全。

开放水域风速与浪高的关系如图 5.25 所示，给出海况波弗特比例与风速和浪高的对应关系，是国际上通常标识风速的方法从 0（低）到 12（高）等级。

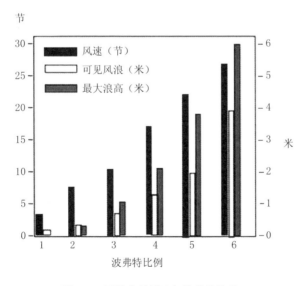

图 5.25　开放水域风速与浪高的关系

扩散是风化过程之一，依据不同油品特征可以在溢油事故初始阶段完成，以油膜厚度逐渐变薄为标识。

图 5.26 表示了油膜厚度随时间、溢油量变化情况。

油膜厚度以毫米计 10 000 立方米溢油量

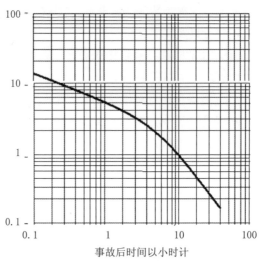

事故后时间以小时计

图 5.26　油膜厚度随时间、溢油量的变化

根据运筹学原理描述风化过程之一的扩散现象，假定溢油在海上的最初形态包括有薄、厚油膜两部分，其中薄油膜约占溢油总面积的 90% 左右。厚油膜以常值速率向薄油膜转移获"输送"，厚油膜的厚度，根据图表 5.26 可见在两天时间间隔在平静无风水域的变化行为。其机制取决于溢油本身重力、不同类型溢油与海水的表面亲和力，因此与溢出量、溢油种类有关，也与风、波、海流和当地温度有关。

根据溢油颜色和面积估算溢油量应注意：

（1）溢油成分的变化。

（2）油污几何面积的计算。

（3）气象条件。

（4）海况。

（5）风化作用。

目测法对观测者本身的经验要求很高。因此对于有限体积中的泄漏，如船舶、油罐或海底管线，较为精准的估算是从源头损失来计算，对于无法确定体积或溢出源头的溢油才不得不用目测法进行。

在使用目测法评估溢油量时必须区分污染分布面积、溢油分布面积和油膜面积的区别。一次溢油事故因漂移扩散的作用会将污染分布较大范围，甚至出现在岸滩，这是污染分布面积。溢油在海上因扩散的作用呈片状而出现"窗口"这样计及的面积为溢油分布面积。溢油分布面积中的含油面积，通常以百分比表示，算出的结果才是油膜面积（见图 5.27）。

图 5.27　油膜面积分别为溢油分布面积的 20%、30% 和 40% 的情况

海面溢油回收作业专业化程度较高，对作业人员的岗前培训是非常重要的。要求所有参与应急作业者都必须经过岗位培训，主要包括两个方面的内容：

（1）现场作业的安全、健康须知。

（2）应急程序。

要求作业者具备培训并经评估获得所需的资质，应熟知：

（1）应急作业中自我防护意识。

（2）单独作业会带来极大危险。

（3）整个应急流程各环节保持高度安全、健康意识。

（4）不要勉强去执行超出个人能力的任务。

（5）需要单独作业时必须告知上级你去哪里执行什么任务，估计何时返回。

（6）必要时才可进入溢油污染区。

（7）避免直接接触污染物。

（8）风险环境识别不能仅凭感觉（如嗅觉）。

（9）牢记任何应急作业环节都可能存在损害安全健康的陷阱。

根据实践，应急作业中的伙伴制或双人制是好方法，可以有效地对应急作业者的保护，保证作业中至少 2 人 1 组。

应急作业中的手语通信：作业中因为噪音或其他原因，如戴上保护面具，语音通信会受到限制。掌握一套手语或身体语言对海上应急作业人员是必须的安全技能之一（见表 5.1）。

表 5.1 应急通信手语通信

手 势	表达意思
手捏喉部	无法呼吸、作业面遇有害气体
双手摸头顶	需要帮助
大拇指向上	没问题、我很好、我知道
大拇指向下	不好、有问题
抓住伙伴的手腕 双手置于伙伴的腰部	快走、赶紧离开这里

根据环境敏感区的敏感程度，保护受到威胁的敏感资源，监视漂向岸滩的溢油。有限的围油栏资源必须合理有效使用，在确定优先保护顺序时应按以下因素考虑：

（1）该区域对油污染的敏感性和易受损性。

（2）保护某种特定资源的实际效果。

（3）清除作业的能力和可能性。

（4）季节性因素。

（5）现场因素。

（6）距离事故现场的远近。

为方便沙盘推演，盘点手中可掌握的围油资源，以简化的围棋盘展开（见图5.28）。

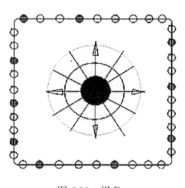

图 5.28 棋盘

根据环境敏感指数确定保护次序作为考虑的权重。其作用如同棋盘四边早已定局的气穴。以周边白、灰、黑色子表示需保护的目标敏感资源，无风无浪任凭点源四处均匀扩散的理想条件下的轻重缓急（见图 5.29）。

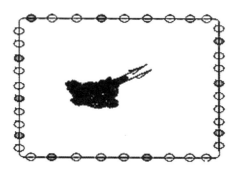

图 5.29　无风浪下的理想扩散

1. 流向重于权重

实际在海流、风力作用下 24 小时内溢油的流动方向作为溢油漂移指向。在围控拦截资源的使用考虑上，流向重于权重。这样围油栏仅用于流向方向轴左右 60 度总体 120 度夹角内的敏感资源保护上。不在夹角内的目标敏感资源，起码在 24 小时之内不必考虑。

2. 流向依据距离

如果围油栏是有限的，只能用在关键区域。在同一流向路径上有先到后到之分，尽管有些目标敏感资源权重或敏感指数较高，但终归距离较远，暂不考虑，资源配置上抵近溢油的优先，如表 5.2 所示，石臼坨—月坨诸岛珍稀鸟类省级自然保护区虽敏感程度和权重较高但距离溢油较远，有限围控资源暂不投放于此。

围油栏布放如图 5.30 所示。

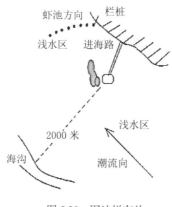

图 5.30　围油栏布放

表 5.2 权重与距离的关系

溢油漂移方向上的目标敏感资源	权重	距离事故地 /m
盐田及滩涂池塘养殖	3	距离 1 000 米
滩涂工业取水口	4	距离 2 000 米
浅海养殖区	2	距离 3 000 米
苗种繁殖基地	2	距离 40 000 米
珍稀鸟类省级自然保护区	1	距离 350 000 米

注：此表只为说明用，敏感指数（考虑的权重）以管理部门发布为准。

3. 距离考虑流速

同一流向上两敏感目标相距小于 4 小时流速距离，需要考虑权重因素。同一流向上两敏感目标相距大于 8 小时流速距离不考虑权重因素。

4. 流速考虑风化

同一流向上两敏感目标相距小于 4 小时流速距离，轻质易挥发油品不需要考虑权重因素。宜乳化油品需要考虑权重。

典型轻质原油泄漏后的风化过程所需时间如图 5.31 所示。

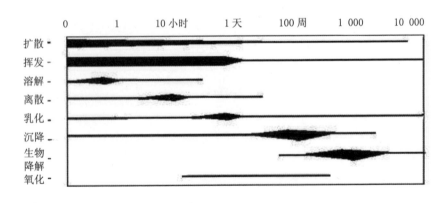

图 5.31 典型轻质原油泄漏后的风化过程所需时间

5.3　钻井平台井喷及火灾溢油控制与回收
Risk control and recovery of drilling platform blowout and explosion

5.3.1　钻井平台井喷溢油污染
Blowout and consequences

1. 钻井井喷溢油污染描述

当钻井平台钻井过程中出现井喷后，从井筒里窜出的高压介质会裹挟大量的地层砂、油气、泥浆，高强度击打悬臂梁和井台甲板，随时都会引发火灾，石油平台井喷失控往往引发火灾，造成平台彻底损毁。

井喷时，喷出的油气介质来源于油藏，因此，数量是很大的，可以讲井喷定义为，无限量固定点源一次性泄漏，在海上石油平台井喷一旦出现，井内钻串被吹扫出井筒，没有好的办法来克制井喷；最根本的办法是，就近打救援井沟通井眼通道附近，固井完毕后，用压裂手段对事故井裸眼通道进行沟通，然后大量注入压井液进入事故井筒，将事故井压死，终止井喷；这样的方法俗称"打碰头井"。

以事故井和救援井交叉沟通点总压头为基准，来自油藏的油气介质，在此基准上有一个绝对功率；能够将涌来的一定量的压井泥浆推出事故井，这个量叫做压井下限液量，只要在单位时间内向事故井筒注入的压井泥浆体积量超过这个量就可以将事故井逐渐压死。

为了尽快地制止井喷溢油污染，应尽快地制定打救援井的方案，尽量将事故井在浅层的裸眼井段作为目标靶位，救援井轨迹尽量设计简单，井的垂深尽量的浅，这样可以简化钻井工艺，同时提高中靶率，开钻后尽量在最短时间内钻至靶位，在渤海海区的软地层，钻浅层最快的钻进速度可以达到 95 米 / 小时。

钻井平台井喷后，大量油气飘落至平台周围海面，数量是非常大的，污染非常严重，海面收油的工作量非常大，因此，首先在平台的安全半径范围外布放围油栏并进行分段固定，形成一个牢固的圈状围控；在围油圈内，溢油根据风或者流的方向性进行聚集，收油设备根据聚集区的位置进行调整，井喷状态溢油的量是很大的，靠一条脆弱的围油栏难以围控，不提倡使用堰、盘、碟、刷、斜面式收油机，这类型收油机需要良好海况来支持其平稳运行，而海上良好海况的时间窗口非常短暂，无法满足快速有效可靠的收油能力，更不提倡使用吸油毡、吸油拖缆等低值易耗品，这样会占用大量人力资源，传统收油机和吸油材料这些设备要依靠母船来支持其工作，而从地层溢出的新鲜原油，处在氧化状态，溢油区域氧气含量较低，容易造成人员窒息，如果是富含硫化氢的油会造成工作人员人身伤亡；需要一种快速高效的、自动化控制的收油装置，这样集油区域就可实现无人化管理，从而减少对人员的伤害。

钻井平台周围布放的围油栏，在浅水区域可以用锚来固定，深水区域无法用锚来固定，可以采用2条水面船舶顺流或顺风进行喇叭口围控，但收油装置的必须要具有很好的收油能力，这个过程要求两条拖轮要协调配合，在海流的作用下，溢油可以轻易突破围油栏的限制，出现逃逸问题，因此围油栏应该采取非均质的顶轻底重的结构形式，可以在围油栏底部挂上坠重，这样可以保证围油栏在水中的竖直的姿态，有利于减弱溢油的逃逸问题，井喷发生时，落到海面的溢油大部分处在氧化过程中富含大量的轻烃物质，因此对于以橡胶为主要材料的围油栏具有很强的破坏作用，即使是使用耐油橡胶板制作的围油栏也存在这个问题。

2. 试油井喷溢油污染描述

钻井作业溢油应急计划中包括试油阶段风险分析，钻井完成后固井、完井仍存在井喷溢油风险。通过对该区块地下储层前期勘探研究以及潜在损害的评价，需要进行试油作业。试油之前的油气藏评估，都是通过间接手段完成的，试油则是直接与油气层对话，其风险可知，试油期间环境污染事故屡有发生。

在试油作业中尽可能减少对储层的损害，使油气层与井筒之间保持良好的连通，保证优化产能的同时，最大限度地防止各类环境污染事故，需要在试油期间，从钻开油气层开始到投产每一道工序都要严格执行行业标准规范：

（1）试油前根据预探、测井岩心分析和地下储层压力制定稳妥的试油方案；

（2）对井口设备和防喷阀、安全阀严格检测和妥善保养。试油作业不乱动、听令行。

（3）试油期间，利用性能优越的燃烧器对放喷物流进行燃烧，满足轻质油、凝析油和天然气的燃烧率达到100%，无溅落。

（4）如果重质油燃烧不充分时，会有少量原油溅落入海。根据预期油气特性分析出现重质油发生概率和溢出量。如果少量原油落海，一般由现场守护船机械回收或使用吸附材料如吸油毛毡进行回收。对于高温高压井的试油作业，需要围油栏防范性围控，通知二级应急资源准备。

（5）试油阶段的储油罐有燃烧、爆炸、破裂的可能性，在试油作业中发生过。如发生储油罐有燃烧、爆炸，执行《火灾爆炸应急处置方案》。

5.3.2　控制回收方案
Explosion risk control and recovery approaches

（1）对钻井平台半径至少100米范围内海面进行环形围控，下锚固定围油栏，确定收油机位置；布置设备到位；使用高效、快捷的溢油回收设备回收溢油。

操作要点：

① 要使用可燃气体检测仪和硫化氢检测仪对围油栏布防区域的有害气体浓度进行检测，危险半径内不允许布放；现场人员使用正压式空气呼吸器；

②应使用耐油材质的围油栏，加挂坠重，确保围油栏垂直的姿势；

③布放过程，确保围油栏有一定的漂浮距离，避免高潮位时将其拉坏；

④围油栏要在合适位置预留船舶进出的槽口，可用浮筒代替，通过注水将槽口下沉打开，排水后槽口上浮关闭；

⑤现场人员杜绝使用明火，现场人员严禁在井口下风方向活动。

（2）有风的状态下，在钻井平台喷发点下风方向将围油栏摆放成喇叭口，大口对海面溢油进行围、集、压；小口对溢油进行"顺风围控"；在无风有流的情况下，在钻井平台喷发点下风方向将围油栏摆放成喇叭口，大口对海面溢油进行围、集、压；小口对溢油进行"顺流围控"。

操作要点：

①要使用可燃气体检测仪和硫化氢检测仪对围油栏布放区域的有害气体浓度进行检测，危险半径内不允许布放；现场人员应使用正压式空气呼吸器；

②应使用耐油材质的围油栏，加挂坠重，确保围油栏垂直的姿势；

③布放过程，速度不要过快，确保围油栏有一定的水平漂浮距离，避免海面高潮位时将其拉坏；

④船舶在拖曳围油栏的过程中，应避免使用强力造成围油栏的破坏；

⑤现场人员杜绝使用明火，现场人员严禁在井口下风方向活动。

5.3.3 相关标准
Standards

（1）《油气井喷着火抢险作法》SY／T6203-2007。

（2）《浅海石油作业井控规范》SY／T6432-2010。

（3）《海上溢油回收作业安全环保规定》Q／SH1020 1711-2005。

（4）《海上试油作业安全应急要求》石油工业安全专业标准化技术委员会2004。

5.4 有冰海区溢油的控制与回收作业方案
Control and recovery in ice conditions

5.4.1 溢油污染
Oil spill pollution

从20世纪60年代开始，海洋石油天然气勘探开发逐渐涉及一个全新的区域–高纬度寒区。这类区域包括以北极为中心的北冰洋、周边的高纬度亚极区海域如美国阿拉斯加的库克湾、加拿大西北的博福特海、挪威和俄罗斯以北的巴伦支海，以及稍低纬度的海域如里海、我国的渤海等。这些海域的一个共同特点就是海水存在不同程度、不同持续时间的结冰现象。

鉴于对海冰对海上石油设施威胁缺乏足够的认识，历史上曾发生过多次工程事故；20世纪60年代到80年代，位于芬兰和瑞典之间的波斯尼亚湾的多个灯塔和航标被流冰推倒或严重倾斜。1969年和1979年，我国在渤海建造的两座导管架平台被流冰推倒。1986年4月12日，位于加拿大博福特海的沉箱结构Molikpaq在流冰的持续作用下发生强烈的振动，导致沉箱底部的砂土地基发生液化并下陷近1m，成为有冰海区作业事故的著名案例。

除了海冰作为一种此前从未遇到的环境荷载给工程结构的设计带来了新的挑战外，海上采油和运输过程中，有时不可避免发生溢油事故。

　　严重冰情表现在与岸边结在一起的固定冰冰量较多，经潮汐运动和温度变化形成的重叠冰和堆积冰令作业者提心吊胆、苦不堪言。无论是破裂后浮冰流动的巨大冲力、还是低温造成的金属管道、压力容器、储罐和阀门的破坏，都可能引起石油泄漏造成污染，而且，溢油在有冰存在的条件下难以回收。

　　图 5.32 为常见海冰类型；图 5.33 表示了较大尺度下海冰的离散特性。

图 5.32　常见海冰类型：莲叶冰（左上）；冰脊（右上）；海冰断裂（左下）；

开阔水 – 莲叶冰 – 碎冰共存（右下）

图 5.33　较大尺度下海冰的离散特性

5.4.2 控制与回收作业方案
Control and recovery operations

1. 流冰区域溢油控制与回收（冰型 La–Lb）

考虑吃水船舶 3 艘最大 300 马力，投放及操作简易的刷式收油机 1 套、200 米拖油栏、300 米浮子围油栏，低温溢油分散剂若干和溢油分散剂喷洒装置 1 套，浮式储油囊。必要时可借用周边海区附近辖区的应急材料。

（1）使用浮子围油栏保护溢油威胁下的敏感区按照应急计划指示保护顺序迎溢油漂移方向围控。注意来流方向碎冰冲击下围油栏强度。

（2）刷式收油机收油，注意集油和输油管路保温防止壅塞。撇油头加装隔冰栅以阻止浮冰。

（3）在稠油情况下可考虑使用油拖网收油。油拖网为单船拖带式，在此须改装为双船拖带式。作业时注意慢启动，平稳加速；逆流行驶，躲避大块浮冰。船转弯时应向收油网侧转弯，转弯速度要慢。收油时最大船速 2 节；撑杆、收油网已下水但不收油时，拖速最大 4 节。

（4）针对海面零星油膜，动用低温溢油分散剂喷洒人工喷洒溢油分散剂清除。

溢油分散剂喷洒现场原理如图 5.34 所示。

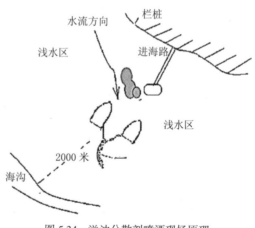

图 5.34　溢油分散剂喷洒现场原理

2. 浅滩固定冰区域溢油控制与回收（冰型 Lb）

主要人工收油设备，并可借用滩涂水陆两用大轮运送车，配备铲车、铁锹、冰镐和临时存储罐。

（1）切断溢油源或尽量减小溢出率。

（2）拖油栏冰上围控或就地取冰围油如图 5.35 所示。

（3）如回收含油碎冰量大，运送车上可配置小型取沙筒状螺旋传输设备。

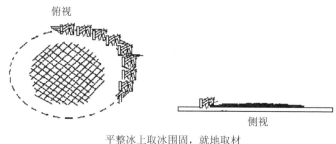

平整冰上取冰围固，就地取材

图 5.35　围油栏冰上围控

（4）油田用船式滩涂车或大轮车人工收油。

（5）冰上收油作业，注意安全防护，装备防滑、防冻 PPE 和携带防冰裂落水安全带。

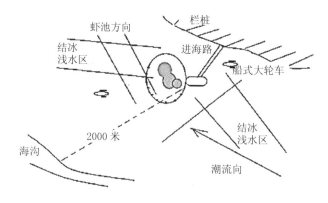

图 5.36　冰上溢油围控布置图

3. 流冰区域溢油控制与回收（冰型 Lb）

船舶配置链式收油机，和携带临时存储罐。船上可配置粉碎型格栅进行油冰分离提高储罐使用效率。

轨链式收油机有较好的机械强度，轨链上的栅板可将含油碎冰通过传送带向上运至其顶部，经粉碎格栅振捣进行油冰分离。碎冰可能会堵塞集油设备的入口，使设备失效，因此，集油系统需要作一些调整，增加喷气加温可以缓解这一现象。

4.冰型 Lc 和 Ld 区域溢油控制与回收（1）

作业船舶 3 艘，1 艘装备刷式收油机 1 套、溢油分散剂喷洒装置 1 套，临时存储罐，机织聚乙烯网尼龙复丝网或格宾网 20 只，尼龙复丝缆绳 200 米，用于链接格宾网箱，入水前取冰装箱封闭（见图 5.37）。机织聚乙烯尼龙复丝网具有重量轻便于携带的优点，但也有低温下硬化和易折损的缺点，特别面对具有尖棱碎冰时不能抗冲击。金属编织的格宾网通常用于防山体滑坡，强度远超过尼龙复丝网。

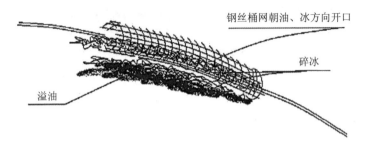

钢丝桶网朝油、冰方向开口

碎冰

溢油

图 5.37　格宾网箱链围油

（1）使用格宾网箱链围油，使用时将格宾置于船甲板或在冰面（取决于现场条件）展开平铺，前后板、底板、隔板立起一定位置呈箱体状，取冰填充，用缆绳链接。注意人工取冰安全和冰上作业保护，特别是安全带。

（2）刷式收油机收油，注意集油和输油管路保温防止壅塞。撇油头加装隔冰栅以阻止浮冰。

（3）格宾网是金属线材编织的角形网，使用的金属线径依据六角形大小而不同故强度也不同。选取时应根据冰型识别中碎冰尺寸和网目尺寸匹配(见表5.3)。

表 5.3　格宾网选材定性表

网目尺寸 /mm	对应冰型	使用线径（PVC 金属线）内径 / 外径 /mm
60 X 80	La	2.0 /3.0 ~ 2.8/3.8
80 X 100	La × Lb	2.2 /3.2 ~3.0/4.0
100 X 120	Lb	2.4 /3.4 ~ 3.2/4.2
120 X 150	Lb × Lc	2.7 /3.7 ~ 3.5/4.5

5. 冰型 Lc 和 Ld 区域溢油控制与回收（2）

作业船 1 艘配备小型柴油清淤机和工业挖掘车，臂长与抓斗适合港池清淤作业。如需围油可用格宾网箱链。清淤机包含有改装的泥浆泵、集油管和输油管。挖掘机用于击碎大尺寸海冰配合泥浆泵回收含冰溢油，还提供破冰转变航向功能。低温溢油分散剂若干和溢油分散剂喷洒装置 1 套和临时存储罐。

（1）使用格宾网箱围油链围油，格宾网填充使用工业挖掘机抓斗取冰。

（2）启动清淤机。

（3）带浮力的改装泥浆泵入口置于含油浮冰中，隔栅防止大尺寸碎冰进入。

（4）注意集油管和输油管路保温防止壅塞。

6. 冰型 Ld 区域溢油控制与回收（1）

作业船舶 3 艘一艘装备工业挖掘车，臂长与抓斗适合港池清淤作业。溢油分散剂喷洒装置 1 套，养殖网箱 8~10 只规格或钢丝筒网，200 米钢链或钢缆，临时存储罐。

（1）使用网箱和工业挖掘机抓斗取冰装好链接，入水围油。

（2）使用挖掘机作业，抓斗经过改装配备筛网抓取含油碎冰。

（3）船上可配置粉碎型格栅进行油冰分离提高储罐使用效率。

三用工作船行进方向如图 5.38 所示。

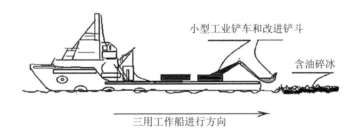

图 5.38　三用工作船行进方向

使用养殖网箱需要提前配比标定，保证碎冰装满后具有适当浮力，即水上水下各占 50% 高度。浮力不足需要在网箱内加装塑胶泡沫球类填充物配重。

7. 冰型 Ld 区域溢油控制与回收（2）

对于大尺寸碎冰在海况不适合作业情况下，可根据时间差利用碎冰作为载体通过网箱围油链将溢油围住就地存储或拖至就近集中地方便于今后收取。准备工作船两艘，养殖网箱 20~40 只规格或钢丝筒网，400 米钢链或钢缆。

网箱围油链原理如图 5.39 所示；网箱围油栏收油原理如图 5.40 所示。

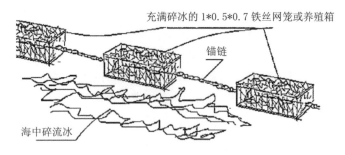

图 5.39　网箱围油链原理

　　养殖箱可临时向周边养殖户租用，也可选用改进成可折叠式存储在海上支持船舶或平台上。拖航时根据围油、冰面积避免速度过快引起脱钩，拖速最大 4 节。为减少来流阻力尽量减少迎面网箱数目。

　　如果是轻质油，海流速度较大，注意观察是否碎冰和网箱围油链外有油花溢出，如有溢出存在，采用就地存储策略需要考虑在网箱围油链下方增加一道普通固体浮子式围油栏进行围堵；采用拖至就近集中地方策略则需调整运行方向和速度避免浮冰和海水之间产生过大相对速度。

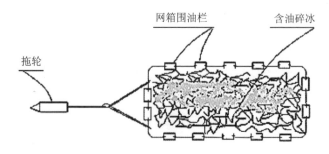

图 5.40　网箱围油栏收油原理

　　8. 冰型 L_c 和 L_d 区域溢油新型围控方法描述

　　选用碎冰填充网箱提供浮力支持的想法虽好，但人工取冰仍有作业安全风险，对填充后的网箱浮力需要标定或事先标定。因此事故后向周边养殖户征购装好碎冰的网箱并事先给予浮力要求的配比和安全提醒，可迅速筹集足够网箱投入使用和缩短响应时间。建议海冰区溢油应急计划补充这些资源约定和提供者名单。

　　也可以选用其他材料如空塑料桶、铁桶，密封后作为浮力支持和拦截含油碎冰，也可用如图 5.41 所示木角马连接。

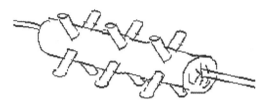

图 5.41　木角马连接

9. 在近岸极寒天气，浅水结冰冰层具有一定厚度时，对于冰下和冰上的溢油控制和回收也可以考虑其他方法。

冰下溢油的应对处置，在保证安全的条件下（防滑、防冻、防落水），使用冰钻和链锯将冰层按溢油流向成夹角切割出切口，切口宽度可插入胶合板，用于阻挡和导引溢油流入收油口（或称月亮池），如图 5.42 所示，使用泵或小型收油机将溢油回收。

图 5.42　回收冰下溢油

冰上溢油的处置可以人工或使用小型机械处理（见图 5.43），前提一定要保证作业安全。

图 5.43　回收冰上溢油

依据油、冰、水三者之间相互关系，采取因势利导、化繁为简、就地取材和因地制宜方针，针对无法使用现有常规回收策略加以回收的有冰环境，集中探索实际可行的操作策略。介绍了非常规应急策略和实施这些策略的方法，开阔视野不拘一格选取其他行业可用设备和工具。

需要提及的是，这些策略和工具准备需要海域风险管理者统一筹划，涉及浅海岸摊冰期收油需要动员更多的力量和资源，仅仅作业者单凭一己之力难度很大。策略中的就地存储地点需要海域溢油风险管理者事先现场勘定，建议标注在区域性溢油应急计划的附件中。

5.4.3 相关知识
General Knowledge

1. 常规和非常规应急策略简介

成冰条件和油、冰、海水之间相关机理因前期作了很多工作。业内专家有很多公开发表的论述文章，开阔的观察视野和有见地的研究成果，为寻求溢油应急策略提供了有力的理论支持。

根据冰期溢油的事故发生模式和环节，以发生概率和溢出量为标识；考虑冰区成冰的边界条件和冰期成冰初始和终止条件，分别以成冰面积为标识和以冰期时间长短为标识，围成一个由纵、横、垂直的三条坐标的立体空间（见图5.44）。

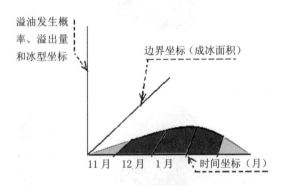

图 5.44 冰期、冰面积、溢油发生概率等因素之间的关系

策略思路包含了应急成本考虑，分常规应急策略和非常规应急策略考虑。成本考虑排除了在我国北方海区选用类似用于芬兰湾的破冰船和测挂式蒸汽溢

油回收装置，10 吨左右的溢油回收支持不了那样巨额的成本投入，浅水和海上石油设施的高密度同样不支持用于阿拉斯加那样的大型收油设备，也不支持现场点火燃烧。

常规应急策略为常温非结冰条件下使用的水面溢油回收策略。各个海上油田的应急设备、应急资源，就是实施机械回收、材料吸附和化学分散处理的常规策略。常规应急策略还包括对现有设备和使用方法做些局部改进或增加若干部件后可满足低温结冰条件下的溢油回收。

非常规应急策略定义为回收难度较大而现有应急设备、应急资源无法发挥作用使用的策略。非常规应急策略不排除使用经过改进的常规应急设备和应急资源，一些通用、非通用设备和渔业、港口使用的工具、设备将会出现在非常规策略的实现方案中。

上述三维坐标中冰型标识决定了回收难度，进而决定了常规、非常规应急策略的选用。

2. 冰期两端逆推法由易而难选取回收策略

经过上述一系列简化，形成以海冰溢油严重程度与冰期一一对应的关系，在该海域冰期作业、生产区块所面临的海冰严重程度为考虑的纵向坐标和冰期时间为考虑的横向坐标，分别以处理难度和月为单位（见图 5.45）。

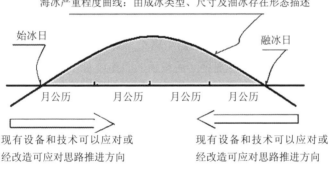

图 5.45　海冰严重程度曲线

冰期轴上各点对应以海水温度和成冰厚度、形态、尺寸为代表说明海冰严重程度，从溢油应急技术角度给出冰型标识与回收难度的关系如表 5.4 所示。从该时期的初始到结束以时间为横坐标，海冰严重程度和收油难度对比指数为纵坐标画出正弦曲线。从初始和结束两端按照以下程序向中间推进：

（1）根据图 5.45 时间标识锁定冰型标识。

（2）根据冰型在表 5.3 内找出回收难度、设备和策略建议指引。

（3）如果冰型在 L_a 和 L_b 之间循常规应急策略。

（4）如果冰型在 L_c 和 L_d 之间循常规应急策略。

（5）检查围油栏强度和收油机适配性。

（6）如果冰型在 L_c 和 L_d 之间循非常规应急策略。

（7）如果冰型是 L_d 循非常规应急策略。

表 5.4　各种冰型下的回收难度

标识	运动形态	存在形态	平均直径 /mm	回收难度	参考
L_a	在海水中漂泊不定，能随风、海浪、海流等影响而漂浮流动的冰，也可由固定冰受力破裂而成。	晶状初生冰	70~90	0	节 5.11
		饼冰	90~120		
L_b		皮冰	120~150	0	5.12
		板冰	150~190		5.13
L_c		灰白冰	190~200	1	5.21
		混流碎冰	>200	3	5.22
L_d		中型碎冰	>300	4	5.23
		大型碎冰	>500		5.24

根据如图 5.45 所示推演方向，凡可使用常规应急策略，即用现有围油、收油、吸油设备、材料可实施有效清除的延时间标识水平轴向中间推进，直到不能实施有效清除为止。凡可使用常规应急策略，即经改造、改进现有围油、收油、吸油设备、材料仍可实施有效清除的向中间推进，直到不能实施有效清除为止。剩下为识别出的该时期收油难度超过现有设备、改进设备应急能力冰期条件。

3. 应急响应方案策略参考

策略选取分溢油量 10 吨或大于 10 吨两种情况。前者由作业者或委托合同机构进行回收，后者需要区域性溢油应急组织协调各类资源共同应对。比如海冰冰期溢油事故早期发现和事故后的监测，在船舶出行受到制约的条件下，空中监测和空中有冰情况下溢油监测识别，无论是使用无人机配备荧光识别器还是使用直升机配备雷达监测，需要区域性溢油风险管理者统筹考虑。

由于冰型和状态不同，鼓励作业者使用更灵活的响应策略和大范围选择工具用于小型溢油事故，充分利用碎冰天然围油、减缓溢油扩散速度和保护岸线的特性，因地制宜。

4. 冰型的划分

为帮助作业者容易做出判断和方便操作，参考国际有些应急机构给出的分类，依据回收难度从设备布放难度、收油效率和作业难易程度分 0~4 个等级。从 0 到 3 为容易、有较小难度、有一定难度，4 为最大难度。

此时的冰型必是回收极为困难的情况。

表 5.4 中并未给出平整冰或类似北极海域那种全部封冻成陆地那种情况。成冰类型按其生长过程、存在形态和表面特征来看渤海只能称为当年冰或一年冰，多年冰的北极海冰一年内不会厚度增长超过 2.5 米。含盐度较高的渤海，厚冰的厚度不会超过这一数值。盛冰期沿海固定冰宽一般 0.1~0.5 千米，冰厚 15~25 厘米。渤海北部海域潮间带固定冰宽可达 3~5 千米，冰厚一般 20~30 厘米，最厚 45 厘米。

海冰堆积高度 1~2 米，最多 3 米左右，然而这大多发生在辽东湾浅水或有限区域，不代表整个北方海域的情况。

5. 海冰生成和冰情等级划分

海冰以通常六边形的结冰单体为单元，呈现管状、颗粒状和筒状形态，尺寸从直径 1 毫米到几厘米不等。单体从水面生成向水下生长，这期间会出现反复分二到三个堆积阶段如图 5.46 所示。渤海表层海水盐度一般在 28~30 之间，中部盐度较高，可达 31 以上。盐度高减少了整冰强度和成冰厚度，盐分在结冰过程从结冰单体向外部析出，成为单体之间易碎的环节。破碎的海冰可以观察到因温度反复形成的阶段性记录，呈现出密致度不同产生的颜色差异。由于是从水面向水下生长，任何一块碎冰呈现上表面平滑下表面参差不齐的形状。

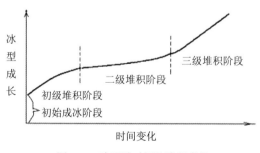

图 5.46　冰型随时间的堆积成长

如图 5.47 所示，实验中海冰下表面类似工业活性碳的结构机制，对重质、中质原油、柴油提供了比海水更好的亲和力。

图 5.47　冰层的粗糙下表面

表 5.5　冰情等级划分

标　准 等　级	结冰范围 / 海里	平整冰厚度 /cm	
		一般冰厚 /cm	最大冰厚 /cm
1 级（轻冰年）	< 5	< 5	10
2 级（偏轻年）	5~10	5~10	20
3 级（常冰年）	10~30	10~20	30
4 级（偏重年）	30~50	20~30	40
5 级（重冰年）	> 50	30~40	> 50

6. 海冰和溢油的聚合作用

整冰在潮落时无法支撑保持不破碎的条件，在自身重压下和浪击作用下很快被击碎，故不支持平整冰数日不破碎的条件。而溢油因风化特别是乳化和漂移扩散受低温变化等原因，最佳收油窗口保留事故后的 3~4 天。平整冰被击碎与溢油最佳收集时间存在时间差，从安全角度考虑，完全排除类似阿拉斯加、北极海域整冰上应急作业的可能。

通过对处理对象海冰和溢油的近距离观察和分析，以下事实有积极意义：

（1）因盐度和环渤海温度、水文水深等原因渤海冰层厚度不足以支持平整冰数日不破碎，破碎后的冰情存在允许船只航行的通道，支持实施使用船舶的常规应急策略和非常规应急策略，也支持带动力自导向小型收油机的设想。

（2）破碎后的大尺寸浮冰将溢油压在水面上且具有比海水更好的亲油性，存在利用大块浮冰在潮涌允许条件下作为溢油载体的可能；小尺寸碎冰有很好的聚合、吸附性，同样存在作为溢油载体的可能。

（3）相近的比重使溢油和浮冰在水中处于同一层次，浮冰是天然的围控和吸附材料。

（4）冰期低温推迟了溢油风化过程，为应急响应提供了充裕的时间和时间差。

图 5.48 表示了碎冰对溢油的聚合作用。这种聚合作用的机制来源于浮冰表面对溢油的亲和力，也来自碎冰之间缝隙虹吸作用对溢油的吸附力。这一聚合作用的反制，同样的围油速度，溢油存在的情况下流冰可更多地聚合。

比重 0.88 的原油渗入比重 0.92 的碎冰缝隙达到冰厚 2/3 深度。粗糙的碎冰下表面为溢油的聚集提供了便利条件，在大尺寸碎冰下的溢油轻易不会随海流移走，即使是附在冰下的轻质油，在水、冰之间相对速度达 0.15 到 0.25 米／秒时才会被分开。这种情况要么是靠近岸边的固定冰，要么是碎冰密度较大的海域冰期，浮冰随海水流动的速度受到制约与海水之间产生相对速度。出现这种情况则不再可能利用海冰作为载体，倒是可以利用流动海水将附在流冰底部的溢油带走产生涓涓细油流的现象设网拦截以泵回收。由此看来人与自然相处之道，重在因势利导和顺势而为，应急作业现场策略须择机行事，切忌墨守成规和想当然。

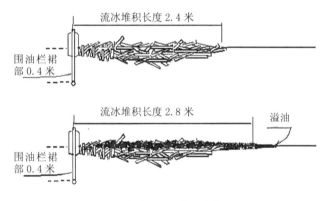

图 5.48　碎冰对溢油的聚合作用

7. 冰期溢油风险描述

以渤海为例，依据工业统计数据和历史数据对图 5.44 边界、初始条件进行以下 3 项修正：

（1）取渤海海域冰区为最大面积。因已涵盖在内，最小面积不必考虑。

（2）取渤海海域冰期为最长时间。因已涵盖在内，最短时间不必考虑。

（3）低温环境只影响溢油行为，溢油事故发生概率和溢出量与冰期与否无关。冰区取最大面积、最长时间，将边界和初始条件以常量处理不仅简化了分析，而且有历史记录根据支持。历史上渤海湾被全部冰冻覆盖的情况出现过多次。1917年1月份渤海湾包括青岛大港内外全结冰，胶州湾封冻9/10。1934年1月10日，青岛四方沿岸结冰，至1月25日胶州湾内几乎全部结冰。1947年1~2月胶州湾沿岸全部结冰，大港封冻，船舶不能出入。1969年春，渤海发生特大冰封，除老铁山水道、堡矶水道外，整个渤海全部封冻。

取最大面积则明白无误地向作业者传达了以下信息：凡在冰期渤海全海域用于勘探、开发、生产、输运作业的各类海上石油设施都在冰区之内，处于海冰溢油威胁之下。

溢油事故发生概率和溢出量与冰期与否无关的推断基于溢油风险是小概率事件，分配到冰区冰期，概率更是小了1个数量级。世界范围内在过去20年时间大量的富集油气发现寒带大洋区域，经常有海冰存在。冰期石油勘探开发作业者从俄罗斯、加拿大、美国、北欧到澳大利亚、阿根廷，根据跨国公司自己的统计，溢油事故的发生概率在冰期与常温期相比并无明显变化。除低温对管线、存储容器、阀门、船舶等钢铁材质的抗冲击强度减损易破裂，造成冰期溢油独特成因外，常温下的海上石油设施和作业环节溢油潜在风险同样在冰期存在。

根据渤海海上石油设施溢油风险分析研究和量化风险分析模型，同样没有证据支持溢油概率、溢出量在结冰、低温环境与常温条件下有何不同，因此无需在分析中单独识别。

经过上述简化处理之后，图5.44三维空间坐标化为3个直角拐尺分别表示冰期时间标识、冰型标识和溢油事故类型标识围成的二维平面坐标，如图5.49所示。拐尺之间各以其它拐尺为导轨，允许水平和垂直方向自由滑动，帮助分析者动态锁定重点关注部分。

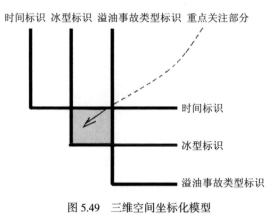

图 5.49　三维空间坐标化模型

之所以允许自由滑动是因为在拐尺上各点所对应的另外拐尺上的标识并非一一对应，而对应的是一个范围，范围长度恰好是重点关注面积的一边长度，这与前期调研结果相吻合。如时间标识上的一个点（指月份），对应的冰型可能是一组而非一种类型，油、冰相互模式而非一种方式。冰型标识上的一个节点，对应的时间标识是一时间段。

另一个原因是时间标识并非直接代表温度的变化一个参数。因为海冰的出现和分布，不仅由表面海水温度所决定，而且与海水密度、盐度、水深、海冰与海水的相对速度有密切关系。

图 5.49 为作业者提供一个推荐性冰期冰型标识记录方法。即在没有溢油事故的情况下，坚持自始冰日起每日记录冰型标识，给出尺寸和厚度、平均直径描述。建议作为应急计划的重要附件，以备在溢油事故发生后迅速获得指引。

5.5　沿海河道的溢油控制与回收
Coastal river oil spill control and recovery

5.5.1　溢油污染
Oil spill pollution

1. 定义

沿海地区的河道大部分是间接通海的；小型河道的水源主要是陆地城市的废水排放、陆地雨水、工业废水等构成；河道溢油的油源可以是输油管道跨越河道处发生的破损漏油；这样的管道泄漏事件是经常性地发生的。

2. 背景

当河道出现溢油后，如果处理不当会造成溢油入海，溢油处理的难度和成本将大大增加，当溢油进入河道后，河道当中生长的大量的水生植物，会对溢油的漂移产生阻挡作用。

3. 沿海河道溢油回收作业特点

我们知道通海河道与大海连通，河道里的水位受到海面水位的影响，也会发生很大变化，当涨潮时，在外海海水顺河道倒灌；落潮时，入侵海水和河水下流到外海；日夜反复随潮汐发生变化，水位变化十分明显，如果河水流动速度过快，部分溢油会从围油栏底部外溢，扩大溢油危害的范围。

4.沿海河道溢油回收难点

1）作业环境的狭窄和局限

沿海地区的河道的特点之一是水深很小，溢油船舶受吃水限制难以进入河道，甚至小型船舶也无法进入，因此清理难度非常大；尤其是溢油和水生植物混杂后，短时间内难于清理；河道当中的大量有机垃圾和悬浮物使溢油收油设备卡塞损坏；河道两侧复杂的陆案环境，也使得溢油清理设备进场的难度非常大，包括河道上桥涵，阻碍了人员和设备从水面到达溢油区域；河道当中的淤泥较厚，人员需要下水操作，容易造成人员溺水，这些不利因素；最终导致河道的溢油回收的难度远远大于开敞海域的溢油回收。

2）人员有毒有害气体中毒风险大

现在很多油田的油品中含油硫化氢，溢油回收过程应对人员采取防硫化氢措施，这是确保人员安全的前提，溢油应急过程，传统的溢油回收设备需要人员抵近操作，造成人员硫化氢重度的风险非常大，同时也应该看到，人员在狭窄的河道难免出现踩踏河底泥的情况，会导致很多有毒有害其他溢出，加之河道地势底洼，通风不畅，对有毒有害气体的扩散不利。

5.5.2 控制与回收技术方案
Control and recovery

（1）人工清理溢油区域的芦苇等水基杂草，清除垃圾。

操作要领：首先驱赶鱼类离开溢油区域，将水面杂草切割干净，垃圾清除干净，确保收油装置的灵活好用。

（2）用围油栏围控河道，控制溢油流动。

操作要领：围油栏对溢油区域进行环形围控，避免出现水面漏洞。

（3）围控区域首先使用人工进行清理。

操作要领：人工清理使用过的吸油材料应全部收回，避免对收油设备造成影响。

（4）围控区域使用溢油回收装置进行溢油回收（大量溢油、长距离、水深超过2米、含硫化氢的油品不宜进行人工清理）。

操作要领：应避免杂物对溢油回收装置旋转和传动部位的损伤和缠绕，随时清理水中的漂浮物。

5.6　海底天然气管道渗漏溢油控制与回收
Subsea gas pipeline leakage control and recovery

5.6.1　溢油污染
Gas pipeline leakage

1. 定义

在各种深度的海水当中，负责输送天然气的管道，在腐蚀老化等破坏因素的作用下，管壁出现破裂穿孔渗漏，造成天然气溢入水体的过程，天然气管道当中的轻烃液体和油泥垢成份溢入水体在水面形成油膜，造成环境污染的问题，称为海底天然气管道渗漏。

2. 背景

根据近年来溢油事故统计，海上天然气管线破裂和天然气泄漏事故有增加的趋势。这反映了海上管线更多地承担了油气输送任务，能源结构中气相碳氢组分占比上升。东海、南海东、西部以气田为主的勘探开发规模加大，天然气管线广泛应用于油田油气集输外运作业之中。

在我国海外并购的能源项目中，天然气资源占有相当的比重。对天然气管线泄漏事故的应对和对凝析液、凝析油的处置是项目所有方、管线运营方、应急组织机构都必须关注的一项课题。

3. 海底天然气管道的溢油污染特点

我国南海和东海作业区块都曾经发生过海上天然气管线破裂溢泄事件。在应对这类事故中体验了与原油泄漏不同的作业实践。气体的可压缩性致使从破裂点快速溢出。管线破裂后的气体溢出量，虽与破裂点的尺寸大小有关，但更与持续时间有关。上游关断后管道压力急速下降，管内外压差很快达到平衡，气体泄压后的海面很少出现污染现象。但是并非所有的天然气管线破裂后海面上不出现油污。2012 年 3 月发生在北海 Elgin 区块的天然气泄漏，空中监测发现一条数千米长的亮带，取样分析为钻井液和轻质凝析油的混合物，大约有 30 方。为此事故方动员了船只，对靠近阿伯丁海滩的海域进行围油栏保护。

在若干以天然气泄漏的事故现场也会看到絮状的油污混合彩虹状的薄油膜。这样看来无论是未经处理的产出气或是经过处理的天然气，都存在出现凝析液、凝析油溢出的可能性，要求应急组织机构待命防范的考虑有一定根据。

与原油泄漏相比，天然气破裂点比较容易锁定。因为在破裂点上方海面上会有喷发力极强的气柱。破裂点靠近管线起点因较大的管道内外压差驱动，凝析油甚至是原油泄漏也容易形成气体形态喷发，仅从现场目测观察容易混淆成天然气。

天然气管线泄漏后会形成事故现场上空的天然气云。依其浓度对事故现场的作业面形成程度不同的安全隐患。

通常做法是于事故现场安全距离外设立警戒线。现场资源到位后原地待命，未经事故现场指挥命令和事先安全评估严禁跨过警戒线进行作业。接获指令作业前检查个人安全防护设施，空气呼吸器和防火避火服。熟悉现场警报信号、船舶撤离路线和手语联络方式。气体监测确认作业现场空气有害气体（H2S、CH4 等）是否低于可允许作业的工业安全浓度。

作业过程必须随时监测作业面空气有害气体浓度，其 PPE 装备按照硫化氢泄漏应对，佩戴空气呼吸器或置于一臂可得距离。作业人员加速轮换，缩短作业时间，便于恢复体力。根据风力和离散作业一旦空气有害气体浓度达到安全浓度下限，立即停止作业撤离作业区。

5.6.2 控制与回收方案
Control and recovery

（1）首先对泄漏点水面进行硫化氢浓度、可燃气体浓度、风向风力、流速流向等数据进行检测。

（2）确定安全区域范围，人员穿戴正压式消防空气呼吸器。

（3）在安全区域内部放围堵油栏和收油设备。

（4）按开敞海域溢油回收方案对凝析油进行回收作业。

（5）采取进一步险情控制措施。

安全注意事项：

操作过程中人员应在上风方向活动，下风方向作业应采取避免中毒和引起火灾的安全措施。

5.6.3　相关知识
General Knowledge

1. 天然气管线破裂出现油污染的条件

当事故现场气压降下来后是否有凝析油、凝析液或凝析物出现，需要分门别类加以判断，决定是否在安全风险解除后，需要动员进行溢油回收和提前资源准备。

非经净化处理的天然气来自气井、油井和凝析油井。天然气井沟通的天然气层会含有少量原油；油井沟通的油层也会有溶于原油中的游离天然气组分；凝析油层则是液态的碳氢组合物。天然气井也存在凝析油，压力、温度的变化常在井口或在天然气处置环节析出。这些你中有我、我中有你的剪不断理还乱的关系难以排除天然气中不含碳氢组分的液化形态，不同组合的碳氢组分在环境压力、温度变动过程会呈现稳定或不稳定的不同相态（见图 5.50）。

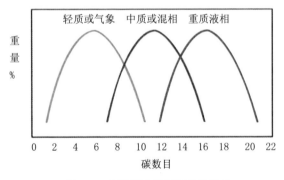

图 5.50　不同组合碳氢组分的重量

就海上油气管线的功能分从油田井口平台到中心平台和从中心平台到陆地终端的油气集输，从输送介质分输油（包括凝析油）、输气和油气混输管线。

所谓的非经净化处理的天然气并非完全不处理，因为含有水蒸汽、二氧化硫、一氧化碳、氦、氮等成分，在管道输入前需要进行初级处理以保护管线不受损害，但与完全纯净处理过的干气有很大差距。一般而言非处理过的天然气输运管线存在凝析液、凝析油的可能性高于处理过的天然气输运管线。非处理过的天然气输运管线内的介质气相而呈多相，其流动机理遵循多相流的特征，要考虑油气比、管壁粗糙度等因素。

混输管道流动则完全屈从多相流特征，在起点压力作用下，气体介质以波动形式前行，流速远大于同管道内的液体介质流速。速度的不同常使管道产生壅塞现象。

处理过的天然气输运管线内部的流动因其单相，流量和压力是稳定的。由于气体的可压缩性，输气管道的压力曲线呈抛物线形，靠近起点的管段压力降缓慢，距离起点越远压力降越快。如图 5.51 所示，输气管道内压力在靠近起点 3/4 的管段上压力损失约占一半。随着压力降低体流量增大，而质量流量守恒，速度必须加快。这是为什么破裂点处气体流速极快，摩阻损失随速度增加而增加，现场会听到噪声的原因。

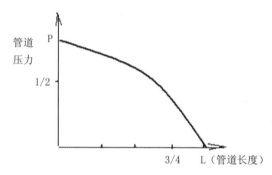

图 5.51　管道压力随长度的变化趋势

天然气管道存在凝析液、凝析油和其他含油杂质的可能性，而且通常分布在管线内壁，或积存在管线内的底部（见图 5.52）。工程上常用一些公式对输气管段流量进行估算，其中潘汉德尔 B 式中的输送效率 E 值描述管内壁的清洁程度对于输送能力的影响。根据 E 值大小判断管段内壁的清洁程度。当计算出的 E 值较小时说明内壁出现了较多沉积物或大面积腐蚀。周期性的通球处理就是清除附着在管线内壁的油污以保证通气畅通。

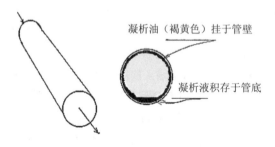

凝析油（褐黄色）挂于管壁

凝析液积存于管底

图 5.52　管道里面凝析液、凝析油污的聚集

长期不通球清管的管线存在凝析液、凝析油污的可能性高于经常通球清管的管线。天然气泄压后,海水会将积存于内壁的油污带入海中,天然气泄漏的事故现场看到的絮状油污大多属于这类管道积存的油污。

在破裂时溢出时天然气压力、温度剧变,超过一些组分的凝析温度,任何压力变化存在凝成液态形式的可能。凝析温度与临界温度有一定关联性,需要对天然气介质组分有所了解,因为各地出产的天然气组分各有不同,其所含组分中乙烷、丙烷的临界温度较高分别为 32.37℃ 和 96.67℃。

破裂点内外压差平衡时积存凝析液是否溢出水面,还取决于破裂点所处管线的水平等高(见图 5.53)。在不平坦的海床,破裂点处于管线低端海水会进入较多,造成对管内壁的大面积清洗,同时寄存于管壁底部的凝析液、凝析油因重力作用而流入海中。因为此时管线破裂点内外压差已经平衡,进入的海水有限不会发生大量油污染。

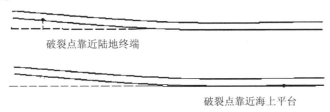

破裂点靠近陆地终端

破裂点靠近海上平台

图 5.53　破裂点位置的影响分析

综上所述,判断是否有凝析油、凝析液或凝析物出现可以建议以下提问:

(1)天然气源是否净化处理。

(2)是否混输管线。

(3)管线是否经常通球,事故前距上一次通球时间长短。

(4)管线的水平等高,破裂点所处位置。

(5)海域环境温度的影响,冬季夏季温度差异较大,影响压差平衡后的管道凝析液、行为、海上挥发率。

如果这些问题的回答不利于上述分析,那必须做好海面溢油回收、清除的准备。

2.海面凝析液、凝析油回收相关描述

海面油污常以凝析油、凝析液出现,展现出一些与原油不同的风化行为,决定了应对策略的选取。又称为天然汽油的凝析油,主要成分是 C5 至 C11+ 烃类的混合物,并含有少量的大于 C8 的烃类以及二氧化硫、噻吩类、硫醇类、硫醚类和多硫化物等杂质，其馏分多在 20~200℃ 之间，挥发性好，是生产溶剂油优质的原料。如用于渤海蓬莱区块钻井作业的油基泥浆，其溶剂油则是来自伊朗南帕斯的凝析油。

溢出后凝析油会迅速失去大量的轻组分，在低温下会形成粘稠、稳定的残留物。实验分析表明大多凝析油在溢出后很短时间挥发掉 30~50% 的溢出量，偶尔会最大挥发 60%。

对于风化中的挥发率使用气提法和蒸馏法测定。气提法的原理是在常温条件对给定重量的凝析油以每分钟 2 升的速率注入气泡，约 50 小时后以等间隔记录剩余的重量。蒸馏法的机理是模拟类似溢油在海上的风化条件，根据油品成份和海况条件事故 1 小时后溢油会减少 20~30% 的重量几天后会损失掉 40~50% 的重量。典型的轻质油品中的烷烃和正十六烷都会在挥发中跑掉。蒸馏到 175℃ 会产生拔顶油（即蒸发掉轻质组分所剩原油）类似凝析油在海面上 1 小时所遭遇的那样；而 250℃ 会产生类似凝析油在海面上 24~48 小时所遭遇的那样。因此如果知道凝析油经过 175℃ 和 250℃ 两次蒸馏后的重量，就可以推算出凝析油风化后不同时间间隔所剩下的余量。

对于油膜很薄的凝析油应最大利用自然风力的作用或机械离散方法加速其挥发，是不战而屈人之兵的最佳策略。使用船用消防水炮喷洒海水冲击也是破碎离散的好办法。

如果漂移预测结果分析显示，凝析油 12 小时以内通过挥发和消散残存量小于 1%，到达敏感区以前凝析油就可以消散，并未影响到敏感资源保护区域，可不必海上人工作业，仅将用于防护的岸滩、固体浮子围油栏或吸油拖栏装船，在溢油登陆附近入港锚泊，随时对油污可能达到的敏感区域进行拦截。

对于溢出量大的凝析油能否使用传统机械回收和溢油分散剂处置的问题需要样品试验分析支持。

类似轻质原油，凝析油的粘度随环境温度上升而下降。粘度变化从温度 6℃ 时的 210mPas 下降到 27℃ 时 6mPas，同样粘度的变化梯度在不同温度下也呈现不同的差距。比如溢出后最初的几个小时，27℃ 时粘度增加仅仅 20mPas 但在 6℃ 会增加到 5 550mPas。溢出后 24 到 48 小时约有 27℃ 时粘度增加 180mPas 但在 6℃ 时会增加到 12 000mPas。低温时增加如此高的粘度由于结蜡成份起作用。

如果使用粘附式机械回收设备低温水域的作业条件优于常温或高温天气，在设备矩阵中很容易找到 6℃ 到 17℃ 之间粘度曲线的设备匹配。

凝析油在低温下时间足够会形成不稳定的乳化物，由凝析油中的絮状析蜡成份包住弱势的、不稳定乳化物，减少它的表面粘度。虽然低温环境凝析油泄漏到海上会弱势乳化，但很难在高能海域进一步乳化，甚至乳化后的凝析油被破碎返回凝析油状态。在 27℃时，风化后的凝析油保持为轻质液体油不会乳化。实验分析表明凝析油的乳化只在低温、高能海况下发生。一旦乳化形成会降低它的粘度，降低程度远比普通油品幅度大。但是凝析油形成的微弱乳化不稳定，会重新被击碎形成凝析油和水。

精确地预测凝析油是否会成为油包水型态的乳化很大程度要看溢出时的海况条件。同时乳化过程不是在浮油中均质发生，比较井场实验数据显示乳化过程通常始于浮油较厚的那部分。在 6℃和 27℃时分别将凝析油残渣和人工海水（含盐 35mg/L）投入震动搅拌器进行高速搅拌，油水比可以从乳化形成后还剩下多少海水度量。乳化实验依此法进行使用的凝析油残渣取自蒸馏实验分别在 175℃和 250℃得到的残留物。这种乳化实验方法在标定风化和离散实验中用于评估凝析油的离散性。

对凝析油的关注集中到挥发量、是否会乳化、粘度变化这三项内容。据此确定凝析油应对策略。有条件取样对凝析油风化和乳化后的离散测试和确定使用溢油分散剂的最佳时间，会对应对策略选取有很大帮助。

5.6.4　案例
Illustrations

图 5.54 为清理凝析油污作业现场的情景。

图 5.54　清理凝析油污作业现场

5.7 海底油气水管道渗漏和断裂溢油控制与回收
Subsea pipeline fracture and leakage control and recovery

5.7.1 溢油污染
Spill pollution

1.定义

在海洋石油开发过程中，为了运输油气水三相介质的而铺设在海床上的管道称为油气水海底管道，它主要负责从采油井平台向中心处理平台输送地层采出液，由于腐蚀老化等破坏因素导致海底管道破裂，溢出的油对海洋环境造成了一定程度的污染。

2.背景

随着我国海洋石油工业的发展，连接海上平台和陆地之间的海底管道的数量骤增，海底管道的使用寿命大约 15 年左右，海底管道的超期服役问题十分突出，同时面对非常严酷的海床普遍恶劣的水文地质条件，使得海底管道的破裂溢油风险大大增加。

与海底注水管道相比，运输油气水介质的海底管道具有更高的经济价值，污染风险也远高于前者，油气水介质的混合输送造成的震动、应力、化学腐蚀远远高于前者，同时可以发现，如果一条油气水海底管道的泄漏污染可能带来整个海上油田的停产，这不仅是经济上的损失；而且可能引发更大的环保风险，针对高压油藏，将有可能导致油井设备的严重泄漏，造成严重的井漏事故。

因此，高度重视油气水海底管道的渗漏和断裂溢油带来的危害对海上油田安全环保运行具有重要的意义。

3.海底油气水管道溢油污染的特点

（1）发现困难，在刚开始出现小型的渗漏点的时候，油气水介质当中的气会抢先通过渗漏点进入水体（气泡优先泄原理），在海面不会产生油膜和亮带；海管压力原本具有严重的波动现象，很难判断为泄漏征兆。

（2）溢油应急受天气影响严重。

（3）关停海底管道程序不当会引发更大范围的溢油；在海管未切断前，管道内的油气水处在高度乳化混合状态，在"气泡优先原理"作用下，虽然海管出现有漏点，但无法溢油量是微乎其微的；按照很多应急计划的要求，当发现管道泄漏后，需要立即对海关两端进行关断，关闭后，海管内的油气水介质静止分离，油开始凝集从漏点进入水体，从而引发更大范围的溢油。

当然，在海底管道受到强力破坏而断裂时，其两端的关断阀是应该立即关闭的。

4. 油气水海底管道溢油污染应急处置难点

（1）海底管道两端彻底关断难，海底管道关停后，其两端的关断阀一般都存在老化内漏的问题，这是因为阀板长期在油气水砂的腐蚀之下，密封面出现严重老化失效，平台管道的残留压力会继续窜入泄漏的管段造成溢油延续。

（2）海底管道扫线难，在对漏点进行切割修复前，为避免管内部的残留油溢出造成污染，需要使用扫线泵槽船从管道的一端扫线阀上打入温度高的清洗液，从海底管道的另外一端扫线阀连接罐船接收扫线后的含油污水，因为工期紧张，往往要在恶劣海况下进行，在扫线过程中，由于水下泄漏点可能存在负责的变形，在浑浊海域潜水员难以看清漏点的情况，在深水区潜水员又无法到达，水下机器人往往也是无能为力。因此，水下漏点的预先封堵非常困难，大部分情况，要任由扫线时从漏点溢出的油自由飘出海面后进行收集清理，从而造成了二次污染。

5.7.2 控制与回收技术方案
Control and recovery

1. 海底管道自然渗漏

发现海管泄漏后，应逐渐管停上游的油井，扫线船停靠海管上游平台，连接扫线管道；

操作要点：首先关闭高含水井，最后关闭高含气井，确保泄漏状态下，海管当中尽可能地充满气体。

全部关停油井后，开始泵入扫线清洗液至该海管；

操作要点：扫线清洗液温度要高，加入原油清洗剂，扫线时间不应低于 2 小时，同时要从出水端接收水样后，进行化验合格后含油率要低于 20PPM。

对漏点海面可能出现的溢油参照"开敞海域溢油控制与回收"进行。

2. 海底管道断裂泄漏

发现海管断裂泄漏后，应立即关停相关油井海管两端紧急管断阀；

操作要点：关断紧急关断阀之前应率先关闭油井，先关闭高压端，后关闭低压端，反之，上游平台积累的压力将加大溢油量。

立即对漏点海面可能出现的溢油参照"开敞海域溢油控制与回收"进行；

泄漏海管扫线：泵入扫线清洗液至该海管。

操作要点：扫线清洗液温度要高，加入原油清洗剂，扫线时间不应低于2小时，同时要从出水端接收水样后，进行化验合格后含油率要低于20PPM。

5.7.3 案例分析
Case study

CB20A 平台至中心二号平台海底管道穿孔原因分析：

1. 海管故障简介

CB20A 平台至中心二号平台油气混合输送海底管道为双层管结构，内管规格为 $\Phi 325 \times 14$ mm，外管规格 $\Phi 426 \times 14$ mm，壁厚均为 14mm，设计长度 2 743 米，实际长度为 3 017 米，容积 213 m³，管道材质为 16Mn，1998 年 7 月 15 日投产，至今已经运行 11 年。

2009 年 10 月 21 日中午 13:30 分，出海巡线人员发现距中心二号平台东南约 1 000 米处有异常水涌和气泡，后按照应急程序对海管进行停产和后续处理。漏点状况如图 5.55 所示。

图 5.55 漏点状况

停产后海管漏点的经过潜水员的探摸，描述漏点状况如图 5.56 所示。

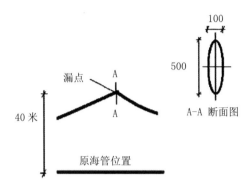

图 5.56　漏点状况分析

通过图 5.56 的断面描述，该海管漏点位置内管弯折失稳造成了一个长轴 500 毫米，短轴 100 毫米的近似椭圆，外管在冷态下彻底断裂，断口间隙 40 公分，该漏点段海管曾经被拖离原先位置 40 米，由此可以判断该海管由于某种原因离开了原位置 40 米。

2. 故障原因分析判断

根据水下损伤状况描述及翻阅大量的金属材料文献现对事故原因做出判断。

海管外管断裂说明外管层受到强烈的拉力破坏，可以归结为两个直接原因：

（1）海管材质设计失误。

证据 1：16Mn 钢属于普通低合金结构钢，在 GB699-88《优质碳素结构钢技术条件》，没有查到 16Mn 这种牌号的材质，只有 15Mn 钢，其力学性能数据如下：屈服强度 25MPa，抗拉强度 42MPa，状态硬度 HB 不于 163，热处理退火温度 920℃保温时间不少于 30 分钟。

证据 2：在 GB1591-88《低合金结构钢》中，16Mn，力学性能数据如下：屈服强度 27 MPa，最小极限抗拉强度 47MPa，（标准中允许可以降低 2MPa）。

证据 3：在文献《海管综述》当中，海管的制造应严格按照美国石油学会（API）APIspec5L 规范执行，其材质选择以"钢级"来表征，一共有 10 个级别，分别是 A25、A、B、X42、X52. X56、X60、X65、X70、X80，其中最低钢级 A25 力学性能如下：最小屈服强度 172MPa，最小极限抗拉强度 310MPa，规范规定：X52 钢级用于外径小于 508 毫米各种壁厚的管子，其力学性能是：最小屈服强度 358MPa，最小极限抗拉强度 455MPa，因此 CB20A- 中心二号海管的所具有的规格应选用或参照 X52 钢级。而实际采用的是普通低合金结构钢。

国内规范在 GB8162–87《结构用无缝钢管》中查出了 16Mn 这种材质的钢管牌号，透过该标准的适用范围，可以看出：CB20A– 中心二号海管使用的是不承受油气水介质的结构用无缝钢管，其抗腐蚀能力远远不能满足输送油气水介质的要求。

证据 4：GB9711–88《石油天然气输送管道用螺旋缝埋弧焊》中用来制造石油天然气输送管道的 9 个规格，它们是钢级 S205–S480（可以有中间级），其中钢级 S205 母材抗拉强度最小值 330 MPa，S480 母材抗拉强度 565MPa。

结论：由以上数据对比可以看出：CB20A– 中心二号平台海底管道材质选型严重失误，未采取 API、GB 规范要求所要达到的材质性能，导致在用海管实际抗拉强度比规范要求降低了 9 倍。

（2）采用双壁海管内外管线性热膨胀不平衡，导致外管被拉断。

CB20A– 中心二号海管采用"双重保温管"，内外管间填充绝热材料聚氨脂泡沫，如图 5.57 所示。

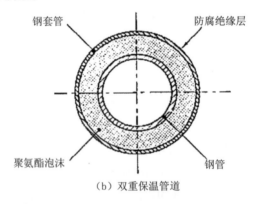

（b）双重保温管道

图 5.57　双重保温管道

管道在 7 月投产，海水底部温度与外管几乎一致，大约为 5℃，根据 10 月 5 日两端数据，其内管平均温度约为 50℃，在使用状态海管外管因和海水直接接触，内部有泡沫绝热材料隔绝，因此外管温度可以认定为海水温度 5℃，并且保持恒温，几乎不出现热线性膨胀，海管内管在投产升温前其前后温度差（T2–T1）应该是 45℃左右，海管初长度 L_l =3 017 m。

文献《实用热物理手册》660 页，列出了 16Mn 钢的线胀系数 $\alpha L=8.31 \times 10^{-6}$。根据公式，海管内管升温后的线性膨胀量为

$$\Delta L = aL \times L_1（T_2 - T_1）=8.31 \times 10^{-6} \times 3\,017\text{m} \times 45\,\text{℃} =1.13\text{m}$$

结论：海管内管达到生产状态后要膨胀伸长 1.13 米，而外管却不会伸长，出现了内管顶外管的严重隐患，外管必然承受一个很大的拉伸力，当这个拉伸力达到抗拉极限后外管会端裂，经过计算这个断裂拉力不低于达到 851.24 吨。而如果更换 X52 钢级后，拉断同样规格的外管需要 8 240 吨，这个破坏的力量来源于内管热膨胀造成的拉伸力集中，但即使更换 X52 材质后其由于线形膨胀系数几乎没变，拉伸力几乎没变，外管有能力平衡内管的顶力。

如果在这种严重伸张状态下海管遭到锚拉后，海管承受一个剪切力，剪切力极限承受范围与抗拉极限有一个很明确的比例关系，如果海管外管抗拉已经濒临极限了那么它能承受的抗剪切力就很小。因此，海管在这种张紧状态下即使遭到轻微的锚钩力也会轻易地断裂。举个例子：一根绳子放松状态下很难用刀子割断，但拉紧以后，只要轻轻一点，绳子就被割断。这也就是我们并不能把"海管受过锚钩损伤"作为事件"直接原因"的理由，如果说锚钩将相对强度较高的外管挂断，那当时为什么没有把强度较小的内管挂断呢？

外管在内管强行抻拉，同时在锚钩剪切载荷的作用下，使外管被拉断后，内管与海水接触直接进行腐蚀，按照腐蚀速度来测算 14mm 壁厚，到今天应该出现腐蚀穿孔的现象，且内管腐蚀区域很大很长，已没有维修价值。

海管未设计热补偿器是造成故障的间接原因。针对漏点管段曾经偏离原设计位置40米，并有明显的弯折失稳现象，最表面的认识是该海管曾经受到过锚挂伤害，在此不支持该判断，理由是：假设船舶在锚挂时将强度刚度较高的海管外管直接弯曲折断，为何没有将强度刚度较低的内管一并挂断？因此，该海管受损伤不存在外力问题，只能认为这是长输管道的热伸长弯曲现象，这种情况导致海管靠自身热应力能量变形偏离原位置，在产生弯曲段后，造成"漏点位置内管"弯曲失稳出现断裂损伤。陆地长距离管道全部都设计有补偿器，海底管道也应该设计补偿器，而实际所有海管都没有设计补偿器，才导致该类变形损伤，如图 5.58 所示。

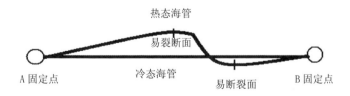

图 5.58　海管热伸长变形原理

由原因（2）可以判断外管在承受了巨大拉力后，由于一些载荷因素，导致外管在海管升温后断裂，内管继续膨胀导致局部海管产生热膨胀弯曲位移，导致产生易断裂面。

根据相关资料显示，海管铺设没有挖沟埋藏，达不到 2m 的防护深度，海管得不到海床的均匀固定，造成海管在海床上变形的便利，但不应该成为本次事件的主要原因，只能归结为间接原因。

预测：

（1）目前凡是由 16Mn 钢管制造的双重保温管，几乎都存在外管被拉裂的薄弱点隐患，甚至一部分已经被拉断，只是尚未发现穿孔。

（2）该段海管外管目前只发现一处溢漏点，海管降温回缩后外管裂口间距为 40 公分，没有彻底合死口，最直接的原因内管有可能被拉长了，也就是说内管在降温过程中因冷缩不平衡已经被塑性拉长造成内管某个截面已经被"冷紧破坏"，因此内管应该还有一处断裂隐患没有被发现，如果继续使用该海管，那么将来某一天该海管将要彻底断裂造成无法控制的污染。

（3）外管断裂的时间，经推算应该是投产后即出现了断裂，这是一个热应力集中的过程受温度直接控制。

5.7.4 应急响应的经验及改进措施
Contingency response experience and improvement measures

海管泄漏点的气泡优先泄漏原理揭示的奥妙。在海管穿孔故障发现时存在一个十分奇特的现象，漏点上方水面除了有一些气泡水涌外没有出现任何油迹，按照常理应该有大量的油溢出，经过对油气特性的研究我们发现了漏点的气泡优先原理，该原理的存在可以对油气混合输送管道的泄漏量起到很大的控制作用。

当油从采油树出来后，与从套管中涌出的天然气重新混合，然后进入海管，此时油体尚具备一定的压力，因此一部分天然气尚未分离出来，加上套管涌出的天然气，混合后和纯油一起运输，如果一块未分离的油块靠近漏点时，由于其表压力在半径方向上迅速降低，导致油体中溶解的天然气成分迅速"滑脱"，溶解天然气对压力变化十分敏感，感受到低压后，产生一定直径的气泡，越来越大，最先到达并逃出漏点，并能始终将纯油体向管子中心附近推离，远离漏点，而油体中的纯油部分很难逃脱，这是"气泡优先原理"（见图 5.59）。

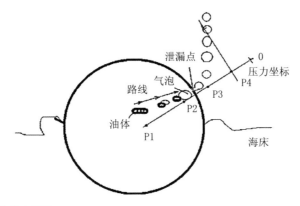

海管穿孔气泡优先原理：

（1）油气混输管道内部，溶解气泡永远在油体和漏点之间产生，对渗漏起一定的阻止作用。

（2）漏点小于气泡直径时只出气不出油，此时泄露属于安全泄露，所对应的时间称之为安全泄露期。

图 5.59　海底管道气泡优先原理

纯油块想出离泄漏到海中，除非油块提前比气泡到达漏口，理论上只存在一个几率问题，没有必然关系，对于海管上的小型漏点来说，油气泡要想溢出，必须进行"缩颈"，这需要消耗一定的能量，这在地质学上叫"孔吼效应"，气泡需要一个通过时间，在这个时间里，油体会被管道流能量冲走，从而减少泄油量，因此，"孔吼效应"对溢量的控制很重要，可以看到只要漏点足够小，漏点会出现"出气不出油"的现象，因为油块逃脱的几率小。这也就是为什么有些阀门盘根漏气但是始终不漏油的原因，只要能测得在漏点附近压力温度条件下，油品能分离出气泡的直径就可以确定漏点在多大直径下是比较安全的，任何海管渗漏过程都要经过出气不出油的"无污染期"，只要在这期间找到漏点就可以成功避免事故。

气泡在脱离漏点的过程中，相当一部分能量要转化成对水流的扰动冲击，水中的气泡、悬浮体的直径比声波波长小的很多。比声波波长小许多的小颗粒，反射声波的能力随着物体与波长比的减少按 4 次方下降，也就是说，小物体的反射声波的能力是很弱的。但是气泡和固体不一样，它可能在某个频率上发生共振，而一旦发生共振，在该频率上就会有很强的反射声波，比同样大小的固体反射声波要大几十倍。我们可以使用主动式声纳设备沿海管路由监听，很容易发现漏点，国外在这项研究上已经有了很长足的进步。

在正常生产情况下，管道内的流态是油气水混合流，流态相当复杂，也就是说,在这种流动状态下要泄漏1立方米的混合介质,其中至少要有相当一部分气(如50%),那么泄漏量大大减少,相反在强行关闭,油气水充分分离后,泄漏的就是纯油了。我们可以设想:该条海管发现渗漏时,在最快的时间内关闭了两个井组的油井和中心二号的进站阀门,此时由于油气水三相流被迅速强行中止,导致靠近中心二号平台附近的海管内部不可避免地出现"水击"现象,水击使泄漏点泄漏量迅速增大。当"水击"平息后,管内流态出现了变化,由最开始复杂三相流(油气泡沫流),转变为油、气、水分离状态,一部分油体中的溶解气逐渐开始变成气体,其分压释放成很大的气驱压力,这个气压驱使着已经分离出来的纯油迅速从泄漏点大量泄漏。由此可以看出,海管自然穿孔渗漏并不危险,危险的是采取的不当的"关停措施"而不是"逐渐顶替关停措施"一定会导致溢油量增加。

结论:通过以上论述可以开看出,在发现集油海管泄漏后,最重要的环节不是去马上关断,而是设法减少其中纯油含量,也就是说要关闭油井,但不能关闭套气流程,让套管气源源不断地进入海管,使漏点纯油含量逐渐降低,同时组织氮气泡沫扫线施工,这种扫线方式可以很彻底将管内残留的油气水裹胁干净。氮气扫线结束后,首先关闭海管进站阀门,再停扫线泵,严防倒流,这是减少溢油量的最成功的方式。

目前并没有建立有效的溢油应急响应系统。在事件发生后,事发单位迅速出动所有人员参与抢险,人员、物资的效能发挥到了极点,但是肩负着重要职责的"溢油应急中心"由于东营新港远距离栈桥的阻挡,绕路遥远,姗姗来迟;22日上午出动的船舶太大,海上仅仅发现的是油膜"亮带",其所携带的收油机、围油栏因海况气象恶劣的影响未发挥作用,根据惯例现场用螺旋浆水流去打击粉碎"亮带";等22日下午围油栏铺设后,由于海流较大,所拦截的油膜从围油栏底顺流逃逸扩大蔓延,有关单位调集了近10条机动船舶,在船舷上每隔2米绑扎一张吸油毛毡,依靠船舷的围堵作用,吸附了绝大多数油膜,彻底消除了海面污染,与之形成明显对比的是溢油应急中心的溢油回收设备未发挥有效的作用,而事发单位仅仅采取了简单易行的方法却收到了良好的效果。

结论:针对一般性的小型溢油,可自行清理,短时间内不能依靠外部力量,需要建立细致的溢油回收方案,包括但不限于:溢油收油船只、应急人员、船只所配物资、应急清油人员职责、信息反馈制度、现场物资保障、围油栏下放等,可有效压缩反应时间,减少溢油处理量。

溢油清理手段单一,回收溢油能力欠缺。

事发后我们收油的手段就是吸油毡、围油栏、纱网,让我们看一下它们的表现:

1）围油栏的使用状况及改进建议

在使用过程中由于受到海流的影响，围油栏被拥挤封闭成线条，无法封闭某个区域，涨潮和落潮海流使其严重位移，为固定围油栏而抛锚存在一定的风险，可能破坏海管、海缆。但无论如何，"柔性围油栏不适合开敞海域"这个情况很容易想到的，因此必须要研发刚性围油栏（见图 5.60）。

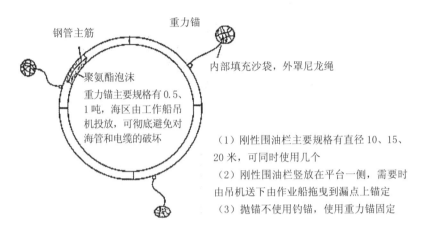

钢管主筋　　　　重力锚

聚氨酯泡沫

重力锚主要规格有 0.5、1 吨，海区由工作船吊机投放，可彻底避免对海管和电缆的破坏

内部填充沙袋，外罩尼龙绳

（1）刚性围油栏主要规格有直径 10、15、20 米，可同时使用几个

（2）刚性围油栏竖放在平台一侧，需要时由吊机送下由作业船拖曳到漏点上锚定

（3）抛锚不使用钓锚，使用重力锚固定

图 5.60　刚性围油栏

刚性围油栏的出现最初是受深水养殖网箱的启发而产生的创意，养殖网箱的使用目的和围油的目的类似完全可通用，而且它具有很强的抗风能力，可靠性强，近海养殖网箱（见图 5.61）。

图 5.61　刚性围油栏

由图 5.61 可以发现在海管出现渗漏时,刚性围油栏在漏点区域迅速组装成型,以砾石组成的重力锚沉入水下固定围油栏,可以多个固定,然后即可对海底管道进行扫线作业。

2)吸油毡、纱网的使用状况及改进建议

吸油毡在清理海面浮油方面表现出了很强的能力,当日下午,部分人员乘座海蛟 5 号,在每侧船舷每隔 2 米系一张吸油毡,用船舷围堵溢油,冲刷吸油毡,吸油效果良好,现场表明:吸油毡被打湿后,吸油效果就差很多,确保吸油毡能够漂浮在油面上,确保其发挥作用很重要。

改进建议一:就近使用现有船舶和吸油毡就地进行溢油吸附具有重要的意义,以上绳子捆扎的方法,使吸油毡的吸附面被大量压缩严重影响了使用效果,如果将其固定在一个固定拖架上,吸附面积会成倍提高,吸油效果很好(见图 5.62)。

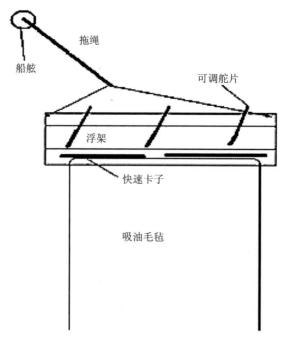

图 5.62 吸油毡托架

改进建议二:可以考虑一个漂浮的拖曳扫略的支架结构,其上吸油毡按阵列式布置,纱网捕捉重油块有很好的效果,可以将纱网安置在吸油毡的前面,在这个结构上人员可以活动,填加更换纱网和油毡(见图 5.63)。

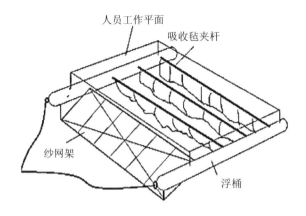

图 5.63　拖拽式吸油装置制造

另外，我国环保设备公司生产的"收油拖网"具有很大的实用性，该收油拖网，由多层纱网制成，网口两边有浮子体，进油口有由围油板产生张口，张口两侧可由渔船拖带，可大面积快速围捕油带、油块，如果拖网内部放置一定数量的吸油毛毡，则能吸附清理海面较薄的油层，可以适应一般海况、大面积油带、较低温度的收油作业环境。

研发动态斜面式收油快艇，适合快速大面积清理溢油。

动态斜面收油机，该型产品能适合一般海况，油膜较薄的情况，气温要求不高，其进油口有由围油挡板形成张口，张口由两条渔船拖带，可大面积围捕较薄的油带，具有较强的适应性（见图 5.64）。

图 5.64　动态斜面收油机

但需配合有一定吊装能力的船舶，建议存放在有一定吊装能力的石油平台上。

改进建议三：由于东营新港栈桥的阻挡，应急船舶最快也要3小时，到达井区，对溢油清理相当不利，如果厂家能研发双体式橡皮充气快艇，中间放置动态斜面收油机，那么就该产品具备轻便灵活、重量轻的特点，跑位快速、功能多样（收油、拖围油栏、输送物资），可存放在中心平台，完全不用依靠陆地力量，能在最短时间内抵达现场，能在浅水岸滩使用，控制中、少量溢油（见图5.65）。

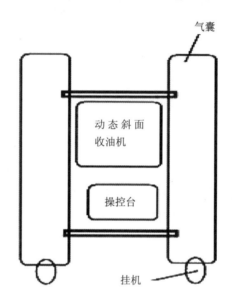

图 5.65　收油快艇平面图

收油快艇吃水浅，适合到一般船舶到达不了的岸滩进行溢油清理。

吸油拖缆是快速围捕大面积油带的利器。

如我国环保公司生产的吸油拖栏就是其中的佼佼者（见图5.66）。其结构是：一根塑料滚筒外包裹吸油毛毡，外罩网子，多节联结后形成一个吸油栏，如果使用船舶拖带能形成很强的收油能力，实现围油和收油一体化作业，不存在撇油的带来的各种难题，可快速围捕、切断大面积油带，结合我们环境，可以考虑依托距离较近的平台作为挂点拉设该吸油拖栏围堵油带（全固定式），也可考虑一端固定在平台上，一端由渔船拖带做圆周运动来围堵油带（半固定）。吸油拖栏的最明显的作用是能一次性快速切断一定厚度的大面积油带，如果多道使用以及配合拖网联合使用，可快速控制溢油的局面。

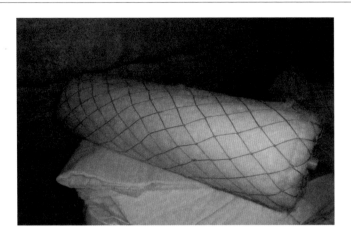

图 5.66　吸油拖栏

5.8　海底注水管道渗漏和断裂的控制与回收
Reinjection pipeline fracture and leakage control and recovery

5.8.1　溢油污染
Spill pollution

1. 定义

海底注水管道负责将处理过的回注污水在平台和平台之间输送的一种管道，大多数海底注水管道属于单壁注水管道，该管道具有，热损失大、管道运行压力高、污水介质微量含油等特点；因为含油污水的含油性，因此注水管道泄漏后一样会造成较大的污染性。

当海底注水管道遭遇到以下情况时会发生渗漏和断裂：

（1）强烈的温度变化造成的应力集中。

（2）强烈的碰撞打击造成的管表面破坏。

（3）长期的硬物摩擦导致的裂缝。

（4）海床环境下对金属表面腐蚀穿孔。

2. 背景

在浅海区域，由于管内外的正压差较大，海底注水管道渗漏后，在渗漏处存在强烈的水力冲刷，在短时间内渗漏会演变成穿孔，穿孔会转变成漏洞；实践证明：渗漏发展成漏洞甚至可以在几个小时完成；由于漏点的形成速度快，海底管道内部的流速出现突进，可以造成弓腰部位静态分离出的油被裹挟外溢。

海底注水管道原油泄漏后，除了较为粘稠的可见"黑油"，还有大量的油膜，油膜的回收难度非常大，甚至难于回收；因此，海底注水管道泄漏对海洋环境造成的危害不容小觑。

5.8.2 特点
Characteristics

经过大量的海底管道的探摸的结果证实：海底注水管道的在海床上铺设，存在一定的复杂情况。如海底管道被海泥所埋藏、海底管道裸露在海床之上、海底管道在海床上"弓腰"、海底管道被和硬物之间相互挤压摩擦等情况。

海底管道的实质是一个具有稳定流态的容器，海底管道的"弓腰"处会成为采油污水中油的聚集点，采油污水中的油会在弓腰处进行聚集，而且往往一条海底管道可能有很多"弓腰"位置。因此，海底注水管道泄漏后的溢油量与海底油气管道泄漏量相当的可能。

5.8.3 控制与回收的难点
Control and recovery difficulties

（1）注水管道的水下漏点的定位困难，必须在停止注水前才能确定，如停止注水后，潜水员无法通过水温和水色进行水下定位，同时水下漏点的高压射流对潜水员有威胁。

（2）扫线清理难，注水管道在海床上经常会出现弓腰段并在此积存油类，需要通过很大的扫线排量才能将寄存油彻底清理干净。

（3）收集薄油膜困难。

（4）海底注水管道内的处理后的注水介质，有一定的含油率，且油质较轻，在海面上会形成大量的薄膜亮带，按照目前的回收技术，难于清理。

5.8.4　应急处置方案
Contingency response

（1）按照开敞海域溢油清理的操作步骤对漂浮溢油进行追踪清理。

（2）对海底注水管道进行管停。

（3）操作要点：关停过程应缓慢进行，避免对内部积油产生影响。

（4）对海底管道漏点进行摸排定位。

（5）对的海底注水管道进行扫线（渗漏状态下，泄漏口不大。

（6）操作要点：扫线过程要逐渐增大扫线水量，避免水击。

（7）对断裂的海底注水管道按照开敞海域操作方法进行水下或水上围控。

（8）采用机械设备对水下漏点进行开口清理畅通。

（9）操作要点：水下漏点开口必须满足尽可能打的扫线水溢出量。

（10）同时由洗井船在断裂海管进行热水扫线作业。

（11）操作要点：扫线作业尽量选取视线良好的白天，选取平流良好海况下，洗井作业末端应采用大排量冲刷作业，热水扫线的水温不得低于 80℃。

5.9　FPSO 溢油控制与回收方案
FPSO control and recovery

5.9.1　溢油污染
Oil spill pollution

1. 定义

FPSO（Floating Production Storage Offloading）是浮式生产储卸油轮的英文缩写，它是集生产、储存、外输及生活、动力于一体浮动储罐，用来处理和储存原油，由穿梭油轮定期提取，将原油运往各地。

2. 背景

在海况良好的浅水作业环境中，FPSO 的使用确实有巨大的经济，技术优势和潜力。在一些深水井域由于海底地质构造的复杂和裂谷存在，使铺设油气管道受到限制甚至禁止，使用 FPSO 则成为无可取代的方案。

从经济效益来看，集生产、储存、外输于一身的 FPSO 犹如一座水上漂浮的原油生产处理厂，机动性强，可随时驶入指定井域开工生产。这在时间和作业成本上远远低于管线到岸，建厂处理的传统方式。况且传统方式的生产处理在环境风险上也不是无懈可击，首先海底管线的铺设就是令设计者十分头疼的问题。对各分支管线管径，长度从经济角度的合理布局，上下游终端的压力匹配，还需要设置复杂的 SCADA 对整个管线网络进行监控和调配，常使设计者顾此失彼。至于到岸后在生产厂的处理，溢油的风险仍然存在，只不过从海上移到了陆上。

值得一提的是 FPSO 的造船周期明显缩短。以我国船舶工业集团公司为例，平均每条船比合同期提前 51 天交船。和传统陆地生产方式相比，大大提升了 FPSO 在准备时间上的优势。

另外，固定距离的传统陆地生产方式一旦发生相关井域产量减少或完全停产，陆地生产厂则面临要麽停产要麽增加运输成本从远处来周济。英荷壳牌在苏格兰东北部建立的生产处理厂在 20 世纪 90 年代末就因临近井域的减产而面临困境。

正因为如此，截至 2003 年底，共 136 艘 FPSO 在全世界各海域作业，这远远超过其他海上浮动生产系统 FFSS，TLP 和 SPAR 的总和。巴西是世界上使用 FPSO 作业最多的国家。20 世纪 90 年代末期，约 20 多艘 FPSO 在巴西海域作业，至今势头仍不见减缓（见图 5.67）。

我国的 FPSO 作业起步虽晚，但发展迅速，经历了由无到有，由国外设计国内建造到自行设计自行建造，并带出一支具备良好执行力的优秀团队。中国海油当前服役中的 FPSO 有 13 艘，其中 7 艘产权属于中国海油。FPSO 中国作业海域主要分布在南海和渤海，吨位从 5 万吨级至 25 万吨级不等，至今无论从规模还是作业能力和作业水平上均达到世界领先的地位。

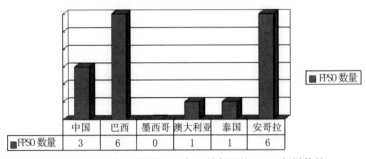

■FPSO 数量	中国	巴西	墨西哥	澳大利亚	泰国	安哥拉
	3	6	0	1	1	6

图 5.67　2003 年 9 月到 2005 年 9 月各国的 FPSO 新增数量

3. FPSO 溢油污染的特点

FPSO 集生产和运输于一身，也正因为这种多功能，造成很多衔接上的薄弱环结。与固定的作业平台相比，增加了一定的泄漏风险。

FPSO 储存油量巨大，一旦发生泄漏事故，面对巨大的体积和储油量，污染后果将非常严重，且难以控制，此外，FPSO 作业地点的变化，船东多次易主，作业记录和维修历史的难以掌握，造成对 FPSO 监管上的困难。

拥有庞大油轮船队的发达国家，在 20 世纪 90 年代中期，使用的 FPSO 大多改自现有的油轮，虽然单壳船很容易改造成 FPSO，但很快发现它的弊病，那就是易损的阀门，液压泵和压载管路。另外不容置疑的是油轮改制的 FPSO 在行为特征上仍偏象于船类，会有船舶所面临的问题，如碰撞，动稳定性，锚泊和静稳定性问题。由于海上平台熟练技工的短缺，FPSO 的所有者和作业者曾多次申清在墨西哥湾准许使用 FPSO 作业，但禁令环境署仍未松动。根据 2001 年美国国家海洋局（MMS）对 FPSO 作业所做的环境评估报告看，除对 FPSO 的装卸载系统和动态平衡系统在大风浪下的可靠性存有质疑外，超标生产污水的海中排放和燃气的空中排放是难以解禁的原因。作为飓风高发区的墨西哥湾，漂浮软管和联接法兰的可靠性和抗风险能力以及与接油终端的匹配程度在报告中成为反对使用 FPSO 作业的理由。

4. FPSO 溢油风险识别的描述

FPSO 的主要风险环节在于它的解脱和动平衡系统。根据以往油轮改制 FPSO 作业所发现的产生溢油风险的环节主要是这两方面。因此有针对性的作了技术上的改进，比如，舱底龙骨的增加有效地减小了大浪中的过度滚转，作业经验显示这一改进对 FPSO 而言在保持举载力不变的情况下，滚转特性有明显改善。

另外专门设计建造的 FPSO 会在运动性能，动态加载和动态平衡以及不同吃水条件下的波频运动做出很大的改进。在浅水环境大风浪中防触底性能远超过油轮改制的 FPSO。

超标生产污水的海中排放的问题除了人为因素以外，新建造的 FPSO 和油轮改制的也有很大的不同表现。接油生产能力与生产水的清污处理能力有良好的匹配和再循环机制，不会象油轮改制的 FPSO 因储仓不足而超标排放的情况。

三级生产污水处理中的油水分离器中的栅格在风浪滚动中常易磨损而带病作业而新建造的 FPSO 抗滚动性良好所以优于油轮改制的 FPSO。主要还需关注失效造成巨大财产损失和环境损害的设备：

（1）FPSO 油气管线和各个关断阀门。

（2）化学品储存区域和储存室。

（3）载卸油系统和漂浮软管。

（4）动态平衡和压载系统。

还有直接影响操作质量引发安全，环境危害的管理系统，如 FPSO 操作人员的应对能力、确保可用人力 – 工时，可用工具，可用备件足以维护安全和可靠的工作条件。只有当综合的可靠性评估程序包括了这些对象监测时，评估结果才反映出 FPSO 的真实情况，才会清楚地指明人员，设备和管理系统上安全操作的实际能力，指明针对相关工业规则的风险等级，以及给出风险控制的方法，使风险保持在可控水平。

一个环境安全分析报告包括所有可能的环境安全问题和对所含问题的管理以及使其危险最小化的详细阐述。作业者应提交所有已存和新建海上设施的环境安全案例分析，符合作业国的海上环境安全规定。这包括 FPSO 在内的海上移动和固定的设施。一个环境安全报告应展示安全设计、描述操作要求、提供持续的经常性检查和应急计划中应急反应的安全保障。另外，FPSO 的锚地安装也要求要有环境安全分析报告。环境安全分析报告一定要展示所有可能的危害以及可能诱发的主要事件和对其危害等级的评估。

风险评估方法是检查每次发生的环境事故，对照固定式平台比较发生的频率和后果。比较结果可以用来预测 FPSO 作业的风险行为。用于评估的基本案例为单点系泊，双壳船型可储原油 100 万桶的 FPSO。海底井口设备及随船生产设备与其他深海环境生产和输送系统相同。原油由旁靠油轮输送到岸而伴生气由管道输送到岸。

与 FPSO 相关联的风险行为是 FPSO 相关联的大于 1 000 桶的溢出频率为 0.037/每 10 亿桶油由于 FPSO 本身的失误而同样溢出频率增加为 1.2/每 10 亿桶油由于穿梭油轮的失误（产量约为 150 000 桶 / 每天）。

与 FPSO 相关联溢油事故中约 94.4% 的溢出总量发生在穿梭油轮从 FPSO 接油和穿梭油轮到岸卸油操作过程中。

上述总量中，约 53.6% 发生在穿梭油轮的码头卸油操作过程中。约 39.0% 发生在穿梭油轮的运输油途中，仅仅 1.8% 发生在穿梭油轮从 FPSO 接油操作过程中而且这项统计包括了小于 1 000 桶的溢出事故。

处理操作过程的油污水排放是 FPSO 唯一相关联的风险行为。

与其他货轮相撞引起溢出事故的频率很低，约占 FPSO 相关联的大型溢油的1.2%。

典型的与 FPSO 相关联的风险行为有如下考虑：

此项评估仅就通用情况，如需更详细的评估，就应考虑个别情况，加上 FPSO 的作业地点，接运方式和穿梭油轮的活动范围综合考虑。

可以看出 FPSO 相关联的风险行为就 FPSO 本身来说比重很小。即使这很小的比重中约 20% 由特别部位发生。而其中 33% 由油管和油管接头引起，22% 出现在卸载系统，15% 由坏天气引起，而 11% 由于碰撞和稳定性出了问题，10% 出自航运系统，9% 出自锚泊和定位（见图 5.68）。

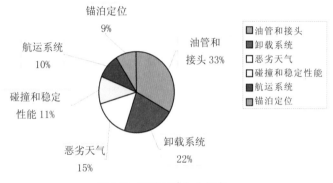

图 5.68　溢油风险行为概率

这详细程序检查了作业方申请使用 FPSO 各项安全环境指标。采纳评估通用而非个别情况方法，因此可提供给审核方作为批准与否的根据。对个别情况的评估应由有关部门和环境执法机构单独评估并取得许可。

卸载系统中即便很小的设备部件如果存在瑕疵，就会造成完全功能失效。比如定位锚泊用的锚链和过驳用的漂浮软管，以及连接漂浮软管的破离器（见图 5.69）。

图 5.69　连接漂浮软管上的破离器

在讨论 FPSO 环境风险时，不应只着眼于技术和设计层面，应将管理方面的原因和作业者的作业能力的原因通盘考虑。有时后者在引发环境事故中占主要地位。即使使用新建造的 FPSO，也经常有 FPSO 超标排放的事故，其原因主要有：

（1）污水处理装置的首次启动，设备调试阶段，系统不稳定。

（2）系统关断，操作控制不灵活。

（3）作业人员误操作。

（4）设备检修，流程进入旁通运行。

解决措施：

（1）增加观测时间，系统运行稳定后，才将排放转入排海。

（2）选择高品质仪器，并注重日常维护。

（3）提高作业人员业务能力，加强环境安全教育和管理。

（4）减少旁通次数，或检修时，不排放。

超标排放对于海洋环境有着非常严重的损害，主要需要从操作管理上杜绝超标排放。

5.9.2 控制与回收技术方案
Control and recovery

（1）停止相关油田和平台的生产作业，终止 FPSO 来液。

（2）FPSO 周围布控围油栏。

（3）油轮在附近定位抽取 FPSO 内的剩余油。

（4）制定船体封堵方案，进行船体堵漏作业。

（5）水面溢油按照开阔海域溢油回收作业方案进行。

5.9.3 相关知识
General Knowledge

从海洋溢油应急的方法和计划制订来看，针对 FPSO 和针对海洋平台，固定式平台、单点系泊等配套设施和其它浮动工具的区别在于，用于 FPSO 溢油应急资源配备和应急路线安排上无法事先做出，溢油应急事故发生后的响应时间也难以预测。因此对于 FPSO 的作业环境风险审核应强调以下几方面：

（1）首先列出 FPSO 的安装和日常作业相关联的溢油风险和风险区。

（2）减少溢油风险的方案（安装和日常作业）。

（3）事故发生后减少溢油量的方案（安装和日常作业）。

无论是使用化学手段的溢油分散剂或机械手段的围油栏收油机都是为了减少溢油对海洋环境造成的损害，FPSO 也不例外。在资源配置上应满足：

（1）强调资源的适用性。

（2）加强资源共享。

（3）完善资源统一管理和调配。

（4）合理使用现场一级资源。

（5）现场的服务船可用作为一级资源补给站。

根据溢油应急事故发生频率和风险模型分析结果，对比 FPSO 使用上的薄弱环节，可在布局和作业等方面加以改进。针对 FPSO 溢油应急计划在强调资源共享上要提出可操作的方案，使一旦发生紧急，共享各方真正顾全大局。

另外，合理使用现场一级资源强调使用，这为减少溢油事故对环境造成的损害赢得时间。

5.10 深水油田水下井喷溢油控制与回收
Deepwater oil well blowout control and recovery

5.10.1 溢油污染
Deepwater oil well blowout control and recovery

1. 背景

美国墨西哥湾深水油田的溢油事故带给人类巨大的教训，深水井口溢油事故，因其具有的不可控性的特点，巨量的溢油渗透污染了巨大水体结构，对无数的海洋生物造成了灭顶之灾，严重消减了海洋水体生态和太阳能量之间的热交换，加剧了海洋和大气之间的强烈的能量交换，引发了严重的台风灾难，对人类的生存带来了巨大灾难。

2. 深水油井喷溢油的特点

深水水下生产系统井喷，具有泄漏时间长，泄漏量巨大，不可控性强等特点。

3.深水油井喷溢油控制与回收的难点

（1）人类对海洋的了解很少，对水下地质和水体的灾害的规律几乎空白。

（2）水下油田生产系统操控手段单一，仅靠水面平台下入工具和水下遥控操作。

（3）井喷事故本身的难于控制的技术性质。

（4）海洋环境的恶劣海况决定了溢油控制与回收的高难度。

5.10.2 控制与回收技术
Eruption control and recovery

1.深水井喷溢油控制的基本思路阐述

水下油井在失控溢油后有一个共同特征：井底溢油压力高于所处海水的静水压头，且井口通道无法人工关闭。由于人类在水下的操作仅能依靠水下机器人ROV完成，但其功能十分有限，不具备精确定位能力，功率瘦小，无法携带重型设备，对井口进行金属冷加工并进行封堵，因此ROV不能在水下实现复杂的修复工作，最多是个协助者。水下井喷溢油发生时，井口附近的场能的剧烈释放和强烈波动，使目前大多数水下工程手段都无法成功开展。而且水下溢油具有蔓延快、波及面广的特点，因此，溢油对海洋环境的破坏是空前的，我们必须要有完全的把握来控制深海井喷溢油事故油井并能够根治，才能确保海洋石油开采不会给海洋以及人类带来灭顶之灾。

2.引流式套管坐封法控制深水油井溢油技术描述

引流式套管坐封法是在不堵塞溢油井口的状态下，将一根携带多级封隔器的"通透套管"借助深水救援平台"河蟹"将其强力推入井筒内座封，借助座封套管的接头安装控制阀，从而使不可控溢油转化为可控溢油，进而在很安全的前提下，更换和安装新的井口设备，彻底修复受损油井。

第一步："引流式套管座封法"修复深海失控溢油井的基本原理是依靠一根可控的"加压座封管柱"携带"引流式座封套管"探入故障井套管内座封，再造一个可控流动通道，由于座封套管顶端和底部均有开孔，溢油可以在其探入井筒时改走该套管内的通道，最后从套管顶开孔喷出，而不被阻碍，该路线是可控的，"座封套管"起到了对喷射介质的引流作用，由于对套管的横截面设计是适当的，因此节流阻力是适度的，座封套管在下入溢油井口的是可行的，通过精心设计座封套管因"憋压"而被"吐出"的可能性不大（见图5.70）。

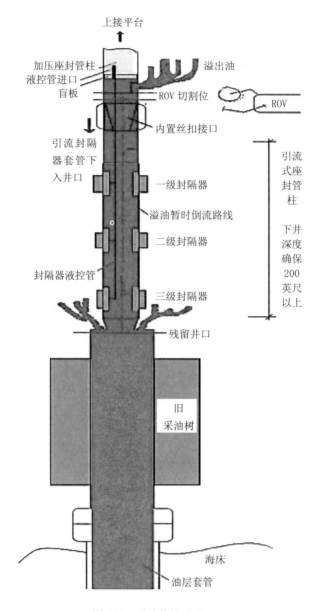

图 5.70　溢油井的原理

第二步：在上图描述的操作中我们必须看到，在座封套管探入井桶的开始阶段，存在众多不利因素：水流的扰动，管柱的自由漂移，井桶内的残留管件的阻碍，以及座封管柱可能产生的震动，大幅度降低管柱探入油井的成功率，为能在短时间内准确完成管柱的探入作业并座封,我们研发了一种深水救援平台名叫"河蟹",它是一个固定式水下平台,被放置在油井旁边,"河蟹"上有一个铁钳,名叫"金刚钳",该钳具有夹紧、旋转、升降的运动功能,这些运动功能完全是靠液压站、液棒来实现,金刚钳可以夹紧套管做精确移动,最终将座封套管和井口对中,并完全抵消外界波流扰动的能量,并能以至少 10 吨的推力将座封套管压入井内(见图 5.71)。

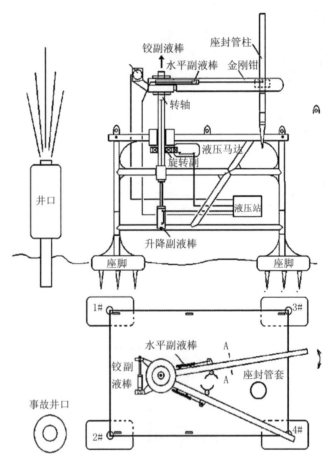

图 5.71　"河蟹"深水救援平台

金刚钳是"河蟹"的最重要的部件,它主要靠两个钳翅,夹紧套管的卡瓦固定在钳内的滑芯上,滑芯沿钳翅移动是靠水平副液棒能量来驱动,因此卡瓦在一定水平面积内可轻易实现迅速合拢,让我们了解一下卡瓦的运动结构(见图 5.72)。

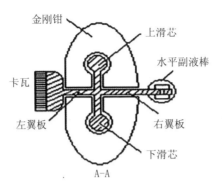

图 5.72　金刚钳截面图

第三步：当"河蟹"被安放到事故油井旁边后，金刚钳会在与油井距离较远的区域张开 80° 角并等待，座封管柱被降落到 80° 的扇形区域内，"河蟹"的金刚钳"转轴"靠升降液棒起升到顶点位置，金刚钳的卡瓦依靠水平副液棒的驱动，在 80° 的扇形区域内可"迅速捕捉"座封套管，金刚钳被液压旋转马达旋转到井口附近，座封套管再通过水平副液棒被移动到事故油井喷口上方，将套管对中井口，此时转轴的升降副液棒收缩，能以不小于 10 吨的压力将座封管柱压入井口(见图 5.73)。

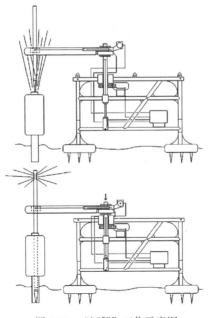

图 5.73　"河蟹"工作示意图

　　第四步:"引流式座封套管"在管体共安装三级封隔器,在下入油井一定深度,由盲板以上部分的"加压座封管柱"通过封隔器液控管线向封隔器提供座封液压能,按照预先设定的压力座封完毕,该套管会被固定在油井内,并能承受一定的静压能,同时能将溢流油推入座封套管的中间流动,座封套管对溢流油达到了基本可控状态。

　　座封管柱能否顺利入井,取决于入井阻力大小,因此套管封隔器尽可能小的横截面积才能减少承受的喷射阻力。传统封隔器的横截面过大,因获得了过大的喷射阻力,导致套管无法入井。因此,在此推荐一款全新的小截面封隔器 – 预压封隔器,其设计理念是将一定体积的胶芯在弹性范围内以专业设备压缩后装入封隔器胶芯储槽内,座封时通过与其相临的液压储槽升压将胶芯弹出即可实现膨胀座封,预压封隔器的设计可以省掉压缩胶芯的复杂结构带来的大横截面,同时只需要一个很小的液压力即可实现胶芯挤出座封,液压缸壁厚可减薄,封隔器的结构原理如图 5.74 所示。

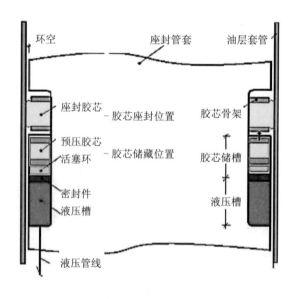

图 5.74　预压封隔器座封原理

　　在"座封套管顶部"适当高度装有一个被预先安装好的"内置式丝扣接头",在座封程序完毕后,由 ROV 延着接头顶部的边缘将管柱切断,由平台将管柱顶部收走后,该接头随即出现,在平台管柱的导引下将控制阀拧紧在该接头上,从而对溢油实现了完全可控，同时接头安装的压力表有助于测算下一步压井时的泥浆密度，为了防止憋井，可适当打开控制阀，或连接生产软管至储槽内。

第五步：作业者以最快的速度将采油树抽出更换新采油树，其原理如图 5.75 所示。

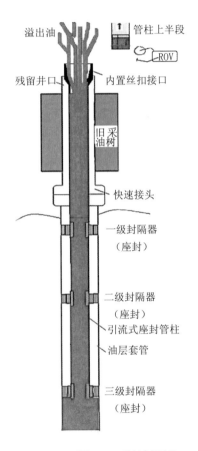

图 5.75　采油树原理

第六步：重新安装导流管，压井后将"加压座封管柱"上提抽出，封堵成功。

该方法具有相当高的成功率，施工周期短，费用低，它具有的明显特点：常规堵漏控制是以"堵死"为目的，施工后油井基本报废，而该方法是以修复为目的，施工后重新恢复油井的生产能力，即使采油树受损脱落，无法再安装，也可以通过该方法恢复暂时生产。因此，该方案具有很高的经济容量，应该是首选的方案。安装步骤如图 5.76 所示。

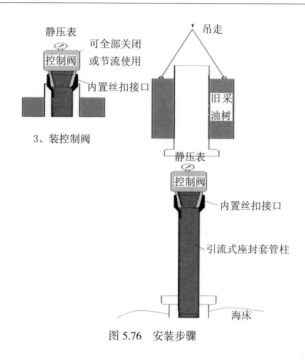

图 5.76 安装步骤

同时必须要指出，ROV 之所以在水下油井的修复中力不从心，是因为它不固定、强度低、功率小，不能携带"重型水下机床"对油井金属本体进行钻孔、套丝、整形、刨磨等机械加工作业。深海救援平台"河蟹"具有 50 吨自重的坚固结构，金刚钳上可扩展安装重型机床，可以对采油树及套管进行改造，甚至可以携带未来的遥控焊接设备进行操作。因此，以"河蟹"为基础的水下救援设备在实用性上更上一筹。

3. 深水水下注入溢油分散剂技术描述

在应对深水井喷溢油事故过程中，在高压低温受水下环境下溢油常常悬浮在水体或堆积在海床上，使用常规溢油应急手段很难清除。悬浮在水体中的原油，其轻质碳氢组分会上升至海面，聚集在作业环境上空，严重影响了应急作业人员的健康，使他们疲劳甚至中毒不得不撤离。这是在墨西哥湾深水地平线事故应急发生的情况。同时堆积在海床井口周边的溢油严重阻碍救援井下基盘的水下施工，也给海洋生态环境造成了严重损害。水下注入溢油分散剂成为解决上述难题的一项尝试。

溢油分散剂的使用作为处置溢油污染的主要手段之一，在事故应急过程中被广泛使用。溢油分散剂主要是利用表面活性剂的乳化作用，减少溢油与水之间的界面张力，使溢油迅速乳化分散，进而大大提高溢油的自然分散速率、生物降解速率和光化学氧化速率，从而减小溢油对海洋生态系统的影响。在墨西哥湾溢油事故中，溢油分散剂首次在水下环境中得到了应用，减少溢油污染物在上浮过程中对整个水体环境的污染，也为水下封堵作业提供海床上的油污清理。溢油分散剂的水下应用为人们寻找快速有效处置水下溢油事故的有效手段提供了经验和技术研发思路。

随着深水油气资源勘探与开发的逐步深入，水下工程设施装备快速发展，海洋水文地质环境变化以及深水海域海床下地层地质的敏感复杂，发生在水下的溢油事故发生的风险与日俱增。因此，探索溢油分散剂水下注入技术和水下分散机理研究，建立溢油分散剂水下使用技术规程及跟踪评估体系，对于保证深水油气资源开发顺利进行，维护海洋生态系统健康，具有一定现实意义。

比如针对溢油分散剂效率问题，在水面试验标定现行溢油分散剂有效性的基础上，研究溢油分散剂水下使用结果和使用条件，筛选适宜水下环境的溢油分散剂类型，建立注入作业规程。同时针对溢油分散剂对海洋生态环境的负面影响，提出监测方案和效果评价方法。

根据溢油分散剂理化性质的测试结果，以乳化率和表界面张力为指标，分析比较常规配备的溢油分散剂产品（包括常规型、浓缩型和稀释型）和低温溢油分散剂产品在室内模拟环境条件下的溢油乳化效果，以确定适宜水下环境使用的溢油分散剂类型。

以乳化率和乳化稳定性为主要技术指标，通过模拟试验和模型构建的方法，研究海水温度、压力、水流等主要水下环境因素和溢油速率及油品性质对溢油分散剂水下溢油乳化效果的影响，确定溢油分散剂水下使用的条件，包括剂油比、温度范围、盐度范围和压力范围等。

以乳化率和乳化液滴粒径为主要指标，通过室内试验和模型构建的方法，建立水下溢油分散剂使用效果评价方法，实现溢油分散剂水下溢油处置效果的科学预测与评价。

根据溢油分散剂水下使用条件，对溢油分散剂水下使用的喷注方式、喷注作业原则、溢油分散剂使用量、设备系统的性能要求和安全措施等开展研究，建立溢油分散剂水下使用技术体系。为减少溢油分散剂对深水海洋生态的负面影响，引进环境友好型的生化溢油分散剂或使用植物油为溶剂的溢油分散剂在水下注入使用，对于应对大型深水溢油事故需要做些储备。

必须指出，根据 NEBA 分析决定使用水下注入溢油分散剂的做法略显仓促，至今仍有不同的甚至对立的观点。倾听主要反对的声音有助于谨慎使用水下注入溢油分散剂，理由是：

（1）在缺乏精确量化海洋环境损害指标定义下，当前的技术和资金投入难以追踪和评估大量注入溢油分散剂的毒性影响，影响时间和范围。

（2）毒性检测标定上用于水下注入的溢油分散剂需要不同于水面使用的溢油分散剂，除了对溢油分散剂本身的毒性检测外还应增加与溢油的共同毒性检测。

（3）对溢油分散剂的毒性检测除考虑对本水域生物物种影响外还需考虑临近其他水域的生物物种的影响。

至今为止仍缺乏权威机构对墨西哥湾深水地平线事故水下注入溢油分散剂对海洋环境影响的大范围长期追踪报告。

5.11 沉没油轮溢油的控制与回收
Control and recovery of sinking tanker oil spill

5.11.1 溢油污染
Oil spill pollution

1. 定义

在全世界各个大洋经常性的发生载油船舶（油轮）的沉没事故，油轮可以是专业的运输船，也可以是其它用途但载有原油等烃类油料的船；发生沉船事故时，油料随油轮沉没落到海床上时，随着海水对船壳的腐蚀作用加剧，另外可能存在的水下灾害事故对船壳的破坏作用，油轮在沉没一段时间后，残油可能会大量溢出，造成海洋污染，根据不完全统计，二次世界大战共计沉没大约13万条各类船只，粗略估计这些沉船在沉没后携带的各种油料大约有2 000余万吨，在接下来的几十年甚至上百年内这些油料随时都有可能对海洋环境造成严重的破坏，比如：沉船所在地发生水下地震、水下泥石流、水下滑坡等水下灾害时，很容易造成沉船的严重损坏，引发油舱破裂溢油；如果沉船被埋藏在海底泥面以下，将在更长的时间周期内造成环境污染的风险。

2. 背景

当一条载油船舶沉没后，如果不进行残油清理，将不可避免地产生溢油污染灾害，严重威胁海洋生态系统的安全，造成太阳能和海洋生态之间的割裂，引发强烈的海洋气候灾难，因此，清理沉油轮的残留油是一个船主的义务，是政府主管部门的责任，对国家经济发展具有极为重要的意义。

3. 沉没油轮溢油污染特点

（1）船只沉没到溢油发生的时间跨度很长，具有很强的突发性。

（2）溢油量很大，溢油持续时间很长。

（3）溢油清理需要水下操作，周期长、花费高。

4. 沉没油轮溢油回收难点

沉船沉没在深水海床上，比如沉没在 3 000 米的海床，强大的水压导致潜水员无法到达，在沉船抽排残油作业前，仅能依靠水下机器人下潜抵近观察，速度非常慢，根据反馈数据，制定抽排残油的方案，目前世界上已经具有了抽排 1 000米水深的油轮残油的成功案例。

抽排沉船当中残油的主要原理是依靠一条由海面连通到船体油舱内一条柔性或刚性的管道，管道的底部开口结合在沉船油舱的排油口上，上部连通水面回收船舶上，对轻质油来说，依靠油类自身的浮力漂浮来抽排油舱的残油；对于重质原油来说，要依靠安装在管道底部的机泵或气举泵来强行抽排残油，大量事实证明通过人工抽排的方法是完全可能将深水沉船上的油料清理干净的，即使海床上的低温对稠油造成固化影响，也可用通过向油舱注射产热化学药剂的方法来加热溢油，然后用抽排的方法将残油抽走。

俄罗斯沉没的库尔斯克号核潜艇，在打捞时是使用水力喷射磨料切割的方法；在水下进行金属切割作业，主要目的是安装吊装点，非常成功；这提供了一个很好的沉船油舱开孔的方法；库尔斯克号打捞时所有的水下切割设备是通过磁力锚粘附在船体表面，性能优良的磁力锚，粘附在船壳上的每个点可以提供不低于 4吨的粘附力，这又提供了一个很好的水下设备固定方法。

当水下沉船油舱当中的油料被抽排时，船体的浮力中心发生变化，船体的受力量平衡被打破，沉船重心出现偏移，船体躺在海床上的姿势将要发生改变；可以观察到，船体浮力下降后，自重加大，带给海床更大的压力，船身会出现不同程度的下沉，如果此时正在进行抽排作业，可能刚开始时非常顺利，由于船身姿势的变化，导致溢油排出口的位置由顶界最高点的垂直位置变的倾斜，导致油料无漂浮溢出，甚至造成抽排管道的断裂或脱位，抽排作业失败，这是在抽取沉船油舱残油过程中不可忽视的问题。

船舶的油舱实际上属于常压容器设计，内部气体压力使用呼吸阀来平衡，确保油舱的安全，因此，沉船后，通过人工方式在油舱上在造新孔可以和呼吸阀孔道之间形成连通，抽排残油过程中，呼吸阀有海水被吸入然后进入油舱，保证油舱和外界水体的压力一致，这对抽排作业是有利的。

可以看到，在船体抽排残油的过程中，应提前对船体进行扶正或加固，船体扶正可以通过在船体上捆绑具有可调浮力的水下浮箱来实现，当出现不利姿势后，调整浮箱的浮力，实现姿势的变化；对于姿势不会有太大变化的沉船，可以使用枕垫材料加固船体姿势，比如：混凝土块垫高关键位置；泥沙填充将要出现的倾倒方向；当然可以采取各种各样的方法来加固沉船在水下的姿势，通过对受力状况的分析，可以精确地分析抽排残油过程中将要出现的姿势变化。

5.11.2 控制与回收技术方案
Control and recovery

首先对沉船进行水下探摸，建立相关的沉没模型和图表，制定水下打捞方案，水面打捞工程船到达沉船位后进行精确定位。

1）浅海区沉船抽排残油

（1）潜水员下潜，寻找油舱最高点并标记开口位置。

（2）固定水下切割设备于开口位置（高压水力磨料切割机）。

（3）下入船体固定设备对船身进行姿势固定。

（4）将第一层船板板切开，寻找二层油舱板开孔位置，并标记。

（5）在二层油藏板开孔位置处安装磁封阀，打开阀板，露出油舱板。

（6）组装抽排软管下水后底部连通磁封阀，抽排软管管底内部安装射孔爆破枪（40发）。

（7）启动爆破枪对油舱板进行爆破穿通，建立泄油通道，根据需要将化学制热剂量注入船舱后加热残油。

（8）启动水面抽油泵，抽油软管排油。

（9）反灌水泥砂浆到油舱将开孔永久封死。

2）深海区沉船抽排残油

（1）水下机器人下潜靠近沉船，寻找油舱最高点，标记好开口位置。

（2）高压水力磨料切割机下水，固定在开口位置旁边。

（3）对船体进行水下固定。

（4）将首层船板切割开口后对船体内部障碍物切除清理。

（5）在油舱板开孔位置上安装磁封阀，打开阀板。

（6）水面平台组装抽油泵管柱，管底内部安装射孔爆破枪（40 发），管柱底部开口连通磁封阀。

（7）启动爆破枪，对油舱板进行爆破串通；泄油作业开始。

（8）启动抽油泵管柱，抽排残油作业。

（9）反灌水泥砂浆将油舱板开孔封死。

5.12 沉底油和半沉底油的控制与回收
Control and recovery of subsiding and subsided oil

5.12.1 背景
Background

沉底油和半沉底油生成概述：油藏的形成必然是基于一个封闭的地下空隙构造，这个地下构造主要是由"通风透气"空隙性的砂和岩石填充物构成，用以抵抗和参与平衡顶部地层对油藏造成的向下的地压力；这种填充物可以是富含缝洞结构的岩石，可以是砂层，也可以是泥，泥沙和油混合后形成一种密封性能非常好的封堵剂。所以，将油藏所属的区域体积岩石周边的缝洞结构全部密封，形成了一个可以储存石油和压力的空间容器，称为油藏。因此，油藏的形成难以离开泥、砂、油质和蜡质等。

岩石分解之后形成泥质，而泥质当中必然也包含一些高比重的金属、金属氧化物或合金成分，可以发现在油藏形成的漫长的历史空间里，泥和砂是不分离的，可以发现在采出地面的油当中含有泥砂，而泥和油结合的结果导致油的密度接近水的密度。重质稠油密度大于海水，入水后处于沉底状态；可以认同为沉底油。

沉底、半沉底油主要是油水比重变化决定的，油水比重的变化是风化过程的一部分。除了油品本身特征外还要考虑环境中各风化因素的影响。在应对处置中强调尊重规律、服从规律和利用规律。溢出量和海面观测到的量出现很大反差时需要警觉是否出现沉底现象。判断溢油是否下沉首先考虑：

（1）溢出油品的比重，油水比接近 1 的可能性大。

（2）近岸或杂质颗粒较多的受水环境的可能性大。

（3）涌流流速和水域能量水平对沉底油的形成有关系但结果可能相反。

（4）温度对沉底油的形成有影响但仅限于油水比接近的油品。

一旦判断有沉底、半沉底油的可能，在应急策略上应考虑以下几点：

（1）沉底、半沉底油的高粘度决定了水下吸附的可能，低粘度的沉底、半沉底油可利用真空泵、潜水泵收集清理。

（2）大多数沉底、半沉底油的粘度虽高但不足以支持长期粘附在固体颗粒上，因此，反复出现在水面的可能性高，需要长期观测。

（3）发生沉底、半沉底油事故清理后需要长期对水底和取水口取样监测。

（4）重质成品油成分因炼化工艺不同而各不相同，因此需要尽快获得事故方掌握的第一手资料，有条件的应现场取样同步进行风化实验。

（5）沉底、半沉底油对水体和整个生态系统的侵害，以及水下监控、回收带来的困难，为应急响应机构提出了不容回避的课题。对此我们除认真钻研、取长补短、改进现有应对策略和应急技术别无选择。

溢油呈沉底或半沉底状态的条件：

沉底、半沉底是指原油或成品油，统称油品，在自然水域没有物理约束条件下，以其自身比重变化或悬浮于水体，或沉积于水底的行为或形态。因此不考虑沉船舱底油。

沉底油和半沉底油的形成途径有两类。第一类是溢出油品轻于接纳环境的水，油/水比小于1，故初始时浮在水面。随后在水面运动过程与固体颗粒相互粘附形成重于水的混合物。接纳环境水也称受水，即溢油事故发生的水域，包括淡水和海水。海水含盐，比重略大于淡水。

由于绝大多是油品比重小于1，"挟外部颗粒自重"是它们沉底的途径。水体中的固体颗粒要么是从岸滩腐蚀岩石为浪涌剥离下来，要么是本来就悬浮在水体中的微型沙粒。这些略重于水的油沙混合物会悬浮于水体中，慢慢地沉入水底，形成沉底油。油沙混合物并不稳定，在涌流的冲击下油会与沙粒分离，重新返回水面。

另一类是溢出油品的比重本身就接近或大于受水的比重，油水比大于等于1，所以悬浮于水体或沉积于水底。图5.77给出API比重和海水质量的关系直线，在座标图上以关系直线分界判断油品是否会沉底。

在淡水环境油品的API比重小于10将不上浮，海水环境油的API比重小于6.5不上浮。

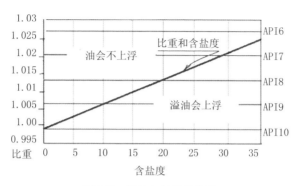

图 5.77　溢油与盐度的关系

世界不少地方生产具有重质、高粘特征的原油。根据美国国家海洋大气管理局 NOAA 的数据库搜索列出了 26 起沉底、半沉底油事故有 3 起由重质原油引起，说明原油具备沉底的条件。

排除燃烧后残油沉底和半沉底情况，这 3 起事故展示了 API 比重 13.6 到 17.3 之间原油沉底的公共特征。重质、高粘度以产自委内瑞拉和巴扎克罗等地的为首选。2010 年我国大连新港码头储油管线输送的正是来自委内瑞拉的原油。

国内部分区块产出的原油也具有重质特征。渤海绥中的原油沥青含量高达 10.48%，胶质含量 12.53%，密度为 0.946~0.992g/cm3，相当 15 的 API 比重。

沉底油的第二来源是成品油，在 26 起事故中占据 13 起，成为沉底、半沉底油事故的主角。虽然溢出量大都不超过原油事故溢出量，但发生概率较高，集中在运输环节。这 13 起事故溢出的是 API 比重在 7.9~12.5 之间的低端炼化产品、残油油浆和煤焦油。了解原油的炼化机制会清楚为什么成品油成为沉底、半沉底油的主要来源。

原油的炼化工艺有 1 分馏－从原油中分离碳氢组分、2 循环转换－压缩从原油中获取更多轻质碳氢组分、3 裂化处理－从汽油、煤油、燃油类轻质成品油中脱硫。炼化工艺还添加一些混合剂，炼化后 1 桶 42 美制加仑的原油可能产出 44 加仑的轻质产品油，容积增加是炼化减少了比重。2004 年 1 桶原油炼化后可增益 19.7 加仑的汽油和其他少量产品。炼化后每桶原油的残油只剩 1.72 加仑。不断改进的炼化工艺就是要尽可能从单位原油中提炼更多的优质轻质油，剩下的残油越来越少，比重越来越大。

事故中的 5 起涉及到炼化工艺过程最底端的产品－油浆。这些油浆会混合成重燃油，或送入焦化或加氢裂化。油浆本身很难清晰界定其成分，过滤去掉二氧化硅 FCC 催化剂等固体颗粒后用于炼化精油浆也可以直接作燃料。

沉底、半沉底油的风化特征是：溢油泄漏到水面后，会进入扩散、蒸发、漂移、溶解、乳化、离散、氧化、降解和沉积的风化过程。这是任何油品溢出后所遵循的客观规律。蒸发、溶解增加了风化油品的比重。与沉底现象相比，风化中的沉积过程大都发生在事故后相当长的时间。

一边是油，一边是水，比重变化决定了沉底与否。对轻于水的油品来说外来物的摄取是形成沉底油的重要机制。比重接近的油品可不依赖外来物，形成半沉底油居多。

3 起原油泄漏事故中，溢油初始是浮在水面，高含沥青成分的重质油品容易乳化，包裹水的乳化油在比重上已经接近于受水，变得高粘度更容易捕捉沙粒，为沉底增添了最后的砝码。

涌流对沉底油行为有一定影响。涌流低时沉底油留在水底，涌流大于每秒 0.1 米，沉底油会成为半沉底油悬浮在水体中。沉底油和半沉底油会聚集出现在流速很低的海域，影响很大的面积。2005 年 8 月加拿大湖区因火车出轨造成 712 500 升重质油泄漏，其中 150 000 升流进 Wabamun 湖。加过温的燃油初始浮在湖面，几小时后没入水面，部分沉入湖底，堆积成球形和 5 米长柱形沉底油。

取样分析发现油球包含了很多外来物，有草、昆虫、沙粒和水底颗粒。只要有 1% 的沙粒存在足以让焦油球在淡水中沉底。实验室分析表明在温度变化条件下，油的密度变化速度超过淡水的密度变化，但仅仅是温度变化不足以支持溢油沉底或上浮的条件。

温度、风力、溢出水体环境固体颗粒含量同样影响沉底油的形成。例如在德克萨斯州 Alvenus 的事故中，溢油发生在固体颗粒丰富的沙质潮间带，很快形成 11~17% 的沉底油。委内瑞拉的 Nissos Amorgos，大量原油堆积到沙滩，有些被沙砾掩埋，5% 的沉积在浅滩水底。费城附近 Athos 溢油事故，溢油与沙粒混合冲击到 Tinicum 岛的沙滩上，在波浪作用下 5% 很快变成沉底油。

API 比重从 19 到 4.6 的油浆类低端成品油的事故有 5 起，当代炼化工艺的多样性，非常困难描述它们的化学特征，其风化行为也各不相同。

沥青在溢出时有一定温度，水体中遇冷迅速变硬呈固态。黑油泥为高粘度流体是炼化后剩下的最重质的残油，煤焦油是炼钢工业产生的煤经馏化而成的粘稠液体，两者溢出后呈塑性。

油基泥浆严格说来不是成品油，而是使用成品油的衍生品。油基泥浆通常使用矿物油、凝析油为溶剂添加稳定剂、各类化学品和重晶石等固体粉末满足钻井生产的需要，特别在平衡井下构造压力时油基泥浆通过添加固体粉末配重，具备沉底的条件。

5.12.2 控制与回收作业
Control and recovery

溢油沉底、半沉底离开了水面，首先是监控和追踪的困难。2004 年 11 月新泽西州的 Paulsboro 在 CITGO 炼化码头溢出了 1 007 000 升委内瑞拉已经加温的原油。比重在 0.973~0.978g/mL 之间，按理应该在水面。然而管理部门很快收到发现部分溢油出现事故水域水底的报告。监测证实在泄漏压力下溢油被"注入"水体在水深 0.7 米处形成 2~2.5 米宽 13 米长的油带。不远处 Tinicum 岛沙质潮间带，粘稠的溢油没有随潮汐作用上浮水面而是附着沙粒沉积。沿岸水深 6 米的工业取水口没有关停，但关闭了下游的 Salem 核电站，担心取水口污染会对循环系统造成安全隐患。

本案中使用的监测设备是样品捕捉器和船用回收系统，回收设备是船载抽吸泵系统。样品捕捉器的工作原理基于沉底油的高粘度特征，包括了锚、15 米按刻度绑定吸附材料的绳索和浮筒 [见图 5.78（a）]。可以固定在水流中的某一位置，依照事先估计可以集群布防以增加监测的宽度。也可以由工作船拖带 [见图 5.78（b）]，这时就不需要安装浮筒。

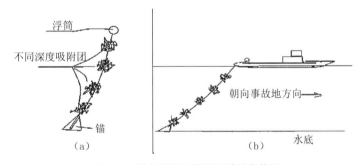

图 5.78　样品捕捉吸附锤和其动态使用

样品捕捉监测到溢油大部分悬浮在水底 1 米以上，少部分悬浮在接近水面的深度。同时显示沿 Tinicum 岛从南端到北端是沉底油分布集中的区段，监测中投放了 100 个样品捕捉器。人工定期检查，记录下不同时间不同水深的含油百分比变化。

样品捕捉器对沉底油的粘度十分敏感，不同吸附材料对应着不同的粘度区间，影响监测效果，对监测环境的水流速度也有一定要求（见图5.79）。

图 5.79　捕捉器上的吸附材料

船用回收系统基于同样机制，可用于回收和监测。由 2.4 米长 15 到 20 公分直径的钢质横杆，两端耳环挂吊索，横杆上等距离挂上 1.9 到 2.4 米长 1 公分直径的吊缆，扎绑上吸附材料，类似于样品捕捉器的式样。

调整吊索可以将横杆放入水中的任何深度，拖船运行时吊缆上的吸附材料可将水底扫过，将沉底油吸附。这种船用沉底油回收系统在本案中用于动态监测。对于大量沉底油和水下地形复杂的情况，抽吸船或小型绞吸船的效果更好（见图 5.80）。

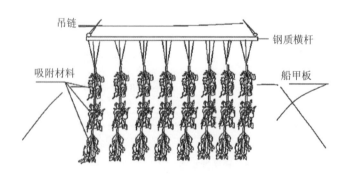

图 5.80　船用沉底油回收拖缆

清理作业在潜水员的指导下采用船载水下抽吸泵将大量沉底油和水通过离心式泥泵吸入、提升上来，然后沿着排液管线输送到分离、储存装置（见图 5.81）。操作人员根据实际情况，调整抽吸泵深度和泵速来保持有效清理作业。

图 5.81　船用沉底油抽吸泵

发生在 2005 年 11 月的事故是拖船拖带的集装油罐船 DBL-152 撞向路易桑那州 Cameron 近岸海域一座平台，造成大约 720 万升 API 比重为 4 的油浆泄漏，污染水域达到 55 千米岸线。油浆是从岸边 5 个不同终端储存点收集。

这次事故处理使用了侧挂声纳扫描、ROV、水下摄影以及潜水目测进行水下监测，船用回收系统用来探测沉底油分布空间，样品捕捉器监测沉底油的扩散范围。经过潜水目测核实，样品捕捉器检测到沉底油扩散超出预先估计的范围。为了对水底积油分布更准确的了解，对样品捕捉器的吸附材料置入捕蟹笼平置在水底，定时取出检查有否沉底油痕迹。对水下沉底油监测还使用了主动型取样器如图 5.83 所示，有选择地人工取样。

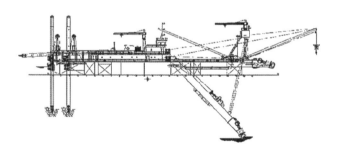

图 5.82　水下绞吸船

为提高监测速度，对船用回收系统进行了改进。一束可携带 2~3 条样品捕捉器的装置安装在船舷，在绞车帮助下快速布放和快速回收。两船编队作业一艘回收时，后面的布放，保证监测的距离上不会出现空档。37 千米的监测航路经改进后的船用回收系统每天扫描一次。船用水下泵抽系统在潜水作业用来对水底积油的清理回收，大约 5% 溢出量由泵抽法回收，虽然船用水下泵抽作业因天气、海况的原因无法连续作业，但还是有效的技术手段。

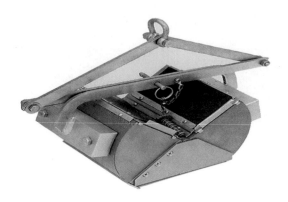

图 5.83　水底沉底油取样器

2005 年 8 月加拿大湖区事故对湖底和湖边芦苇地的沉底油监测使用了旧渔网、水下视频、吸附链和吸附拖缆、水下潜望镜等。清理回收作业使用了人工耙和筛、真空泵、水下吸附材料、芦苇切割和水下挖掘机。湖边清除主要还是靠人工，静态布放的设备需要按时提取检查，作业艰辛而漫长。结束作业一年后，湖底和芦苇地仍检测到残存的沉底油。

表 5.6　不同类型监测设备、回收设备的各自优劣。

监测和追踪设备		
名称	优点	缺点
样品捕捉器	可在不同深度检测 可静态、动态、组合布放	受沉底油粘度和水流影响 人工作业强度大
蟹笼式样品捕捉器	布放水底 成本低	被动式捕捉，偏失率高 作业周期长
水底取样器	人工船用，灵活主动	作业负荷大
侧挂声纳扫描仪	扫描范围广，不受能见度限制，大面积沉底油分布和水底概貌成像	沉底油扩散后影响效率 需要对扫描结果判定解释 作业受海况限制

（续表）

监测和追踪设备

名称	优点	缺点
遥控水下摄像仪	监测范围广可调水下深度 为指挥中心提供视频	能见度受限制（1 米） 作业时受控制缆线限制
船用沉底油监测回收系统	动态监测 2.5 米监测宽度 可在不同深度检测	需要配备吊车作业船舶需关注 水下障碍物受沉底油粘度影响
海床分类识别系统	海底沉底油分布 信号可译成解释应用数据	扫描宽度窄（1~2 米）需要 核实解释应用数据泥地海床 信号失真

回收清理设备

名称	优点	缺点
船用沉底油监测回收系统	动态回收 2.5 米回收宽度 可在不同深度回收	需要配备吊车作业船舶需关注 水下障碍物受沉底油粘度影响 仅适于少量沉底油
船用真空泵水下回收系统	动态回收 效率较高	需要 ROV 或潜水员沉底油不 可粘度太高作业负荷大
船用水下抽吸回收系统	离心式潜水泵可适于大量 沉底油不受粘度影响	需要 ROV 或潜水员需关注水 下障碍物作业成本高
船用水下绞吸回收系统	绞刀强力旋转 适合固态或塑性沉底油	需要 ROV 或潜水员需关注水 下障碍物作业成本高

2011 年渤海井控事件压井过程中含油泥浆从井口套管鞋深泄漏沉积在附近海床上。作业方除采用声纳扫描和水下摄影技术外，使用 6~7 艘作业船舶甲板配置真空泵潜水人员分组潜入水底在先前评估和目测核实后用连接真空泵的吸附头水下收集（见图 5.84）。吸附头开关打开后会增加扰动破坏作业环境的能见度，因此事先目测评估很重要。

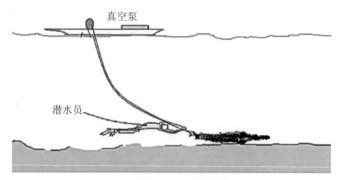

图 5.84　船用真空泵清理油基泥浆

　　在清理过程中，泥浆的油基溶剂会分离上浮到水面，形成油膜很薄的油带，海面上需要围油栏围控和使用吸附材料回收。

　　这些作为油基泥浆的溶剂，源自凝析油，本来具有和汽油类似的粘度和特征，但因诸多化学添加剂和稳定剂，其风化行为变得极难回收，也很难离散和挥发。在科研、生产机构的努力下高效吸附材料发挥了有限作用。

　　沉底、半沉底油对水体和整个生态系统的侵害，以及水下监控、回收带来的困难，为应急响应机构提出了不容回避的课题。对此我们除认真钻研、取长补短、改进现有应对策略和应急技术别无选择。

5.13 高含蜡原油的处置和回收
Dispersal and recovery of high waxy crude oil

5.13.1 溢油污染
Oil spill pollution

1. 定义

　　在原油生产中有些区块生产的原油含有较高的石蜡成分，称之为含蜡原油。含蜡原油一般都含有很高的石蜡成分，在温度低于倾点时会产生凝胶结构。在生产和运输过程中，石蜡会随着油温下降而产生沉淀。储存的原油会在后续操作中产生有害影响。因此，含蜡原油的流变学行为对溢油回收方案的选取有至关重要的影响。

2. 背景

通常，原油中的石蜡包括烷烃（$C_{18} \sim C_{36}$）和环烷烃（$C_{30} \sim C_{60}$），其中前者被称为固体石蜡。石蜡中的组分依据所处温度的不同可以固、液、气任意形态存在。当石蜡低温冻结后会形成晶体，其中烷烃部分会形成粗晶蜡，环烷烃部分会形成微晶蜡（如图 5.85 所示）。

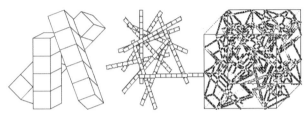

图 5.85　粗晶、微晶及石蜡的结晶体

在实验室中，碳氢化合物各成分有其固定的沸点和冰点（或熔点）。使用蒸发环境压力相互关系或类似状态方程，在已知分子间作用力或临界点偏心因子和 / 或折射率的情况下，可以计算碳氢化合物的沸点。但该方法不适宜计算纯净碳氢化合物的冰点。其他计算碳水化合物和石蜡的冰点（熔点）的方法包括：

（1）变化统计机制理论。

（2）密度功能理论。

（3）位错理论（如图 5.86 所示）。

图 5.86　位错

原子显微镜下，固体石蜡螺旋晶体的形成（横断面 15um）。

3. 高含蜡原油溢油污染特点

含蜡原油包括：

（1）各种轻链和重链碳水化合物（烷烃，芳香烃，环烷烃等）。

（2）石蜡（见图 5.87）。

（3）其他重链有机物（非烃类）。

当含蜡原油温度降低时，首先析出的是石蜡中的重组分。对含蜡原油而言，通过 ASTM 方法即可测定其浊点和倾点。

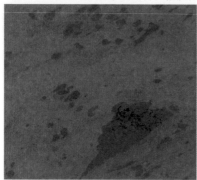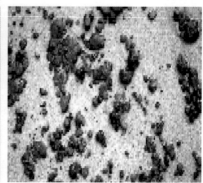

图 5.87　石蜡

清洁含蜡石油指仅含有碳水化合物和重质石蜡。当清洁含蜡石油溢到海面上后（实际温度低于原油浊点），蜡晶即开始形成普通含蜡原油不仅还有石蜡，还拥有重质有机物如沥青树脂等。这些重质有机成分在冷却时不形成晶体，并且大部分没有确定的冰点。这些重质组分根据其各自特性会抑制或促进晶体形成。尽管成分各有不同，原油的物理性能非常相似性，通常情况下，石蜡产生的胶质状组织在很多油品中都会形成。

典型的含蜡原油平均 API 值为 350，含蜡量 30%，倾点 105 ℉（41℃）。实验室应对原油在含盐水中的特性进行试验。胶质形成机理与石蜡的结晶密切相关。石蜡结晶网络的相互作用显示复杂的形态学特点，它取决于蜡晶的絮凝，形成了高孔隙率刚性结构并充满石油。这种结构会随时间的改变而变硬，重质蜡更多，内充油变少。这一机制可解释为随着温度组成的梯度胶质的逐渐扩散。因此，随着时间的推移，胶质中蜡质的增加，结构会逐渐变硬。

当温度高于倾点时，含蜡原油可以扩散。但当扩散的原油温度逐渐低于倾点时，原油会变成漂浮的团块。在温度低于倾点时，使用溢油分散剂无法使含蜡油品消散。

5.13.2 控制与回收
Control and recovery

1.围油栏的选择

对于含蜡原油，为完成以上任务需要考虑更多问题。依靠惯性和重力作用形成围油栏的前部，其临界容量的平衡取决于粘性和表面张力。这会导致在使用围油栏围高粘原油或高含蜡原油时，都会增加惯性导致围油栏的前部损坏或包含的浮油较少。

理论上机械收油法（如图 5.88 所示）应尽量使用在浮于水面的油未到达完全扩散的情况下。网式围油栏在高含蜡原油回收过程中有很多优势：

（1）在收集回收这类含块状或球状原油时形成拖网通道。

（2）形成可渗透浮动挡板保护特定地区不受浮油影响。

（3）使用可渗透浮动挡板包围浮油层。

（4）对特殊结构可以从表面到底部的保护，例如水管进出口和收集泵。

使用网状围油栏代替非渗透挡板就可以克服高含蜡油低重力，水流及风的抵抗力低等特性，较容易收集浮油。但是这样会使收集的浮油透过网格。浮油透过率包括浮油粘度 V，网眼面积 A，相应的流速 U，网线密度 d 和波浪条件。

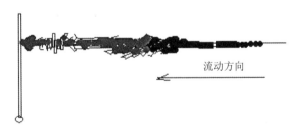

流动方向

图 5.88　机械收油法

2.高含蜡原油溢油污染控制与回收相关描述

1）使用收油机回收

考虑到所有溢油都会存在表面下的组分，在一些条件下这部分并不全是可溶于水的组分。含蜡石油可以形成漂浮或低于表面的焦油球，在温度和倾点不同的情况下焦油球还有可能下沉。

挑选收油机的标准如下：

（1）可以回收高粘度油膜。

（2）必须有完备的配件，包括所有可以配置收回收油机，并提供动力和加热条件。

机械带式收油机或浸没式收油机（如图 5.89 所示）可以用于含蜡油的回收。浸没式收油机依靠与水面呈夹角的移动胶带从水面下收油。油膜从在胶带下端的收集井口经机械刮板装置收集。含蜡油因浮力作用浮于水面，收集到井中，然后被泵到舷外或相近的收集装置中。为防止含蜡油脱离收集口，收油机在水面上的速度应稍慢。当石蜡为清洁型并且温度高于倾点时，必须在低重力下保持高效。

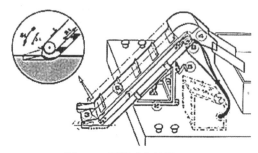

图 5.89　浸没式收油机

浸没式收油机不会在海浪或有残渣的情况下降低回收效率，该收油机还可回收吸油材料，这些特点很适合西江油田的作业条件。

与此相似，机械带式收油机（如图 5.90 所示）也适合含蜡油的回收。但不同的是，它是使用滚动胶带将浮油带至最高点并收入储油罐。这些收油机都适合收集普通含蜡油，其温度低于倾点。

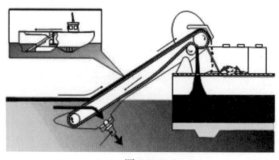

图 5.90

含蜡或高倾点的高粘性油膜可能堵塞上述收油机的入口而使收油机失效。因此收油泵和其他管路设备需要进行相应调整。溢油分散剂及焚烧的可能性。

2）使用溢油分散剂和焚烧法处置描述

使用溢油分散剂和现场焚烧一直很受争议，因为这些方法在将含蜡油膜转移出水面的同时将污染物转移到了其它环境媒介，无论是水体还是大气。但是溢油应急者或其它评价他们决定的人都必须承认，一旦溢油就会造成污染。

如果使用诸如围油栏和收油机等传统机械收油技术，回收率在20%左右。存留在环境中的残油会破坏渔业，杀死野生动植物，污染海滩，损害文物古迹，污染沿海环境。如果油膜向野生动物的栖息地漂动时，使用焚烧和溢油分散剂时就有可能保护野生动物及其栖息地。另一方面，焚烧需要围油栏围油，因此也和围油栏收油机所受的限制相同。同样的，焚烧会造成下风向的空气污染；溢油分散剂的使用会使进入水相的油污影响敏感的水生和渔业资源。应急人员应严格遵循基本原则以衡量不同的环境考虑：因"机会的窗口"是有时限的，在溢油后，焚烧决定需要在几小时内决定。一些油会很快乳化（即与水混合），当乳化到一定程度后就无法再点燃。

现场焚烧的主要安全隐患是暴露在烟流中低于10um的可吸入颗粒物（称为PM-10）。在较高浓度时，敏感人群吸入这些颗粒可造成积累性健康问题。溢油应急人员要保证可能到达人群的烟流的浓度低于危险值。标准PM-10为24小时平均150ug/m^3。如果需要，可以进一步研究评估未燃烧的含蜡油的潜在影响，以及烟尘中有毒物质的情况。

应急人员须权衡环境得失，做出保护环境的最佳决定。这些决定因环境影响和应急效率有很大不同而变得很复杂。这些变化体现在每个溢油应急决定。没有哪项技术如溢油分散剂，机械收油，或在位焚烧可以完全移除含蜡溢油。此外，每项溢油技术都会产生相应的环境结果。现场协调人应在权衡各种结果后作出最佳决定（包括不采取任何行动），选择最佳方法以保证公众健康安全，保护自然环境，并考虑经济利益。

当暴露在PM-10环境中时，应急控制中心须尽快制定一小时标准。该标准须下发溢油工作组熟悉后，在应急操作中执行。

5.13.3 相关知识

General Knowledge

浮油粘度和密度取决于石油中的含蜡量。含蜡原油在不同温度和乳化条件下粘度值需要进行实验测定。该实验需要测定不同网眼面积（0.35~4.2×10^{-6}m^2）和不同网线密度（$0.25\sim2\times10^{-3}$）条件下的粘度值。

如果海洋流速率低于 2m/s，速率 U 的范围为 0.1~2m/s，这将影响含蜡原油的穿透率，造成溢油的流失。流失多少可由相应的回收量确定。

在测定不同季节含蜡原油粘性后，就可以确定是否需要使用网式围油栏：

（1）如果粘度 > 10 000cS，含蜡浮油可以在垂直解缆的网式围油栏中被收集。

（2）如果粘度 > 40 000cS，系缆垂直网式围油栏可以应用于保护特点区域。如果洋流流速 0.15 m/s，围油栏可以收集浮油，降低透过率。

（3）如果粘度 > 40 000cS，拖网可以使用。如果牵引速率 U <0.5m/s，透过率会降低很多。

在汇集好溢油后，下一步就是将含蜡原油收回。回收应尽快开展，避免操作已风化的浮油。收油机都是根据具体油品的性质和风化条件设计的，因此研究收油机在风化条件下对含蜡浮油的回收具有重要意义。

影响海上浮油特性的主要物理属性为比重、蒸馏特性、粘度和倾点。

比重值除了决定油品是否浮在水面外，还可以对其他特性进行综合评定。例如，低比重值（高 API 值）的油品趋向有低粘度，并有较高含量的挥发组分。因此，去除浮油的能力与收油方法相关。

蜡质胶的力学谱（频率扫描）在 0.05~50rad/s 频率范围内测定。在低应力 5~104 的条件下测定所有方法。为了简化，每种油品的沉淀曲线（固体质量分率/温度）用于回收设备的选择。

溢油倾向于吸收水分形成油包水的乳化物，这样会增加油品的极限粘度，形成稳定的"巧克力冻"，即使平静的海况也可以产生这种巧克力冻结构，阻止其他降解和风化。

虽然高粘度油不倾向于吸收水分，乳化率还取决于当地的海况。当风速超过蒲福级 3 时，在 2 到 3 小时内低粘度油就可以吸收相当于自身体积 60% 到 80% 的水分而被乳化。相比高粘度油在相同条件下 10 小时后也只能吸收 20% 的水分，几天后的含水量也很少超过 40%。目前还没有关于高含蜡石油的乳化数据，因此需要作业者合作测定相应数据。

根据油膜的厚度和操作环境的不同，收油机的收油效率和能力也会相应改变。由于高含蜡原油的结蜡，收油机的泵系统对收油效率有很大影响。

数据显示在相同条件下，风化油的收油效率会降低 25%，高含蜡油也会因为粘度更高收油效率更低。

5.14 油水井沟通地下水层溢油污染的控制与治理
Oil spill control and management of the natural water table

5.14.1 溢油污染
Oil spill pollution

1. 地下水层污染定义

在油田勘探开发过程中，实现对地下油藏进行人工控制和开采的基本手段是钻井，钻通并建立一条和地下油藏沟通的通道，这是建井过程；在目标油藏上方的地质构造当中埋藏着很多储水地层构造，建井的过程中钻具往往会钻穿这些水层构造后继续向下钻进直到钻遇目标油藏，在并打开油藏盖层后，井槽的裸眼通道会将底部油藏和浅层水层进行沟通，逐渐形成一个压力构造，压力相对较高的油气介质会进入水层空间，造成水层的溢油污染。

2. 背景

油水井沟通地下水层造成水层的溢油污染将直接造成地下水资源的严重破坏，威胁人类未来的生存与发展，溢油存留在地下水层当中，因水层环境的高度稳定性，导致溢油被降解的速度很慢，甚至存留大于整个水层结构的生命周期，当人类急需开采地下水资源时将导致污水可用的局面。

海上油田注水开发过程中，大量开采地下水层作为注水水源，由于油气介质对水层的侵害，使水层的含油率增加，导致地下采出水无法用来回注；水源井"出油"的风险增加，可能在毫无预警的情况下大量溢油，造成严重的溢油污染事故，因此，地下水层的污染后果非常应该得到高度重视。

3. 地下水层溢油污染特点

（1）溢油污染地下水层过程十分隐蔽，不易发觉。

（2）溢油窜入水层，可在短时间内造成水层严重的污染，造成严重的后果。

（3）当水层被溢油污染后，造成地质性溢油的风险增加，且后果严重。

4. 溢油污染治理难点描述

在钻井实践过程中，水层构造对钻井的危害性相对较小，如果意外钻遇水层结构后就下入一层中间套管隔离水层，这样会导致整个钻井设计和方案的重大变更，甚至导致无法实现钻井目的，比如：井槽裸眼增加一层技术套管后，钻具孔径缩小，被迫选用小尺寸钻具，继续开钻后，小尺寸钻杆传递扭矩的能力较原先大尺寸钻杆低很多，转速和钻压都降低，钻井的速度和效益降低，钻井造斜和定向井工具无法使用，甚至直接导致无法钻到预定层位。

钻井过程中如果随意增加一层中间套管，降低了井槽裸眼的剩余直径，如果再连续遭遇地质构造异常，比如：低压层井漏、异常高压层、气云区构造、地质碎裂构造等确实需要下技术套管的情况，可能井筒内将没有下入中间套管的直径空间；可能将导致整个建井过程失败甚至造成严重的井喷事故；钻井承包商宁可选择填井改钻的方案，也不会轻易安装一层中间套管。

因此，钻井承包商是不会提倡安装中间套管的，在安全风险、经济、技术等方面带来严重的影响；由此 不难判断当在"二开"钻井阶段，如果不可避免的钻遇水层直至钻至油层时，大部分情况水层都会油藏串通污染。

对已投产的油水井来说，在水层交叉点上的油层套管发生老化破损泄漏（套损）、油层射孔位套管水泥环向上窜漏时（窜槽），都会导致油藏内的油气介质窜入水层，造成上部水层的溢油污染，而且大量生产时间证明，油水井的套损和窜槽是非常普遍的两种井下异常，油田水层被污染是一个普遍现象，比如：在油田的采暖水源井或注水水源井的水样中可以发现天然气和油花的痕迹，就可以从一个层面上证明水层被污染这个可能性，地下水层的溢油污染类似于原始油藏的再次运移。

通过以上描述可见，一旦发生地下水层的污染后，查清泄漏源和泄漏通道是最大的难题。

5.14.2 控制与治理技术方案
Control and treatment technology

首先应查清楚被污染水层的基本情况，比如：水层出水点的含油量、溢油油品的物理化性质来源、水层地质资料、泄漏油水井的设计状况等数据。

关停泄漏油水井，判断具体地下泄漏点位置，采取的工艺手段包括但不限于以下：

（1）套管严密性验证：判断套管的有可能的漏点。

（2）水泥环测井验证：通过水泥环测井解释判断水泥环的可能漏点。

（3）钻井资料验证：判断油水井穿越水层结构的位置。

（4）报表分析：判断泄漏的时间和泄漏量。

通过以上方法确定污染水层的位置，深度位置，泄漏方式等情况。

编制井下堵漏工艺方案，将井下漏点封堵，以观察水层压力变化、含油变化等手段，来确定堵漏作业的效果。

确定漏点侵入水层的具体位置，编制污染水层反排工艺措施，可参考如下步骤：

关停油水井→小修作业取出井下管柱→油层段套管下封塞→套管与水层交叉的高点位置射孔→返排污染水层的水并检测观察→返排结束→将射孔位套管挤水泥封堵并下套补修复→恢复原井管柱。

5.14.3 相关标准
Standards

（1）SY5727–2007《井下作业安全规程》。

（2）Q/SH0239–2009《井下作业污染防治规范》。

（3）GB18486–2001《污水海洋处置工程污染控制标准》。

5.15 参考文献
References

[1] 国家海洋局 . 国家海洋报告 [R]. 2009.

[2] 李志军，王　鹏 . 低温和结冰区溢油清理技术展望 [J]. 中国海洋平台，2002，4：1–6.

[3] 余家艾，王仁树，陈伟斌，等 . 有冰海区中的溢油行为 [J]. 海洋环境科学，1997，01：76–82.

[4] 国家海洋局 . 国家海洋局北海监测中心报告 [R].

[5] 中海石油环保服务有限公司 . 加强溢油应急能力建设报告 [R]. 2010.

[6]Hilyard J. International Petroleum Encyclopedia[M]. Tulsa：PennWell Publishing

Company，1998.

[7]Klaus W. Advances in Paraffin Testing Methodology[C]. SPE International Symposium on Oilfield Chemistry，2001.

[8]Total. Gas Leak incident at Elgin platform in the North Sea[R]. 2012.

[9]Devold H. Oil and gas production handbook[M]. Zurich：ABB，2006.

[10]National Research Council. Spills of No floating Oils：Risk and Response[M]. Washington D.C：National Academy Press，1999.

[11]Michel J. Assessment and Recovery of Submerged Oil：Current State Analysis[M]. US Coast Guard：R&D Center，2006.

[12]COES Response Operations Report[R]. 2011.

[13]API. Net Environmental Benefit Analysis for Effective Oil Spill Preparedness and Response[Z]. 2013.

[14]Concawe. A Field Guide to Inland Oil Spill Clean-Up Techniques[R]. 1983.

[15]Dahlin J，Zengel S，Headley C. Compilation and Review of Data on the Environmental Effects of In-Situ Burning of Inland and Upland Oil Spills[M]. Washington D.C：American Petroleum Institute，1999.

[16]Etkin D. Risk of Crude and Bitumen Pipeline Spills in the US：Analyses of Historical Data and Case Studies（1968－2012）[M]. Washington D.C：American Petroleum Institute，2013.

[17]Fingas M，Punt M. In-Situ Burning: A Clean-up Technique for Oil Spills on Water[M]. Ottawa：Environment Canada，2000.

[18]Fingas M. Oil Spill Science and Technology[M]. Amsterdam：Gulf Professional Publishing，2010.

[19]Fritz D. In-Situ Burning of Spilled Oil in Freshwater Inland Regions of the United States[J]. Spill Science and Technology Bulletin，2003，8（4）：331-335.

[20]Hansen K，Coe T. Oil Spill Response in Fast Currents—A Field Guide[R]. 2001.

[21]Kennedy N，Belling P，Vanderkooy N. Response to Inland Oil Spills[M]. Ottawa：Environment Canada，1981.

[22]Laskowski S，Voltaggio T. The Ashland Oil Spill of January 1988：An EPA Perspective[M]. Washington D.C：American Petroleum Institute，1989.

[23]Lee K，Venosa A. On-site Monitoring and Laboratory Biotests to Assess the

Effects of Fertilizer Treatment on Habitat Recovery in an Oiled Wetland[M]. Washington D.C：Environmental Protection Agency，2002.

[24]MacKay D. Chemical and Physical Behaviour of Hydrocarbons in Freshwater[M]. Oxford：Pergamon Press，1987.

[25]Markarian R，Nicolette J，Barber T. A Critical Review of Toxicity Values and an evaluation of the Persistence of Petroleum Products for Use in Natural Resource Damage Assessments[M]. Washington D.C：American Petroleum Institute，1994.

[26]Mendelssohn I，Hester M，Pahl J. Environmental Effects and Effectiveness of In-Situ Burning in Wetlands: Considerations for Oil Spill Clean-up[Z]. 1995.

[27]Merlin F，Guerroue P L. Use of Sorbents for Spill Response[Z]. 2009.

[28]Michel J，Nixon Z，Hinkeldey H. Recovery of Four Oiled Wetlands Subjected to In Situ Burning[M]. Washington D.C：American Petroleum Institute，2002.

[29]Miklaucic E，Saseen J. The Ashland Oil Spill，Floreffe，PA—Case History and Response Evaluation[M]. Washington D.C：American Petroleum Institute，1989.

[30]Quaife L，Peabody C，Brown H. Freshwater Oil spill Research Program—Field Trial[M]. Ottawa：Environment Canada，1986.

[31]Scholz D，Warren S，Walker A. In Situ Burning: The Fate of Burned Oil[M]. Washington D.C：American Petroleum Institute，2004.

[32]Sergy G，Owens E. Differences and Similarities in Freshwater and Marine Shoreline Oil Spill Response[M]. Washington D.C：American Petroleum Institute，2011.

[33]Stalfort D. Fate and Environmental Effects of Oil Spills in Freshwater Environments[M]. Washington D.C：American Petroleum Institute，1999.

[34]Thayer E，George-Ares A，Plutnik R. Chemical Human Health Hazards Associated with Oil Spill Response[M]. Washington D.C：American Petroleum Institute，2001.

[35]USCG. Enbridge Pipeline Spill：January 24，2003[Z]. 2005.

第 6 章　海洋溢油生态损害评估及修复

Ecological damage assessment and remediation for marine oil spill

6.1　溢油对海洋和沿海资源的影响
Effects of oil on marine and coastal resources

6.1.1　影响途径
Effects of oil spills to the marine ecosystem

一个特定泄漏对环境的影响取决于很多因素，包括泄漏油量、油的物理化学特性和毒理特性以及泄漏时当地的条件（如温度、风、海流等）、泄漏处海底和海岸的地形地貌等。这些因素及其相互之间的作用会对海洋生态产生广泛的物理、生物和化学影响。

1. 物理污染的影响

浮油可能会污染水中的哺乳动物、鸟类和海龟。如果捕捞活动发生在泄漏附近，所采用的渔具和捕获的物种也可能受到污染。另外有些油可能会下沉到海底，而任何下沉的油都可能覆盖宝贵的栖息地（例如，鲱鱼的产卵地）。

在细腻沙滩表面的石油很容易被清除，然而在某些情况下，沙滩上的油污可能被沙子所覆盖，由于风和潮汐的作用会再出现，并且随着潮汐水位的下降，在卵石、砾石甚至粗砂海滩上的油可能会渗透到硬基质。

在避风滩涂、红树林和盐沼区域，油能渗透到缺氧的泥浆中，可能会产生长时间的局部生物效应。在泄漏的早期阶段这些地区的生物很容易产生物理窒息，随后其生物组织可能受到化学污染。

2. 化学毒性成分的影响

除了直接窒息和物理污染的影响，石油泄漏早期阶段导致的大多数死亡源于较轻芳香油的毒性成分。这些有毒物质（如烷基取代苯和萘）一般消失较快，因此漏油是否会对海洋生物产生毒性，与这些有毒成分存在的数量以及是否在接触到生物前消失有关。一般来说，毒性更大的油，如汽油和煤油含有更高比例的多种有毒成分，但他们消散很快，只有很小的残留；原油和燃料油含有较少的有毒成分，但其持久性更强，仍会对海洋生物产生毒性；而重质原油中含有较少量的有毒成分，但重燃料油可能包含轻产品，其比重质燃料对海洋生物的毒性更大。

石油泄漏早期阶段急性毒性的大小取决于泄漏的规模、位置、季节和受影响的物种。不论泄漏是局部的、短暂的还是会持续好几年，如果在繁殖高峰期发生泄漏，泄漏区域整个年龄阶段的生物都可能会消失，包括成熟生物和幼体。最终是否会对生物数量有所影响取决于受影响生物的生命周期以及成熟生物的流动性和繁殖规律。物种的生命周期短，成熟生物的流动性强通常表现出溢油短期影响。而溢油造成的长期影响通常会发生在局部持续性溢油海域以及相对封闭限制性海域地区。

3. 生物累积效应的影响

从溢油早期影响中存活下来的生物，其体内可能有从周围水、沉积物和受污染食物中吸取的石油化学物。这些情况下，往往很难评估石油化合物对生物体具体的长期的毒性作用，因为这些成分通常与海洋环境已存在的其他有毒物质共同起作用。脊椎动物代谢和消除芳香族化合物的速度非常迅速且高效，而无脊椎动物代谢芳族化合物的速度缓慢且低效。在极少情况下，毒性累积浓度可能达到影响其行为（例如，躲避敌害的能力）、生长或繁殖的程度，甚至可能导致疾病或死亡。

对于长期暴露于高浓度或中等浓度油污的可食用鱼类、甲壳类，可能会有一种令人反感的油腻气味或味道，会导致其滞销。在正常情况下，当生物体恢复或被保留在干净的水里时，污染成分会慢慢消失，并且外部污染并不一定会导致其肉质的污染，随着脂肪含量与机体代谢率的季节性变化会改变。可见，如果忽略污染本身的持续时间，这只是一个暂时性的问题，当然污染可能持续几天到几个月，具体时间取决于溢油的类型和当时的水文气象条件。

受影响生物的恢复速率取决于种群动态（繁殖、生长和成熟）以及毒性降低到低于显著水平后替代物种的生态作用（捕食、竞争等）。在一般情况下，水中种群的恢复非常迅速，近海岸系统的生物在几周内就能完全恢复。

6.1.2 对生态敏感区的影响
Ecological sensitive areas

1. 娱乐海滩

干扰海滩娱乐活动是许多石油泄漏的一个共同的特点，特别是当石油被冲上岸时，游泳、潜水、钓鱼、划船和其他水上运动都可能受到影响。游客一旦得知某度假胜地被污染，就会暂时离开此地或完全放弃该区域。因此，酒店和餐馆老板及其他靠旅游业谋生的人都会受到溢油的影响。而且发生在旅游旺季之前或期间的泄漏导致的经济损失是最大的。通常情况下，溢油对娱乐海滩的影响是短期的，在清理完成后娱乐活动就能恢复正常。但是对于经济主要依赖于旅游业的小岛屿国家，可能会受到较大较长的影响。

2. 工业设施

溢油可能会破坏依赖海水正常运作的工业设施，特别是靠近海岸的需要供应大量海水的发电站。如果有相当数量的浮油被吸入到进气口，则其可能会穿过保护屏，可能会到达热交换器，导致其效率降低。对于非常粘稠的或已风化的油，可能会堵塞冷凝管，需停机清理。

另外，油也可能进入海水淡化厂的进水口使其受到影响。由海水生产生活饮用水的两个主要过程为多级闪蒸蒸馏和反渗透。在蒸馏过程中，油会对发电站的冷凝管和反渗透装置的膜过滤器造成损坏。

3. 商业渔业

溢油除了对鱼类种群的影响，也可能对捕鱼活动产生直接的物质和经济影响。由于溢油污染或为了避免污染，一些渔港可能会关闭，以致一些渔港无法使用。另外渔船和渔具也可能会被油污弄脏，危害渔民健康甚至导致火灾。显然所有这些因素都可能影响鱼类的销售数量。此外事件引起的负面新闻可能会使公众格外关注市场上鱼的质量，这可能导致更大的销售损失。

4. 自然保护区

自然保护区和海洋公园的生态特点和特定物种与自然环境海域不同，溢油对两者的影响更大。由于自然保护区和海洋公园的物种都是较为罕见濒危的物种，发生在这些区域的溢油可能会造成不可弥补的损失。因此，建议对这些地区进行特殊保护。自然保护区和海洋公园是为娱乐而建的休闲区，受溢油影响的后果与娱乐休闲区相似，其影响通常也是暂时的。

5. 湿地生态系统

沿海地区的植物群落支持着海洋生态系统的有机生产，并为大量海洋无脊椎动物和脊椎动物提供栖息地，同时为抵抗海洋和风力侵蚀，稳定海岸线做出贡献。这些植物群落（热带地区的红树林和高纬度地区的盐沼）及其相关的动物对于沿海水域的石油泄漏非常敏感。

红树林对于油污特别敏感，一层油脂就可能阻碍其根系从空气中摄取氧，从而导致其死亡。溢油对温带盐沼系统的直接影响是毁灭无脊椎动物和沼泽植物的地上部分。如果沼泽地区被快速侵蚀覆盖或表层沉积物在清理中被物理隔断，污染物还未渗透到植物根系深度，大量的地下植物根系可能幸免于油污。如果沉积物表面受污染影响不大，植物群落的恢复通常在一年内开始，但往往发生生长繁殖能力降低或基因变异的情况。中断沉积物表面可以保护地下根系，但可能会导致沉积物地层养分含量的长期变化，延长恢复期时间。

6.1.3 对海洋生物的影响
Marine organisms

1. 鱼类

溢油污染会对鱼类产生直接的影响或亚致死效应。一般情况下，溢油污染短期内对成鱼并不产生明显的危害，但是毒性大的燃料油却能大量杀死鱼类。鱼的体表、嘴和鳃都有一层粘性的防油薄膜，如果将鱼浸泡在含油废水中，半分钟后再放回清洁的水中，鱼体上的油就会完全漂走，并不产生危害。但在一些溢油事故中也曾发现一些鱼会吸收油，污染其肌肉组织，使其出现不同的病态。石油污染对幼鱼和鱼卵的危害很大，油膜和油块能粘住大量鱼卵和幼鱼。在受到石油污染的海水中孵化出来的幼鱼大部分是畸形的，不仅鱼体扭曲而且没有生命力。由于溢油事故对成年鱼、幼体和鱼卵的影响，溢油会对鱼类种群产生较为长期的影响。

2. 哺乳动物

在石油泄漏影响区域，大多数海洋哺乳动物（包括海豹、海獭、海象和海牛等），呼吸时要上浮到水面，如果海面上有浮油，毛就会被粘住而丧失其防水性能与保温能力。而对于鲸、海豚等体表无毛的海洋哺乳动物来说，石油虽不能直接将其致死，但是油块却能堵塞它们的呼吸器官，妨碍其呼吸，严重者甚至窒息而死。所以溢油对海洋哺乳动物的影响主要涉及毛发或毛皮的污染。另外，接近泄漏源的海洋哺乳动物会吸入石油伴生气，而长期大量地吸入可能会导致死亡或神经系统的损伤，短期内吸入可能产生轻微的黏膜炎症。

3. 海龟

当海龟浮上水面呼吸或停留在油污染的海滩筑巢时，可能会暴露在溢油中。溢油对海龟的影响包括由于吸入石油伴生气和摄入油污等引起的毒性反应、干扰盐腺功能、刺激和损伤皮肤组织以及吸入油和焦油球导致的咽喉堵塞。与溢油发展后期相比，溢油初期的新鲜溢油中轻组分含量高，对海龟蛋具有高毒性。

4. 鸟类

海鸟是最容易受到溢油影响的物种。漂浮于海面上的石油污染物会侵入海鸟的羽毛，充满羽毛之间的空隙（通常羽毛间充满了空气），从而破坏羽毛的保温性能，同时也会使海鸟的体重增加，丧失飞翔的能力，只能在海面上漂游，靠消耗原来体内贮存的能量来维持余生，随着体质的很快下降而濒临死亡。

溢油对鸟类的影响一方面是溢油对鸟类羽毛的粘附对鸟类产生直接的物理影响，例如体温下降和溺亡，这些都可能导致鸟类的死亡。另一方面，鸟类在梳理自己的羽毛和取食油污染的食物时会吸收油，而油的吸入会导致各种伤害，例如产蛋减少、孵化成功率降低、雏鸟生长缓慢等。如果新鲜的油直接接触到孵化卵的表面，则会导致胚胎发育异常或死亡。

5. 浮游生物

溢油一旦发生，会在海水表面形成一层油膜，降低透光性，妨碍浮游植物的光合作用，堵塞浮游动物的食物过滤系统和消化器官，影响浮游生物正常活动和生理过程。研究发现当天色明显变暗以后，许多浮游动物如小虾会错把白天视为夜幕降临，本能的从海水深处游向表层。被石油薄膜大面积覆盖着的海域，浮游小虾会不分昼夜的滞留于海水表层，改变其正常的活动习惯。

6. 珊瑚

珊瑚支持各种不同微生物和许多经济鱼类的生长，同时也是减少海岸侵蚀的屏障。然而他们在近岸海域的地理位置意味着他们很有可能受到漏油的影响。科学家们研究指出，珊瑚与其它海洋动植物的重要不同点之一是对石油污染特别敏感。而且它们不能逃跑来摆脱石油污染，也不能隐藏于任何"安全"的角落里，轻微的污染就可造成珊瑚的大量死亡。

7. 海藻

溢油污染对大型海藻和小型藻类的影响不同。大型海藻表面通常有一层藻胶膜，能够防止油类的污染。而小型藻类则没有这种防油性能，很容易受到石油污染，导致其大量死亡。同时石油还会妨碍海藻幼苗的光合作用。研究表明，浓度为1‰的柴油乳化液3天内就能几乎完全阻止海藻幼苗的光合作用，而燃料油对海藻幼苗的毒性更大。

6.1.4　对港湾码头的影响
Harbors and docks

发生在港口或离港口较近位置的重大溢油会对社会生产生活活动和资源产生深远影响，其中包括航运、装卸、船舶建造和修理、客运服务、水上娱乐活动、滨海旅游景点及其他环境敏感地区。此外，在主要港口发生的溢油，应急响应和清理作业的费用会高一些，经济损失严重。

石油泄漏之初往往存在火灾和爆炸的风险，必须采取必要的行动避免危险的发生。该地区可能需要被管制，暂时限制船舶和车辆运行，同时禁止一些特殊操作，如焊接、切割或其他有火花产生的活动，直到火灾风险不再存在。这样的限制和干扰会影响港口、码头的正常运行，其损失在某种程度上可能会超过碰撞、爆炸或火灾事故的损失。另外，中断、限制或禁止正常的商业运输和港口活动，如商业渔业和港湾码头上的钓鱼、划船及其他水上娱乐活动，会影响当地许多地区的经济发展，并可能扩展到其他地区。

综上可知，溢油污染不仅会对海洋生态系统造成损害，而且也会给人类社会经济带来很大的影响。随着海洋溢油污染形势的日益严峻，人们对海洋生态价值的认识逐渐提高，海洋溢油生态损害索赔越来越受到重视。为了维护海洋生态的公共利益，实现合理索赔，保障受损海洋生态得到合理有效的修复，建立一套切实有效的溢油污染生态损害评估方法是十分必要的。而溢油污染生态损害评估也越来越受到世界各国的重视。

6.2 海洋溢油生态损害评估概述
Damage assessment overview

海洋溢油生态损害是指因海洋石油天然气勘探开发、海底输油管道、石油运输、船舶碰撞以及其他突发事故造成的石油或其制品在海洋中泄漏而导致海域环境质量的下降、海洋生物群落结构破坏及海洋生态服务功能的损害。海洋溢油生态损害具有事故发生风险高、损害对象广泛、危害性大、持续时间长以及评估难度大等特点。为了更好地保护海洋生态环境，国内外越来越多的学者开始海洋溢油生态损害评估的研究，并取得了一些成果。

6.2.1 评估技术
Damage assessment techniques

6.2.1.1 国外评估技术

国外发达国家对溢油损害评估技术的研究始于20世纪70年代，到90年代已经初步形成较为成熟的评估技术体系。评估的方法主要分为经验公式法和计算机模型法。经验公式法如：华盛顿评估公式、佛罗里达评估公式等；计算机模型法如：自然资源损害评估模型（NRDA）、生境等价分析模型（HER）以及资源等价分析模型（REA）等。

1. 华盛顿评估公式

1989 年美国华盛顿州立法机关通过了资源损害评估法案，对其管辖区域的水体中所发生的溢油事故构建了严格的责任制度，并授权生态部门开发了华盛顿评估公式。华盛顿评估公式通过环境效应系数和环境敏感系数来计算自然资源的损失。环境效应系数主要包括：急性毒性系数、机械伤害系数以及持久性系数等。环境敏感系数主要由不同生境类型、哺乳动物、鱼类、海鸟、贝类以及旅游休憩等对溢油的敏感程度构成。

1992 年 5 月，美国华盛顿州通过该州溢油赔偿预审法规定，受损费（以美元计）= 溢油加仑量 × 0.1 × [（油的短期毒性等级 × 溢油短期毒性敏感等级）+（油对生物黏附等级 × 油对生物黏附敏感等级）+（油的持久性等级 × 溢油持久性敏感等级）]。

其中，溢油加仑数：根据回收的油水混合物、吸油材料回收的油以及挥发等得到的估计量；

0.1 是一常数，它用来保持 1 加仑的溢油赔偿费用维持在 1~50 美元之间；

油的短期毒性等级 =[（单环芳香族化合物在海水中的容量（mg/L）× 单环芳香族化合物的重量百分比）+（三环芳香族化合物在海水中的容量（mg/L）× 三环芳香族化合物的重量百分比）]/107。

溢油短期毒性敏感等级 = 栖息地短期毒性敏感等级 + 鸟类敏感等级 + 哺乳动物敏感等级 + 鱼类敏感等级 + 贝类敏感等级 + 休憩地敏感等级 + 鲑鱼敏感等级。敏感等级分为 5 级，5 级最为敏感，受损最重；1 级最不敏感，受损最轻。

资料显示，1991 到 2001 年间，发生在华盛顿州的超过 90% 的溢油事故采用该评估方法进行索赔。通过华盛顿评估公式计算得出的每加仑溢油导致自然资源损失赔偿约为 115 元人民币，较之国际油污基金已结案的 55 起事故中平均每加仑约 120 元人民币的溢油赔款，相差不大。说明了华盛顿评估公式法具有较好的可信度和合理性。

2. 佛罗里达评估公式

佛罗里达评估公式与华盛顿评估公式相比，考虑了地理环境的因素，同时也提出了其适用范围（≤ 3 000 加仑），评估结论更全面一些。在溢油生态损害评估中，该法被证实是一种快速、低成本的简便方法。该公式通过溢油量、溢油类型、事故发生坐标以及生境和生物的影响情况等数据即可对溢油所造成的损害进行量化。通过佛罗里达公式计算得出的自然资源损失主要包括生境损害赔偿金、濒危物种赔偿金以及调查评估费用三部分内容组成。公式如下：

$$赔偿金额 = (B \cdot V \cdot L \cdot SMA + A) \cdot PC + ETS + AC \qquad (6.1)$$

式中：B—每加仑 1 美元作为基础数；

V—流出的油或有害液体的加仑数；

L—地理位置系数，内陆取 8，近岸取 5，离岸污染事件或离岸 100 米左右港区以内，或流出量小于 1 万加仑则取 1；

SMA—环境敏感系数，列入保护地区、公园、娱乐场所、海岸、沿岸研究或渔业保留区取 2，其他地区取 1；

A—动植物生长环境附加金额，每平方英尺珊瑚礁 10 美元，红树林或海草 1 美元，有动物的水底、沼泽地带 0.5 美元，泥沙地带 0.05 美元，沙滩长度每英尺 1 美元；

PC—污染物的毒性、溶解性、持久性与消失的综合系数，其值可为 1~8；

ETS—濒危物种损失赔偿金，每死 1 头 10 000 美元，受威胁者每头 5 000 美元；

AC—进行损害评估的行政费用。

这些都是总结出来的经验公式，其准确性很大程度上是基于输入参数的准确性。另外，公式在计算损失时只涉及生态损害的价值，对于公共使用价值与非使用价值以及清污费用等损失都没有包含在内。前者主要是对生物损害进行评估，而后者主要是根据溢油量对不同地区和生物进行补偿。经验公式法评估简便、耗时短，但计算精度相对较低，仅适用于中、小型溢油事故。

3. 自然资源损害评估模型（NRDA）

1983 年，美国罗德岛大学的 Mark Reed 和 Spaulding 等人开发出了一个溢油对渔业资源损害的评估模型。1986 年，美国内务部发表了自然资源损害评估（Natural Resource Damage Assessment）NRDA Type B 模型，1987 年又发表了 NRDA Type A 模型。其中，NRDA Type A 模型（又称 NRDA CME）是利用数值模拟定量化评估方法计算溢油对自然资源影响赔偿损害，两种模型以后不断地被升级，并在 1996 年得到法律上的认可，已多次实际应用于发生在美国水域的溢油污染事故的评估。1993 年，美国的国家海洋和大气管理局（NOAA）根据《1990 年美国油污法》（OPA90）推出了自然资源损害评估指南（NOAA/DAC），指南中把环境损害评估和环境恢复计划作为一个整体，也就是说把恢复计划作为损害评估的一部分。美国常用的自然资源损害评估方法（NRDA）主要有以下几种：

1）简易损害评估法

它主要适用于不影响高度敏感资源或不导致大量自然资源服务丧失的溢油，也适用于托管人和负责部门一开始就同意进行共同合作的损害评估。

2）固定数值法

一般少于 100 加仑（454.61L）的溢油，且事故所导致的自然资源或其服务的损失量不可测时，可用固定数值法索赔，索赔金额类似于主管部门对溢油事件的罚款。但是此方法只能定量评估，不能精确计算具体的数值。该方法常用于发生在低环境敏感区的极小型溢油。

3）索赔方案法

它由几项数学方程组成，其所需参数可以根据特定的溢油预先确定、计算或直接从公共刊物和索赔方案的法规中获得，根据输入值算出损害值，也称作索赔计划或索赔表。该方法适用于发生在低敏感区的中、小型溢油。

4）Type A 模型（NRDAM CME）

该方法是由美国内务部开发的以公式为基础的方法，主要由油类与有毒、有害物质入水后产生的污染物的物理变化及结果子模型、经济损失子模型与水中生物效应子模型组成；通过将溢油量和溢油地点等少量参数输入计算机模型，估计溢油的影响范围和持续时间，然后利用环境资源数据库（包括经济价值、恢复时间等）计算出损害赔偿金额。该模型是利用数值模拟定量化评估方法计算溢油对自然资源影响赔偿损害，属于综合评估模型，一般会考虑较多的因素，适合于中、小型溢油。在 1998 年得到法律上全面的支持，并多次实际应用于发生在美国水域的溢油污染事故的评估中。

5）Type B 模型

赔偿金由三个步骤决定：损害确定，损失服务的定量化，赔偿金的确定。损害确定步骤用于阐述并证实与溢油有关的损害，定量化步骤确定溢油所造成由于自然资源受损而导致的自然资源服务的减少量，最后确定出相应于服务失去或服务质量降低的货币量。该方法的评估费用最高，它的采用常常使托管人和负责部门将卷入官司，适合于情况复杂的大型溢油。

6）SIMAP 模型

SIMAP（Spill Impact Model Analysis package）是第二代 NRDAM/CME Type A 模型，适用于海水或者淡水环境的任何泄漏事件，可以对溢油的三维迁移变化过程和生态影响，以及各种应急措施的效果进行实时模拟。运用该方法只需要提供溢油发生的时间、地点、油品类型、溢油总量和当时的环境条件即可，可以大大提高清除效率，在一定程度上减少清除费用和社会经济影响；同时，该模型利用GIS数据库建立生物群落节点，根据生态系统中鱼类和无脊椎动物的季节变化情况，对溢油对位于食物链基础上的植物生产量和动物群落结构的影响进行确定。

SIMAP模型由物理归宿模型和生物效应模型构成。其中，物理归宿模型根据溢油事故发生时的风向、海水流向、温度等理化信息，计算并跟踪石油中各个组分在水体中的溶解、扩散、挥发、漂移、沉降以及降解等物理过程，从而估计泄漏石油在水体表层、海岸线、水层中以及沉积物中的分布情况。生物效应模型是用于估计溢油事故在短时间内生物由于直接暴露或者失去食物来源所造成的死亡损失，包括鱼类、无脊椎类以及野生动物等。模型采用矩形网格对溢油区域进行划分，并根据生境类型对每个网格进行编码。生境类型包括：深水、近岸、湿地以及海岸线环境等。具有相同生境编码的连续的网格单元在生物子模型中被视为一个生态系统。假设生境中的生物量保持恒定，并且分布均匀，生物根据生命阶段特征和习性假设为随机运动、随水流运动或者保持静止。据此来估算不同生物受到石油影响的情况。

综上所述，美国自然资源损害评估方法包括计算机耦合模型和经验公式两种。经验公式法一般将赔偿金额表示为溢油量、污染物毒性系数、环境敏感系数等变量的函数，其计算精度相对较低，但评估简便、耗时短，适用范围于中、小型溢油。计算机耦合模型一般包含多个子模型：一个潮流模型，用于模拟潮流状态；一个溢油模型，用于预测油入海后的时空分布及其理化状态的变化；一个生物种群模型，用于预测各类生物不同年龄的时空分布；一个损害评估模型，从前面三个模型接受输出数据估算不同资源损失量；模型还配有环境敏感图，各类有关油类、水文地理、生物资源的数据库。该方法计算一般精度较高、但评估周期较长，费用较高，适用于复杂情况下的大、中型溢油环境容量损害及评估。

4. 生境等价分析（HEA）

生境等价分析（Habitat Equivalency Analysis，HEA）是国际上正在发展并日益得到广泛应用的生态环境损害评估方法。该方法是由美国国家大气与海洋管理局（NOAA）于1995年初发表的，旨在通过资源或生境恢复项目提供另外同种类型的资源，用以补充公众的生境资源损失。其理论基础是公众可以通过提供相同类型的其他资源的方式来获取自然资源的损害补偿，在这些分析中涉及的生境包括海草、珊瑚礁、滩涂湿地、河口软底质沉积物等。

该方法的基本原理是通过建造修复工程，使之从开始运行至服务期满所提供的服务净增值等于受损生境从污染发生到恢复至基线水平（事故未发生时自然资源与服务的存在状态）服务的总损失。

HEA 的应用需要具备两个必备条件：一是有适当的可用于进行自然资源服务水平判定的标准；二是单位生境的服务水平变化足够小，即单位生境服务水平的变化不会引起资源或服务价值的变动。

HEA 基本步骤包括：

（1）证明和估算受损时间和范围，从事故发生直到资源恢复到本底或最接近本底的水平。

（2）根据生境总的生物情况，证明和估算补偿工程所提供的服务，理事会须列出受损生境和补偿生境的生态参数，并假设两者具有相同类型和数量参数值。

（3）计算补偿工程的规模，使总增长量和总损失量相等，增长量的计算要注意结合经济预算标准，NOAA 建议在 HEA 应用中采用 3% 的折算率，该比率符合历次事件的平均值，也反应出社会对公共资源的补偿随着时间的改变。

（4）计算补偿工程的费用，其中包括：环境损害评价费用、工程设计费用、建设和监督费用以及中期修正费用，如果责任方采取补偿措施，要详细列出其执行标准。计算补偿工程费用的公式如下：

$$P = J \times \frac{V_j}{V_p} \times \frac{\sum\limits_{t=0}^{B} (1+r)^{C-t} \times \dfrac{\left[b^j - 0.5(x_{t-1}^j + x_t^j) \right]}{b^j}}{\sum\limits_{t=I}^{L} (1+r)^{C-t} \times \dfrac{\left[0.5(x_{t-1}^p + x_t^p) - b^p \right]}{b^j}} \qquad (6.2)$$

式中：$t=0$ 溢油事故当年；

$t=B$ 受损生境恢复到基线服务水平的时间（a）；

$t=C$ 开始计算贴现的时间（a）；

$t=I$ 生境补偿计划开始提供服务的时间（a）；

$t=L$ 生境替代补偿计划不再提供服务的时间（a）；

V_j 受损生境单位面积每年的服务价值损失；V_p 替代补偿生境单位面积每年的服务价值增值长；

x_t^j 为 t 年受损生境所能提供的服务量水平；

b^j 受损生境在受损前的单位面积基线服务水平；

x_t^p 为 t 年替代生境所能提供的服务水平；

b^p 替代生境单位面积的最初服务水平；

r 贴现率；J 受损生境的范围（英亩数）；

P 替代补偿计划生境的范围（英亩数）。

由上可知：HEA 的计算结果是一个非货币化的面积，而对事故损失的索赔是基于补偿工程费用来进行的。加利福尼亚州以单位生境的平均生态修复花费作为单位生境服务的货币价值，佛罗里达州根据生境因素判断单位面积生境的货币价值。Costanza 等对 16 类生态环境类型进行的包括 17 项生态系统服务经济价值的研究成果——全球海洋生态系统平均公益价值表，成为许多学者所采用的实现生境货币化的方法。

该方法计算精度高，可适用于复杂情况下的大、中型溢油事故，但也有其缺点诸如耗时长、评估效率低，而且在实际评估工作中还存在诸多困难。在 2004 年，美国一项针对自然资源的调查报告显示，22 个州所收集的 88 个自然资源损害评估案例中，生境等价分析法占评估技术应用的 18%。

5. 资源等价分析模型

资源等价分析法（Resource Equivalency Analysis，REA）是由 HEA 法演化而来，是一种涉及资源之间的补偿方法，同样采用一种定量化的方法，不过与 HEA 法的量化指标有所差别。在评估野生动物和生境损失方面体现出个体损失的数量，比生境面积能更好地衡量生境损失程度。因此，REA 已成为污染事件中评估上述损失时的首选方法。REA 法主要包括：

（1）量化自然资源受损规模（损害程度、时间及空间范围）。

（2）确定一项合适的修复方案，测量提供的生态利益程度和持续时间。

（3）该项目确定修复规模，使提供的生态服务价值等于损害导致的价值损失。

REA 方法中损失的资源和补偿计划提供的资源其实质并非完全相同，损失资源和代替资源的单位价值可能随时间而变化。因此，REA 的不确定性和主观性也较强。

6.2.1.2 国内评估技术

从 20 世纪 90 年代开始，国内学者陆续开始对溢油损害评估进行相关研究，虽然起步较晚，但是相关学者也探索出了一些适合我国国情且具有实际应用价值的评估模型和方法目前已初步建立了几种适合我国国情的评估方法。

1. 生物资源损害评估模型

2008 年，熊德琪和廖国祥通过模拟污染物的迁移转化及其对暴露生物的损害过程，提出溢油污染生物资源损害的数值评估模式。评估模式由模型输入、计算和输出三部分组成。模型输入主要包括事故现场信息（如时间、位置、溢油量、油品类型等）和环境条件（风场、潮流场等）以及生物损害评估参数（如生物资源密度和毒性数据等），其中部分数据来自溢油生物损害评估支持数据库，该数据库是评估模式的重要基础。它包括油品物化性质数据库、海洋环境动力数据库、海洋生物分布数据库以及海洋生物毒理数据库。第二部分就是模型计算：以溢油迁移扩散模型输出的海面油膜和水中油污染物的时空分布为输入数据，利用生物暴露模型模拟海洋生物在海洋中的不同行为方式以及因暴露于油污染物的毒性效应，计算其急性死亡程度和损害范围，并得到生物资源损失量。最后是模型输出，主要包括水中和底栖生物的生物资源损失量和海洋动物的死亡数目，模拟结果可在地理信息系统（GIS）上直观显示和进行统计分析。

2. 海洋溢油经济损失评估模型

李亚楠等针对我国海洋灾害对海洋环境及资源造成损害的实际状况，运用环境经济学及系统动力学的理论和方法，提出了海洋灾害经济损失评估模型框架。该评估模型由生物影响子模块、补偿值子模块、恢复子模块等一系列密切相关的子模块及数据库构成。生物影响子模块计算的生物损失包括短期损失及长期损失两部分。补偿值子模块用来计算资源损害总值中的补偿值部分，它包括以下损失：一是由于禁渔或种群损失造成的渔业捕捞损失；二是由于溢油而造成的水产养殖业的经济损失；三是由于海滨关闭造成旅游观光的经济损失。如果生物影响子模块确定了溢油已对自然资源造成的损害，那么恢复子模块就要对受损害资源的恢复方案及恢复费用进行评估。该模块所涉及的恢复包括栖息地恢复、储量恢复及容纳量的恢复。该模块要选择出最适当的恢复方案，并计算总的恢复费用。

综上可知，海洋灾害所造成的总的经济损失值：

$$V_s = V_c + C_r + B_r + C_c \tag{6.3}$$

式中：V_c 为补偿值，$V_c = V_L + C_{ac} + V_t$；

V_L 为渔业捕捞补偿值；

V_{ac} 为水产养殖业补偿值；

V_t 为旅游业补偿值；

C_r 为恢复费用；

$C_r = C_{hr} + C_{sr} + C_{ar}$，

C_{hr} 为栖息地恢复费用；

C_{sr} 为贮量恢复费用；

C_{ar} 为容纳量恢复费用；

B_r 为采取恢复措施后获得的效益；

C_c 为灾害处理费用。

该方法是根据自然资源损害的恢复费用，以及在恢复时期公众所损失的某些经济价值，再加上清洁处理等费用来计算总的经济损失的。该模型是在地理信息系统（GIS）的支持下运行的。GIS 为物理归宿、生物影响及恢复子模块提供了环境及生物空间的网格信息。该模型对溢油损害评价相对较为全面，评价时需通过各类型、多层次、多方面的指标对损害进行评估；但同时这些指标在信息上会发生重叠，可能导致评估结果含糊。

3. 人工神经网络模型

朱鸣鹤、熊德琪等人针对船舶油污事故损害赔偿评估非线性系统的复杂性，分析了人工神经网络技术在该领域应用的可能性，并以国际油污基金公约所承认的著名赔偿案例为例建立船舶油污事故损害的神经网络评估模型，是一种神经网络技术与模糊数学相结合的预测方法。

人工神经网络法（Neural Network，NN），是基于模仿大脑神经网络结构和功能而建立的一种信息处理系统，对一系列非线性系统具有良好的函数逼近能力。它实际上是由大量简单元件相互连接而成的复杂网络，具有高度的非线性，能够进行复杂的逻辑操作和非线性关系实现的系统。因此利用人工神经网络解题时不需要做出任何关于数据的假设，而是通过网络对大量典型事例的学习，形成一个存贮有大量信息的稳定系统。反向传播法（Back Propagation Algorithm）简称 BP 法是应用最为广泛的一种神经网络，它体现了人工神经网络最精华的部分，通常分为输入层、隐含层和输出层，其中隐含层还可能不止一个。通常选取 BP 作为船舶溢油损害评估的主要模型，其通过采用溢油模型对常见油品之扩散面积及运动轨迹的多次仿真模拟，对船舶溢油高影响区进行识别。BP 法应用于船舶溢油污染损害评估可有效缩短评估时间，时效性强，可避免人为干扰，客观公正，但该方法目前主要运用于船舶溢油。

4. 效用函数法

效用函数法是高振会等人针对 2002 年渤海湾的"塔斯曼海"轮溢油事故索赔案提出的用于评估海洋环境容量损失的方法。此方法是将"塔斯曼海"轮溢油量以《天津市渤海碧海行动计划》中一定期限内有关控制石油类入海总量的措施投资和石油类的入海消减量为依据而进行按比例折算，估算此次溢油事故造成的环境容量价值损失。

其模型为："塔斯曼海"轮溢油事故造成的海域环境容量价值损失 ="塔斯曼海"轮溢油量 /（天津碧海行动 2005 年之前的油类入海消减量）×（天津碧海行动 2005 年之前为达到该目标所采取措施的投资额）。

效用函数法涉及的入海消减量、控制石油入海量的投资项目及数额等受主观因素影响大，因此在其确定上存在很大争议。

5. 影子工程法

影子工程法可以用来衡量被污染海水的损失程度，假设建设一个污水处理厂对受污染的海水进行处理，将建厂的费用以及对受污染的海水的处理费用作为海水水质污染程度的损失评价。费用包括：污水处理厂投资估算，污水处理费用估算。在"塔斯曼海"轮溢油事故中，污水处理厂投资估算是以"塔斯曼海"轮溢油污染的整个水体体积为基础，根据有关部门下发的污水处理厂建设规模相关文件得出一个投资额；污水处理费用估算是按整个需要处理的海水体积根据各城市污水处理费用收取标准计算。

影子工程法中，被溢油污染的海水体积 = 整个受损海域面积 × 相应水深，然后用处理这些污水的费用替代海洋环境容量损失。在这种方法中，受损海域的面积和水深的取值对计算结果影响很大，但却难以量化。另外，此方法评估指标选择较单一，适于对海洋生态系统服务的损害进行快速评估。

6. 机会成本法

该方法是用环境资源的机会成本来计量环境质量降低所带来的经济损失。当环境污染的经济损失不能直接估算时，可采用机会成本法计算由于环境污染造成的损失，该方法是一个简单而可行的方法。如计算污染引起的水源短缺而造成的工业经济损失。可以用水资源的影子价格，即每吨水创造的国民收入乘以水资源短缺数量就可以得出经济损失价值。

7. 货币评估法

货币评估法从海洋生态系统服务的分类入手，运用市场价值法、替代市场法、成果参照法等方法，构建了海洋生态系统服务损失货币化评估的相应计量模型，对溢油可能造成各个子服务的损害进行分析识别计算。2009 年，陈锋等人应用该法对罗源湾溢油案例进行了研究，通过对各个子服务项目所受损害进行计算，所得结果较客观、准确。但需要指出的是，该法仅估算短期损失，并未考虑长期影响，因此其仅涵盖了部分生态系统损失，尚需向更全面方向发展。

6.2.2　评估程序
Damage assessment procedures

6.2.2.1　评估程序

海洋石油污染大多是突发性的污染事故，对被污染海区生态环境的危害十分巨大。有效地评估海洋溢油对海洋生态的损害，可以减少海洋生态资源的损失。海洋溢油生态损害的评估工作分为准备阶段、调查阶段、分析评估阶段和报告编制阶段，海洋生态损害评估工作程序如图6.1所示。

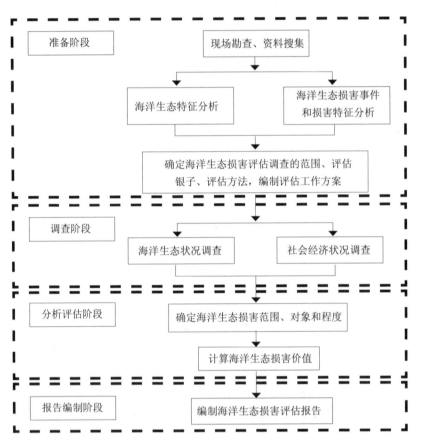

图6.1　海洋生态损害评估程序图（引自《海洋生态损害评估技术指南》）

1. 准备阶段

搜集损害事件发生海域的背景资料，立即进行环境现场踏勘，分析生态损害事件的基本情况和生态损害特征，并开展以下工作：一是确定是否需要进行评估；二是确定生态损害评估的内容，初步筛选出主要生态损害评估因子、生态敏感目标，确定评估调查范围、评估因子和评估方法，编制评估工作方案，明确下阶段生态损害评估工作的主要内容。

2. 调查阶段

根据海洋生态损害评估工作方案，组织开展海洋生态现状调查和社会经济状况调查。

3. 分析评估阶段

整理、分析受影响海域背景资料，分别筛选用于生态损害评估的水质、沉积物、生物等生态背景值，对比海洋生态损害事件发生前后各生态要素变化状况，确定损害事件的海洋生态损害范围、对象和程度，计算海洋生态损害价值。

4. 报告编制阶段

编制海洋溢油生态损害评估报告，同时应建立完整的相关事件档案以备追溯。

6.2.2.2 评估内容

海洋溢油生态损害评估主要包括海洋溢油生态损害程度调查和海洋溢油生态损害评估两大部分，主要有海洋溢油生态损害评估调查、污染源的诊断、损害对象及程度确定、恢复方案设计、生态损害价值计算等，如图 6.2 所示。

图 6.2　海洋溢油生态损害评估的主要内容（引自高振会，2007）

1. 海洋溢油生态损害程度调查

海洋溢油对环境与生态损害程度调查是开展污染损害评估的前提与基础，其工作内容与通常意义下的污染监测内容不完全一致，主要包括海洋生境要素调查、海洋生物要素调查和溢油事故调查。其中海洋生境要素调查主要是对海洋水文、海洋气象、海水化学、海洋底质及海洋敏感区等进行调查，查明海洋生物栖息的环境；海洋生物要素调查是污染损害程度调查的主要环节，主要对海洋生物群落结构（包括浮游动植物、游泳动物、底栖生物、潮间带生物以及微生物等）调查和海洋生态系统的功能调查（包括初级生产力、细菌生产力等）。此外，海洋溢油对环境与生态损害程度调查还包括溢油事故调查，主要对溢油量、原油特性、溢油扩散面积、溢油挥发量、回收量、溢油消除措施、公众对溢油事故的意愿等进行全面调查，为司法索赔提供基础证据，为评估提供数据支持。

2. 海洋溢油生态损害评估

海洋溢油对环境与生态损害评估应包括三个方面的内容，即污染源的诊断、损害对象及程度确定、生态损害评估。污染源诊断是整体技术路线中最为关键的技术之一，主要采取海上现场监测、卫星遥感技术、溢油漂移扩散数值模拟技术、现场走访调查以及油指纹鉴别技术对溢油量、溢油扩散范围及过程等进行确定；同时现场取油样，在实验室内测定油源的物理、化学、生物性质参数，建立各种特定油的物理、化学、生物性质随时间及外界条件变化的经验公式。

损害对象及程度确定则是查明溢油影响和危害的对象，包括海水质量、海洋底质、海岸、海洋生物以及海洋保护区等是否受溢油的影响及危害，同时在进行历史资料对比、有关文献查阅等基础上分析损害对象的变化及受损程度，为生态评估提供依据。

损害评估包括海洋生态直接损失评估和恢复海洋生态措施评估。直接海洋生态损失可以用环境容量损失、海洋生态服务功能损失衡量；恢复海洋生态主要指两个方面：一是恢复海洋生境，即采取何种办法使受损的海洋生境（海水质量、海洋底质、海岸、湿地、鸟类栖息地、海洋保护区等）恢复到溢油前的功能；二是指物种的恢复。最后还要对公众意愿进行评估。通过经济评估，将上述各项进行货币化，即可得到环境与生态损害的总费用。

6.2.2.3 评估工作等级

评估工作等级划分为 4 个等级，根据溢油的类型、溢油量及影响海域的生态敏感程度，按照表 6.1 确定评估工作等级。

表 6.1　评估工作等级

油的性质	划分等级		评估工作等级
	溢油量	影响海域的生态类型	
非持久性油类	50t 以下	海洋生态环境非敏感区	4
		海洋生态环境亚敏感区	4
		海洋生态环境敏感区	3
	50t~200t	海洋生态环境非敏感区	3
		海洋生态环境亚敏感区	2
		海洋生态环境敏感区	2
	200t 以上	海洋生态环境非敏感区	2
		海洋生态环境亚敏感区	1
		海洋生态环境敏感区	1
持久性油类	50t 以下	海洋生态环境非敏感区	4
		海洋生态环境亚敏感区	3
		海洋生态环境敏感区	2
	50t~200t	海洋生态环境非敏感区	3
		海洋生态环境亚敏感区	2
		海洋生态环境敏感区	1
	200t 以上	海洋生态环境非敏感区	2
		海洋生态环境亚敏感区	1
		海洋生态环境敏感区	1

注：海湾、河口海域、沿岸海域持久性油类溢油事故的溢油量接近划分的节点时的评估工作等级相应提高一个等级

（引自《海洋溢油生态损害评估技术导则》）

根据确定的评估工作等级，确定评估的内容和程序。一般 1 级要求最为严格，涉及的评价项目的内容和要素最多，提出的要求也最为严格；2 级评价要求次之；3 级再次之；4 级涉及评估要素最少，评价较为简单。

不同评估工作等级确定的评估调查项目不同，具体如表 6.2 所示，并且调查要素选取的调查内容应满足损害评估计算要求和恢复方案设计。调查频次应在溢油事故发生后及时开展 1 次调查，并根据受影响海域的损害程度定期进行跟踪监视监测。

表 6.2　调查项目

评估工作等级	调查项目			
	溢油事故调查	海洋生态环境要素调查	环境敏感区调查	社会经济调查
1 级评估	必选	必选	必选	必选
2 级评估	必选	必选	必选	可选
3 级评估	必选	可选	必选	可选
4 级评估	必选	可选	可选	可选

（引自《海洋溢油生态损害评估技术导则》）

依据生态损害对象程度的确定，将溢油生态损害分为四部分，即海洋生态直接损失、生境修复费用、种群补充费用和监测评估费用。不同评估工作等级的所必须的评估项目不同，具体如表 6.3 所示。

表 6.3　评估项目

评估项目	评估等级			
	1 级评估	2 级评估	3 级评估	4 级评估
海洋生态服务功能损失	必选	必选	必选	可选
环境容量损失	必选	必选	必选	必选
沉积物修复费用	可选	可选	可选	可选
滩涂修复费用	可选	可选	可选	可选
种群补充费用	必选	可选	可选	可选
监测评估费用	必选	必选	必选	必选

（引自《海洋溢油生态损害评估技术导则》）

6.3　海洋生态损害评估
Damage assessment

溢油对海洋生态系统的损害包括两个方面：对海洋生物的直接损害和造成非生物环境质量下降后产生的损害。相应地，对于海洋生态损害的评估主要针对海洋环境容量损害、生物资源损害和生态系统服务功能损害三个方面。

6.3.1　环境容量损害及评估
Environmental regeneration

环境容量，即环境自然净化的能力。而环境容量损害是指超过一定限度的环境污染破坏了环境的自净功能，使环境损失了容纳消解污染物的能力。海洋生态损害事件所导致海域污染负荷的增加或海域原有纳污能力的下降称为海洋环境容量损害。

6.3.1.1 环境容量的影响因素及特点

海洋环境容量大小取决于两个因素：一是海域环境本身具备的条件，如海域环境空间的大小、位置、潮流、自净能力等自然条件以及生物的种群特征、污染物的理化特性等，客观条件的差异决定了不同地带的海域对污染物有不同的净化能力；

二是人们对特定海域环境功能的规定，如确定某一区域的环境质量应该达到何种标准等。由于污染物自身的理化性质不同，从目标水体去除它们的能力不同，因而环境容量有很大差异。此外，由于不同的污染物对海洋水生生物的毒性作用及对人体健康的影响程度存在较大差异，允许存在于水体中的量不同，环境容量也随之变化。

随着人们对海洋生态服务价值的认识，海域环境容量的价值已经普遍被认可，并通过各种方式在实践中被体现（如排污收费、海域有偿使用）。环境容量是一种客观存在的自然资源，是一种有价资源，其具有稀缺性、效用性、替代性等特点。

6.3.1.2 环境容量损害的评估方法

国内外都对环境容量损害的评估进行了大量的研究，并设计了一些实用的评估方法，常用的有市场估值法（具体包括人力资本法、生产效应法、重置成本法等）、替代市场法（有影子工程法、旅行费用法、工资差额法、防护支出法等）和意愿型调查评估方法（包括投标博弈法、比较博弈法、优先评价法、专家调查法）。

高振会、杨建强等人以"塔斯曼海"轮原油对海洋生态环境污损索赔案件为例，提出的"海洋溢油对环境与生态损害评估技术及应用"中探讨了溢油造成的海洋生态损失的评估方法。评估内容包括直接损失和间接损失两部分，直接损失用环境容量损失、海洋生态服务功能损失衡量；间接损失包括海洋生境修复费用、海洋生物修复费用及监测评估费用。海洋环境容量损失采用效用函数和影子工程两种方法对其进行了估算，具体的评估计算方法已在第一节评估技术部分进行了详细的介绍。虽然评估方法取得一定的效果，但在海洋环境容量损害评估中，效用函数法涉及的入海消减量，控制石油入海量的投资项目及数额等受主观因素影响较大，从而使得其确定上存在很大争议；影子工程法由于其取值存在一定的局限性，因此计算结果和实际情况存在较大的差距。

针对评估方法存在的一些问题，研究人员对海洋环境容量损害评估进行了进一步的改进并得出计算公式：

$$C_{UWEC} = \frac{W_r \times \dfrac{4 \times 10^4 Q}{\rho}}{Q - Q_0} \qquad (6.4)$$

式中：C_{UWEC} 为海洋环境容量损失费用；

W_r 为溢油事故的溢油吨数；

Q 为海域石油烃的环境容量；

Q_0 为海域石油烃已占用环境容量；

ρ 为溢油油品的密度；

W_r 可以根据现场监测数据得到或通过遥感技术和雷达直接进行估算得到；

Q 的计算，研究人员已经取得了相关数据；

Q_0 可以根据统计数据得到；

ρ 可直接测量。

通过这些参数的输入可以保证较为准确可靠的计算结果，其操作性也较强，成为目前比较常用的环境容量损害评估方法。

6.3.2 生物资源损害及评估
Marine resources

海洋生物资源是海洋生态系统的重要组成，对生物资源的损害评估是海洋溢油污染生态环境损害评估的重要内容。对于自然资源损害的评估方法最为完善的是美国自然资源损害评估法，其评估对象包括自然环境中的空气、水、沼泽、潮滩及其间栖息的动植物等，评估程序包括预评估、恢复计划和完成恢复 3 个阶段。评估方法包括经验公式法、计算机模型法及等价分析法。各种评估方法的具体内容和计算方法已在评估技术一节做了详细的介绍，此处不再赘述。

国内的海洋生物资源损害评估，主要是针对海洋渔业。1996 年 10 月 8 日农业部颁布了《水域污染事故渔业损失计算方法规定》，规定了不同事故水域类型适用的不同渔业损失量的计算方法，成为我国用于溢油事故司法索赔的主要评估技术之一。其中包括污染事故渔业损失量的计算和污染事故经济损失量的计算两部分，并规定：在难以用公式计算的天然渔业水域，包括内陆的江河、湖泊、河口及沿岸海域、近海渔业损害评估采取专家评估法，主要以现场调查、现场取证、生产统计数据、资源动态监测资料等为评估依据，必要时以试验数据资料作为评估的补充依据。

污染事故中的渔业损失量，是指直接或间接污染渔业水域，造成鱼、虾、蟹、贝、藻等及珍稀、濒危水生野生动植物死亡或受损的数量。主要的计算方法有围捕统计法、调查估算法、统计推算法和专家评估法。计算方法的选择应根据具体溢油事故发生区的水域环境、自然资源受损情况及溢油类型、大小等因素来定。

渔业损失计算的基本程序为：

（1）根据渔业资源和生产的现场调查统计，确定溢油事故发生水域主要渔业资源类型及各种类的自然特性。

（2）根据近 3~5 年的渔业资源的开发率和平均渔业产量，确定溢油事故前渔业资源量。

（3）由渔政机构组织有关专家进行评估，确定渔业资源损失量。资源损失达到 10 万元以上的事故，需有详细的评估报告。

6.3.3　生态服务功能损害及评估
Ecosystem service function

1981 年，Ehrlich 首次使用了"生态系统服务功能"（ecosystem service）一词。

随后，国内外学者从不同角度对其定义进行描述和完善。其中，比较获得认可的包括 Daily 提出的生态系统服务功能是生态系统与生态过程所形成的、维持人类生存的自然环境条件及其效用，Costanza 等认为的生态系统提供的产品（Goods）和服务（Services）可统称为生态系统服务以及千年生态系统评估小组（Millennium Ecosystem Assessment）提出的人类从生态系统中获得的收益，包括生态系统对人类可以产生直接影响的供给服务、调节服务和文化服务以及对维持生态系统这些服务具有重要作用的支持服务。其中，前两者主要从生态系统本质进行阐述，而 MEA 则侧重于在管理应用，更为实用且便于评估。

为了定量评估生态服务功能的损害，必须明确海洋生态系统的价值构成，进而探讨相应的生态服务功能价值问题。目前，国内外对生态系统服务功能的分类比较权威的观点有：

（1）Groot 认为生态系统服务功能包括 4 类：调节功能；承载功能；生产功能；信息功能。

（2）Costanza 认为生态系统服务功能分为 17 类：调节大气；调节气候；干扰调节；供应水资源；调节水分；控制侵蚀与沉积物滞留；养分循环；土壤形成；废物处理；授粉；避难所；生物控制；食物生产；原材料；基因资源；娱乐；文化。

（3）我国国家海洋局 2005 年启动的"海洋生态系统服务功能及其价值评估"项目，将近海生态系统服务功能分为供给功能、调节功能、文化功能、支持功能 4 个功能组 14 项功能。其中，支持功能损失已经体现在其他 3 项功能中，为避免重复，不对其单独计算。

生态服务功能损害评估就是基于海洋生态系统服务理论对溢油造成的生态损失进行的探讨研究，以海洋生态系统因溢油污染导致其原有服务功能减弱或丧失而引起的价值损失来计算生态损失。其中最具代表性的是中国海洋局北海监测中心以 2002 年渤海湾"塔斯曼海"轮原油对海洋生态环境污损索赔案件为例提出的评估法（高振会等，2007），其采用"海洋生态价值 = 单位价值 × 生态功能损失率 × 损失时间 × 损失面积"的简便方法对海洋生态服务功能损失进行了估算，考虑到我国海洋生态服务功能价值的公众意识与国外发达国家相比有一定的差距，选择了单位价值较低的大陆架生态类型来近似代替河口湾生态类型单位价值进行计算，而海洋生态单位价值是依据 Costanza 等人的全球生态系统的平均公益价值研究结果来取值。最后，对公众意愿进行经济评估，将上述各项措施货币化，即获得溢油事件的海洋环境与生态损害总费用。

随后国家海洋局内以该方法为基础颁布了《海洋生态损害评估技术导则》（国

家海洋局，2007），并在国内广泛应用。

《海洋溢油生态损害评估技术导则》提出了关于海洋生态服务功能损失评估的方法。其计算公式如下：

$$HY_E=\sum_{i=1}^{n}hy_i \tag{6.5}$$

$$hy_i=hy_{di} \cdot hy_{ai} \cdot s_i \cdot t_i \cdot d \tag{6.6}$$

式中：hy_i 为第 i 类海洋生态系统类型生态服务功能损失，单位为万元；

i 为溢油影响区域的海洋生态系统类型；

hy_{di} 为第 i 类海洋生态系统类型单位公益价值，单位为万元/（$hm^2 \cdot a$），如表6.4所示；

hy_{ai} 为影响溢油的第 i 类海洋生态系统的面积，单位为 hm^2；

s_i 为溢油对第 i 类海洋生态系统造成的损失率，以海洋生态系统健康指数变化率表示；

t_i 为溢油事故发生至第 i 类海洋生态系统恢复至原装的时间，单位为年（a）；

d 为折算率；选取 1%~3%，折算率为海洋生态系统环境敏感区取 3%，海洋生态系统环境亚敏感区选取 2%，海洋生态系非敏感区取 1%。

表 6.4　不同类型海洋环境生态系统的平均公益价值

生态系统类型	河口海湾	海草床	珊瑚礁	大陆架	潮滩	红树林
平均公益价值（万元/（$hm^2 \cdot a$））	18.29502	15.58328	4.8257	12.6444	11.91378	7.82444

（引自李京梅，2012）

还有一种应用较广泛的生态服务功能损害评估方法，就是国外的等价分析法。具体内容已在评估技术一节做了介绍。而于桂峰根据溢油对海洋生态服务功能损害的实际情况，依据 Costanza 等人对事故海域划分的研究成果对不同生态系统和不同损害情况的生境等价分析公式进行了修订。修改后的事故海域的海洋生态服务功能损害的经济价值总额的公式如下：

（1）受损生境可以恢复到受损前的基线水平的情况下的计算公式为

$$S_{总}=S_1+S_2+S_3+S_4+S_5+S_6+\frac{99}{100}S_7+\frac{33}{100}S_8 \tag{6.7}$$

（2）受损生境不能恢复到受损前的基线水平情况下的计算公式为

$$S_{总} = （S_1+S_1'） + （S_2+S_2'） + （S_3+S_3'） + （S_4+S_4'） + （S_5+S_5'） +$$
$$（S_6+S_6'） + \frac{99}{100}（S_7+S_7'） + \frac{33}{100}（S_8+S_8'） \tag{6.8}$$

S_1 至 S_8 的计算按式（6.9）计算，即

$$S_{总}=S=\left[\sum_{t=0}^{B} V_j \times \rho_t \times \frac{（b^j-x_i^j）}{b^j}\right] \times J \tag{6.9}$$

S_1+S_1' 至 S_8+S_8' 的计算按式（6.10）计算，即

$$S_{总}=S+S'=\left[\sum_{t=0}^{B} V_j \times \rho_t \times \frac{（b^j-x_i^j）}{b^j}\right] \times J+\frac{S_M}{r} \tag{6.10}$$

式中：V_j——受损生境每面积时间所提供的服务量损失价值；

ρ_t——折算率(，其中 r 为每单位时间的折算率，%；C 为索赔提出的时间，d)，%；

$\frac{（b^j-x_i^j）}{b^j}$——和受损生境基准服务水平相关的受损生境每单位面积服务量水平的减少百分数，%；

J——受损生境的面积，m^2。

时间为 M 时的有效面积损失 SM（m^2）与附加期间的损失 S'（m^2）均有相关公式可以计算得到。

该方法的计算结果较为准确可行，并与国际评估方法相联系，应用性和可操作性较强，在实际中易于被事故责任方采纳接受。

等价分析法和生态服务损害评估法是评估内容较为全面并且得到了一定应用的两种评估方法。虽然切入点不同，但内涵是相同的。等价分析法是以自然资源为标尺来衡量生态服务的损失，生态服务损害评估法则是直接对其损失量进行计量。对受损生境服务类型及服务水平变化情况进行确定，并最终将生态单位转化为货币单位，是这两种方法均需解决的关键问题。

6.4 溢油生态修复法
Ecosystem restoration

溢油进入海洋后，会对海洋自然环境、海洋生物、海洋水产养殖、海岸码头

等造成不同程度的危害，严重的甚至还会影响到人类的健康。因此，采用先进的技术对受损的海洋生态进行快速的恢复是很必要的。并且《1969 年国际油污损害民事责任公约》及其 1992 年议定书对恢复环境所支出的费用也是认可的。对海洋生态环境的修复主要包括以下两个方面：一是对海洋生境的修复；二是对受损物种的恢复。海洋生境的修复目前采用较多的主要有物理、化学和生物的方法，其中物理、化学方法主要在溢油发生后使用，以便快速对溢油进行回收和应急处理。具体的方法介绍已在第 4 章做了详细的介绍，此处不再赘述。本节主要介绍溢油事故发生后，用来恢复海洋生态环境的，持续时间较长的，应用比较多的生物修复技术。

生物修复（Bioremediation）是利用微生物或调节污染物环境条件来催化降解环境污染物，减小或最终消除环境污染的受控或自发过程，该过程可以将环境中的有机污染物转化为二氧化碳和水或其他无害的物质。早在 100 多年前就有利用好氧微生物处理污水与废水的记载，但有史料记载的首次使用生物修复技术是在1972 年美国清除宾夕法尼亚州的 Ambler 管线汽油泄漏事件，而大规模应用生物修复技术是在 1989 年的美国应用生物修复技术成功处理阿拉斯加海滩的石油污染，从此生物修复技术开始成为环境科学的研究热点与前沿。

与物理和化学修复技术相比，生物修复有很多优点：不产生二次污染、处理费用低、污染原地修复等，是在生物降解的基础上新兴的一种环保的技术。生物修复，可以分为自然生物修复和人工生物修复。自然生物修复是指在没有人工干预的情况下，生物使环境污染物减少或最终消除的过程，这一过程一般较慢，往往要花上很长的时间才能恢复；人工生物修复又分为原位生物修复（in situ）、异位生物修复（ex situ）和生物反应器处理（bioreactor）三类。原位生物修复技术是指在受污染的地区直接采用生物修复技术，不进行污染物的挖掘和运输工作，修复过程一般采用土著微生物，有时也投加经过筛选驯化的微生物，经常也需同时投加一些营养物质来加快微生物的降解。异位生物修复技术是指将被污染物从污染地取出，再运输到专门的治理场所进行处理，异位生物修复经常会借助于生物修复反应器进行处理。生物反应器法是用于处理污染土壤或底泥的特殊反应器，可建在污染现场或异地处理场地。对于溢油污染岸线的生物修复来说，应主要采用原位生物修复技术，因为原位生物修复技术省去了挖掘和运输的成本，而且能减少在挖掘运输过程中对环境的二次污染，可以将污染对环境的破坏影响减到最小。

生物修复的机理是依靠微生物细胞的吸收氧化作用，对污染物进行分解同化，

3. 环境因素

氧气：一些溢油事故研究结果表明，厌氧降解速率比好氧降解慢几个数量级。石油中各组分完全生物氧化，需消耗大量的氧。据测算 1g 石油被微生物矿化需 3~4g 氧，即需消耗 2.1L 以上的氧。Johnston 测定了含有科威特原油的沙柱中氧的消耗，在 4 个月的降解中，在有氧条件下二氧化碳的产生速率比在无氧条件下高几个数量级，由此可见氧对石油微生物降解的重要作用。具体到现实环境中，可以采用翻耕的方法补充氧气。

营养：在溢油潮间带的生物修复过程中，由于石油中含有大量的供微生物生长所需要的碳源，而海滩上有足够满足的微量元素，所以氮磷的缺乏往往成为生物生长的限制性因子。因此调整微生物生长所需元素的数量、形式和比例，才能更好的使石油降解顺利的进行。营养元素的缺乏就会抑制微生物对石油烃的降解作用。然而营养物质的添加并非越多越好，只有在一定的范围内才有促进作用。

温度：环境温度是影响石油烃降解的一个重要的环境因素，它可以决定石油存在的物理状态，而物理状态最终影响到微生物与石油碳氢化合物分子之间的相互作用关系，进而改变了生物降解的过程和速率，并且影响到石油的化学组成；另一方面是温度直接影响细菌的生长、繁殖和代谢，对降解酶的活性产生一定的影响。不同的微生物对石油烃的降解速率不同，所适应的温度范围也不相同，过高或过低的温度都不利于微生物的生长。因此，在进行生物修复时，将石油烃降解菌与当地的气候条件与环境因子相结合十分必要。

PH：环境中的 PH 变化对微生物的生命活动影响很大，它通过引起细胞电荷的变化，影响代谢中酶的活性，细胞质膜的透性及稳定性，从而影响微生物对营养物质的吸收以及石油烃的降解速率。PH 太高或者太低都会影响到石油烃降解菌的降解性能。其中大多数的微生物适宜的 PH 范围为 6~8 之间，最优为 7~7.5 之间，当微生物生长不在所需的 PH 范围内，微生物的生长将受到很严重的影响，在石油烃的降解过程中，会产生一些酸性物质，导致 PH 下降。因此应该适时调节土壤环境中的 PH，以达到的更好的生物降解效果。

盐度：盐度的大小也会影响到石油烃生物降解的效率。土壤中石油生物修复的降解率随盐度的增大而减小。有研究发现，向不同性质的土壤中添加不同量的氯化钠后，生物降解速度会改变，过量的氯化钠会延缓生物降解。金文标等通过盐的浓度对石油污染土壤生物治理影响的研究，发现土壤中油的生物降解率随盐含量的增大而减小。因此，盐度对石油的微生物降解有一定的影响。

6.4.2.2 生物激活法

石油污染环境中存在大量的石油烃降解菌，石油本身能够提供给微生物生长所需要的大量碳源、无机微量元素，然而营养盐往往成为限制的主要因素。在实验室和现场进行的许多研究表明，添加营养盐对溢油的污染生物修复有显著的促进作用。因此，目前生物激活法主要采用两种方式：一是加入营养剂（主要是 N、P 营养剂）；二是加入表面活性剂。

1）投加营养盐

溢油污染发生以后，大量输入碳源会改变环境中的碳氮比，微生物会利用这些多余的碳作为生长底物，同时会使可利用的 N、P 等无机养分迅速流失，从而影响微生物的生长及对石油烃的利用能力。营养盐的添加会使降解微生物迅速增长以增强石油组分的生物降解，目前此方法已广泛的应用于石油污染土壤和海滩。其中取得效果最显著的是在阿拉斯加威廉王子海湾石油污染修复工程中，通过投加亲油性肥料使异氧菌总数和石油烃降菌总数增加了 10~100 倍，从而使石油的降解率提高了 3~5 倍，加快了整个修复过程。

常用的营养盐的类型主要有水溶型营养盐、缓释型营养盐和油溶型营养盐。每一种形式的营养盐都有其各自优缺点，其特点和应用实例情况总结如表 6.5 所示。而且营养盐的添加类型取决于当地污染的环境，在低能量的海岸带，施加水溶型营养盐更高效、节约，不仅能提供菌生长所需的氮磷营养物质，而且还含有供菌生长的促进因子，能有效的刺激石油降解菌的生长，但此类营养剂在溢油生物修复中还少有报道；如果缓释型营养盐的释放速率能被很好的控制，那么施用缓释性营养盐的效率最高；油溶型营养盐可能更适合用于高能量的海岸带和粗沙粒的海滩。

表 6.5　不同类型营养盐的优缺点及应用实例

营养盐类型	优点	缺点	应用类型
水溶性营养盐	起效快。容易控制浓度；不含有机氮，不会与油形成竞争底物	易溶、易被海浪冲走；投加频繁、易引起赤潮	KNO_3、$NaNO_3$、NH_4NO_3、K_2HPO_4、$MgNH_4PO_4$

（续表）

营养盐类型	优点	缺点	应用类型
缓释型营养盐	不易被冲刷，可以提供连续的营养源	释放的速率不好控制，太快容易被海浪冲走，太慢则不能满足快速生物降解的需要	胶囊状肥料 Customblen 缓释肥料 Max Bac
油溶性营养盐	粘附于油上，不易被冲刷，在油水的界面处提供营养	价格昂贵；含有有机碳可能比石油先被降解；受环境影响较大	InipolEAP22

（引自徐会，2013）

2）加入表面活性剂

微生物只有接触到石油污染物才能将其降解。并且石油降解微生物一般只能在水溶性环境中生长，而石油污染物在水中一般以油滴分离相形式存在，在水中的溶解度很小，会限制微生物对石油污染物的摄取和利用。而表面活性剂同时具有亲油和亲水基团，它能使石油乳化分散形成很微小颗粒，从而增加了石油污染物与氧气和微生物的接触机会，增强石油污染物的生物可利用性，提高生物降解率。

市面上所使用的表面活性剂大多是化学合成或提取的表面活性剂，这类活性剂对环境有一定的污染作用，应用于溢油污染环境处理时容易顾此失彼。而生物表面活性剂是指微生物在一定的培养条件下，在其代谢过程中分泌出的具有一定表面活性的代谢产物，如糖脂、脂肽、多糖脂或中性类脂衍生物等。与化学合成的表面活性剂相比，生物表面活性剂除具有降低表面张力、稳定乳化液和增加泡沫等相同作用，同时还具有无毒、能生物降解等优点。因而石油污染物的降解中具有很好的应用潜力，也可以在海洋及江河湖泊中发生溢油时代替化学消油剂使用。表6.6是几种化学表面活性剂与生物表面活性剂的来源和主要理化性质的比较。

表 6.6　几种化学表面活性剂与生物表面活性剂理化性质的比较

表面活性剂种类	制备方法	表面活性剂理化性质		
		表面张力 /(mN/m)	界面张力 /(mN/m)	CMC /(mg/L)
十二烷基磺酸钠	石化原料合成	37	0.02	21
吐温 20	石化原料合成	30	4.8	600
溴化十六烷基三甲胺	石化原料合成	30	5.0	1300
鼠李糖脂	Pseudomonas aeruginosa 菌株发酵	25~30	0.05~4.0	5~200
槐糖脂	Candida bombicola 菌株发酵	30~37	1.0~2.0	17~32
海藻糖脂	Rhodococus erythropolis 菌株发酵	30~38	3.5~17	4~20
脂肽	Bacillus subtilis 菌株发酵	27~32	0.1~0.3	12~20

（引自徐会，2013）

　　目前已有许多关于生物表面活性剂促进石油生物降解的实例。其中应用比较多的生物表面活性剂是鼠李糖脂，相比于其他类型的生物表面活性剂，有研究发现鼠李糖脂更能有效的促进微生物利用疏水性物质。

　　生物修复技术可以将污染物转化为稳定的、无毒的终产物如水、CO_2、简单的醇或酸及微生物自身的生物量，最终从环境中消失。与物理、化学治理方法相比，生物技术显得高效、经济、安全、无二次污染，特别是对于机械装置无法清除的较薄油膜和化学药品被限制使用时，便显现出其无可替代的重要作用。因此，生物修复技术已成为治理石油污染的一项重要的清洁环保技术。

　　此外，物理修复法也称机械恢复法或移除法，也是目前国内外溢油事故中恢复环境常用的方法，即采用物理的方法去除底质（或滩涂）上的油污。通常采取的清除形式根据底质种类而有所不同，如对于吸附在海滩岩石上的油污，可采用热水冲洗的办法。对于平坦的滩涂油污，较常采用的物理方法人工（机械）清除表层油污的方法。国内外都有采用物理修复法的案例，如 1989 年 3 月 24 日 Valdez 油船溢油事件中，Exxon 公司最初采用就是热水冲洗的清除方法，每天花费大约 100 万美元左右，效果不是很明显；我国 1999 年 3 月 24 日珠江口"闽燃供 2"轮重大溢油事件中对于礁滩、沙滩等油污的清除，采用的是去除含油表层的办法，清污费用达人民币 720 多万元；我国也采用此项修复方法来治理湖泊污染，如杭州西湖和昆明滇池的疏浚工程，总投资分别为 2.35 亿元和 1.41 亿元。由于目前国际上没有十分有效的消除海洋沉积物中石油的可行措施，所以对于海洋石油造成的严重沉积物污染，可以采用物理修复法估算恢复所产生的费用。但移除方案必须经济、可行，必须请专业人员进行估算。由于物理修复法的费用较高，所以在较大型的溢油事件中使用不多。

6.5　海洋生态损害价值计算及修复费用 [43]
Fiscal evaluation of marine ecosystem damage and restoration

　　海洋溢油事故发生后，事故责任方一般需要支付政府罚款、事故地环保部门和民众提出的索赔以及清除污染和修复生态损害等其他一些费用。本文所介绍的生态损害价值计算及修复费用，不包括政府给予事故责任方的罚款以及当地环保部门和民众提出的索赔，只介绍事故发生后清理油污以及生态价值损害和修复等相关的费用。

6.5.1　计算原则
Estimation principle

　　海洋生态损害价值采用基于生态修复措施的费用进行计算，即将海洋生态系统恢复到基线水平所需的费用作为首要和首选的海洋生态损害价值计算的方法；同时，还应包括海洋生态损害发生至恢复到基线水平的时间内（即恢复期）的损失费用。

对于无法修复的情形，则通过替代工程的费用来计算海洋生态损害的价值损失。

6.5.2 计算内容
Contents of evaluation

海洋生态损害价值计算主要包括以下几个方面：清除污染和减轻损害等预防措施费用；海洋环境容量和生物资源等恢复期的损失费用；海洋生态修复费用以及对海洋生态损害进行监测、试验、评估等其他合理费用。

6.5.3 清除污染和减轻损害等预防措施费用
Clean-up and preventive measures

清除污染和减轻损害的预防措施所产生费用，主要包括应急处理费用和污染清理费用。

应急处理费用主要包括应急监测费用、检测费用、应急处理设备和物品使用费、应急人员费等。

污染清理费用包括污染清理设备的使用费、污染清理物资的费用、污染清理人员费、污染物的运输与处理费用等。

清除污染和减轻损害的费用根据国家和地方有关标准或实际发生的费用进行计算。

6.5.4 海洋环境容量和生物资源等恢复期的损失费用
Environmental regeneration and marine resource loss

1.海洋环境容量的损失价值计算

海洋环境容量的损失量计算，应采取数值模拟或其它成熟方法，计算因污染物排入或海域水体交换，生化降解等自净能力变化等导致的海洋环境容量的损失，并采用调查或最近监测的实测数据予以验证。

对于非直接向海域排放污染物质的生态损害事件，计算因海域水动力、地形地貌等自然条件改变而导致的海域 COD、TN、TP 及原有特征污染物负荷能力下降的量；

对于直接或间接向海域排放污染物质生态损害事件的，计算污染物入海增加的海域环境污染负荷量：当受污染海域面积小于3km2时，可根据现场监测的污染带分布情况，按照下式进行计算：

$$Q_i = V(C_s - C_i) \times 10^{-6} + VK(C_s - C_i) \times T \times 10^{-6} \tag{6.11}$$

式中：Q_i—第i类环境容量损失量，单位为吨（t）；

V—受影响海域的水体体积，单位为立方米（m³）；

K—受影响海域的水交换率，单位为每天（d-1）；

C_s—损害事件发生后受影响海域第i类污染物的浓度，单位为毫克每升（mg/L）；

C_i—受影响海域第i类污染物的背景浓度，单位为毫克每升（mg/L）；

T—自损害发生起至调查监测时期限，单位每天（d）。

环境容量损失的价值计算，可以采用当地政府公布的水污染物排放指标有偿使用的计费标准或排污交易市场交易价格计算。

对于非直接向海域排放污染物质的生态损害事件导致的海洋环境容量损失，按照当地城镇水处理厂的综合污水处理成本计算；

对于污染导致的生态损害事件，按照污水处理厂处理同类污染物的成本计算；所选择用于成本类比的污水处理厂的处理工艺，应能满足GB 18918的出水水质控制要求；事件海域处于海洋保护区或其他禁排、限排区的，至少应满足一级标准的A标准的基本要求。

2. 海洋生物资源的恢复期损失价值量计算

海洋生物资源的恢复期损失价值量，参照GB/T 21678–2008中"天然渔业资源"损失的计算方法进行。

6.5.5 海洋生态修复费用
Marine ecosystem restoration

1. 生态修复目标

海洋生态修复应将受损区域的海洋生态修复到受损前原有或与原来相近的结构和功能状态，无法原地修复的，采取替代性的措施进行修复；根据损害程度和该区域的海洋生态特征，制定修复的总体目标及阶段目标。

2. 生态修复方案

针对海洋生态修复目标，制定海洋生态修复方案，要求技术上可行，能够促进受损海洋生态的有效恢复，修的效果要能够验证，海洋生态修复方案应包括：生态修复的对象、目标、内容、方法、工程量、投资估算、效益分析等。海洋生态修复方案编制要求参见 6.6.2。

3. 费用计算

海洋生态修复的费用测算，按照国家工程投资估算的规定列出，包括：工程费、设备及所需补充生物物种等材料购置费、替代工程建设所需的土地（海域）购置费用和工程建设其他费用等部分组成，采用概算定额法或类比工程预算法编制，计算公式为

$$F = F_G + F_S + F_r + F_Q \tag{6.12}$$

式中：F—海洋生态修复总费用，单位为万元；

F_G—工程费用（水体、沉积物等生境重建所需的直接工程费），单位为万元；

F_S—设备及所需补充生物五中等材料购置费用，单位为万元；

F_r—替代工程建设所需的土地（海域）的购置费用，单位为万元；

F_Q—其他修复费用（包括调查、制订工程方案、跟踪监测等费用），单位为万元。

6.5.6　其它费用
Associated costs

为开展海洋生态损害评估而支出的监测、试验、评估等相关合理费用，根据国家和地方有关监测、评估服务收费标准或实际发生的费用进行计算。

6.6　海洋生态损害评估及修复报告的编制 [43]
Compilation of assessment and restoration reports

6.6.1　海洋生态损害评估报告的编制
Compilation of assessment report

1. 编制格式

1）文本格式

海洋生态损害评估报告书文本外形尺寸为 A4（210mm×297mm）

2）封面格式

海洋生态损害评估报告书封面格式如下：

第一行书写 ×××× 海洋生态损害评估报告书（居中）

第二行落款书写：编制单位全称（居中）

第三行书写：×××× 年 ×× 月（居中）

以上内容字体字号应适宜，各行间距应适中，保持封面美观。

3）封里 1 内容

封里 1 为评估资质证书，同时应写明评估单位的全称、单位法人代表、通信地址、邮政编码、联系电话、传真电话、电子信箱等。

4）封里 2 内容

应写明评估技术负责人（姓名、职务、职称）、审核人（姓名、职务、职称）、主要参与人员（姓名、职务、职称）等，并签名。

5）封里 3 内容

应写明海洋调查及样品分析人员的姓名、职务、职称、上岗证号等，并签名。

2. 海洋生态损害评估报告章节内容还有生态损害评估报告主要内容应包括以下内容：

1）前言

全面反映海洋生态损害评估任务的由来和评估目的，评估依据，评估所采用的法规与技术标准，生态损害调查与评估的范围与评估重点等。

2）海洋生态损害事件概况

详细阐述海洋生态损害事件的发生的地点、时间、规模、性质等概况。

3）自然环境和社会环境概况

应详细阐述和分析海洋生态损害事件所在海域的自然环境和社会环境状况。主要包括：区域的气候与气象状况，海域的水文动力情况，海岸线、滩涂与海域的地址、地形、地貌状况。

海洋自然资源状况，还有经济开发利用的内容、类型和程度，海域开发使用现状海洋资源开发利用类型和程度，海洋功能区划，还有环境保护规划等。

阐述与评估工作有关的区域社会经济调查结果。

4）海洋生态现状

详细阐述生态损害事件所在海域生态调查范围、站位布设、调查方法、调查时间、调查频率和调查结果；阐述区域水质、沉积物质量、海洋生态状况等。

5）海洋生态损害对象、范围和程度

阐述海洋生态损害程度评估的方法，分别给出生态损害事件造成的海水水质、海洋沉积物、海洋生物和典型海洋生态系统等损害的范围和程度。

6）海洋生态损害价值

说明海洋生态损害价值量化的方法，给出海洋生态修复方案或替代方案及费用计算，给出包括生态修复费用、海洋生物资源和海洋环境容量等过渡性损失费用以及监测、评估等合理费用的汇总表。

7）海洋生态损害评估结论

给出受海洋生态损害事件影响海域的损害对象、范围、程度和损害金额的结论。

6.6.2　海洋生态损害修复报告的编制
Compilation of restoration report

海洋生态修复方案应包括以下的全部或部分章节，依据海洋生态修复的具体内容，可对下列章节及内容适当增设或删减。

1. 生态修复的项目概况

概括生态修复区域的自然和社会环境概况、生态损害的原因、对象、范围和程度；概述海洋生态修复总体方案，包括生态修复的目标、范围、规模、修复项目、修复成本、实施周期、预算成效与验收指标等关键内容。

2. 海洋生态修复目标

根据生态损害评估结果，明确给出海洋生境、海洋生物和生态敏感区的修复目标。

3. 海洋生态修复范围

根据生态损害评估结果，明确必须进行生态修复的受损海域范围。

4. 海洋生态修复内容与总体布局

1）生态修复项目与规模

针对海洋生境、海洋生物、典型海洋生态系统等修复目标，建立修复措施目录，确定每种受损海洋生态的修复措施目录并进行归类；

核定修复措施的规模，包括初级修复措施的规模及补偿性修复措施规模，明确各具体生态修复项目的工程量。

2）生态修复项目的总体布局

根据修复项目所在海域的功能区划，生态属性与生态修复目标，对生态修复项目布局进行空间优化，确定生态修复项目的布局方案。

5. 海洋生态修复项目投资测算

海洋生态修复项目的投资测算，按照国家有关规定编制，包括项目的前期工作投入，主体工程造价及生态修复成效评估等经费概算。生态修复工程投资费用可采用概算定额法，按照地区或行业有关工程造价定额标准编制，也可采用类比已建或在建的相似生态修复工程，编制生态修复工程的费用。

1）概算额定法

根据生态修复方案设计的工程内容，计算出工程量，按照概算定额单价（基价）和有关计费标准进行计算汇总，得出修复项目的投资造价。概算定额法编制生态修复投资的步骤如下：

（1）列出修复工程中各分项工程名称，并计算其工程量。

（2）确定个分项工程项目的概算定额单价。

（3）计算分项工程的直接工程费，合计得到单位工程直接工程费总和。

（4）按照有关标准计算措施费，合计得到单位工程直接费。

（5）按照一定的取费标准计算间接费和利税。

（6）计算单位工程投资总额。

2）类比法

当生态修复方案设计的生态修复目标、修复内容等与已建或在建的生态修复工程的设计相类似，可采用类比法来计算生态修复的费用。

6. 实施周期与进度安排

根据生态修复内容，明确生态修复实施周期，制定各生态修复项目的具体实施进度安排。

7. 预期修复成效

根据技术可行性分析结合相关成功经验，按不同实施阶段，分析生态修复具体项目的预期成效及总体生态修复预期成效。

8. 跟踪监测与竣工验收要求

根据生态修复方案中所提出的修复内容、实施方式、实施规模和范围，制定跟踪监测方案，为项目验收提供依据，并提出竣工验收的要求。

6.7　溢油事故案例介绍
Examples of oil spill incidents

6.7.1　"塔斯曼海"轮溢油事故案例（引自高振会，2005）
TASMAN SEA

6.7.1.1 事故基本情况

1. 事故发生过程

2002 年 11 月 23 日凌晨 4 点左右，一艘满载原油的马耳他籍油轮"塔斯曼海"轮与中国大连旅顺顺达船务有限公司的"顺凯一号"轮在天津大沽口东部海域 23 海里处发生碰撞。两艘船相撞后，立即有原油从"塔斯曼海"轮上溢出。随后几小时，海上的油污在海风的作用下在曹妃甸南部海域形成溢油漂流带，并有向西北方向移动的迹象。此次的溢油肇事船只"塔斯曼海"轮船东为英费尼特航运有限公司，载重 84 218 吨，本航次是从文莱载运 81 398 吨原油到天津港。"顺凯一号"轮是大连旅顺顺达船务有限公司的杂货船，载重 7 345 吨，本航次装运 5 600 吨煤由天津港去汕头。

2. 应急响应及处理措施

事故发生后，引起有关部门的高度重视。天津市海事局、天津市海洋局、天津市渔政渔港监督管理处和受到损害的渔民都分别采取了相应的措施。天津市海事局立即启动溢油应急程序，派遣 7 艘船舶携带清污器材赶赴事故现场。23 日中午，搜救船舶携带撇油器、围油栏、吸油毡、消油剂等防污器材先后抵达事故现场对海面溢油进行清污处理。经过 20 多个小时的连续搜寻、布控、清除，长约 2.5 海里、宽约 1.4 海里的溢油漂流带总体上得到控制。2002 年 11 月 24 日，天津海上搜救中心派直升机到海上溢油区域勘查，进一步了解污染程度、范围和清除油污的效果，并对海面溢油进行全面的清除工作。同时"塔斯曼海"轮已对撞船破损部位进行封堵并保证其水密性良好。在保证该轮不再向外溢油的情况下，天津海事局通知该轮到天津港某地停泊。2002 年 11 月 25 日，天津海事局准许"塔斯曼海"轮进港并接受进一步的海事调查，并派出多艘船只出海清除污染。

3. 损害赔偿

2002 年 11 月 28 日天津海事局向天津海事法院提出申请，要求扣押肇事"塔斯曼海"轮进行财产保全，并责令其提供 1 500 万美元担保。随后，渔政处、渔民协会等也分别向法院提出扣押该轮的申请。下午 6 点左右，天津海事法院将其扣押在塘沽南疆码头。2002 年 12 月 20 日，在中国保险公司为被告英费尼特航运有限公司向法院提供 300 万美元的信用担保后，解除对其扣押。2002 年 12 月 26 日天津海事法院受理天津海事局向英费尼特公司和伦敦汽船船东互保协会提起的海洋生态损失索赔案件。2003 年 1 月 3 日受理天津市渔政渔港监督管理处向英费尼特公司和伦敦汽船船东互保协会提出的渔业资源损失索赔案件。随后，天津市塘沽区北塘渔民协会代表各渔民协会和养殖户想英费尼特公司和伦敦汽船船东互保协会提出巨额索赔。由于此案案情复杂，当事人众多，为了节省司法资源，提高效率，天津海事法院采取对本案涉及的共同问题作为共同证据进行合并审理的审判方式，前后历时两年，于 2004 年 12 月 30 日对此案做出判决。判令两被告赔偿天津市海洋局海洋生态损失近千万元，赔偿天津市渔政渔港监督管理处渔业资源损失 1 500 余万元，赔偿遭受损失的渔民和养殖户 1 700 余万元，此次索赔案的最终数额共计 4 209 余万元。

6.7.1.2 渤海自然环境特征

1. 地质地貌特征

"塔斯曼海"轮溢油事故区地处渤海西北岸。天津市海岸带范围内基本为第四纪地层所覆盖，其平均厚度约 420m。总的地势自北、西、南向渤海中部缓倾，高程 5m 至岸线以下 20m，坡降 0.1‰ ~0.6‰，陆地与海域面积约各占一半。其地貌基本特征是：以堆积地貌为主，物质组成以黏土质粉砂、粉砂质黏土、粉砂等细粒物质为主；主要的地貌类型具有弧形带状分布的特点，陆地堆积平原平坦广阔，河渠纵横，洼淀众多，河道迁移频繁，古河道遗迹显著，是典型的低平粉砂淤泥质海岸。

根据水动力作用的差异和形态特征，可将潮间带划分为潮间浅滩、河口凸滩两个二级地貌类型。近岸部分海域其地貌特征为水下岸坡。水深在 25m 范围内，坡降 0.1‰ ~0.6‰。主要二级地貌类型为现代河口、河口—海湾、浅海冲淤作用形成的河口水下三角洲、海湾三角洲平原、溺谷、潮脊与潮沟群等。

渤海湾北部位于滦河下游，属于滨海平原，由滦河冲积和海退形成。地表被新生代第四纪冲积、洪积和海相沉积物所覆盖，为典型的粉砂淤泥质海岸。自北向南倾斜，坡降平缓，依次为冲积平原、滨海平原和潮间带。地质层为亚黏土层，厚度达 14.5~18.0m，深层为轻亚黏土层。

该区在大地构造上隶属乐亭坳陷，在其周围有 4 条断裂：东北部有北西向的滦河断裂，乐亭陷伏断裂和庞各庄陷伏断裂；西南有两条平行的北西向柏格庄断裂；西北有北东向新开口断裂；东南也有东北向打网岗断裂。这些断裂活动带纵横交错，相互影响，它们控制着地层的建造，也孕育着地震的发生与发展。

天津海域底质沉积物类型有 10 种，其中以 0.004~0.063mm 粒级中的粉砂、黏土质粉砂为主。各沉积类型在纵向和横向的平面分布上存在一定的规律性。沉积物在纵向的分布规律为海河口以南至歧口的中低潮滩物质呈粗到细的分布规律；南堡以西潮滩的粉砂，砂质粉砂带及潮沟的砂质粉砂沿西偏北逐渐细化。由于海洋动力的差异，沉积物的横向分布存在着南北的差异。新港至海岸线以下 20m 深槽以北海区，自岸向海呈细—粗—细的分布规律，以南海区沉积物向海呈粗—细—粗的分布规律。

2. 水文气象特征

渤海的潮汐大多为不正规半日潮。天津沿海一昼夜两次涨潮，一次略大，一次略小。每月有两次大潮和两次小潮。大潮在农历初三和十八左右，涨落潮差 3m 左右，最大可达 5~6m。小潮在农历的初十和二十五前后，涨落潮差约 2m，最小不足 1m。涨潮时间约 5~6h，落潮时间约 7h。春冬潮位偏低，1 月份最低；秋、夏潮位偏高，7、8 月份最高。渤海湾北部附近海区最高潮位置 2.9m，出现在 3、4、5 月，最低潮位出现在冬季 1 月份，仅 0.33m，最大潮差为 3.50m，平均潮差最大值一般出现于夏、秋两季，最小值多出现在冬、春两季。平均高潮间隙为 2 小时 32 分。

天津沿海的潮流通常是回转流，即随着涨潮和落潮海水流动方向按逆时针方向逐渐改变。涨潮流呈西北向，落潮流呈东南向，底层与表层不相同。大潮期和小潮期的潮流情况极不一致，小潮期的潮流受风向影响很大，流向常随风向变化，大风能使海表层的流速随风增强（当风向和流向一致时），但中层和底层的流向、流速受大风影响很小。渤海湾北部附近海区表层和底层属同类型潮流。潮流为往复流，涨潮流流向为西南方向，落潮流流向为东北方向，余流较小。表层平均流速为 7cm/s，最大流速为 14cm/s。而底层平均流速为 5cm/s。大风浪一般在 2m 左右，海水平均含沙量为 0.09%。评价海域一般年份从 1 月下旬至 12 月初，沿岸处开始结冰，翌年 3 月初海冰消失，冰期 3~3.5 个月。其中 1 月中旬至 2 月中旬，有一个月时间为盛冰期，沿岸固定冰宽可达 3~5km。

渤海位于我国季风气候区，具有明显的暖温带半湿润季风气候特点，四季分明。冬季寒冷，干燥少雪；春季多风少雨；夏季炎热，雨水集中；秋季气候宜人。冬季 160 天左右，夏季 100 天左右，春秋季均为 50~55 天。由于海岸带地处海陆交界的两种截然不同的下垫面，温度变化不仅具有明显的季节差异，而且存在着明显的日变化。这种温度日变化形成了海陆风，由于海陆两侧风和空气层稳定度变化的不同，又使海上降水量明显偏少，光照增多。温度、风、湿度、降水、光照等在时空分布上，有着明显差异。

年平均气温为 10.5~11.0℃，大致从东向西年平均气温略有升高。最高月平均温度 25.3℃出现在 7 月，最低月平均温度 −5.9℃出现在 1 月。极端最高气温为 37.2℃，极端最低气温为 −20.9℃。年平均风速 3.8m/s。主导风向为西南风，春夏盛行风向多为偏南风，秋冬多偏北风，最大风速为 24.0m/s。年平均降水量为 635.7mm，最大降水量 1315.4mm。雨量多集中于 7~8 月份，占全年降水量的64%。多年平均蒸发量为 2 295.2mm。最大冻土层深度为67cm，霜冻期为 188 天左右。年平均相对湿度为 71%，月平均湿度以 7 月份 86% 最高。冬季较干燥，1 月份湿度 56%。

3. 生态环境特征

渤海是重要的经济生物产卵地、育幼地和众多生物的栖息地，但由于渤海只有一个出海口，具有典型半封闭海湾的海洋水动力特点，水交换能力弱，自身净化能力有限，整个渤海海水的循环周期很长，渤海具有独特的脆弱的生态系统。渤海周边地区的经济发展，对海洋生态环境带来了负效应，使生态服务功能显著下降，可持续利用能力加速丧失，渤海正面临着异常严峻的形势。

渤海的水系比较复杂。主要入海河流可以大致分成三大水系，分别注入三大湾，即辽东湾（15 条）、渤海湾（16 条）、莱州湾（9 条）。流入渤海的河流为渤海带来大量的营养物质的同时，也使渤海海域遭到越来越严重的污染，渤海生态系统正承受着前所未有的巨大压力。入海河流携带大量泥沙在海湾形成宽广、低平的三大河口三角洲湿地，即辽河口三角洲湿地、黄河口三角洲湿地和海河口三角洲湿地。其中位于渤海湾西海岸的天津古海岸与湿地自然保护区是渤海湾渔业资源的重要生态支持系统，面积达 211.80km²，生长着芦苇、水葱、碱蓬、三棱麓草和藻类等，鸟类有 100 余种。1992 年国务院批准成立天津古海岸与湿地国家级自然保护区。由于河口浅水区盐度较低，春、夏水温较高，加上河流和湿地不断提供丰富的营养物质，饵料生物繁茂。这些优越的环境条件使渤海成为经济生物的重要的产卵地、育幼地和众多生物的栖息地。

综上所述，渤海的自然生态环境包括三大湾、三大水系、三大河口三角洲湿地和众多经济生物的重要的产卵地、育幼地和栖息地。然而由于渤海只有一个出海口，具有典型半封闭海湾的海洋水动力特点，水交换能力弱，自身净化能力有限，整个渤海海水的循环周期很长，所以渤海的生态系统很脆弱。另外，渤海周边地区的经济发展，也给海洋生态环境带来负效应，使其生态服务功能显著下降，可持续利用能力加速丧失，渤海面临着异常严峻的形势。

4. 水产资源

渤海湾是渤海三大湾之一，其周边地区为环渤海经济圈的中心位置。渤海湾含有大量丰富的营养物质，水质肥沃，饵料丰富，是海洋水产资源的主要繁殖场和索饵场之一，有主要动植物百余种，主要分为浅海游泳生物、浅海底栖生物和潮间带生物三大类群。而海洋渔业是渤海地区重要的传统产业，沿岸大部分居民世代以渔业生产为生，海洋渔业主要包括海洋渔业捕捞、海洋生物养殖、水产品加工。150 余种水产动物中 68 种为捕捞对象。近几年能单独形成渔汛的种类主要是无脊椎动物。如毛虾、对虾、三疣梭子蟹、口虾蛄等，鱼类群体主要由小黄鱼、绵鲥、刚姑鱼、孔鳐、黄鲫、觉氏舌鳎、梭鱼、鲈鱼等组成。浅海底栖经济渔业资源主要为毛蚶。潮间带水产资源主要为具有经济价值的贝类，如文蛤、青蛤、菲律宾蛤仔、牡蛎、光滑兰蛤、寻氏肌蛤等。进入 20 世纪 80 年代以后，该区域沿海的海水养殖业得到迅速发展，实行虾鱼、虾贝、虾蟹鱼混养，养殖对象以对虾为主，其生产规模较大，其他品种如鲈鱼、梭鱼、梭子蟹、扇贝等规模较小。据统计，2000 年天津市渔船数为 1 175 艘。周边沿岸分布有数十个中小型渔港，为沿海渔业生产提供了较为便利的条件。

其次，滨海地区是海盐生产的理想场所，所以海盐也成为渤海地区开发利用最早的海水资源之一。天津长芦盐区是中国最大的海盐产区之一，海盐质量优异，氯化钠含量 96% 以上。盐的产品在原盐、精致盐的基础上，增加了医疗保健作用的药用盐、精致自然盐、保健盐、加碘盐、低钠盐等品种。随着盐业的发展，该区盐化工业亦逐渐兴起并且规模不断发展扩大，已经成为该区的重要产业之一。天津市现已能生产氯化钾、氯化镁、工业溴、四溴乙烷等 10 余种化工产品，年产量达 $14 \times 10^4 t$。盐化工中的氯化钾、氯化镁产量居全国之首。

5. 沿海社区

天津市地处渤海湾西岸，是中央直辖市，辖内有 18 个区、县，面积 $1.19 \times 10^4 km^2$，1999 年末人口 910.2 万人，拥有 153 千米的海岸线，是我国北方最大的沿海城市。在天津市海岸带距岸线 20km 以内，自北向南分布有滨海三个区：汉沽、塘沽、大港。滨海新区土地面积为 2 256.8km²，包括天津港、开发区、保税区和海河下游工业区。

天津港位于渤海湾最西端，地理位置优越，经济腹地辽阔，主要腹地大致包括天津、北京及华北、西北其他各省和自治区。天津港口交通便捷，陆上经京山、津浦铁路与全国各地相通，海上与全国各港相连，公路和航空运输亦四通八达。其所处政治、经济、地理位置优越。天津港是北方距内陆最近的港口，也是我国最大的人工港，港区总面积 200km²，建有可停靠第四代和第五代集装箱船舶的集装箱码头，使天津港成为我国装卸能力最大的集装箱运输枢纽港。拥有各类生产泊位 140 余个，其中万吨级以上深水泊位 50 个。天津港是我国北方以集装箱、杂货为主的综合性大港，是中国对外贸易的重要口岸。目前，天津港已同世界上 160 余个国家和地区的 300 余个港口通航，有航线 170 余条。主干航道已由 -11.0m 疏浚到 -12.0m。在港区东南海域有面积为 130km² 的锚地，水深 12m，能同时停泊 120 艘船舶。

另外，天津市滨海有丰富的自然风景旅游资源和地质历史旅游资源。沿海岸带地区有大面积湿地，滩涂广阔平缓，芦苇丛生，鸟类、鱼类在此栖息繁衍。天津市海岸带地势低下，洼地众多，河流纵横，有的洼地和河曲地段相连，长期以来为多种生物生长提供条件，形成了独特的自然生态系统，经过人为的加工，便成为较好的风景旅游区。

6.7.1.3 生态损害评估

高振会等人结合"塔斯曼海"轮对海洋生态的损害对象及程度，将溢油生态损害的评估内容分为四部分，及海洋生态直接损失、生境修复费、生物种群恢复费和调查评估费。根据前面介绍的评估工作等级划分方法，本次评估为一级评估，因而海洋生态直接损失、生物种群恢复以及调查评估费等为必做项目。

1. 环境容量损害评估

对于本次"塔斯曼海"轮溢油事故造成的海域环境容量损失，高振会等分别采用效用函数法和影子工程发两种方法进行评估。具体的方法已在前面评估技术一节进行了详细的介绍。

根据效用函数法，本次溢油事故造成的海域环境容量价值损失 = 本次溢油事故的溢油量 ÷ 天津碧海行动 2005 年之前的油类入海消减量 × 天津碧海行动 2005 年之前为达到该目标所采取措施的投资额。根据"天津市渤海碧海行动计划"，为达到 2005 年油类入海消减量的近期目标，所需投资的总额为 3.68 亿元。因此，本次溢油事故的海域环境容量价值损失 =205t ÷ 2 800t × 3.68 亿元 =0.27 亿元。

根据影子工程法，需要估算污水处理厂投资额和污水处理费用。本次溢油面积为溢油面积为 359.60km²，采用表层水体（水深 0.5m）参与计算，因此整个受污染的水体体积约为 $1.8 \times 108m^3$。另外，根据天津市环保局下发文件《关于塘沽新河污水处理厂工程项目建议书的批复》（津计基础（2002）85 号）建设规模为 15 万吨 / 日的污水处理厂工程总投资的 3.16 亿元；根据天津市发展改革委员会文件《关于塘沽南排河污水处理厂工程工程项目建议书的批复》（津计基础（2002）84 号）建设规模为 10 万吨 / 日的污水处理厂工程总投资为 2.73 亿元；根据天津市发展改革委员会文件《关于汉沽营城污水处理厂工程项目建议书的批复》（津计基础（2002）83 号）建设规模为 15 万吨 / 日的污水处理厂工程总投资为 2.99 亿元。天津开发区污水处理厂为市政公司重点工程，该厂污水处理规模为每日 10 万吨，总投资额约 1.7 亿元人民币。参照上述资料，我们需要建设的规模为 10 万吨 / 日的污水处理厂投资应在 2.2 亿元左右，鉴于我们所要处理的污水中的主要污染物为油类，根据成本，再乘以 10% 的折算系数，得出投资额为 2 200 万元。整个需处理的水体的俸积为 $1.8 \times 108m^3$，根据有关资料显示，各城市污水处理费收取标准控制在 0.2~0.6 元 / 吨之间，其中天津市为 0.6 元 / 吨（国家发展与改革委员会价格监测中心 2004 年 6 月）。由于只处理油类污染物，我们采用最低标准 0.2 元 / 吨，所以处理这部分水体的费用为 3 600 万元。

2. 生态服务功能损害评估

由于溢油污染海域位于渤海湾，水深约 20m 左右，应属河口湾类型。考虑到我国海洋生态服务功能价值的公众意识与国外发达国家相比有一定差距，因此我们以单位价值较低的大陆架生态类型来近似代替河口湾生态类型的单位价值。平均价值为：1610$/hm² · a。

生态功能损失率估算：根据调查资料可知，本次油污造成的初级生产力的损失近 50%，次级生产力损失 91%，经济鱼类损失 60% 以上，沉积物比事故发生前该海域沉积物中的油类浓度值平均升高了 714%，水质及潮滩中均明显含有"塔斯曼海"轮原油。因此，按最保守的估算，生态功能损失应为 50% 以上。

国外在计算溢油损失时多采用 HEA 模型，即生境等价分析，它是以生境变化来分析海洋功能损害，NOAA 建议在 HEA 皮用中采用 3% 的折算率，因为这一比率符合历次事件的平均值。根据本章溢油评估程序，此次溢油事故位于生态环境敏感区，因此折算率应取 3%，由此，溢油事故对生态功能损失率为

50%×3%=1.5%。

计算参数：

单位价值：1 610$/hm² · a；

生态功能损失率：1.5%；

损失时间：暂以 1 年计；

损失面积：359.60km²；

海洋生态价值 = 单位价值 × 生态功能损失 × 损失时间 =1 610×1.5%×1×359.60×100= 868 434（$）。折算为人民币为 738.17 万元。

3. 生境修复费用

1）海洋沉积物生境恢复

高振会等人采取南开大学提供的生物修复技术进行估算。生物修复方案主要包括两大部分，即菌剂生产加工费用以及原位修复费用。结合污染海域的实际情况和实验结果得到菌剂费用为 2 230 万元，原位修复费用为 384 万元。因此海洋沉积物的修复总费用为 2 230 万元 +384 万元 =2 614 万元。

2）潮间带生境恢复

潮间带生境恢复的费用仍采用南开大学生物修复技术来估算。为了便于计算，修复工程时间暂以 1 年计，则菌剂生产费用和原位修复费用分别为 1 155 万元和151 万元。因此潮间带生物修复的总费用为 1 155 万元 +151 万元 =1 306 万元。

4. 受损经济生物补充恢复费

"塔斯曼海"轮溢油对渤海湾海洋生态环境造成了严重影响，从浮游植物到游泳生物各级海洋生物种类减少，种群发生变化。因此，在采取海洋环境恢复措施的同时，必须采取人为干预措施补充损失的主要生物优势种，使污染海域尽早恢复与原来相同或相似的生态结构，恢复生态平衡，发挥海洋生态系统的正常功能。一般用补充幼体的方法修复受损主要游泳生物种群。在此次事故中，补充主要游泳生物损失的鱼苗总价值为 906.17 万元。除购置相应的幼体外，还需要幼体运输、放流保护等工作，其费用分别为运输费 8.4 万元、放流劳务费 1.92 万元、吊车等设备租赁费 2.4 万元、船舶租赁费 7.2 万元、调查评估费 12 万元，合计为31.92 万元。综上可得，受损经济生物补充恢复的总费用为 906.17 万元 +31.92 万元 =938.09 万元。

5. 修复前期研究费用

此次溢油事故发生后，原告立即委托多个部门进行了石油解烃菌应用于此次海洋生态环境修复方面的研究工作。相关研究花费主要包括两部分，即人员费及设备材料费。费用为：人员费 86.4 万元、设备费 12.83 万元、材料费 7.6 万元，合计 106.83 万元。

6. 监测评估费用

主要包括所有参与此项工作的单位，如北海监测中心、天津市海洋环境监测中心站、天津市海洋局等为此项历时两年的工作所花的监测评估费用，合计 532.88 万元。

综合上述各项计算结果，此次溢油对海洋生态损害的各项费用分别为环境容量损失 3 600 万元（采用影子工程法的估算值）、海洋生态服务功能损失（不包括环境容量）738.17 万元、生境恢复费用 3 920 万元、受损经济生物人工恢复费用 938.09 万元、人工修复前期研究费用 106.83 万元、监测评估费用 532.88 万元。因此，"塔斯曼海"轮溢油对海洋生态损害的总费用为 9 835.97 万元。

6.7.2 墨西哥湾漏油事故案例
The Gulf of Mexico

6.7.2.1 事故基本情况

1. 事故发生过程

2010 年 4 月 20 日晚 10 点左右，美国南部路易斯安那州沿海的墨西哥湾钻井平台"深水地平线"起火爆炸、沉没。这一钻井平台建于 2001 年，由越洋钻探公司拥有，事故发生时与英国石油公司签有生产合同。

2010 年 4 月 24 日美国海岸警卫队报道称，"深水地平线"钻井平台爆炸沉没约两天，海下受损油井开始漏油。这口油井位于海面下 1 525 米处，每天估计有 1 000 桶左右（20 万加仑）原油泻入墨西哥湾，并迅速向美国东海岸扩散。租用钻井平台的英国石油公司出动飞机和船只清理海面浮油，但因天气状况恶劣，清理工作受阻。

2010 年 4 月 28 日，形势开始恶化，美国国家海洋和大气管理局估计，在墨西哥湾沉没的海上钻井平台"深水地平线"底部油井每天漏油大约 5 000 桶，5 倍于先前估计数量。路易斯安那州、密西西比州、佛罗里达州和阿拉巴马州在海岸附近设置数万米充气式栏栅，围成一道防线，防御浮油"进犯"。

2010 年 5 月 29 日，被认为能够在 2010 年 8 月以前控制墨西哥湾漏油局面的"灭顶法"宣告失败。墨西哥湾漏油事件进一步升级，人们对这场灾难的评估也愈加悲观。

2010 年 7 月 10 日英国石油公司卸除旧的控油装置，换上新的控油罩，并于 7 月 15 日对漏油油井进行"油井完整性测试"后宣布，新的控油装置成功罩住了水下漏油点。

2010 年 9 月 4 日，通过新安装的防喷阀和水泥封堵漏油油井，英国石油公司宣布漏油油井不再对墨西哥湾构成威胁。截止最后，墨西哥湾漏油事故共造成 7 人死亡、至少 11 人失踪，总漏油量大约为 500 万桶（约 200 百万加仑），海上浮油面积超过了 9 900 平方千米，成为 1989 年埃克森瓦尔迪兹油轮泄漏事件以来美国历史上最严重的原油泄漏事故之一。

2. 事故发生原因

英国石油公司内部调查显示，墨西哥湾"深水地平线"钻井平台爆炸由一个甲烷气泡引发。另外，漏油最后一道防线"防喷阀"先前发生过失效的状况。工人在钻井底部设置并测试一处水泥封口，随后降低钻杆内部压力，试图再设一处水泥封口。这时，设置封口时引起的化学反应产生热量，促成一个甲烷气泡生成，导致这处封口遭破坏。甲烷在海底通常处于晶体状态。深海钻井平台作业时经常碰到甲烷晶体。这个甲烷气泡从钻杆底部高压处上升到低压处，突破数处安全屏障。2010 年 4 月 20 日事发时，钻井平台上的工人观察到钻杆突然喷气，随后气体和原油冒上来。气体涌向一处有易燃物的房间，在那里发生第一起爆炸。随后发生一系列爆炸，点燃冒上来的原油。钻台大型引擎随即爆炸，到处都是火。这座钻井平台配备的"防喷阀"也成为调查重点。一个"防喷阀"大如一辆双层公交车，重 290 吨。作为防止漏油的最后一道屏障，"防喷阀"安装在井口处，在发生漏油后关闭油管。但"深水地平线"的"防喷阀"并未正常启动。"深水地平线"装备一套自动备用系统。这套系统应在工人未能启动"防喷阀"时激活它，但当时也没有发挥作用。事发后，英国石油公司企图借助水下机器人启动"防喷阀"，未能奏效。而德国柏林工业大学石油地质学家威廉·多米尼克认为，美国过早开放深海石油开采以及英国石油公司忙赶工期是导致墨西哥湾原油泄漏的主要原因。

3. 应急响应及处理措施

墨西哥湾深水地平线号钻井平台爆炸溢油后，美国政府在《1990 油污法》和 1994 年编制的《国家应急计划》的指导下，启动了国家、区域和地方的各级应急响应体系。爆炸当天，成立了以海岸警卫队为核心的地方应急指挥中心，协调沿岸各州及地方政府控制和解决污染事件；4 月 21 日，区域应急响应体系启动，成立了由 6 个机构集结合作的区域应急响应工作组；4 月 22 日，国家响应工作组成立，该小组由 16 个联邦部门和机构组成；4 月 24 日，考虑到此次溢油事故规模较大，建立了统一指挥中心和联合信息中心，以集合并协调所有响应机构，同时向公众以及指挥中心提供可靠、实时的溢油响应相关信息。

在上述应急机制和响应体系的指导下，各职能机构和部门根据各自职责，有效地开展了针对此次事故的堵漏清污、监视监测、溢油轨迹漂移预测、自然资源损害评估等各项工作。

事故发生后，美国各部门迅速投入救灾行动中。由于墨西哥湾溢油来自海洋深处，易于海水乳化形成黏稠物，难以生物降解。因此，清污工作采用了物理和化学的方法，具体包括：围油栏、吸油棉、有控制地燃烧以及表面分散剂。美国政府在此次事故中采取的清污措施均为较常规的技术，在国家溢油应急响应体系的支持下，布局合理，处置积极，取得了明显效果。尽管如此，由于此次事故的规模空前、可控制燃烧实施的滞后以及处置设施的不到位等原因，浮油最终上岸，导致沿岸大量海岸线、湿地等生态环境敏感区域以及自然资源受到严重损害。另外大量化学分散剂的使用，对生态环境的损害难以估量。

期间内政部、海洋和大气管理局参与监测油污清理活动，海岸警卫队调动了1 000 余名队员参与清理油污工作。13 个联邦机构，5 个州（德克萨斯州、路易斯安那州、密西西比州、阿拉巴马州、佛罗里达州）以及当地的志愿者、专家、社区组织、承包商、非政府组织和居民参与了救灾工作。影响最重的社区，有近1.1 万个社区急救员在沙滩进行清理工作。截止 2010 年 6 月 5 日，事故现场共动用船只超过 2 700 艘，已使用的围油栏超过 216 万英尺，已使用的吸附围油栏超过 239 万英尺，总围油栏布放超过 455 万英尺，含油污水回收超过 1 548 万加仑，海面消油剂使用接近 77.9 万加仑，水下消油剂使用接近 30.3 万加仑消油剂，动员人员超过 20 000 人。在处理油污的过程中每天使用 15 000 加仑的化学分散剂。2010 年 8 月 2 日的报告显示，美国政府估计泄漏的原油人工处理量为 33%，最后残留在环境中的占总量的 26%。

虽然对海滩进行了油污的应急处理，但对盐沼地，清理行动会破坏植被，渗入土壤或沉积物中，这使得油污的降解更为复杂，时间更久，从而使清理行动的弊端大于利处。BP 与美国海岸警备队、美国鱼类及野生动物保护局、美国国家海洋和大气管理局、国家公园管理处以及国家机构的专家密切合作，找出最敏感的野生动物栖息地，并优先考虑适当的溢油对策。这些措施包括大力建设动物的避难所，以防止野生动物进入污染海域。BP 还建立了动物处理设施，对鸟类，哺乳动物和海龟大量具有较强的处理能力。

在监视方面，在油膜可视的情况下，由有经验的人员以飞机或船只作为观察平台，使用肉眼进行观测。为保证信息可靠、准确，美国制定了一系列的溢油观察的技术规范，如 NOAA 的《开阔水域空中溢油确认工作帮助》手册、美国材料实验协会的溢油观察的标准等；在缺乏观察平台或气候等原因导致的油膜不可视时，主要采用船载或机载相关红外线技术，定点航拍湿地、海岸线等生态环境敏感目标以及卫星遥感的手段，对溢油的位置、油膜厚度和密度、油污染区域的位置和程度等进行监视。此次事件中主要的监视设备包括：机载可见光／红外成像光谱仪、星载热量散发和反辐射仪、星载多角度辐射成像光谱仪以及星载高级合成孔径雷达等。在监测方面，美国环保署定期监测空气、水体和沉积物中油、苯系物、多环芳烃和表面活性剂等特征污染物的含量，并据此与基准值对比，评价其对人体健康和水生生物有影响与否；NOAA 以自然资源损害评估为主要目的，通过生物监测，了解溢油相关特征污染物的基准值、生物富集状况以及生物影响调查，同时进行食品安全相关监测和分析。通过监视监测结果，如溢油现状图、溢油轨迹图、各环境介质的质量状况及公园的环境质量和开发情况等信息，每日或定期向公众发布。

4. 损害赔偿

路易斯安那州的两名渔民于 4 月 28 日晚，向该地法院递交起诉书，其被告包括"深水地平线"所有者瑞士越洋钻探公司和卡梅伦国际集团及作业者英国石油公司等企业，该起诉书援引美国 1990 年《油污法》中关于溢油设施的承包人、管理人及所有人疏忽致害的规定，称被告在管理和运行"深水地平线"的过程中"存在共同疏忽与过错，进而导致平台起火、爆炸以及石油泄漏"，应当赔偿渔民相应的损失。由于美国有健全的环境公益诉讼制度，任何公民或者组织对于环境生态损害的起诉，美国联邦及州的各级法院都会受理，也使得外界对于美国渔民的维权意识和美国健全的诉求表达机制表示赞赏。

4 月 29 日，美国奥巴马总统宣布将墨西哥湾石油钻井平台溢油定为国家级灾害，美国阿拉巴马州和路易斯安娜州宣布该地区进入禁止状态，奥巴马要求内政部长肯·萨拉瑟尔在 30 天之内必须提交调查报告，并就如何防止此类事件发生提出可行性的建议和技术手段，同时美国白宫下达了深海离岸石油开采的禁令，在事故未调查清楚之前，不与任何石油企业签订或者批准石油开采合同。众议院在美国总统奥巴马的授权下成立了美国国会溢油调查小组，其定位为彻查此次环境灾难事故的原因和责任人，并于 29 日当天召开了墨西哥湾溢油事故听证会，包括美国众议院议员、在墨西哥湾石油开采的 5 家大型石油企业、海洋环境与动物保护组织以及沿岸初步认为受损的渔民都来参加此次听证会，充分尊重环保组织和渔民的意愿，扩大公众的参与面和知情权，英国石油公司等必须接受公众的质询，这都体现了美国政府从国家层面和实践层面对于人权的关注程度。

5 月 18 日，负责近海钻井业务监管业务的联邦矿业监督局副主管申请辞职，该部门因为监督不力致使墨西哥湾溢油，倍受批评；负责墨西哥湾地方石油开采的负责人奥尼斯也宣布辞职，并接受美国国会议员的质询，被指失职与监管不力，溢油后也未能及时应对，在事故调查未结束前，美国大力度临阵换将，惩治处置不力的官员，政府官员问责机制发挥了很大作用。

美国政府于 2010 年 5 月 25 日称"深水地平线"石油钻井平台爆炸事件相关方必须负责该次海底原油泄漏导致的所有损失，且国会即将通过一项准备大幅度提高原油溢漏赔偿上限的法案，对于特殊的事故，不设上限，一些油污责任限额赔偿的规定将会被排除适，该法案于 7 月 1 日通过，英国石油公司将为此支付 630 亿美元的高额赔偿金。据悉，此次钻井平项目的保险商英国劳德保险公司也面临索赔的局面，其承保金额为 7 亿美元，只是赔偿数额的一小部分，这说明在这种重大的环境责任事故中，环境事故责任第三人保险的作用也只是辅助作用，不能完全起到填补损害的作用。6 月 1 日，美国司法部开始介入墨西哥湾溢油事件进行刑事调查和民事证据收集，并调查作业者是否违反《清洁水法》、《石油污染法》以及《濒危物种法》等规范性文件和对 11 名因爆炸死亡的石油工人犯有过失致人死亡罪。

为了避免面临长时期和大规模的诉讼，英国石油公司承诺尽快建立 200 亿美元的溢油响应基金，并在半年内分期付款，以换得受害者息讼，该基金的一部分将支付美国联邦政府以及路易斯安那州、德克萨斯州政府的油污清理费用，也有一部分将作为墨西哥湾溢油环境生态恢复费用及为此进行专项研究的费用。

此次漏油事故的赔偿以及调查还在进行中，长期的被调查和面临诉讼使得英国石油公司面临破产的风险，美国也于 2011 年调整了本国的海洋能源开采政策，事故造成的损害将是长期的。

BP（英国石油公司）11 月 16 日宣布，就 2010 年 4 月发生在墨西哥湾的严重漏油事故与美国司法部达成和解协议，BP 将在 5 年内支付 40 亿美元罚金，另外还将在 3 年内向 SEC（美国证券交易委员会）支付 5.25 亿美元。在此方案达成之前，BP 已经为墨西哥湾事件的赔偿和应急支付了超过 220 亿美元的款项。

6.7.2.2 墨西哥湾自然环境特征

1. 地质地貌特征

墨西哥湾（Gulf of Mexico）是位于北美洲南部大西洋的一个海湾，东西长1 609 千米，南北宽 1 287 千米，平均水深约 1 500 米，最深处超过 5 200 米，面积 154.3 万平方千米。海湾的东部与北部是美国，西岸与南岸是墨西哥，东南方的海上是古巴。墨西哥湾经过佛罗里达海峡进入大西洋；经过尤卡旦海峡与加勒比海相连接。岸边多沼泽、浅滩和红树林。海底有大陆架、大陆坡和深海平原。北岸是路易斯安那州新奥尔良市东南部的密西西比河和路易斯安那中部海岸以西200 千米的阿查法拉亚河。密西西比河流域长期主导墨西哥湾北部的地质和生物景观。流域经过美国 48 个州的 41%（约 3.2×106 平方千米）规模仅次于亚马逊河和扎伊尔河。河流的长度和淡水排放及其沉积物使其排名在世界前十。墨西哥湾的年平均淡水流量为 580 立方千米，主要通过密西西比河和阿查法拉亚河两个支流进入。两大著名河流的流入，把大量泥沙带进海湾，形成了巨大的河口三角洲。并且河流引入的有机碎屑，颗粒物和溶解的营养物质，保证了海湾高初级生产力，高含碳量沉积物和丰富的烃源岩。在墨西哥湾沿岸及大陆架富藏石油、天然气和硫磺等矿产。沿岸的油气田以及方便的航运路线对墨西哥湾沿岸地区能够发展成为美国石化业的重镇起到了非常重要的作用。2008 年，墨西哥湾提供的海鲜约占美国本土 25%。墨西哥湾还提供了美国 13% 石油和 29% 天然气。在尤卡旦海峡，有一条海槛，位于海面下约 1 600 米深，作为墨西哥湾和加勒比海的分界。湾内有新奥尔良、阿瑟、休斯敦、坦皮科等重要港口。南路易西安那港以及休斯顿港都是排在全世界货物吞吐量前十名之内的繁忙国际商港。墨西哥湾具有非常丰富的复杂的环境，提供了丰富的生态系统服务，包括每年约 197 亿美元的旅游价值，沿海湿地的风暴涌浪保护作用，迁徙水禽的栖息地，河流排放营养物质的循环，和沿海社区独特的文化遗产。墨西哥湾的海岸是水禽和海滨鸟类的主要栖息地。海湾的水中有大量鱼类，特别是在沿大陆棚一带。商业性捕鱼具有极大的经济重要性，约占美国总渔获量的 1/5。墨西哥湾的商业、娱乐性渔业和旅游娱乐每年为美国经济带来了超过 10 亿美元的收入。

2. 水文气象特征

墨西哥湾位于热带和亚热带，高温多雨，降水量多。海湾内暖水从佛罗里达海峡流出，成为墨西哥暖流的重要源地。墨西哥湾的东南部有像河一样的海流流过，是北大西洋湾流的主要来源；也是海洋的水流经海湾的主要洋流。加勒比海的水经由犹加敦海峡流入墨西哥湾，海峡的海底形成一个在水面下 1.6 千米的海底山脊（两个海盆之间的水下脊），也按顺时针方向流动，流至海湾的东北部。墨西哥湾西部的海流模式的轮廓不太分明。那里的海流都相对较弱，其强度随季节和地点之不同而变化。海湾内大陆棚上和沿海的海水在流向和速度上有着极端的变化，此处海流的季节性变化和年度变化不但受制于主要的环流模式，而且受盛行风风向变化的影响。

　　流入墨西哥湾各河流的陆地流域总面积约为海湾面积的两倍。湾内各处海水的盐度差别很大。湾内广阔水域的盐度与北大西洋类似，约为 36。不过，沿岸海水的盐度比率，在一年内各个时期变化极大，尤其是在密西西比河口广大的三角洲附近。每当密西西比河的流量最大之时，远至离岸 30~50 千米的范围内，其盐度低达 14~20。海面温度在 2 月时，从北部的 18℃（64 ℉）到犹加敦岸外的 24℃（76 ℉）不等。在夏季，海面温度曾被测到 32℃（90 ℉）左右，但通常有着和 2 月几乎一样的差异。犹加敦海峡北部附近的水底温度约为 6℃（43 ℉）。等温层（恒温的海水表层）的厚度，随季节和当地环境以及地点的不同，由 1~150 米不等。潮差很小，在大多数地方小于 0.6 米；一般说来，只产生全日潮——即每个潮汐日为一个高潮期和一个低潮期。只有在台风季节，潮水受台风的驱赶，引起海水陡升，成为风暴潮，水位有时高达 5 米，会对沿岸洼地造成威胁，特别是海湾北岸的风暴潮较多。

3. 生态环境

1）生境特征

　　墨西哥湾北部的近海栖息地有潮间带高地、开放水域的海湾湿地和泻湖。不同生境的形成取决于基材类型（泥砂）和深度。开放的海湾和河口水域是软底栖息地，通常缺乏明显的植被。在较浅的潮间带泥质区，沿潮沟和开放水域牡蛎礁较为发展，此地潮汐环境是低能的，并有充足而不过量的淡水从地表径流和河流输入。牡蛎礁是生物岩礁，它们使用其他生物形成一个以生物为基础的基板。在受保护的多沙的海湾和泻湖环境下，淹没海草是常见的，此处水清澈适合它们的生长。北部湾常见的海草有泰莱草、乌龟滩草、海牛草、野鸭草（川蔓藻）和星星草。在高地和开放水域的交接处存在多种类型湿地，定期受到土壤淹没和植物潮汐的影响。墨西哥湾的湿地分类有河口急流（如潮汐沼泽）、河口灌木磨砂（如红树林）、淡水急流（如淡水沼泽或浮标）和淡水灌木丛和森林（如柏树沼泽）。

　　沿海栖息地提供广泛的生态系统服务，包括支持渔业生产，改善水质，养分循环，提供野生动物栖息地，娱乐机会，风暴浪涌保护，固碳和沿海基础经济的社会支持，如牡蛎收获，旅游（特别是生态旅游），资源提取和水上运输。这些沿海栖息地为鱼类，甲壳类和贝类提供庇护所和食物资源。

2）生物多样性

费尔德和坎普（2009）对墨西哥湾的生物多样性进行了最新的全面的调查。海湾里海洋生物的高多样性，使它成为地球上最具生物多样性的海洋水体。墨西哥湾的海岸是水禽和海滨鸟的主要栖息地。大群的燕鸥、鲣鸟、鹈鹕和其他海鸟都在墨西哥湾的沿岸一带、古巴以及近海岛屿上过冬。但这个地区很明显缺少海洋哺乳动物，唯一具有重要性的是加勒比海牛，其数量也正日益减少。海湾的水中有大量鱼类，特别是在沿大陆棚一带。商业性捕鱼具有极大的经济重要性，约占美国总渔获量的20%。虾、鲆鲽（比目鱼）、红鲷、鲻鱼、牡蛎和蟹是人们食用的最重要商业性鱼类。此外，捕捞的渔获中有很大一部分是用来制成鱼蛋白浓缩物，用作动物饲料，油鲱就是供应这种渔获的主要鱼类。另外，在墨西哥湾也存在有丰富的微生物种类。一般来说，当条件允许时，海洋微生物普遍出现，其繁殖能力迅速。

保持生物多样性对各种重要的生态服务功能有很大的好处，包括渔业、水质、娱乐和海岸线的保护。保持生物多样性增加的可能性，可以使生态系统适应自然或人为原因的干扰，并加快从中恢复的速度。

4. 水产资源

商业性渔业对海湾经济作用突出，墨西哥湾的商业渔业码头值约占美国所有海鲜码头值的25%，约占美国码头渔业产值的21%。墨西哥湾的海湾有近 25 000 个商业渔船，占整个美国商业捕鱼船队的三分之一。2008 年，165 个加工厂和 229 个批发厂雇用近 10 000 工人支持商业渔业。此外，休闲渔业产业也支持了滨海县港口的就业。

墨西哥湾鱼类生物的多样性在墨西哥湾渔业管理委员会的渔业管理计划之中（墨西哥湾 FMC，2010）。列表中的物种包括 3 种马鲛鱼，14 种笛鲷，15 种石斑鱼类，5 种方头鱼，4 种海盗鱼，2 种金鳞鱼，1 种灰色暗礁鲨鱼，1 种猪隆头鱼，4 种虾，2 种龙虾和 2 中石蟹。还有其他一些重要的物种出现在墨西哥湾，在高度迁移物种渔业管理计划下对它们进行管理（NOAA，2004），其中主要包括 8 种金枪鱼类，6 种长嘴鱼和 72 种鲨鱼。此处叙述并不包括所有的收获物种，因为许多较小经济重要性并没有单独列在计划中，例如鬼头刀，一种公认的沿海迁徙性远洋渔类，但其并不是管理单元的一部分。也有一些沿海州专门管理的重要渔业物种，包括一些商业上重要的河口物种，如海鲑鱼和鲱鱼和用于娱乐用途的物种，如锯盖鱼、大海鲢和北梭鱼。

墨西哥湾联邦海事委员会管理墨西哥湾联邦水域的沿海养殖业务。虽然目前在联邦水域只有很少一些水产养殖业务，但其潜在使用面积很大，并遍布整个海湾范围。

另外，墨西哥湾的浅大陆棚区蕴藏大量的石油和天然气。1940 年以来，这些矿藏已经大量开发，占美国国内需求的很大一部分。近海油井的钻探主要集中在德克萨斯州和路易斯安那州沿岸，以及墨西哥坎佩切湾的水域。路易斯安那州岸外的大陆棚油井中还提取出硫。德克萨斯州的墨西哥湾沿海平原以及附近海湾和三角洲的浅海中还有大量牡蛎壳，可用作化学工业中碳酸钙的原料和筑路的材料。

5. 沿海社区

美国墨西哥湾沿海县包括 142 个司法管辖区，由美国国家海洋和大气管理局（NOAA）的战略环境评估部门管理。美国墨西哥湾沿岸县包括 115 000 平方英里的土地面积（人口普查统计局），20.4 百万居民，占据美国 2009 年 7 月整体人口的 7%。这些县的居民占 9 144 000 个房单位；2008 年，463 000 的非农业经营场所使用 7 028 000 个非农场员工。在沿海城镇就业中占据墨西哥湾沿岸各州就业人口的 18%，而在路易斯安那州和佛罗里达州的比例范围分别高达 34% 和 31%。

墨西哥湾的沿岸水域也被广泛用作游钓之地，尤其是钓红鲷、比目鱼和大海鲢。划船、游泳和戴水肺的潜水也都是很流行的娱乐活动。海湾沿岸已成为极受欢迎的旅游地，尤其是在冬季。旅游业主要是从第二次世界大战以后开始发展，现在已成为地区经济的重要一部分。此外，沿海地区（特别是佛罗里达）已发展出一些大型退休社区。

6.7.2.3 生态损害评估

1. 法律依据

美国在石油开采方面的相关法律法规比较完备，已形成了由《清洁水法》（CWA）、《综合环境响应补偿与责任法》（CERCLA）以及《石油污染法》（OPA）和相关的损害赔偿评估规则构成的较为完善的自然资源损害赔偿规则体系。美国 CERCLA 和 OPA 的赔偿范围包括：

1）清污作用费用

（1）美国联邦、州或者印第安部落实施清除的清除费用。

（2）任何个人在国家意外事故应急计划协调下实施清污行动的清除费用。

2）损害赔偿

（1）自然资源：自然资源的损害、毁灭、损失和应用的损失，包括评估这一损害的合理费用。

（2）动产或不动产：由于对索赔人的动产或不动产的毁灭引起的损害或者紧急损失。

（3）生计：由于自然资源被损害、毁灭、损失致使依赖该自然资源为生的索赔人的损失，不考虑资源的所有权或者管理关系。

（4）收入：由于不动产、动产或者自然资源损害、毁灭、损失所导致的美国联邦政府、州或者政治部门的税收、特许费、租金、费用或者净利润的净损失。

（5）利润和盈利能力：由于不动产、动产或者自然资源损害、毁灭、损失而导致索赔人的利润损失或者盈利能力减损。

（6）公共服务：在清除行动期间或者之后提供增加或者额外的公共服务费用，包括由于溢油导致火灾、安全或者健康危害的预防。

根据 1990 年《美国油污法》的规定，石油钻探设施造成美国海域污染的设施责任方应承担清污费用并赔偿污染损害，其赔偿限额为一切清污费用加 7 500 万美元。但如果责任方或其代理人、雇员及合同方存在重大过失或故意不当行为，责任方将可能丧失享受责任限制的权利。此外，美国的油污基金（Oil Spill Liability Trust Fund）还可提供每起事故不超过 10 亿美元的赔偿资金。另外，美国白宫发言人宣布，白宫将支持大幅提高相关企业因原油泄漏应承担的赔偿责任限额，将污染损害责任限额从目前的 7 500 万美元提高到 100 亿美元，以及将油污基金的赔偿限额提高到 15 亿美元。

墨西哥湾溢油事故发生后，根据 OPA 的要求，英国石油公司已设立了 24 小时的污染损害索赔热线。截至 5 月 11 日，除了清污费用外，英国石油公司已经收到了 4 700 份索赔申请，并已经对其中的 295 份进行了支付，共支付了 350 万美元。据悉，美国海岸警卫队下设的国家污染基金中心（National Pollution Fund Center），其作为美国油污基金的管理人也已按照 OPA 程序介入事故处理，为联邦政府及各地方政府组织的清污应急行动、环境损害监测与评估等活动提供资金支持。按照 OPA90 以及油污基金的相关规定，污染损害索赔方自向油污责任人提交索赔后 90 天后仍未获赔的，可向油污基金直接提出赔偿要求。

2010 年 4 月 30 日，美国总统奥巴马即命令内政部长对"深水地平线"钻井平台爆炸沉没一事展开深入调查。5 月 3 日，英国石油公司执行总裁发表声明称，英国石油公司对于此次事故清污行动所产生的清污费用负有绝对责任，但其坚称应当由钻井设备的所有人以及故障设备的相关责任人对事故负责。5 月 11 日，美国参议院环境和自然资源委员会召集上述三家公司的高管举行听证会，会上三家公司的高管互相推诿责任。据美国媒体报道，美国参议院环境和自然资源委员会初步认为这三家公司存在过失。5 月 22 日，奥巴马宣布成立由 7 名委员组成的独立的总统调查委员会对墨西哥湾原油泄漏事件展开深入调查。6 月 1 日，美国司法部长宣布，对 BP 公司等责任方启动刑事和民事调查。12 月 15 日，美国政府向新奥尔良市一家联邦法院递交诉状，控诉 BP 等石油开发企业违反安全操作规定，导致"深水地平线"钻井平台爆炸沉没起火，11 人死亡，底部油井泄漏持续数月，酿成美国历史上最严重的原油泄漏事件。美国政府认为涉案企业违反了《清洁水法》和《油污法》，诉求被告赔偿损失且丧失援引赔偿责任限额的权利。美国司法部决定依据《清洁水法》、濒危物种保护法案、保护候鸟协定和《油污法》等向 BP 公司提出索赔诉讼，迫使其相关责任企业支付清污、环境损害等各种赔偿。

2. 损害评估

1）自然环境

墨西哥湾是生物资源十分富饶的地区。在广阔的海湾，生活着大量的海洋生物，如各种各样的鱼、虾、蟹、海龟、海豚、海鸟、鲸鱼、鲨鱼等 28 种受到法律保护的海洋哺乳动物，其中 6 种属于濒临灭绝的物种。研究显示，约有 656 类物种，其中包括西印度海牛和褐色鹈鹕等珍稀物种处境堪忧。墨西哥湾漏油事故的发生，导致超过约 650 英里长的海岸线、沼泽地、湿地、红树林、沙滩受到原油污染，其中超过 130 英里长海岸线变成重污染区。距离漏油点最近的路易斯安那州有 160 千米海岸线受到影响，是受灾最严重的州，油污带在洋流带动下，向佛罗里达群岛和其他地区移动，威胁佛罗里达群岛邻近海域的珊瑚礁等生态系统，并扩散到野生动植物保护区，导致野生动植物和许多鸟类、海洋生物大量死亡。预计受此影响，全美超过 40% 的湿地可能需要数十年才能完全恢复。研究人员还发现，少量原油滞留水下，消耗水中氧气，威胁到贝类、蟹、虾等深海生物的生长，情形有待进一步观察。泄漏原油还有可能通过环境和海洋食物链造成目前未知或还不明显的影响。这次事故预计漏油总量在 1 700 万~3 900 万加仑之间，加之泄漏地点在深海，又发生在动物的繁衍期，对环境的破坏性极大。大量泄漏的石油漂浮在海面上，形成一米厚的油膜，导致大量海鸟和珍惜海洋动物死亡。漏油事件还对自然生态环境造成巨大伤害。因为漏油事件，2 300 平方英里的沿岸湿地消失了，低氧海水将超过 7 700 平方英里海水变成了"死海"。泄漏原油还有可能通过环境和海洋食物链造成目前未知或还不明显的影响。曾经生机勃勃的沿岸

人类健康。美国环境保护署此前要求 BP 重新确认和评估化油剂 Corexit 9500 的安全性，认为其可能对人体造成中度伤害，包括导致眼睛、皮肤和呼吸系统的不适。

4）清污费用

为了控制和清理油污，BP 动员了 48 000 人，设置了超过 3 000 英里的油围栏，协调动用了近 7 000 艘船只。2010 年 4 月 19、20 日，为了促进遭受污染的自然环境资源尽快恢复，NOAA，美国内政部以及路易斯安那州、密西西比州、阿尔巴马州、佛罗里达州、德克萨斯州各州相关政府部门与 BP 公司签署了地平线漏油事件环境重建早期框架协议，决定成立深海地平线漏油事件环境自然资源基金。BP 先期注入 10 亿美元基金，用来重建沿海生态环境。环境遭受严重损害的五大洲分别获得 1 亿美元的重建资金支持，联邦自然资源基金、国家海洋大气管理局和内政部各掌控 1 亿美元的重建资金。据外电报道，截止 2010 年 5 月 24 日英国石油公司为处理墨西哥湾漏油已经花费了 7.6 亿美元。2010 年 6 月 16 日，BP 公司与美国政府达成一致，同意设立 200 亿美元基金，用于支付民众的各种索赔、政府恢复环境的各种支出以及自然资源受到的破坏等。

5）野生动物

墨西哥湾海岸线生态系统的敏感度非常高。此处生存着很多野生动物，包括鹈鹕、野鸭和鲸鱼。此次漏油事故对当地海洋环境、野生动物和养殖资源等将造成前所未有的影响和危害。墨西哥湾密西西比河入口处湿地面积占美国湿地总面积的 25%，具有重要的生态意义。原油泄漏造成的油污向路易斯安那州沿岸湿地大面积漂浮扩散，危及鸟类、鱼类等野生动物生存，由此造成的危害是显而易见的，并且是长期的。

BP 与政府机构野生动物保护组织紧密合作，采取具体的措施和项目，为海洋鱼类、海岸线鸟类及其他动物提供救济，包括设置野生动物避难所、开放各州野生动物保护区、防止野生动物进入油污区等。一旦发现受伤的野生动物，立即把它们送往野生动物避难所，并提供专业、细致的照顾。BP 还同意从石油收益中捐献出部分给美国国家渔业和野生动物基金会。在 2010 年 11 月 31 日，BP 已捐献出第一笔资金 2 200 万美元。

6）评估费用

事故发生后，BP 承诺将调查事故产生的原因，从中吸取教训，采取有效措施避免类似事故再次发生。2011 年 3 月 14 日，BP 与墨西哥湾联盟共同发起成立了墨西哥湾研究倡议项目。该项目是一个为期 10 年的开放式研究项目，主要对墨西哥湾漏油事故对环境造成的影响和损害进行研究。4 月 25 日，BP 向该研究项目捐出了 5 亿美元的资金。另外，还提供了 1 300 万美元的研究经费，用于监测溢油对墨西哥湾渔业的影响。

据外电统计，因处理漏油事故损失，BP 总计拨备了 381 亿美元，包括为赔偿 2010 年墨西哥湾石油泄漏事故所致损失而建立的 200 亿美元赔偿基金。

6.8 参考文献
References

[1] 刘伟峰，臧家业，刘 玮，等 . 海洋溢油生态损害评估方法研究进展 [J]. 水生态学杂志，2014，35（1）：96–100.

[2] 杨 寅 . 基于 NRDA 的海洋溢油生态损害评估方法探讨及案例分析 [D]. 厦门：国家海洋局第三海洋研究所，2011.

[3] 杨建强，张秋艳，罗先香 . 海洋溢油生态损害快速预评估模式研究 [J]. 海洋通报，2011，30（6）：702–706，712.

[4] 章耕耘，马 丽，李吉鹏 . 海洋溢油生态损害评估模型研究进展 [J]. 海洋环境科学，2014，33（1）：161–168.

[5] 李京梅，曹婷婷 . HEA 方法在我国溢油海洋生态损害评估中的应用 [J]. 中国渔业经济，2011，29（3）：80–86.

[6] 李京梅，王晓玲 . 基于资源等价分析法的海洋溢油生态损害评估模型及应用 [J]. 海洋科学，2012，36（5）：98–102.

[7] 熊德琪，廖国祥，姜玲玲，等 . 溢油污染对海洋生物资源损害的数值评估模式 [J]. 大连海事大学学报，2007，33（3）：70–71.

[8] 熊德琪，殷佩海，严世强 . 海上船舶溢油事故损害赔偿微机化评估系统的研究 [J]. 大连海事大学学报，2000，26（1）：37–41.

[9] 李亚楠，张 燕，马成东 . 我国海洋灾害经济损失评估模型研究 [J]. 海洋环境科学，2000，19（3）：60–63.

[10] 张九新 . 海上溢油对海洋生物的损害评估研究 [D]. 大连：大连海事大学，2011.

[11] 朱鸣鹤，丁永生，殷佩海，等 . BP 神经网络在船舶油污事故损害赔偿评估中的应用 [J]. 航海技术，2005，（1）：65–69.

[12] 周国华 . BP 神经网络在船舶溢油损害评估中的应用 [J]. 青岛远洋船员学院学报，2010，31（2）：71–74.

[13] 高振会，杨建强，崔文林，等 . 海洋溢油对环境与生态损害评估技术及应用 [M]. 北京：海洋出版社，2005.

[14] 杨 寅，韩大雄，王海燕 . 海洋溢油生态损害的简易评估和综合评估方法 [J]. 台湾海峡，2012，31（2）：286–291.

[15] 高振会，杨建强，张继民 . 溢油对海洋生态环境污染损害评估程序、内容及技术研究 [C].

[16] 中国环境保护优秀论文集，2005，1230–1233.

[17] 杨建强，廖国祥，张爱君，等 . 海洋溢油生态损害快速预评估技术研究 [M]. 北京：海洋出版社，2011.

[18] 徐祥民，高振会，杨建强，等 . 海上溢油生态损害赔偿的法律与技术研究 [M]. 北京：海洋出版社，2009.

[19] HY/T 095—2007. 海洋溢油生态损害评估技术导则 [S]. 2007.

[20] 杨建强，高振会，张爱君，等 . 海洋溢油生态损害评估技术导则编制的程序及内容探讨 [C]. 中国环境科学学会学术年会优秀论文集，2006：3311–3314.

[21] 于桂峰 . 船舶溢油对海洋生态损害评估研究 [D]. 大连：大连海事大学，2007.

[22] 杨天姿，于桂峰 . 海上溢油生态环境损害评估及展望 [J]. 广州环境科学，2008，23（3）：36–39.

[23] 姜晓娜 . 海洋溢油生态损害评估标准及方法学研究 [D]. 大连：大连海事大学，2010.

[24] 陈 刚 . 溢油污染对渔业资源的损害评估研究 [D]. 大连：大连海事大学，2002.

[25] 刘文全，贾永刚，卢 芳 . 渤海石油平台溢油生态环境损害评估系统开发研究 [J]. 海洋环境科学，2011，30（5）：673–676，685.

[26] 温艳萍，吴传雯 . 大连海洋溢油事故的生态环境损害评估 [J]. 海洋经济，2013，3（5）：50–56.

[27] 石洪华，郑 伟，丁德文，等 . 典型海洋生态系统服务功能及价值评估——以桑沟湾为例 [J]. 海洋环境科学，2008，27（2）：101–104.

[28] 杨天姿，于桂峰 . 海上溢油生态环境损害评估及展望 [J]. 广州环境科学，2008，23（3）：36–39.

[29] 刘伟峰. 海洋溢油污染生态损害评估研究——以胶州湾为例 [D]. 青岛：中国海洋大学，2010.

[30] 廖国祥. 基于 GIS 的溢油污染对海洋生物资源损害评估研究 [D]. 大连：大连海事大学，2008.

[31] 黄文怡，赵雯璐，蔡明刚. 海洋溢油污染的生态系统服务功能损失及评估方法 [J]. 中国人口资源与环境，2013，23（11）：363-367.

[32] 何云馨. 不同类型溢油污染潮间带生物修复可行性现场中试研究 [D]. 青岛：中国海洋大学，2010.

[33] 陈勇民. 港口水域石油污染生物降解及生物修复技术的基础研究 [D]. 西安：长安大学，2002.

[34] 朱有庆，陈　宇. 海岸线溢油污染的生物修复 [J]. 海洋科学，2009，33（4）：86-89.

[35] 徐　会. 海洋溢油综合生物修复剂的制备及其强化海面溢油修复效果评价 [D]. 青岛：中国海洋大学，2013.

[36] 郑　立，崔志松，高　伟. 海洋石油降解菌剂在大连溢油污染岸滩修复中的应用研究 [J]. 海洋学报，2012，34（3）：163-172.

[37] 樊巍巍. 海洋石油降解微生物筛选鉴定及性能研究 [D]. 大连：大连海事大学，2013.

[38] 刘宝富，勇俊宝，赵淑梅. 海洋溢油生物修复技术的研究进展 [C]. 中国工程建设标准化协会建筑给水排水专业委员会、中国土木工程学会水工业分会建筑给水排水委员会 20 周年庆典论文集，2003：114-118.

[39] 王丽萍，包木太，范晓宁. 海洋溢油污染生物修复技术 [J]. 环境科学与技术，2009，32（6C）：154-159.

[40] 吴　亮. 亲油缓释肥料的制备及在溢油污染潮间带生物修复中的应用 [D]. 青岛：中国海洋大学，2010.

[41] 牟　颖，严良政. 近岸海域石油污染生物修复技术的研究进展 [J]. 工业安全与环保，2012，38（5）：61-63.

[42] 范晓宁. 烃降解菌的选育及其对海洋溢油生态修复室内模拟研究 [J]. 青岛：中国海洋大学，2008.

[43] 国家海洋局. 海洋生态损害评估技术指南（试行）[Z]. 2013.

[44] GB/T 21678—2008. 渔业污染事故经济损失计算方法 [S]. 2008.

[45] 刘景凯. BP 墨西哥湾漏油事件应急处置与危机管理的启示 [J]. 中国安全

生产科学技术，2011，7（1）：86-88.

[46] 陈 虹，雷 婷，张 灿 . 美国墨西哥湾溢油应急响应机制和技术手段研究及启示 [J]. 海洋开发与管理，2011，11：51-54.

[47] Washington D C. Approaches for ecosystem services valuation for the Gulf of Mexico after the deepwater horizon oil spill[M]. America：The national academies press，2012.

[48] 高 翔 . 海洋石油开发环境污染法律救济机制研究 [D]. 武汉：武汉大学，2013.

[49] 殷少伟 . 海洋工程项目中的环境法律责任制度研究 [D]. 哈尔滨：哈尔滨工程大学，2013.

[50] 楼旭然 . 环境污染事故成本计量方法研究 [D]. 兰州：兰州商学院，2014.

[51] 黄 瑛，李应仁，沈公铭 . 墨西哥湾"深水地平线"溢油事故对当地渔业的影响及对我国渔业的启示 [J]. 湖南农业科学，2013，21：89-93.

[52] 陈立宏 . 墨西哥湾漏油事故及其影响 [J]. 环境保护与循环经济，2010，7：4-6.

[53] 刘 亮，范会渠 . 墨西哥湾漏油事件中溢油应对处理方案研究 [J]. 中国造船，2011，52（增刊 1）：233-239.

第 7 章　溢油应急计划与响应

Oil spill contingency plan

7.1 应急计划体系概述
Overview

7.1.1 体系框架
Contingency plan framework

我国是《1990年国际油污防备、反应和合作公约》（OPRC90）的缔约国，该公约适用于来自港口码头、石油勘探开发平台和船舶的溢油事故，公约要求每一缔约国应建立对溢油事故采取迅速和有效的反应行动的国家系统，制定应对海上溢油事故的"国家防备和反应应急计划"，建设与风险相称的最低水平的溢油应急能力。

按照国际海事组织《油污手册》第2册推荐的应急计划体系的层级为：国际应急计划[①]、国家应急计划、地方应急计划和港口码头、石油勘探开发平台、船舶应急计划四级。同时将溢油应急划分为三级，其中，一级应急通常是应对当地小规模的溢油，为此，其应急计划针对的溢油规模是在当地的政府主管部门、当地的设备技术资源和人力资源的应急处置能力之内的事故；二级应急是针对超过当地政府主管部门的权限或应急处置能力的中等规模的溢油事故，其应急计划通常是在较大的地区或区域内，对溢油的防备和应急需要协调其它应急设备和人员的情形；三级应急通常是对大规模溢油事故或关系到国家利益，对事故的应急超出了第二级的能力，需要调动国家的所有可利用资源，甚至需要动用区域或国际性资源。我国的溢油应急计划分层从原理上遵循着分级反应的原则，主要包括国际区域、国家、地方和企业几个层面的应急计划。

7.1.2 国际层面
International contingency plan

我国正在通过双边和多边国际合作，建立国际间在海上溢油应急领域的合作

---

① 本章中，应急计划与应急预案系同一概念，一般讲，国际上称为应急计划，国内成为应急预案。

机制，其中之一是联合国环境规划署（UNEP）区域海行动计划，即西北太平洋海洋和沿岸地区环境保护、管理和开发的行动计划（简称西北太平洋行动计划，英文缩写为 NOWPAP）。该行动计划的成员有中国、日本、韩国和俄罗斯。2005年 5 月，原交通部代表中国签署了《西北太平洋行动计划区域溢油应急防备反应合作谅解备忘录》和《西北太平洋行动计划区域溢油应急计划》，该应急计划适用的地理范围为北纬 33°~55° 和东经 121°~145°。

该国际区域应急计划详细规定了四国之间在溢油应急领域的援助程序，要求各成员国应当建立本国的应急计划并与西北太溢油应急计划相衔接。2007 年 12 月 7 日，发生在韩国的"Hebei Spirit"轮溢油事故后，我国政府向韩国援助了吸油毡等应急物资，本次事故应急是西北太区域内首次启动区域应急计划而开展的实际性国际性合作。目前，基于 NOWPAP 框架的海洋环境防备和反应的区域合作已由溢油应急扩展到化学品泄漏应急领域。

7.1.3　国家层面
National contingency plan

《中华人民共和国海洋环境保护法》规定，国家根据防止海洋环境污染的需要制定国家重大海上污染事故应急计划，各涉海主管部门应当制定相关领域的应急计划，如国家海事行政主管部门负责制定全国船舶重大海上溢油污染事故应急计划。我国是一个海洋大国，涉海的管理部门较多，对于海洋环境保护，构建起了由相关部门各司其职、分工协作、紧密配合的监督管理体系。因此，与海上溢油事故和溢油应急有关的管理职能也分属于不同部门，主要包括交通运输部、环境保护部、国家海洋局、农业部、国家安全生产监督管理总局等部门。目前，各政府主管部门制定的海上溢油应急计划（或称应急预案），主要有：

1. 国家突发环境事件应急预案

2005 年，国务院发布《国家突发环境事件应急预案》，该应急预案作为我国国家突发事件应急预案体系中一个专项预案，将引起环境污染和生态破坏的事件列入应急管理范围。预案针对不同污染源所造成的环境污染、生态污染、放射性污染的特点，实行分类管理。按照突发事件严重性和紧急程度，突发环境事件分为特别重大环境事件（Ⅰ级）、重大环境事件（Ⅱ级）、较大环境事件（Ⅲ级）和一般环境事件（Ⅳ级）四级。全国环境保护部际联席会议负责协调国家突发环境事件应对工作。各有关成员部门负责各自专业领域的应急协调保障工作，按照各自职责制定本部门的环境应急救援和保障方面的应急预案，并负责管理和实施；需要其他部门增援时，有关部门向全国环境保护部际联席会议提出增援请求。必要时，国务院组织协调特别重大突发环境事件应急工作。环境应急救援指挥坚持属地为主的原则，特别重大环境事件发生地的省（区、市）人民政府成立现场应急救援指挥部。所有参与应急救援的队伍和人员必须服从现场应急救援指挥部的指挥。现场应急救援指挥部为参与应急救援的队伍和人员提供工作条件。

在应急响应时，环境应急指挥部根据突发环境事件的情况通知有关部门及其应急机构、救援队伍和事件所在地毗邻省（区、市）人民政府应急救援指挥机构。各应急机构接到事件信息通报后，应立即派出有关人员和队伍赶赴事发现场，在现场救援指挥部统一指挥下，按照各自的预案和处置规程，相互协同，密切配合，共同实施环境应急和紧急处置行动。现场应急救援指挥部成立前，各应急救援专业队伍必须在当地政府和事发单位的协调指挥下坚决、迅速地实施先期处置，果断控制或切断污染源，全力控制事件态势，严防二次污染和次生、衍生事件发生。

2. 中国海上船舶溢油应急计划

为了履行国际海事组织《1990年国际油污防备、反应和合作公约》（OPRC1990）的义务，原交通部和国家环境保护总局联合发布了《中国海上船舶溢油应急计划》，该计划于2000年4月1日起施行。

船舶溢油计划体系由三个层次组成，即中国海上船舶溢油应急计划、海区（北方海区、东海海区、南海海区和特殊区域的台湾海峡水域、秦皇岛海域）溢油应急计划和港口水域溢油应急计划。此外，根据《经1978年议定书修正的1973年国际防止船舶造成污染公约》（MARPOL73/78）的要求，我国国际航线和国内航线的船舶分别于1995年和1996年完成了《船上油污应急计划》的配备要求。

我国海上船舶溢油应急计划的主管部门是中华人民共和国海事局，计划适用于中华人民共和国内水、领海、毗连区、专属经济区、大陆架以及中华人民共和国管辖的其他海域。在我国管辖海域外，造成或可能造成中华人民共和国管辖海域污染的，也适用本计划。

中华人民共和国海事局承担中国海上溢油应急指挥部的工作，负责全国海上船舶溢油应急的统一组织协调和指挥。地方海上溢油应急指挥部（沿海省、自治区、直辖市海上溢油应急指挥部）设在相应的海事局，负责所辖水域海上船舶溢油应急的统一组织协调和指挥。港口水域溢油应急指挥部设在相应的海事行政主管机构，负责港区水域溢油应急组织协调和指挥。地方海上溢油应急指挥部和港口水域溢油应急指挥部的成员由海事、环保和海上搜救中心及分中心有关成员组成。指挥部成员单位在溢油应急反应中的职责，由指挥部进行具体的分工。

从国家突发事件应急预案体系来讲，《中国海上船舶溢油应急计划》及其配套的海区应急计划仅是部门预案，尽管制定的部门为当时的两个部委。鉴于上述应急计划已存在着与当前的法律法规，尤其是突发事件应急预案管理规定不符的情况，目前，中国海事局正组织对该应急计划进行修正。未来的应急预案体系将充分考虑国家重大溢油应急体系以及我国签订的国际区域性应急预案的要求，同时将除油类以外的其它有毒有害物的污染事故应急也纳入其中，将以国家船舶污染事故应急计划的形式再现。

3.海洋石油勘探开发溢油事故应急预案

2004 年，国家海洋局发布了《海洋石油勘探开发溢油事故应急预案》，该预案作为实施《海洋环境保护法》的部门应急预案之一，适用于发生在我国管辖海域内，超出石油公司应急处理能力的海洋石油勘探开发溢油事故应急预案。预案的启动条件是接到石油公司的申请启动应急预案的请求。预案启动后，海洋局协调外交部、公安部、财政部、交通运输部、农业部、安全监管局、海关总署、民航总局、新闻办、总参作战部和海军司令部等部门参与应急响应行动，并在预案中对个相关部门的主要职责进行了说明。其中，国家海洋局负责组织制定和修订海洋石油勘探开发溢油事故应急预案；组织应急响应专家咨询小组的活动；根据石油公司申请，启动应急预案；组织协调各相关部门参与应急响应行动，为现场处理溢油事故提供支持、协调、服务工作。交通运输部在溢油应急响应时，组织调用海事部门溢油应急设备和应急防治队伍；在遇有需救助海上人员情况时，组织中国海上搜救中心，实施救援工作；划定禁航区和交通管制区，并负责实施禁航和交通管制；参与溢油事故的调查和善后处理工作。

为确保及时有效地开展海洋石油勘探开发溢油事故应急响应工作，建立统一领导、分级负责、反应快捷的应急工作机制，最大程度地保护海洋环境和资源，国家海洋局于 2006 年制定了《海上石油勘探开发溢油应急响应执行程序》。目前，国家海洋局根据国家在重大溢油应急领域的职责调整和新的法律法规的要求，正在组织对上述应急预案的修订。

4.国家重大海上溢油应急处置预案

如前所述，我国涉海管理部门较多，且按行业设置海洋溢油应急管理机构，一方面存在同一职能几方分割的现象，不利于统筹应急和海洋环境保护工作。另一方面，与溢油应急有关的风险源管理、事故监视监测、水文气象监测、应急处置等职能同样分布于相对独立的不同管理部门，也不利于科学高效的处置海上溢油事故。为了加强我国重大海上溢油应急工作，2010年中央机构编制委员会办公室下发了《关于重大海上溢油应急处置牵头部门和职责分工的通知》（中央编办发[2010]203号），要求"交通运输部负责牵头组织编制国家重大海上溢油应急处置预案并组织实施；会同有关部门编制国家重大海上溢油应急能力建设规划，提出国家重大海上溢油应急能力建设的意见；依托现有资源，会同有关部门建立健全国家海上溢油信息共享平台；组织、协调、指挥重大海上溢油应急处置工作；负责防止船舶污染、船舶海上溢油应急和索赔工作"。2012年10月，国务院以《国务院关于同意建立国家重大海上溢油应急处置部际联席会议制度的批复》（国函[2012]167号）的形式，批准建立国家重大海上溢油应急处置部际联席会议制度，并提出联席会议制度在国务院领导下，研究解决国家重大海上溢油应急处置工作中的重大问题，提出有关政策建议，研究审议国家重大海上溢油应急处置预案，研究国家重大海上溢油应急能力建设规划，组织、协调指挥重大海上溢油应急行动，指导沿海地方人民政府、相关企业开展海上溢油应急处置工作。目前，联席会议制度已开始运行，交通运输部正在会同国家有关部委编制《国家重大海上溢油应急处置预案》。

7.1.4 地方层面
Provincial contingency plan

根据《海洋环境保护法》以及国家层面溢油应急计划的要求，省市两级地方政府也在积极推进地方海上溢油应急计划的制定工作。以山东省为例介绍地方海上溢油应急体系情况。

2012年，山东省颁布了《山东省海上溢油事件应急处置预案》，该预案适用于山东省近岸海域内发生的重大及以上海上溢油事件以及在山东省近岸海域外发生的重大及以上海上溢油事件造成或可能造成山东省近岸海域污染的情形。该预案作为山东省突发事件总体预案的一个专项预案，确定了山东省海上溢油事件应急处置预案体系包括：①山东省海上溢油事件应急处置预案，这是全省海上溢油事件应急预案体系的总纲，是全省应对海上溢油事件的指导性文件。②海上溢油事件专业部门应急处置预案，这是省政府有关部门（省环境保护厅、省海洋与渔业厅）和国家有关单位（山东海事局、国家海洋局北海分局）根据省海上溢油事件应急处置预案的要求，按照本部门、本单位职责为应对海上溢油事件而制定的预案。③海上溢油事件地方应急处置预案，这是沿海各设区的市政府为应对海上溢油事件，根据省海上溢油事件应急处置预案的要求而制定的预案。④海上溢油事件企、事业单位应急处置预案。可能引发海上溢油事件的企、事业单位根据有关法律法规制定的应急预案。

山东省海上溢油事件应急处置指挥中心与山东省海上搜救中心合署办公，在省政府领导下，负责统一归口组织、协调、指挥和指导全省海上溢油事件应急处置工作。在该预案中规定省环境保护厅负责《山东省陆源排放重大海上溢油事件应急预案》的制定和组织实施工作。发生陆源排放重大海上溢油污染事件时，负责会同事故发生地设区的市政府成立现场指挥部，协调指挥应急处置工作。山东海事局负责《山东辖区船舶重大海上溢油事件应急预案》的制定和组织实施工作。发生船舶重大海上溢油事件时，负责会同事故发生地设区的市政府成立现场指挥部，协调指挥应急处置工作；在发生其他类型重大海上溢油污染事件时，根据应急指挥中心的指令，组织实施海上交通管制、海上通信保障、应急监视工作。参加海上污染控制与清除作业和事故调查等工作。

2013 年，山东省政府颁布了《山东省突发环境事件应急预案》，该预案主要依托单位为省环保局，其中，山东海事局负责海上溢油事件的应急处置工作以及具体负责省辖区海上船舶污染突发事件的应急处置。青岛市政府于 2013 年颁布了《青岛市突发环境事件应急预案》（青政办字〔2013〕106 号），该预案是《青岛市突发事件总体应急预案》的突发环境事件专项预案。2013 年 11 月 18 日，青岛市黄岛区政府根据当年青岛市新修订的《青岛市突发环境事件应急预案》的要求颁布了《青岛青岛市黄岛区突发环境事件应急预案》（青黄政办发〔2013〕65 号），该预案是《青岛市黄岛区突发事件应急预案》的突发环境事件专项预案，预案按照突发事件的诱因将突发环境事件分为了事故次生、企业排污、自然灾害引发等三类。其中，该预案中的事故次生类事故主要包括由于危险化学品火灾爆炸、有毒气体泄漏、陆源溢油污染以及危险化学品交通运输事故次生等。

7.1.5　社会层面
Local contingency plan

《中华人民共和国海洋环境保护法》规定，装卸油类的港口、码头、装卸站和船舶必须编制溢油污染应急计划，并配备相应的溢油污染应急设备和器材。目前，国内沿海石油钻探开发企业、港口、码头、修造船厂等经营单位已按照国家有关法律、法规的规定，制定了企业自身的应急计划。除此之外，全国沿海130多家为船舶提供船舶污染清除防备和反应的船舶污染清除单位也按照有关规定编制了相应的船舶污染应急计划。

我国加入的国际海事组织的《经1978年议定书修正的1973年国际防止船舶造成污染公约》早在其1991年修正案规定，每艘150总吨及以上的油船和每艘400总吨及以上的非油船应备有主管机关认可的《船上油污应急计划》；1999年修正案增加了每艘150总吨及以上经核准散装载运有毒液体物质的船舶应在船上备有1份经主管机关认可的《船上有毒液体物质海洋污染应急计划》的规定，对以上两者都适用的船舶，可编制《船上海洋污染应急计划》。目前，进出我国港口的船舶都按照公约要求编制了相应的应急计划。《中华人民共和国海洋石油勘探开发环境保护管理条例实施办法》要求从事海洋石油勘探开发的作业者，应根据油田开发规模、作业海域的自然环境和资源状况，制定《溢油应急计划》。开采作业油田的作业者以油田为单位，基于油田环境影响评价报告书，编报《油田溢油应急计划》；钻井作业油田（或区块）的作业者以油田（或区块）为单位编报《钻井溢油应急计划》。

综上所述，目前，我国已基本构建起了海上溢油应急计划体系框架，对保障人民生命财产安全，维护社会安全稳定发挥了重要作用。尤其是近年来，我国在突发事件应急领域，通过"一案三制"的建设，海上溢油应急预案体系得到了快速、全面地发展，促进了各级溢油应急管理机构建设和应急管理法制机制完善，增强了人们的忧患意识和安全防范意识，也提高了各级政府及其部门、企事业单位、社会团体和基层组织等防范和处置突发事件水平，从一个方面促进了我国应急管理工作。尽管如此，我国溢油应急预案体系仍有待完善，主要体现在以下几个方面：

（1）国家重大溢油应急预案尚未出台，使得部门应急预案和下级应急体系无对上衔接的接口。

（2）政府应急预案和企业应急预案没有做好充分的衔接，上下应急预案一套模式，未能体现出差异化；没有相应的标准规范约束各级应急预案的衔接。

（3）溢油应急预案与其它海上交通事故、陆域火灾爆炸事故等关联事故应急缺少有效衔接。

（4）应急预案的可操作性有待在实践中不断完善，这需要不断总结海上溢油应急经验，不断修订完善各级应急预案。

7.2　溢油应急计划的编制
Contingency plan compilation

7.2.1　编制原则
Compilation principles

应急预案编制过程既是一个总结经验教训、统一认识的过程，也是一个探索规律、完善流程、创新制度的过程，编制和实施应急预案在应急管理中具有不可替代的作用。

溢油应急计划的编制原则与其它类型的应急计划并无不同，其主要原则如下：

1. 合法原则

任何应急预案的编制首先要合法。海上溢油应急预案的编制依据首先为《中华人民共和国突发事件应对法》和《中华人民共和国海洋环境保护法》，其次是相配套的国务院条例，主要包括《中华人民共和国海洋石油勘探开发环境保护管理条例》、《防治船舶污染海洋环境管理条例》等，除此之外，各相关部委制定的部门规章和地方政府的规章也是应急预案编制的依据之一，如交通运输部颁布的《船舶污染海洋环境应急防备和应急处置管理规定》等。国际海洋组织的《1990年国际油污防备、响应和合作公约》作为我国加入的国际公约之一，也是编制溢油应急预案的重要依据之一，该公约不仅适用于来自船舶的溢油事故，也包括了近海装置、海港和油装卸设施的溢油事故。

编制应急计划，无论依据的是哪一级法律法规，其具体内容都应当合法。例如，应急预案规定的分级响应应当符合事故等级的规定，可在某一事故等级内细分响应等级；应急处置行动应当合法，不得违反溢油分散剂使用的有关规定造成二次污染；政府有关部门采取强制措施首先应当程序合法，征用社会的设备物资也应当履行法定程序等。

2. 合理定位原则

在编制应急计划之前，应当清楚所编制的应急计划是总体应急计划还是专项应急计划，总体应急预案定位于应急预案的总纲，强调其政策性和指导胜，对突发事件应对的各个阶段，特别是预防和应急准备阶段的建设和管理提出明确要求；专项预案和部门预案等其他应急预案，则定位于立足现有资源的应对方案，以是否管用为标准，强调做什么、谁来做、怎么做、何时做、用什么资源做等具体应对措施，突出其针对性和可操作性。国务院 2013 年发布的《突发事件应急预案管理办法》（国办发〔2013〕101 号）将应急预案按照制定主体分为政府及其部门应急预案、单位和基层组织应急预案两大类。其中，政府及其部门应急预案由各级人民政府及其部门制定，包括总体应急预案、专项应急预案、部门应急预案等。总体应急预案是应急预案体系的总纲，是政府组织应对突发事件的总体制度安排，由县级以上各级人民政府制定。专项应急预案是政府为应对某一类型或某几种类型突发事件，或者针对重要目标物保护、重大活动保障、应急资源保障等重要专项工作而预先制定的涉及多个部门职责的工作方案，由有关部门牵头制订，报本级人民政府批准后印发实施。部门应急预案是政府有关部门根据总体应急预案、专项应急预案和部门职责，为应对本部门（行业、领域）突发事件，或者针对重要目标物保护、重大活动保障、应急资源保障等涉及部门工作而预先制定的工作方案，由各级政府有关部门制定。相邻、相近的地方人民政府及其有关部门可以联合制定应对区域性、流域性突发事件的联合应急预案。

就溢油应急计划而言，即将出台的国家重大溢油应急预案在国家层面即为一项专项应急预案，根据该应急预案，各相关部委，如交通运输部、国家海洋局都应当分别制定其部门应急预案。对于省市两级地方政府，可根据其当地的突发事件总体预案，专门针对海上溢油应急制定应急预案，作为其专项预案之一，也可将溢油应急纳入到突发环境事件应急预案中。各港口码头单位，如港口集团、石油勘探开发单位可以制定企业应急预案。相邻地方的政府或企业可以制定联合应急预案，例如，环渤海省市已建立了渤海联动机制，可在此基础上进一步制定覆盖渤海的区域联动应急预案。

3. 可操作性原则

针对突发事件应对的专项和部门应急预案，不同层级的预案内容各有所侧重。国家层面专项和部门应急预案侧重明确突发事件的应对原则、组织指挥机制、预警分级和事件分级标准、信息报告要求、分级响应及响应行动、应急保障措施等，重点规范国家层面应对行动，同时体现政策性和指导性；省级专项和部门应急预案侧重明确突发事件的组织指挥机制、信息报告要求、分级响应及响应行动、队伍物资保障及调动程序、市县级政府职责等，重点规范省级层面应对行动，同时体现指导性；市县级专项和部门应急预案侧重明确突发事件的组织指挥机制、风险评估、监测预警、信息报告、应急处置措施、队伍物资保障及调动程序等内容，重点规范市（地）级和县级层面应对行动，体现应急处置的主体职能。单位和基层组织应急预案由机关、企业、事业单位、社会团体和居委会、村委会等法人和基层组织制定，侧重明确应急响应责任人、风险隐患监测、信息报告、预警响应、应急处置、人员疏散撤离组织和路线、可调用或可请求援助的应急资源情况及如何实施等，体现自救互救、信息报告和先期处置特点。大型企业集团可根据相关标准规范和实际工作需要，参照国际惯例，建立本集团应急预案体系。

根据《海洋环境保护法》的规定，政府层面的溢油应急预案只要求国家、国家有关部委和省市两级地方政府编制相应的专项预案和部门预案，对县级及以下地方政府未强制要求，但这并不排除县级政府根据当地总体预案的规划，编制专门的溢油应急预案。尽管如此，无论哪一些溢油应急预案，都应当符合上述应急预案侧重点要求。目前我国在溢油应急预案编制中，普遍存在着上下级应急预案"上下一般粗、操作性不强"等问题，甚至部分企业应急预案完全仿照政府应急预案，将本应当由政府履行的职责照搬到企业中，没有结合企业实际情况制定操作性强的应急预案。

4.顶层设计原则

由于事故应急依托的是现有行政管理体系，为此，溢油应急预案体系与国家行政管理和社会行政管理体系保持一致，而国家和社会行政管理体系是基于金字塔式的架构建立起的下级服从上级的体系。上层级溢油应急计划为下层级的应急计划设定了应急响应等级、应急处置原则、事故报告和申请上级响应程序等基本规定，为此，在编制更高层级的应急预案时应当注意顶层设计的原则，充分考虑到下层次实际操作的需要，明确下层级应急计划需要与本计划相衔接的内容。作为下一层级应急计划，应当注重与上层级应急计划的衔接。

7.2.2　编制程序
Compilation procedure

应急计划编制应当遵循以下基本程序要求，即：先规划后编制；注重风险评估和现状调查，尽可能吸收多方参与编制，最后要审核备案四个主要环节。

1.应急预案的规划

是否要编制溢油应急预案取决于总体突发事件应急预案的框架要求，而建立这一框架则需要建立应急预案的规划制度。《突发事件应急预案管理办法》要求各级人民政府应当针对本行政区域多发易发突发事件、主要风险等，制定本级政府及其部门应急预案编制规划，并根据实际情况变化适时修订完善；有关单位和基层组织可根据应对突发事件需要，制定本单位、本基层组织应急预案编制计划。这样既能保证尽可能覆盖本行政区域可能发生的各类突发事件，不留空白，又能促进应急预案之间衔接，形成体系。目前，在溢油应急领域未见某一级政府或单位出台应急预案编制规划，但在一些地方的防治船舶污染海洋环境能力建设规划中给出了应急预案编制规划要求和结构框架。

2. 风险评估

风险评估是开展工程建设项目前期工作或区域功能规划中开展环境影响评价的重要内容之一，也是制定突发事件应急预案的重要环节之一。为此，应急预案编制过程中可参考环境影响评价报告的风险评估内容，也可针对应急预案适用的区域开展专门的风险评估。《建设项目环境风险评价技术导则》（HJ/T169-2004）中对环境风险的定义为：突发性事故对环境（或健康）的危害程度和事故发生概率的乘积。风险评估主要有以下作用：一是确认高风险区域；二是制定相应的预防措施，减少溢油事故的发生；三是根据溢油事故的危害后果制定相应的应急反应计划，提前做好防备；四是在实际的溢油事故中将上述应急防备措施予以实际运行，降低溢油事故的风险。

溢油风险评估可以采用定性、半定量和定量的估方法，无论采用哪一种方法，其基本程序相同，中国海事局2011年发布的《船舶污染海洋环境风险评价技术规范（试行）》对其中的主要程序规定如下：

（1）现状分析。主要工作是收集溢油风险有关的历史数据，这是风险评估的基础，数据是否足够、可信决定着风险评估结果的可信度，也是影响着选用定量还是定性方法的重要因素之一。

（2）风险识别。风险识别是源项分析和风险评价的基础，根据历史事故的统计分析和对典型案例的研究，识别评价对象的危险源或事故源、危险类型、可能的危险程度，并确定其主要危险源。例如，对石油钻井阶段可分为钻井阶段和试油阶段分析可能产生的井喷及试油等风险；对油田开发阶段，要对可能发生溢油的环节、部位进行分析和评估，分析发生井喷、火灾、碰撞、管线破裂及其他事故的原因。

（3）源项分析。源项分析是对风险识别出的主要危险源作进一步分析和筛选，以确定不同类型事故的发生概率及不同情形的溢油量。

（4）风险影响预测。风险影响预测是通过分析溢油在大气、水体环境中的变化趋势分析其可能造成的影响程度。

（5）风险评价。基于上述风险分析过程，综合溢油事故泄漏量、类型、漂移轨迹、扩散范围、污染概率、影响时间等污染指标，结合评价区域社会环境、经济环境和生态环境的敏感程度，综合预测危害后果。对于在较大区域范围内进行风险评价，有时可将该区域细分几个小区域来比对事故风险的大小，确定高风险区。

（6）降低风险对策。降低风险的方法一是减小风险概率，即采取措施尽可能地减少事故的发生；二是减轻事故的影响后果，即做好应急防备，提高综合应急防备能力，从而达到减轻事故后果的目的。

（7）费用效益分析。通过对拟采取的各种降低风险措施进行费用效益分析比较，从费用效益的角度对该项目立项的合理性给出结论性意见。

（8）评估结论。

在上述各个不同阶段，所采用的方法不同，图 7.1 给出了几种可用的方法。

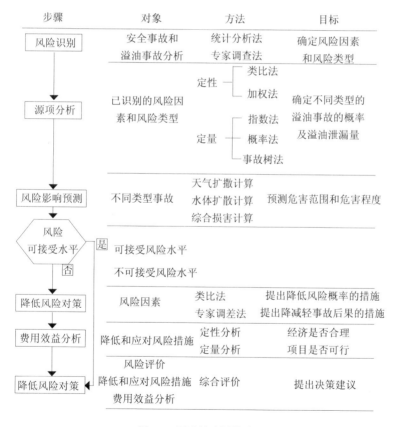

图 7.1　溢油风险评价流程

3. 编制工作组织安排

由于应急预案往往涉及各个不同单位、部门，为此，在编制初期就邀请多方参与是确保应急预案具备可操作性的重要环节之一。若应急预案仅适用于本单位，可在单位内部成立预案编制小组，对于涉及多个单位的预案，可成立预案编制委员会，尽可能吸收应急预案涉及的主要部门和单位相关人员参加具体的编制工作。编制工作小组组长由应急预案编制部门或单位有关负责人担任。同时，在编制过程中，应当广泛听取不同层级有关部门、单位和专家的意见。

对于专业的溢油应急预案，尤其是需要提出具体的应急反应策略和技术方案时，国际上通常是委托专业的溢油应急机构代为编制，但对于委托单位而言，本单位人员参与编制的全过程非常关键，因为通过编制应急预案也是一个学习和熟悉应急预案的过程，有利于在本单位内部培养一批了解和熟悉溢油应急策略和技术，并能够熟练使用应急预案的专业人员。

《突发事件应急预案管理办法》要求政府应急预案涉及其他单位职责的，应当书面征求相关单位意见。必要时，向社会公开征求意见。单位和基层组织应急预案编制过程中，应根据法律、行政法规要求或实际需要，征求相关公民、法人或其他组织的意见。对于企业应急预案，未有向社会征求意见的法律要求，但是，在建设项目环境影响评价过程中，企业应急预案的主要内容已写进了环境影响评价报告中，而该报告书（或简本）有向社会征求意见和公开的法律要求。

4. 应急预案的审批

应急预案的审批是应急预案得以正式运行使用的重要环节，《突发事件应急预案管理办法》对预案的审批提出了明确的规定，即：预案编制工作小组或牵头单位应当将预案送审稿及各有关单位复函和意见采纳情况说明、编制工作说明等有关材料报送应急预案审批单位；因保密等原因需要发布应急预案简本的，应当将应急预案简本一起报送审批。负责审批的单位审核的主要内容包括：预案是否符合有关法律、行政法规，是否与有关应急预案进行了衔接，各方面意见是否一致，主体内容是否完备，责任分工是否合理明确，应急响应级别设计是否合理，应对措施是否具体简明、管用可行等。必要时，应急预案审批单位可组织有关专家对应急预案进行评审，专家的意见可作为修改应急预案的依据。

对于应急预案的审批权限，国家层面的专项溢油应急预案应当由国务院审批，以国务院办公厅名义印发，即将出台《国家重大海上溢油应急预案》作为专项预案之一，将会由国务院发布。部门应急预案，如海洋主管部门、交通主管部门、环境保护主管部门的应急预案由相关部委通过部委相关会议审议决定，以部委名义印发。

对于省市地方政府的溢油应急预案，一般作为专项应急预案或者纳入到其它突发环境事件应急预案中，需要由本级人民政府审批，必要时经本级人民政府常务会议或专题会议审议，以本级人民政府办公厅（室）名义印发。省市各个部门所制定的部门应急预案由本部门审批发布。

对于相关企事业单位的溢油应急预案，只需要本单位或基层组织主要负责人或分管负责人签发，审批方式可根据本单位的实际情况确定，取决于本单位的质量体系文件控制程序。尽管如此，对于船舶的溢油应急预案，增加了政府审批程序，即：根据《经 1978 年议定书修正的 1973 年国际防止船舶造成污染公约》和《防治船舶污染海洋环境管理条例》的有关规定，150 总吨及以上的油船和 400 总吨及以上的非油船的《船上油污应急计划》以及 150 总吨及以上散装载运有毒液体物质的船舶的《船上有毒液体物质海洋污染应急计划》；或以上两者都适用的船舶的《船上海洋污染应急计划》在使用前应当通过船籍港海事主管机关的批准。海事主管机关审核的主要内容有：船员在应急反应中的职责分工是否明确、胜任；应急措施是否结合本船的实际情况和可操作性；提供的相关文书是否与本船相符等。

对于海洋石油勘探开发企业的溢油应急预案，要求作业者应在钻井作业 30 天前和油井投产 45 天前，向海洋行政主管部门提交由作业者负责人签署的《溢油应急计划》（中文版）和有关材料一式 5 份，以及申请审查批准的书面报告和联系人姓名和联系方式。上报时提交材料主要包括：溢油应急计划、专家审查意见、节能减排指标文件和其它相关材料。作业者可邀请由海洋环境、物理海洋、溢油应急设备、海洋管理、海洋石油勘探开发等方面的专家和海区海洋行政主管部门对溢油应急计划进行预审，并根据预审意见对溢油应急计划进行修改完善。根据新的三定方案和国务院机构改革精神，减少审批事项，溢油应急计划国家海洋局已经不再将该计划纳入审批，但企业依法仍需编制。

5. 应急预案的备案和公布

应急预案备案的主要目的是使上下级应急预案保持衔接，确保与应急预案有关的上下级单位对相关各级应急预案有着提前的了解，防止出现违反法律法规和上级应急预案的情况，防止出现在溢油事故应急中因应急预案的冲突导致应急响应行动冲突，影响应急反应的效率和效果。《突发事件应急预案管理办法》规定：应急预案审批单位应当在应急预案印发后的 20 个工作日内依照下列规定向有关单位备案：一是地方人民政府总体应急预案报送上一级人民政府备案；二是地方人民政府专项应急预案抄送上一级人民政府有关主管部门备案；三是部门应急预案报送本级人民政府备案；四是涉及需要与所在地政府联合应急处置的中央单位应急预案，应当向所在地县级人民政府备案。

为全面贯彻落实国务院关于取消和下放行政审批项目事项的决定，2014年中国海事局在其下发的《关于做好取消行政审批项目衔接落实工作的通知》规定，取消了从事船舶作业活动有关的作业单位防治船舶及其有关作业活动污染海洋环境应急预案的审批，但要求有关作业单位应当按照国家海事管理机构制定的应急预案编制指南，制定或者修订防治船舶及其有关作业活动污染海洋环境的应急预案，定期组织开展应急演练，做好相应记录，并接受当地海事管理机构的检查。

为了便于社会了解政府及其有关部门的应急预案，《突发事件应急预案管理办法》要求包括溢油应急在内的自然灾害、事故灾难、公共卫生类政府及其部门应急预案，应向社会公布，对于企业应急预案未有向社会公开的要求。

6. 应急预案的修订

完成应急预案编制并正式实施后并不是一劳永逸，而应当根据变化了的法律法规和标准规范的要求，变化了的溢油风险，变化了的组织结构和指挥协调机制，结合溢油应急反应的实际案例或者演练的实际情况，对其中不适用部分以及影响到溢油应急时率的部分进行不断的修订。《突发事件应急预案管理办法》要求应急预案编制单位应当建立定期评估制度，分析评价预案内容的针对性、实用性和可操作性，实现应急预案的动态优化和科学规范管理。当存在以下情形之一的，应当及时修订应急预案：

（1）有关法律、行政法规、规章、标准、上位预案中的有关规定发生变化的。

（2）应急指挥机构及其职责发生重大调整的。

（3）面临的风险发生重大变化的。

（4）重要应急资源发生重大变化的。

（5）预案中的其他重要信息发生变化的。

（6）在突发事件实际应对和应急演练中发现问题需要做出重大调整的。

（7）应急预案制定单位认为应当修订的其他情况。

一般讲，应急预案修订包括两种程度的修订，一种情况是大修订，即当涉及组织指挥体系与职责、应急处置程序、主要处置措施、突发事件分级标准等重要内容的，修订工作应当按照预案编制、审批、备案和公布程序进行；另一种情况是小修订，即仅涉及人员变动、文字修改等内容，不影响到应急预案主要内容的，修订程序可根据情况适当简化，一般不需重新审批或备案。

7.应急演练与培训

应急预案编制单位应当建立应急演练制度，根据实际情况采取实战演练、桌面推演、通讯演练等方式，组织开展人员广泛参与、处置联动性强、形式多样、节约高效的应急演练。应急演练的频次取决于相关单位和人员对应急预案的熟练程度。《突发事件应急预案管理办法》规定了专项应急预案、部门应急预案至少每 3 年进行一次应急演练，应急演练组织单位应当组织演练评估。《船舶污染海洋环境应急防备和应急处置管理规定》要求船舶以及有关作业单位应当按照制定的应急预案定期组织应急演练，根据演练情况对应急预案进行评估，按照实际需要和情势变化，适时修订应急预案，并对应急预案的演练情况、评估结果和修订情况如实记录。《船舶污染清除协议管理制度实施细则》进一步规定了船舶污染清除单位应当每年开展不少于两次的船舶污染应急演练，并做好相应记录。对于石油勘探开发企业，油田可开展小型溢油演习，当地公司可进行中型或大型溢油演习，企业集团可开展海区综合演习。

以实战演练为例，溢油应急实战演练是指动用溢油应急处置船舶、布设围油栏、收油机等专业设备物资和专业应急人员的演练。政府层面组织的实战演练经常会与水上人命救助、保安、消防等项目结合，称之为综合演练，企业层面的演练往往项目单一，会选择溢油应急的一个方面进行演练。组织演练的程序主要有策划、实施和总结评估等。在策划时，演练组织方应当结合当地溢油事故风险设计典型事故情形，并根据当地可用的应急资源设计应急响应方案。演练的实施除了演练项目本身外，还应当注意安全和人员防护等问题。总结评估的主要内容包括：演练的执行情况，预案的合理性与可操作性，指挥协调和应急联动情况，应急人员的处置情况，演练所用设备装备的适用性，对完善预案、应急准备、应急机制、应急措施等方面的意见和建议等。演练的组织单位可以委托第三方进行演练评估。

培训是提高应急反应人员素质的重要手段之一，也是应急预案的重要内容之一。我国对溢油应急反应人员的培训基本是参照 IMO 溢油应急反应培训的模式，分为三级，即应急操作人员为一级，监管人员和现场指挥人员为二级，高级管理人员为三级。三级人员的培训内容如下：

1）应急操作人员（一级）

培训的目的是提高从事现场清除作业人员的技术水平，主要包括各种适用于海上溢油回收和岸线清除的技术和设备。参加人员可以是：港口、地方政府和石油公司负责监督管理的一线职工、需要提高溢油应急知识和水平的专业应急反应人员、溢油清除队伍的现场操作人员、行业或地方政府指定的岸滩作业的指挥人员。教学内容包括：了解油在海洋环境中的风化过程；熟悉岸滩清除的技术和方法；实施废弃物管理和接收处理；理解并能够履行现场监督员/岸滩作业指挥人的职能；选择适当的清污设备并操作设备；指导社会志愿者参与清污。

在船舶污染清除协议制度中，对船舶污染清除单位配备的应急操作人员的要求是：具备应急反应的基本知识和技能，能够正确使用应急设备和器材，实施清污作业。

2）现场指挥人员（二级）

培训的目的是为事故应急指挥中心的现场指挥官和应急队伍提供所需要的知识和技能，熟知管理应急反应行动的职能和职责，能够协调参与现场应急的其他机构，理解应急反应战略决策，掌握清除过程中的技术使用，能够开展评估恢复措施等。参加人员主要有：应急反应中指挥人员、管理人员和监督人员；负责应急反应策略、保障、安全或环境支持的人员；履行事故应急队伍管理职责的人员。培训主要内容有：正确的溢油应急方法和技术；辨别溢油地点危险和评估风险；媒体关系处理；理解溢油特性及相应的应急对策；对溢油事件做出初始应急反应；动用相应的应急资源；理解应急反应的局限性；确定保护的优先顺序。

对船舶污染清除单位配备的现场指挥人员的要求是应当能够根据指挥机构的对策，结合现场情况，制定具体的清污方案并能组织应急操作人员实施。

3）高级管理人员（三级）

溢油应急事故的全面管理是一项艰巨的任务，如危机情况控制、政治利益、媒体压力、公众环保意识、法律和财务经费问题都会给应急反应队伍带来压力，负责溢油应急的指挥决策人员必须有效处理才能取得整体应急反应的成功。参加人员：所有负责应急反应管理的官员；石油、天然气和航运业的所有负责决策的高级监管人员；负责溢油应急事故指挥的执行管理者；与应急反应有关的管理或法定组织的人员；参与溢油应急反应的政府机构的高级官员。

对船舶污染清除单位配备的高级指挥人员应当具备对船舶污染事故应急反应的宏观掌控能力，能够根据事故情形综合评估风险，及时做出应急反应决策，有效组织实施。

7.2.3 技术关键
Key points

确保溢油应急预案科学、高效的技术关键主要为两个方面：一是根据风险评估的结果确定应急防备目标，二是确定敏感资源优先保护顺序，前者是确保应急防备充足的关键；后者是影响应急策略是否科学合理的关键。

1. 确定应急防备目标

不同政府层级和单位的应急预案往往是基于本层级的应急防备能力来确定应急响应等级，其中，应急防备能力需要根据评估溢油风险确定，为此，确定本层级或本单位的应急防备目标是编制应急预案的关键。

中国现阶段水上溢油应急能力建设的总体思路是：建设主体为国家、地方和社会三方共同投入，技术路线是先规划后建设。但是，由于尚未出台国家层面的重大溢油应急预案，也未通过立法或标准确定各级政府和相关单位的应急防备目标，为此，只能由各级政府在编制应急规划中确定，但由于需要以顶层设计为基础，为此，地方政府也无法在应急规划中明确各单位的应急防备目标，只能由各单位在开展溢油风险评估时确定。

交通行业标准《船舶溢油应急综合能力评估导则》（JT/T 877–2013）建立了一套完整的溢油应急综合能力计算方法，其中，给出了确定应急防备目标的基本思路如下：

首先，要评估自有的溢油应急能力，即调查溢油应急单位自有的应急资源，按照该标准的评估方法，分项评估溢油应急单位的应急能力，如可通过计算机械回收能力并参考吸收吸附、溢油分散等其他应急能力，确定所应对的船舶溢油事故的总溢油量。

其次，要评估可协调的应急能力，即调查通过区域性应急预案，或通过签订应急协助协议等方式，在预计的应急作业时间内，能够参与应急行动的其他可协调的应急资源。按照该标准评估方法，分项评估可协调的应急资源的应急能力，如可通过计算机械回收能力并参考吸收吸附、溢油分散等其他应急能力，确定可协调应急资源所应对的船舶溢油事故的总溢油量。

最后，综合评估现有船舶溢油应急能力，即在周边具有可协调的应急资源的情况下，将可协调的应急资源一次性应对船舶溢油事故规模大小与自有一次性应对船舶溢油事故规模大小相加，即为现有船舶溢油应急能力。

2. 确定敏感资源优先保护顺序

环境敏感资源的种类繁多，敏感程度差异大，在溢油应急反应中，应首先确定优先保护哪类资源以及如何保护等问题，但是，若能够在制定溢油应急预案时，事先确定应急预案适用区域的敏感资源优先保护次序，则有助于在实际的应急行动或制定应急决策采取快速合理的保护措施。确定环境敏感资源优先保护次序应既包括资源的溢油敏感性和资源的社会和政治影响，也包括现行应急措施的可行性和有效性以及季节性因素等等。在确定保护次序时应对这些因素进行综合分析，主要因素如下：

1）环境资源的溢油敏感性

环境资源的溢油敏感性是影响其优先保护次序的一个重要因素。理论上讲，环境资源的溢油敏感性越强其获得的保护优先权就越大，保护次序越优先。例如海水沼泽地带、红树林、淡水沼泽地、盐沼等资源，属于敏感性较强的环境资源，在多数国家的应急预案和我国的《中国海上船舶溢油应急计划》都将这些资源作为具有最大优先权的资源进行保护，其保护次序最优先。

2）环境资源可能产生的社会和政治影响

环境资源的社会和政治影响也可称为资源的特殊价值，体现在其特殊的经济价值、特殊生态价值和军事价值等方面。这些资源或许溢油敏感性不强，但遭受溢油污染，会带来很大的社会影响和政治影响，在确定敏感资源保护次序时必须考虑这一因素。

3）现有应急措施的可行性和有效性

现有应急措施的可行性和有效性是指清除溢油可能性以及对敏感区保护的实际效果。如红树林、湿地等对溢油敏感性很强的环境资源，如果被溢油污染，现行的应急技术很难开展溢油清污作业，如果强行清污，清污措施造成的损害比溢油本身带来的危害更大。为此，被溢油污染的红树林，现行的应急技术是不可行的，要避免对这类资源的溢油污染，最好的方法是事先制定防止溢油污染该类资源的保护性措施。从该类资源的溢油敏感性和应急措施的可行性及有效性两方面因素看，该类资源都应具有最大的保护优先权，其保护次序应为最先。

4）季节性因素

由于有的环境资源在不同季节的溢油敏感性不同，其本身的经济价值和生态价值也不同，并且，同一种资源在不同季节人类对其的开发利用程度也不同。因此，在确定应急区域的敏感资源的保护优先权时，应分析不同季节对各种资源带来的影响。例如，对于旅游码头，若在旅游淡季发生溢油污染，其保护优先权与其本身的溢油敏感性是相应的，若溢油污染正值旅游旺季，则会直接导致游客的减少，影响经济效益。因此，对于溢油敏感程度较低的旅游码头来说，在旅游旺季的保护优先权要比其旅游淡季大。为此，确定环境资源的优先保护次序时，在充分考虑溢油环境敏感性这一个因素时必须综合考虑季节、经济等其他因素。

目前我国尚没有统一的溢油环境敏感资源保护顺序的相关标准规范。美国将沿海敏感资源的优先保护次序分为 A、B、C 三级，《中国海上船舶溢油应急计划》框架下的区域性应急计划对优先保护次序的分类也不同，例如在《南海海区溢油应急计划》中，将南海海区的敏感资源的优先保护次序分为三类，即最优先、次优先、优先，而在《北方海区溢油应急计划》中将北方海域的敏感资源保护次序分为 11 类（见表 7.1）。

表 7.1　北方海区敏感区和易受损资源的保护次序

敏感区和易受损资源	优先保护次序
自然保护区	1
饮用水和工业用水	2
水产养殖和海洋自然水产资源	3
盐田	4
濒危动植物的栖息地	5
潮间带生物	6
湿地	7
名胜古迹、景观和旅游娱乐场所	8
农田	9
各种类型的海岸	10
船舶和水上设施	11

由于我国没有统一的确定敏感资源保护顺序标准规范，不同的应急预案敏感资源的分类也不尽相同。在《海洋石油勘探开发溢油事故应急预案》中，将环境敏感区分为自然保护区、生活或工业用水取水口、珍稀和濒危动植物及其栖息地、水产养殖场、重要的渔场、水生生物的产卵场、索饵场、越冬场和洄游通道、潮间带生物、沼泽地、盐田、重要的海洋工程和海岸工程、风景名胜古迹、重要的景观和水上旅游娱乐场所等。该预案同时规定了敏感资源保护确定方法如下：

（1）调查各海区的自然环境条件。收集各海区石油平台（及输油管道）周围的气象、水文（潮汐、海流、海浪）、化学、地质（地形、地貌）、生物、生态等资料。

（2）确定环境敏感区（包括易受损生物资源）。要对石油平台（及输油管道）周围的海域进行调查并收集相关的资料，以便确定环境敏感区。

（3）进行环境敏感区区划并确定优先保护次序。根据现场调查资料和相关历史资料，对环境敏感区进行区划，划出环境敏感区的位置、范围、面积、保护内容；在此基础上，确定各种环境敏感区的优先保护次序。环境敏感区的优先次序可根据环境、资源对溢油的敏感程度、现有应急措施的可行性和有效性、可能造成的经济损失以及清理油污的难易程度等因素来确定。

（4）制作环境敏感区地理信息系统。根据环境敏感区的区划和易受损资源的调查及其优先保护次序，采用 GIS、GPS、GRS 等技术，制作环境敏感区地理信息系统。

7.2.4　主要内容
Main content

溢油应急预案的不同种类、不同层级和不同任务决定了应急预案的内容不同。专项预案与部门预案应用区别；国家级预案与省市级预案也应有区别，如国务院及其部门应急预案重点规范国家层面应对行动，同时体现政策性和指导性；省级人民政府及其部门应急预案重点规范省级层面应对行动，同时体现指导性；市级和县级人民政府及其部门应急预案重点规范市级和县级层面应对行动，体现应急处置的主体职能。

一般讲，溢油应急计划的基本构成为总体策略和应急操作程序两部分，但对于一个具体的应急计划来说，往往会分得更细。从目前我国应急预案的主要内容来看，主要总体策略和原则、组织体系、应急响应程序、综合保障和附则附件五个部分构成。

1. 总体策略和原则

不同层级的应急计划，因其在应急体系的地位和应急目标不同，制定的总体策略和原则也应不同。国家层面的应急预案往往要确定大的原则，如：国家重大溢油应急预案的工作原则为：坚持统一领导、综合协调、军地联动、分级负责、属地为主，以及以人为本、科学快速、资源共享的工作原则。相关省级地方人民政府是应对国家重大海上溢油事故的主体。重大海上溢油事故发生后，相关省级人民政府及其有关部门、相关企事业单位应当立即按照职责分工和相关预案开展前期处置工作。必要时，国家重大海上溢油应急处置部际联席会议根据重大海上溢油应急处置的需要，给予相应的支持和协调。地方政府和企事业单位的应急原则应当首先遵从国家的基本政策，按照国家应急战略的基本要求结合当地和本单位的具体情况制定适合地方和本单位的应急战略。

溢油应急预案中通常规定的基本原则如下：

（1）以人为本，预防为主：加强环境事件危险源的监测、监控并实施监督管理，建立环境污染事件风险防范体系，积极预防、及时控制、消除隐患，提高环境污染事件防范和处理能力，减少环境事件后的中长期影响，尽可能地消除或减轻突发环境事件及其负面影响，最大限度地保障公众健康，保护人民群众的生命和财产安全。

（2）统一领导，分类管理：国家级预案应在国务院统一领导下，加强部门之间协同与合作，提高快速反应能力。实行分类管理、协同响应，充分发挥部门专业优势，发挥地方人民政府职能作用，使采取的措施与突发环境事件造成的危害范围和社会影响相适应。

（3）属地为主，分级响应：环境应急工作应坚持属地为主，充分发挥各级地方政府职能，实行分级响应。

（4）平战结合，专兼结合：积极做好应对突发环境事件的人员准备、物资准备、战术准备、工作准备，加强培训演练，充分利用现有专业环境应急救援力量，整合环境监测网络，引导、鼓励实现专兼结合，一专多能。

总体策略和原则内容在具体的应急预案中往往会被写进前言或总则中。在前言或总则中，首先说明编制目的、依据，明确应急计划的适用范围和工作原则。一些应急预案会将其中的一些专业术语和缩写加以解释，规定实施应急预案主管部门和制定与发布程序，但有些应急预案将这些内容放在了附则中。

其中，适用范围要明确应急适用的地理区域和水域，以及溢油源的范围。对于国家级应急预案而言，其适用陆域和水域应当为我国管辖的所有陆域和水域。《海洋环境保护法》规定了我国管辖的海域包括：中华人民共和国内水、领海、毗连区、专属经济区、大陆架以及中华人民共和国管辖的其他海域。地方和港口码头等单位的应急计划应当明确其适用范围，包括覆盖的水域及其岸线。

由于我国海洋环境保护管辖权主要是根据污染源不同确定不同的政府主管部门。为此，有必要在应急预案中明确所适用的溢油源，例如，可分为船舶溢油、海洋工程项目如石油平台溢油、陆源溢油，而船舶溢油又要是渔船、商船还是军事船舶。另外，如果应急计划仅仅指向了海上污染事件，还要明确是否除了溢油应急外还有化学品应急的内容。对于国家应急预案，还要明确是否适用国际合作水域。

2. 组织体系

组织体系主要用于事故应急指挥协调中明确各有关单位和部门的职责和指挥协调程序。从参与应急指挥协调的单位来讲，一般是指与溢油事故相关的单位和个人。其中，政府应急预案主要是由政府有关部门构成。从指挥协调的架构上讲，应急计划中的组织体系主要包括指挥部、现场指挥部，有的应急预案将专家组与指挥部、现场指挥部并列。如《海洋石油勘探开发溢油事故应急预案》的应急组织指挥体系为：国家海洋局为总指挥，其它相关部委为指挥部成员单位，按照预案各负其责，并且成立溢油应急响应专家咨询小组，提供溢油事故处理的技术支持。正在起草的国家重大海上溢油应急预案，也将依托国家重大海上溢油应急处置部际联席会议成立国家重大海上溢油应急处置指挥部，国家重大海上溢油应急处置指挥部办公室设在中国海上溢油应急中心，预案启动后，省级人民政府或者相关单位成立现场指挥部，国家重大海上溢油应急处置部际联席会议设立国家海上溢油应急处置专家组，由部际联席会议成员单位推荐的专家担任。多数操作层级的应急预案会列出更为详细的组织架构，可根据溢油应急的需要在操作层面增加相应的指挥协调小组，在国家重大溢油应急预案或地方政府和企事业单位的应急预案中，根据扁平化管理的理论，增设清污组、方案策划组、监视监测组、后勤保障组、公共关系组等不同的专业工作组。各工作组的主要构成和职责如图7.2所示。

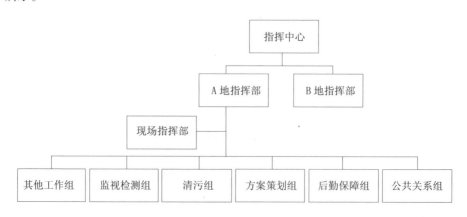

图 7.2　各工作组的主要构成和职责

1）清污组

水上溢油应急的核心工作是清除污染，包括水上的清污和溢油上岸后的岸线清污。可根据溢油覆盖的区域、溢油的不同阶段和清污资源分布等具体情况，将清污队伍分为不同的现场清污组，如水上清污组、岸线清污组、动物清洗组等。各现场清污组各自负责相应区域或污染类型的清污工作，直接受指挥部的清污指挥组的指挥。分组时，应当充分各应急队伍的专业特点，尽可能不打破专业队伍的原有建制。

2）方案策划组

溢油应急专业性强，具体的作业方案需要专业人员在现场评估的基础上做出，为此可设置策划组专门负责收集、分析各方面信息，就资源调动、清污方案向指挥决策层提出建议。在国内应急预案中，一般会设有专家组，但专家组仅是提供专家意见，不具体地制定作业方案，为此，不能代替策划组。同时，设置作业方案策划组，可以减轻各清污组的策划压力，使清污队伍专心于现场的应急行动中。

3）监视监测组

主要由卫星遥感、航空、现场船舶以及专门从事监视、监测和评估的人员组成，其收集的现场信息需要在统一的信息管理平台上共享，供指挥人员做决策参考用。

4）后勤保障组

该给可以细分不同的工作小组，如：物资管理组、财务组、通讯保障组、交通保障组、安全卫生组等。其中，实现应急资源统筹管理是提高溢油应急效率的关键，由于溢油应急设备、器材和物资的专业化程度高，在应急物资管理方面实施统一管理可以有效地调动有限资源用于应急行动，同样可以使清污队伍专注于现场应急中。

5）公共关系模块

溢油事故影响到环境敏感资源或人们的日常生活生产时，往往会引起社会的关注，对社会发布信息需要统一渠道和口径，形成正确的社会舆论引导，统一新闻发布是溢油应急管理的另一个重要体现。公共关系组可设置在现场指挥部中。

其它可选择设置的工作组取决于溢油事故的规模和应急的难易程度，如生态评估组负责生态损害评估和事后恢复措施，科研应用组负责支持新技术的应用和研究。

3. 应急响应程序

在应急响应程序中，一般先确定应急响应的等级，然后按照事故应急的时间轴，从事故报告、评估、清污、行动终止到事后处置，依次做出程序性规定。应急响应程序在下一章节详细介绍，本章重点阐述应急响应等级。

应急响应等级不同于事故等级划分，但与事故等级有一定的关联性。我国对溢油事故等级因溢油源不同划分标准不同。例如，《海洋石油勘探开发环境保护管理条例实施办法》和《防治船舶污染海洋环境管理条例》中的溢油事故等级分类标准如表 7.2 所示。

表 7.2　溢油事故分级标准

名称	级别	溢油量 /t	直接经济损失
《海洋石油勘探开发环境保护管理条例实施办法》	小型溢油事故	小于 10	无
	中型溢油事故	10~100	无
	大型溢油事故	大于 100	无
《防治船舶污染海洋环境管理条例》	一般船舶污染事故	小于 100	小于 5 000 万
	较大船舶污染事故	100~500	5000 万 ~1 亿
	重大船舶污染事故	500~1 000	1 亿 ~2 亿
	特别重大船舶污染事故	1 000 以上	2 亿以上

《中国海上船舶溢油应急计划》和《海上石油勘探开发溢油应急响应执行程序》中溢油事故响应等级如表 7.3 所示。

表 7.3　应急计划中溢油事故分级标准

名称	级别	溢油量 /t	溢油面积
《中国海上船舶溢油应急计划》	小规模	10 以下	无
	中规模	10~50	无
	大规模	50 以上	无
《海上石油勘探开发溢油应急响应执行程序》	三级应急响应	小于 10	小于 100 平方千米
	二级应急响应	10~100	100~200 平方千米
	一级应急响应	100 以上	大于 200 平方千米

响应等级应当根据国家对溢油事故的等级划分规定、应急防备的能力大小以及本级或本单位的溢油应急责任和义务来确定。例如，加拿大的溢油应急响应机构提出了分级响应能力要求如表 7.4 所示。《突发事件应急预案管理办法》规定了对预案应急响应是否分级、如何分级、如何界定分级响应措施等，由预案制定单位根据本地区、本部门和本单位的实际情况确定。

表 7.4　加拿大溢油应急响应机构响应等级

分级	溢油量 /t	响应时间 /h
第一级	150	6（设备布放到现场）
第二级	1 000	12（设备布放到现场）
第三级	2 500	18（设备布放到现场）
第四级	10 000	72（设备布放到现场）

尽管溢油事故可按照溢油量或者直接经济损失确定事故等级，但是，溢油事故泄漏的污染物的数量与其影响范围、危害大小之间没有绝对的数值对应关系。溢油的污染损害程度以及造成的经济损失大小取决于溢油扩散到的区域、环境敏感资源和人类开发利用情况，在事故中可对其进行定性分析，定量分析较难，为此，决定启动哪一级别的应急预案框架下的应急响应还应当个案处理。

4.综合保障

应急预案应当明确开展应急反应行动的基本保障措施，主要有：人力资源保障、账务保障、技术与装备保障、通信保障、医疗卫生救援保障、辅助决策支持保障、应急资源的临时征用和治安保障等。

1）人力资源保障

我国溢油应急队伍主要由政府应急队伍、石化企业、港口企业和船舶污染清除单位等企业应急队伍和解放军、武警部队、民兵组织等组成。除了专业溢油应急单位外，溢油应急人力资源还包括从事溢油监视监测的机构和人员。在岸线清污需要大量的人力资源时，可协调解放军、武警部队和民兵组织，也可召集人民群众参与，鉴于溢油应急行动的专业要求高，并考虑到其安全健康危险性，社会志愿者参与溢油应急行动之前，应当给予必要的培训和人员防护支持。

2）财务保障

理论上讲，溢油应急处置中所需的应急资金应当由溢油事故肇事方承担，但是对于无法找到或追索肇事方的，则需要由财政经费负担。目前，我国在突发事件应急资金上，是按照事权划分、分级负担的原则，为此，各级人民政府应当负责协调解决溢油应急处置工作中的临时资金需求，保障溢油应急所需经费足额到位。在船舶油污损害保险领域，我国已基本建立了强制油污损害保险加上国内油污损害赔偿基金的双层保障机制，同时，通过推进船舶油污损害保险的统保制度，充分发挥保险的经济赔偿和社会管理职能，建立了以保险应急垫付、预付赔款的船舶油污事故保险应急机制，在维护船东和第三方受害人的合法权益方面起到了积极作用。

3）技术与装备保障

溢油应急需要收油机、围油栏、吸油毡等大量的专业应急设备和物资，为此，各级政府和有关单位应当建立健全溢油应急物资储备制度，保障溢油应急所需的相关物资、装备、材料的供应和生产。对于溢油分散剂等易耗品，可通过与有关生产经营企业签订协议等方式，保障应急物资的生产供应。中国海事局颁布的《船舶污染清除单位应急清污能力评价导则》明确规定了配备溢油分散剂可以采取生产储备的方式，但必须有与符合要求的生产厂家或供应商签订应急供货协议。在符合总量要求的前提下，生产储备的溢油分散剂比例不能超过总量的60%。

国家鼓励和扶持科研机构有针对性的研发溢油应急相关技术，扶持在溢油应急技术领域拥有自主知识产权和核心技术的企业，增强溢油应急关键技术研发能力，推广先进科研成果。为此，在溢油应急中，抓住机遇开展新技术新装备的实验和试用对促进技术发展非常重要。

4）通信保障

水上溢油应急特点决定了水上、陆上通信保障尤为重要，为此，有必要建立健全溢油应急通讯保障体系，综合利用各种定位、通信和动态监管手段，保障船舶与船舶、岸船、机船、平台与陆地之间的通信畅通。

5）医疗卫生救援保障

在溢油事故和应急处置行动中，容易产生人员伤亡和影响健康等伴生事故，为此，应急预案中应当明确医疗卫生救援事宜。卫生部门应当会同有关部门组织开展人员防护、卫生服务与心理援助工作，减少溢油事故可能造成的人员伤亡和健康损害。必要时可以组织动员红十字会等社会卫生力量参与医疗卫生救助工作，或者启动相关医疗卫生救援应急预案进行溢油应急医疗救援保障。

6）辅助决策支持保障

溢油监视监测和预警是决定溢油应急行动成效的关键，为此，有关单位应当建立相应的溢油信息共享平台，实现信息汇集与传输、信息存储管理和分析预测，为决策者提供技术支持保障。

7）交通运输保障

溢油应急行动可能涉及到海、陆、空运输支持。为此，应急预案应当明确交通运输有关内容。利用现有的交通运输工具，保障应急人员、装备物资、回收油和油污废弃物等的快速、安全运输。必要时，现场指挥部可根据应急需要协调当地交通运输、公安等部门，制定应急运输路线，优先保障应急运输物资的通过。

8）应急资源的临时征用

根据《突发事件应对法》和《防治船舶污染海洋环境管理条例》的有关规定，因溢油应急处置工作的需要，政府及其部门可以向相关企事业单位和个人临时征用应急救援所需设备、设施、场地、交通工具和其他物资，有关单位和个人应当予以配合。被征用的财产在使用完毕或者应急处置工作结束后应当及时返还。财产被征用或者征用后毁损、灭失的，征用方应当给予补偿。

9）治安保障

应急预案中应当明确治安保障的内容，保护应急人员和物资安全，维护应急现场和相关区域内的治安环境；明确协调和调解因溢油事故造成的运输企业、船东、渔民、养殖户、相关企业的矛盾或者纠纷，维护社会稳定的职责。必要时，可协调周边地区公安、武警等力量予以支援。

5. 附则附件

应急预案一般将术语解释、预案的管理与更新、预案解释权和预案生效时间等作为附则内容列出。在附件中，一般包括以下内容：

（1）各成员单位构成和联系方式。

（2）专家组成员及其联系方式。

（3）事故报告表格。

有的应急预案将成员单位的职责分工、应急程序流程图等作为附件。石油勘探开发企业可分不同开发阶段将作业井号、平台名称、位置、钻井作业计划、施工单位等具体情况以附表的形式报送。

7.3 溢油应急响应
Oil spill contingency response

7.3.1 响应程序
Process and procedure

溢油应急响应程序主要包括事故报告、事故评估、启动应急响应行动、预警、应急处置行动、行动终止等。在应急行动终止后，可根据事故情况需要开展生态恢复和赔偿补偿等事后处置工作。应急预案中列出的所有应急响应程序在现实的溢油应急处置中并不是所有程序都会重演，需要应急指挥人员根据溢油事故的实际情况做出删减或补充，同时，也不会完全按照应急预案设计的程序前后顺序依次启动并实施，一些工作可能在事故开始至终都在进行。例如事故评估是贯穿整体应急行动的一项程序。指挥人员在刚接到事故报告后，首先会评估事故状态以及可用的应急资源情况，为制定应急方案做准备，在应急过程中，需要根据变化了的溢油动态和资源情况，不断开展评估，在终止响应行动前，也要开展评估决定是否可以终止行动。

1. 事故报告

1）报告的主体

根据《海洋环境保护法》等有关法律法规的规定，发生溢油事故后，报告的主体有 3 种：

（1）事故方的报告。因发生事故或者其他突发性事件，造成或者可能造成环境污染事故的单位和个人，应当在立即采取有效措施的同时，及时向可能受到危害者通报，并向相应的具有海洋环境监督管理权的部门报告。

（2）发现人的报告。《海洋环境保护法》规定了所有船舶均有监视海上污染的义务，在发现海上污染事故或者违反本法规定的行为时，必须立即向就近的具有海洋环境监督管理权的部门报告。民用航空器发现海上排污或者污染事件，必须及时向就近的民用航空空中交通管制单位报告。接到报告的单位，应当立即向依法行使海洋环境监督管理权的部门通报。

（3）政府部门之间的报告和通报。接到报告的政府有关部门应当立即核实有关情况，并向上级政府有关部门报告，同时报告有关地方人民政府，按照应急预案通报其它政府有关部门。

2）报告接收主体

如前所述，我国在海上溢油的行政主管部门的职责设置主要是根据溢油源不同而由不同的政府部门负责监督管理，为此，溢油事故报告的接收主体主要分工如下：

（1）由陆源引发的海上溢油事件初始信息的接收、核实由环保部门负责。

（2）海上石油勘探开发溢油事件初始信息的接收、核实由海洋部门负责。

（3）商业运输船舶、港口溢油事件初始信息的接收、核实由海事部门负责。

（4）渔业船舶、渔港水域海上溢油事件初始信息的接收、核实由渔业部门负责。

3）报告内容

事故报告的内容取决于报告人对事故的了解程度，主要的报告内容在相关的法律法规中有明确的规定。同时，事故报告的目的不同，报告的内容也不同，有些内容是为了事故调查的目的，有些内容是为开展应急行动。例如，《防治船舶污染海洋环境管理条例》规定了船舶污染事故报告的内容如下：

（1）船舶的名称、国籍、呼号或者编号。

（2）船舶所有人、经营人或者管理人的名称、地址。

（3）发生事故的时间、地点以及相关气象和水文情况。

（4）事故原因或者事故原因的初步判断。

（5）船舶上污染物的种类、数量、装载位置等概况。

（6）污染程度。

（7）已经采取或者准备采取的污染控制、清除措施和污染控制情况以及救助要求。

（8）国务院交通运输主管部门规定应当报告的其他事项。

《海上船舶污染事故调查处理规定》要求的事故报告内容主要是为了事故调查处理的目的，与《防治船舶污染海洋环境管理条例》相比，增加了船舶油污保险、签订了船舶污染清除协议等内容。

4）报告类型

事故报告分为初始报告、后续报告和行动终止报告。初始报告为发生或发现事故的单位和个人向有关主管机关的首次报告。后续报告是指事故应急过程中的补充报告或者经核实发现报告内容与事实情况不符的更正报告。行动终止报告是指有关单位在终止清污行动前向有关主管部门的报告。

2. 事故评估

事故评估是应急预案的一个重要环节,应急预案框架下的决策者需要根据对事态评估的结果决定是否启动应急预案中所指向的哪一级应急响应行动。

事故评估主要包括信息核实、事态评估两个环节。信息核实的主要内容有溢油地点、气象条件、海况、溢油原因、溢油源的类型、泄漏油品的种类和已造成的污染情况等。核实的方法有事故现场勘察、组织开展监视监测和调查当事人等。

核实事故有关信息后,需要评估溢油事故的严重程度,即评估溢油规模,预测溢油的扩展态势和可能对生态环境、社会财产造成的损害;评估溢油引发火灾、爆炸及其他次生事故的风险以及可能对人身安全、公众健康造成的损害。

3. 事故预警

《突发事件应对法》建立了我国突发事件预警制度,该制度是按照突发事件发生的紧急程度、发展势态和可能造成的危害程度分为一级、二级、三级和四级,分别用红色、橙色、黄色和蓝色标示,一级为最高级别。溢油事故作为一种可以预警的事故灾难,预警的目的主要有告知危害、采取预防措施和做好应急准备等。应急指挥机构应充分利用现有相关预警支持系统,对溢油事故报告信息进行核实和预评估,通知各成员单位和应急队伍做好应急准备,将有关预警信息通报给可能遭受溢油污染危害的单位、人员,以便做好污染防范准备。根据需要及时向社会发布预警信息公告,以便有关单位、人员做好抗御溢油污染的准备。若事故可能影响到周边国家和地区,应及时将信息内容向国家有关部门通报。

4. 启动应急响应

决定是否启动相应的应急预案的应急响应行动是开展事故评估的最后一个环节。在溢油应急反应时,任何规模的溢油事故,最先到达事故现场的人员应是当地企业或政府的应急主管部门的人员。当这些人员认为需要采取应急响应行动,首先是启用当地的应急队伍和应急资源,当溢油规模和污染范围进一步扩大,对应急资源和应急力量的需求超过当地应急能力时,应急响应需要升级到更高一级,则更高一级的应急指挥人员应当根据事故评估的结果决定是否启动本级应急响应。为此,不同等级应急预案框架下的最高决策者应当根据事故评估的结果,根据应急预案设定的启动条件决定是否启动相应的应急响应行动。原则上溢油事件应急处置预案应急响应按照从低到高的层次启动,直到能够有效地建立起应急反应行动为止,上一级应急指挥机构应对下一级应急指挥机构的应急行动给予指导。无论何种情况,启动上级预案应急响应时并不免除下级应急指挥机构的责任,亦不影响下级应急指挥机构先期采取相应的应急行动。如果事故等级上升，国家启动了相关预案应急响应，省市等地方应急指挥中心应按照国家预案的要求组织开展应急行动。

例如，《海洋石油勘探开发溢油事故应急预案》设定的启动政府海洋石油勘探开发应急响应行动的条件是：发生海洋石油勘探开发溢油事故时，石油公司经评估，认为超出自身配备的溢油应急设备处理能力时，可向海洋局提出启动应急方案的申请。海洋局接到申请后，启动本应急预案的应急响应行动，协调海上石油生产集团公司及有关部门进行溢油应急响应。对于构成国家重大海上溢油事故的情形，由中国海上溢油应急中心组织有关单位核实信息，必要时可以临时召开全体或者部分成员单位联络员会议，或者邀请相关专家，开展事故规模和后果的预评估。预评估的结果应当按照部际联席会议制度报告部际联席会议召集人，由召集人决定是否召开部际联席会议。当评估结果为国家重大海上溢油事故的，且经部际联席会议会商同意，或者报请国务院同意，或者国务院直接决定的，可启动国家级重大溢油预案。

再如，《山东省海上溢油事件应急处置预案》覆盖了来自海上石油平台、船舶、陆源等多种来源的溢油事故，该应急预案规定了由应急指挥中心主任（分管副省长）决定并宣布启动的预案应急响应，具体的启动条件为：①辖区海域发生重大海上溢油事件时；②辖区海域发生较大及以下海上溢油事件，但超出事件发生地设区的市应急反应能力，设区的市政府海上溢油事件应急机构请求启动本预案应急响应时；③辖区海域发生较大及以下海上溢油事件，经省应急指挥中心办公室会同相关专业部门评估后，认为事件的污染程度明显超过设区的市应急反应能力，需要省应急指挥中心直接指挥应急行动时；④邻近海域发生重大溢油污染事件，可能严重影响山东沿海海域时，根据上级要求或应其他省、市的请求启动本预案应急响应时。

在溢油应急反应的初期阶段，无论是对肇事方还是对负责应急指挥协调的机构，除了溢油事故本身是一种危机外，对指挥机构也是一种危机，这种危机主要来自应急指挥协调是否合法、及时、有效，这将会成事后追究应急责任的一项重要理由之一。为此，指挥决策者的首要任务是迅速而有效地处理那些潜在的关键性因素，确保事故不会对本应急机构造成危机，若事故初始阶段处理不当，则会使应急响应失去控制，应急机构的形象也会受到很大影响。

5.应急处置行动

应急处置包括了确定指挥机构、制定应急方案和行动计划、组织开展水上和岸线清污等实际的应急行动等。

1）确定指挥机构

尽管应急预案中会设置总指挥部、现场指挥部以及各个专业工作组，但实际的应急处置行动中，可能因事故情形的不同有所变化，为此，有必要按照应急预案的要求，充分考虑实际应急处置的需要，确定指挥机构并指定相关人员担任相应职务。指挥机构的设置应当能够使每一个参与应急的人员、队伍明确其对上负责的部门或指挥官，也使决策者的指令可以直接、快速、准确地到达执行层。克劳塞维茨在《战争论》中指出，"增加任何传达命令的新层次，都会从两方面削弱命令的效力。一方面是多经过一个层次，命令的准确性会受到损失；另一方面是传达命令的时间延长，会使命令的效力受到削弱。"每一层级的指挥人员能够掌控的人数和职能应当科学设置，美国的突发事件应急指挥体系（ICS）指出，一个部门可以有效管理的应急资源为3~7个，以5个最佳，超出了这一个数字，应当重新考虑整个组织结构是否合理。在溢油应急扁平化管理中，可在指挥部中设置多个总指挥助手，各助手根据其专业特长，分管不同的工作组，以减轻总指挥的压力。

在地方政府层面，对于需要政府干预的溢油事故，需要在事故发生地设立现场指挥部，现场指挥部一般是由当地政府最高行政首长担任现场总指挥，对于事发地或受事故影响的水域和陆域超出当地政府管辖范围或者管辖权有争议的，由上一层政府决定是否成立更高层级的指挥部或者组成联合指挥部。当然我国突发事件应急指挥的总体思路是将指挥权授予现场指挥部，这一趋势在最近出台的国家层面的专项应急预案中特别明显，其实质是事故应急遵循着属地为主的原则。例如，2012年修订的《国家地震应急预案》明确省级人民政府是应对本行政区域特别重大、重大地震灾害的主体。为此，溢油应急中确定现场指挥部尤为关键，在一些重大突发事件中，往往会成立由两级政府组成的共同现场指挥部，以方便统一行动，减少指挥层级。

对于事故有关企业能够应对的小事故，往往是企业成立现场指挥部，为此，企业需要根据本单位的组织结构设置科学、高效的指挥体系。下例为某油田分公司成立的溢油应急指挥体系，由以下三级机构组成。

一级是由公司领导组成的决策层。其中，总指挥由分公司总经理（总经理不在岗，由主持日常工作的副总经理担任），副总指挥由油田主管安全生产副总经理、分管业务副总经理组成，成员由油田其他领导、机关相关职能部门主要负责人组成；

二级是确定应急指挥办公室，作为决策层的日常办事机构，是油田应急管理的常设机构，负责应急防备以及突发事件时接受报告、信息报送、组织联络应急状态下各职能部门的沟通协调。其中，主任由生产运行处处长、总经理办公室主任担任，副主任由质量安全环保处处长、党委办公室主任、生产运行处副处长担任，成员由生产调度科科长、值班调度员及其他科室人员构成。

三级是现场执行层，主要由各海上施工现场作业平台或船舶组成。

在应急预案中，除了要合理确定应急指挥架构外，还应当明确各个指挥单元的职责，例如，上述油田应急指挥中心的职责如下：

（1）负责组织审核油田公司溢油应急和抢险预案，负责指挥油田公司应急救援演习。

（2）进入溢油应急及应急抢险状态时，负责研究制定方案和措施，部署和指挥应急救援工作。

（3）负责在油田公司内部和协议外借应急力量、救援力量不足时，决定是否与周边企业、地方政府及上级有关部门联系，取得必要的支援。

（4）负责对上级、政府主管部门和地方政府等有关部门汇报有关应急行动情况。

（5）溢油应急处理工作全部结束后，由应急指挥中心总指挥下达解除应急状态的命令。

图 7.3 为某油田公司溢油应急组织机构。

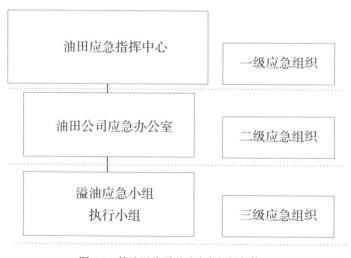

图 7.3　某油田公司溢油应急组织机构

2）制定应急行动方案

事故应急指挥部应当根据溢油事故的具体情况，及时制定应急行动方案。应急行动方案包括两个层次：一是总体行动安排或应急策略；二是现场具体的行动计划。对于小事故，这两个层次的内容可一并做出，对于规模较大的事故，尤其是成立现场指挥部并设置了不同的清污工作组的情况时，需要首先确定应急对策和总体安排，然后据此制定行动计划。

其中，应急策略是应急指挥机构根据溢油事故评估结果，为控制和减少溢油污染、保护受威胁的资源而制定的总体对策。这些对策可包括决定设置现场指挥部和不同的工作组；防止进一步泄漏和发生火灾的措施；对溢油源进行控制；采取交通管制措施；组织监视监测；对可能受污染威胁环境敏感区的保护措施；确定调度应急队伍和应急资源数量以及相应的后勤保障措施；确定应急期间通讯网络方法和信息传递程序；制定现场作业安全和公共卫生健康措施；制定拟实施的应急清除作业方案等。对于重大溢油事故，当地的应急力量和设备资源若不能满足应急反应需求，确定是向上一级机构提出援助请求，还是实行区域合作。若应急反应上升到国家级的，那么国家层面的指挥协调机构应根据事故当地的应急需求，调度其它应急力量和资源，必要时，启动国际援助程序，寻求国际援助。

应急策略确定后，应当制定具体可实施的应急行动计划，该计划至少应包括控制或减少污染源外溢的措施，如应急拖离遇难船舶或设施，堵漏或者过驳；确定水上溢油回收和围控方式的配合使用方案，明确各种回收设备、物资的现场部署方案；确定敏感资源保护方法；明确溢油分散剂和吸附材料使用时间、喷洒方式和使用数量；确定回收油污水、油垃圾的临时储存、运输和后期处置措施的具体安排；确定生物降解技术和燃烧技术的应用时机和具体使用方案等。

在实践中，应急策略和行动计划往往不可能在行动初始阶段就能够制订出详细具体的方案，同时，应急策略及其行动计划不可能是一成不变的方案，应急指挥机构应当根据变化的事态、可用应急资源等情况及时调整方案和计划。

3）应急行动的实施与管理

应急行动涉及了诸多固定或可变因素，要确保应急决策得到有效实施，应当对整个行动过程中采取管理和控制手段，以保证应急行动能够按照预订计划开展。因此，应当明确宣布应急作业方案、作业计划、作业组织形式、作业要求、作业安全、卫生健康要求以及作业期间的联系沟通方式等；要收集现场作业情况，及时组织对现场作业信息评估，以便调整应急方案和作业计划；要监督、指导应急队伍的行动和作业计划的落实；要检查现场安全和卫生制度的执行情况，及时纠正存在的问题，并注重对非专业人员的现场培训；要对作业投入的人力、器材、设备情况进行管理，并进行记录、统计和分析。

在大规模溢油应急行动中，要对现场应急行动实施有效管理和控制，可在现场指挥部内设置的应急行动管理与控制工作组，该工作组可设置在方案策划组内，也可单独成立。在该工作组内，可派专人到溢油应急处置船上或船队中，专门负责应急行动的监督、记录，并负责每日或按期向指挥中心汇报应急行动开展情况，必要时，可作为指挥机构和清污单位之间沟通协调的纽带负责信息传递。该角色在政府组织社会力量参与应急行动时尤为重要，也可用于事故单位委托社会专业应急力量开展清污行动。

4）终止应急响应

指挥中心应当根据现场作业反馈情况评估、可用应急资源情况、监视监测的结果、社会影响程度等情况做出是否停止应急作业的决定，即应急响应的终止。指挥中心也可根据现场指挥部的建议，经评估后终止应急响应。为此，应急预案应当明确终止应急响应的条件、标准和程序。

《海上石油勘探开发溢油应急响应执行程序》规定了符合以下 3 个应急响应终止条件之一时，由应急指挥中心总指挥下达应急响应终止指令，并签发应急响应终止文件，报上级指挥中心备案：

（1）溢油源已得到完全控制，隐患已消除。

（2）海面油污染已得到控制，海上油污回收和岸边清污基本完成，对养殖区敏感区不构成新的影响。

（3）连续 3 天跟踪监测，溢油事故发生海域水质达到海洋石油勘探开发作业区水质标准（含油浓度），确定该海域海水水质已恢复至正常水平，未发现其它异常情况。

《国家突发环境事件应急预案》规定的应急终止的条件与上述基本相同，当符合下列条件之一的，即满足应急终止条件：

（1）事件现场得到控制，事件条件已经消除。

（2）污染源的泄漏或释放已降至规定限值以内。

（3）事件所造成的危害已经被彻底消除，无继发可能。

（4）事件现场的各种专业应急处置行动已无继续的必要。

（5）采取了必要的防护措施以保护公众免受再次危害，并使事件可能引起的中长期影响趋于合理且尽量低的水平。

终止应急响应并不表示与事故处置有关的活动完全停止，在终止应急响应后，尽管后期处置工作不需处于应急状态，但是，终止应急响应后，有关部门应当根据需要组织事故调查处理、生态影响监测与评价，组织环境恢复措施，开展污染损害赔偿等。

7.3.2　关键技术
Key points

决定溢油应急响应成败的关键有两个：一是监视监测技术手段的应用，合理应用各种监视监测手段，有利应急指挥决策者对溢油动态有着全面的掌握，为科学决策提供信息支持；二是溢油清除技术手段的合理应用，直接决定清污的效果。

1. 监视技术的应用

目前，我国已基本建立了以卫星、航空、船舶及岸基雷达为搭载工具，以雷达、激光和可见光等技术手段的立体、全天候的监视系统。其中，卫星遥感监视、航空监视和船舶监视是应用在溢油应急领域中三个最主要的技术手段，下面分别进行介绍。

1) 卫星遥感技术

卫星遥感监视好比太空的"千里眼"，能够居高临下地俯瞰，将现场情况拍成卫星图片，通过"看图片"来了解事故现状。卫星遥感技术在地震等突发事件应急中已得到广泛应用。在发生重大海上事故发生后，造成大范围的污染，当气象海况比较恶劣，无法调用船舶、飞机监视时，或者需要在夜里监视，这时候卫星遥感的优势就非常明显，尤其是雷达卫星能够全天时、全天候工作，不受云雾、黑夜、恶劣天气的影响监视溢油情况，具有船舶、飞机等常规监视手段无法比拟的优势。

无论在 2010 年美国"深水地平线"溢油事故还是同年在大连的"7.16"溢油事故中，对溢油的监视都采用了卫星遥感技术。其中，烟台溢油应急技术中心在为大连"7.16"事故开展的卫星遥感连续监视中，卫星数据不仅用于现场清污指挥中，也用于国务院调查组的生态影响评估中。2007 年发生在韩国的"河北精神"溢油事故时，当时我国非常关注该起事故是否会影响我国海域，但是事发海域是韩国西海岸，我国的飞机和船舶不能过去，于是采用了卫星遥感监视、溢油漂移预测等多种技术手段，及时提出了"海面溢油不会对中国沿海构成威胁的"预警结论。

2）航空监视技术

卫星监视的局限性：一是卫星是按既定轨道运行，到达某一区域有个环绕地球上的时间限制，不是什么时候想要数据就有数据；二是卫星数据处理需要一定的时间，从接收到处理需要有 3~4 个小时的滞后；三是适合于溢油监视的雷达卫星多数为国外卫星，获取数据存在着一定的障碍。为此，在利用卫星监视的同时，需要利用飞机配合进行现场监视。飞机（包括无人机）作为运载工具，最直接的手段是靠人的肉眼监视溢油，但是，人的视力范围十分有限，且受天气影响，也可能被云的背景、水下漂移物误导，造成错误判断，为此，目前应用在溢油监视的主要技术手段有：光学监视装置、激光荧光监视装置、微波监视装置和电磁能量吸收监视装置等溢油监视装置，其中光学监视装置可选择可见光、红外和紫外，微波监视装置可选择辐射计和溢油监视雷达。这些专业设备可以搭载在飞机和船上用于溢油。

3）船舶及其它监视手段

船舶监视受天气的影响大，且因其高度有限，视线范围小，在溢油监视中，尤其是重大溢油事故中，多作为辅助手段。目前，除了视觉手段外，还广泛应用了雷达监视。除了船舶监视外，还可将 VTS 的岸基雷达改装或装上其它溢油监视设备，在对船舶监控的同时，对 VTS 雷达覆盖区域的海面溢油进行监视。

4）预测预警技术

油入水后会发生多种物理、化学和生物变化。例如，油入水后会快速扩散，轻质油会快速挥发，比重大的油会沉降或潜入水中，细小的油粒子会被细菌吃掉，但油在水中最主要的漂移变化是受风和流的影响。为此，溢油预测预警技术可以模拟预测溢油在风流的带动下的运动轨迹、趋势以及扩散的范围，判断出溢油是否会到达重要的敏感资源，如饮用水取水口、海滨浴场；若可能到达这些敏感目标，则需要采取预警行动，以便提前采取措施，防止溢油污染这些敏感目标。

预测预警技术的科学性和精确性取决于是否具有强大的基础数据作支持，基础数据主要包括以下 3 个方面：

（1）风流场。这需要我国几十年甚至上百年的沿海和内河风场、流场监测数据作支持，才能形成准确的风流场计算机模型。

（2）风险源。包括静态风险源，如石油平台、港口码头、沉船信息等，以及动态风险源，如船舶。

（3）敏感资源。如国家保护区、渔业养殖区、旅游度假区等，并确定了各种敏感目标在应急过程中的优先保护次序。

目前上述基础数据可集成到基于地理信息系统（GIS）的预测预警平台中，

直观地显示在事故指挥部和现场指挥中。

2. 溢油清除技术的应用

溢油种类的差异、天气海况和岸线类型的不同，对溢油处理技术和设备的选择带来了影响，尽管可以在应急预案中列出各种不同的清污手段，但是，在实际的应用中，可能只会应用到其中的一种方法，或者多种方法的综合应用，甚至是不采取任何清除溢油的措施，只是实施监视监测。目前全球广泛使用的水上溢油清除技术主要有以下 3 种：

1）回收方法

溢油应急中，可以采用机械或物理地方法将油从水面、水下或者岸线上回收起来，要实现这些目的，一些专业设备物资可以使用。如使用围油栏将油围住，防止溢油上岸，或者将油集中到一个小区域内，再使用收油机回收。收油机有多种型式，可以固定在船内，即专业的溢油应急船，也可临时放置的其他船舶上使用。

除机械回收方法外，一些物理或化学的吸收吸附材料可用于清除溢油，例如常用的吸油毡、吸油拖栏等，在没有这些专业物资的情形下，其他一些替代物资也可用于溢油应急中，如草包，甚至是头发。美国《吸收材料吸附性能试验方法》（ASTM F 716-2009）和我国交通行业标准《船舶溢油应急能力评估导则》（JT/T 877-2013）将吸收材料与吸收材料作了明确的区分，其中，吸收材料是指通过分子结构吸收和保持液体污染物，导致自身膨胀率在 50% 及以上，且 70% 及以上不可溶的固体物质；吸附材料是指通过孔隙、毛细组织等的表面吸附和保持液体污染物，且自身膨胀率不超过 50% 的不可溶固体物质。

2）化学清除方法

溢油应急中，可采用化学的方法将水面或水体中的油消除掉，用于溢油应急领域的主要是溢油分散剂。溢油分散剂如同洗洁剂一样，能够将油分散成细小的颗粒，这些小颗粒可被一些细菌吃掉。但是，溢油分散剂的主要成份仍是化学成分，会对水环境造成二次污染，在溢油事故中大量使用溢油分散剂尽管水面溢油的清除效果快，但这些细小油颗粒仍留存在水体中，为此，大量使用溢油分散剂可能成为环保主义者指责政府指挥不当的理由之一。

3）燃烧方法

溢油应急中，可采用燃烧的方法将水面的油烧掉。用物理方法回收和用化学方法将油消除是传统的两种主要的溢油应急手段，将油烧掉往往是不得以而为之的方法，例如，美国在 2010 年"深水地平线"事故中首次大规模使用其称之为"可控燃烧"的技术。除了上述主流技术方法外，还有生物降解技术等，上述技术手段的应用需要结合不同的油品、天气海况、溢油风化浮化程度、溢油是否接受敏感目标等情形确定选择一种或者多种手段。

7.4　溢油应急响应评估
Assessment of oil spill contingency response

7.4.1　评估内容
Assessment framework

1. 响应评估的目的意义

溢油应急行动结束后，有关单位应当组织对溢油应急的总体效果和污染损害情况进行评估，并根据评估结果修订相应的应急预案。通过对清污过程的控制和对清污效果的评估，来达到减轻环境损害，防止二次污染，改进应急技术，完善应急预案的目的。溢油应急响应评估是国际上通行的作法，国际上几起灾难性的溢油事故，政府或行业都组织开展过溢油应急的响应评估，最近且比较典型为 2010 年美国墨西哥湾"深水地平线"平台溢油事故，美国政府与 BP 分别组织开展了事故后评估工作，评估报告已对社会公开。新《环境保护法》要求在突发环境事件应急处置工作结束后，有关人民政府应当立即组织评估事件造成的环境影响和损失，并及时将评估结果向社会公布。《船舶污染海洋环境应急防备和应急处置管理规定》提出了两个层次的后评估要求，一是船舶应当在污染事故清除作业结束后，对污染清除行动进行评估，并将评估报告报送当地直属海事管理机构；二是事故应急指挥机构应当在事故后，组织对污染清除作业的总体效果和污染损害情况进行评估，并根据评估结果和实际需要修订相应的应急预案。

2. 评估的主要内容

溢油应急响应评估的主要内容包括：

（1）初始反应是否到位，包括不同等级应急预案的应急响应启动是否及时、合理。

（2）溢油清除措施是否及时、合理，主要包括各种监视监测技术、清污技术和污染物处置措施是否合理、到位。

（3）应急指挥协调是否顺畅，包括指挥机构内部指挥情况和与外协单位以及社会志愿者之间的指挥协调情况，也包括后勤保障是否到位。

（4）溢油的污染损害情况，溢油污染是否得到控制，据此判断终止应急响应决策是否适当。

（5）公共关系处理情况，包括事故对社会的影响分析，公共舆情和新闻发布等公共关系处理是否适当。

（6）是否有必要开展后续恢复措施，对于造成严重生态环境污染的溢油事故，需要组织开展专门的生态环境影响评估工作。

（7）新技术新装备的应用情况等。

3. 生态环境影响评估

《国家突发环境事件应急预案》对生态影响评估提出了要求，即在开展善后处置时，应当组织有关专家对受灾范围进行科学评估，提出补偿和对遭受污染的生态环境进行恢复的建议。对于溢油事故，是否开展专项的生态影响评估取决于溢油事故规模和影响大小，目前可参考的依据为国家海洋局的行业标准《海洋溢油生态损害评估技术导则》（HY/T 095–2007）。该标准主要参照美国海洋与大气管理局（NOAA）的《自然资源损害评估指导手册》制定，标准规定了海洋溢油对海洋生态损害的评估程序、评估内容、评估方法和要求。

生态环境影响评估的主要内容为：

（1）事故基本情况分析与评价。事故发生基本过程及深度分析（发生原因、应急处置的经验及缺失、以及基本参数）；环境影响的基本状况；事故发生后处理处置过程和社会经济影响分析。

（2）污染水域生态环境变化与评价。主要包括：区域风场及流场特征；主要污染物及其时空分布（水、沉积物中油及一次和次生污染物的浓度及分布情况变化）；污染物对海域环境的长期影响模拟与预测（包括各种一次和次生污染物）；污染海域环境质量分析与评价等。

（3）污染水域生态系统影响与生态风险评估。主要包括：相关远岸区域的浮游植物、浮游动物、底栖动物、哺乳动物、海鸟等的变化；近岸区域生态环境变化（包括潮间带的植物、底内动物、底上生物等，以及潮下带的生物变化）；污染海域的短期和长期生态风险评估；污染海域生态影响损失评估等。

（4）海洋渔业影响评估。主要内容有：海洋养殖业影响评价（数量和质量；短期和长期）；海洋渔业资源影响评价（短期与长期）；海洋渔业损失评估等。

（5）海岸带景观与生态影响评估。主要内容有：燃烧后污染物质的沉降与时空分布；海岸带景观影响评估；海岸旅游资源影响评估；陆地土壤和植被的影响评估；区域敏感生境的影响评估；陆地（海岸带）生态系统损失评估等。

（6）应急废弃物处理处置及影响评估。主要内容：事故场地生态环境影响评估与恢复策略；海岸带污染区域生态环境影响及修复策略（海滩等）；应急废弃物处理处置方式及影响分析；应急废弃物处理处置的生态环境影响评估；应急废弃物处理处置费用及损失评估等。

（7）生态环境影响评估综合结论，并提出对策建议。

7.4.2　评估方法
Assessment methods

开展溢油应急响应评估可采取查阅应急记录、询问当事人、现场勘察和组织专家审查等方法。评估时，应当注意现场监测数据与历史数据相结合，实测数据与模型模拟相结合，常规数据分析与生态环境风险评估相结合，同时可借鉴国外先进经验和方法，包括监测、数据分析、风险评估模型等。

1. 查阅分析应急记录

查阅分析应急记录是对溢油应急处置过程中形成的相关资料、数据、工作记录、阶段性报告等书面记录进行收集、汇总和综合分析的过程，这些原始记录以及后期形成的专门性报告是开展响应评估的客观依据。

根据《海上石油勘探开发溢油应急响应执行程序》，在应急处置过程形成的记录主要有：

（1）指挥机构编发的《海上溢油情况报告》、应急响应中的每日工作动态。

（2）相关石油公司每日应急工作（海上回收油和岸边清污）动态信息以及《重要情况报告》。

（3）现场各行动组每日工作情况报告以及《现场监视监测信息快报》。

（4）空中监视的《海洋航空监察信息快报》。

（5）新闻发布文稿和信息。

（6）应急响应终止文件。

（7）应急响应工作总结报告。

原始记录中除了文字和数字信息外，应当注重收集影像资料，收集到的影像资料应当按照时间和内容归类排序。收集到原始记录后，需要对相关记录进行核实，剔除重复内容，对应急行动中的工作量、消耗的应急资源、污染面积范围等情况进行统计分析。

2. 现场勘察评估

现场勘察评估是指评估人员通过自身感知及影像等技术手段对与溢油事故应急处置相关的关键环节及溢油污染态势等现场情况进行综合分析，获取污染事故应急处置表观现象的过程。

现场勘察可在事故应急过程中开展，也可在事后进行，若能够在事中确定响应评估工作，宜在事故应急中组织专门的人员进行现场勘察。现场勘察需要取样的，应当按照《海洋调查规范》、《海洋监测规范》以及《水上油污染事故调查油样品取样程序规定》等标准规范进行，必要时可委托专门的监测鉴定机构进行。

3. 专家审查

完成响应评估报告后，可邀请业内专家进行审查，听取专家意见。专家的选择要体现代表性，专家应当尽可能来自相关专业领域，对于重大事故的，邀请的专家应尽可能考虑来自不同部门和行业。

7.4.3 评估报告编制
Assessment report

评估报告没有固定的格式和模式，《船舶污染海洋环境应急防备和应急处置管理规定》规定了船舶溢油应急的评估报告应当至少包括下列内容：一是事故概况和应急处置情况；二是设施、设备、器材以及人员的使用情况；三是回收污染物的种类、数量以及处置情况；四是污染损害情况；五船舶污染应急预案存在的问题和修改情况。

评估报告应全面、客观地反映评估内容的全部工作，文字应简洁、准确，并尽量采用图表和照片，以便于阅读和审查。原始数据、计算过程等可编入附录。评估报告的主要内容如下：

1. 概述

该部分内容相当于评估的概述，类似于一般报告的前言，但与前言不同的是，除了要对溢油事故进行简要介绍和说明评估工作任务的来源等基本情况，还要给出评估的主要结论和主要建议。

2. 事故全过程回顾

该部分内容类似于事故的大事记，将引发溢油的事故给出全面的介绍，目的是为报告的读者对事故有个全面的了解。例如，导致溢油可能源于火灾爆炸等安全事故或者源于自然灾害，要对这一安全事故的起因和过程进行描述。

3. 指挥协调

该部分内容重点要说明指挥机构的成立与运行情况，其中包括事故报告情况、不同等级应急预案框架下的应急响应启动情况和应急决策执行情况等。要说明事故是否按照及时准备地报告，启动不同等级应急响应是否及时、符合应急预案的程序，应急指令是否得到有效传递，指挥过程中是否畅通无阻等。

4. 溢油应急响应

该部分内容可按照时间节点将应急过程分为以下几个过程：初始响应阶段、水上清污行动阶段、岸线清污阶段、终止行动阶段等。其中，水上清污行动可根据实际采取的措施分别就溢油源围控、溢油的回收、溢油化学清除和燃烧清除等进行分析评估。涉及采取野生动物保护措施，可作为单项评估。评估的重点要说明各种应急措施和方法是否合理，因为合理性评估不仅决定着清污效果，也是事故损害赔偿的一项重要标准。

5. 清污效果评估

该部分内容应当将溢油事故前后的清污效果，对于小事故可通过图或表以直观的形式体现出来，对于污染严重的大事故，可直接摘录《生态环境影响评估报告》中的主要结论或者委托专业机构开展专门的评估。

6. 支持保障

该部分内容可分为监视监测和预警工作情况、公共关系处理、后勤支持保障工作情况、污染物处置情况以及新科技应用等内容。其中，监视监测和预警可作为单章给出，评估的重点应当说明各种监视监测手段的综合应用效果以及各种技术手段的优缺点分析。公共关系处理也可以作为单章列出，要从社会舆论和新闻发布等方面进行论述。对于事故应急中应用了新技术新手段的，可单独就新技术应用给出评估结论。

7. 主要结论及建议

该部分内容是上述评估内容的总结，应简洁、明确，结论部分和建议部分可合起来阐述，也可分开阐述。建议部分可细分为管理性建议和技术性建议两个部分，其中管理性建议包括修改应急预案、调整政府部门职能等。

8. 附件

可将大量的数据统计分析过程、图表、专门的鉴定报告等作为附件，也可将具体的评估依据、参考文献作为附件内容；对于委托评估的，应当给出评估委托书、评估人员构成和评估工作过程作为附件。

7.4.4　溢油应急总结
Summary

　　溢油应急响应结束后，应选择适当时间进行总结，总结工作可在响应评估报告编制后进行，也可在报告编制前先进行阶段性总结。总结报告与响应评估报告相比相对简短，主要内容是工作回顾和经验总结。《海上石油勘探开发溢油应急响应执行程序》规定了应急响应工作总结报告由海监总队负责，环境保护司协助，应急响应终止后一周内上报。总结报告内容主要包括：溢油事故的基本情况、调查处理工作（开展询问、监视取证、监督防污措施、跟踪监测和评价、油指纹鉴定等）、事故结论（油指纹鉴定结论、溢油数模结果、溢油量计算、综合结论）和费用核算等。

　　溢油应急总结中，应急指挥决策者应当与指挥机构人员、参与应急的队伍共同回顾应急行动全过程，分析应急反应的经验和存在的不足，必要时可邀请委托的专业评估机构参与总结。

7.5　参考文献
References

　　[1] 国务院办公厅国务院应急管理办公室 . 全国应急预案体系建设情况调研报告 [R]. 2013.

　　[2] 中华人民共和国海事局 . 溢油应急培训教程 [M]. 北京：人民交通出版社，2004.

　　[3] 张春昌 . 试析扁平化管理理论在突发事件应对指挥体系中的应用 [J]. 交通运输部管理干部学院学报，2013（3）：5-9.

　　[4] 马 奔，王郅强，薛 澜 . 美国突发事件应急指挥体系（ICS）及其对中国的启示 [J]. 地方政府发展研究，2009（5）：73-77.

　　[5] 中石油冀东油田分公司 . 冀东油田海上石油钻完井溢油应急计划（送审稿）[R]. 2012.

第8章 溢油应急法律法规及相关标准

Oil spill contingency regulations and relevant standards

8.1 溢油应急规范体系
Oil spill contingency normative system

我国溢油应急的规范体系主要由法律法规和相关标准组成。该规范体系大体分3个部分：

（1）法律体系，即法律、法规和规章，相关的国际条约和国际惯例。法律是由全国人大及其常委会依法制定、修改的规范性文件（法律的地位和效力低于宪法而高于行政法规和地方性法规）。法规包括行政法规和地方性法规。行政法规是由国家行政机关依法制定和发布的规范性法文件的总称（行政法规的地位低于宪法、法律而高于地方性法规）。地方性法规是由地方国家机关依法制定和修改的规范性文件（地方性法规地位和法律效力低于宪法、法律、行政法规）；根据中国法律规定：省、自治区、直辖市，省级人民政府所在地的市，经国务院批准的较大的市的人大及其常委会，根据本地具体情况和实际需要，在不同宪法、法律、行政法规相抵触的前提下，可规定和颁布地方性法规，报全国人大常委会和国务院备案（地方性法规在本行政区域的全部范围或部分区域有效）。规章是有关行政机关在各自权限内制定和发布的有关行政管理的规范性文件的总称；分为部门规章和政府规章。部门规章是国务院所属部委根据法律和国务院行政法规、决定、命令，在本部门的权限内，所发布的各种行政性的规范性法律文件。政府规章是有权制定地方性法规的地方人民政府根据法律、行政法规制定的规范性法律文件。部门规章和政府规章不得与宪法、法律、行政法规相抵触，不得与上级和同级地方性法规相抵触。国际条约和国际惯例的适用性和有效性，需要中国国内法的确认。

（2）规范性文件体系，即国家行政机关依据法律、法规和规章，针对不特定对象制定、发布的能反复适用的行政规范性文件，如具有普遍约束力的决定、命令，等等。

（3）技术标准体系，即国家权威官方机构（行政机关或事业单位）以及行业组织制定、颁布的相应行业、技术标准。

按照《中华人民共和国宪法》（1982 年 12 月 4 日第五届全国人民代表大会第五次会议通过，1982 年 12 月 4 日全国人民代表大会公告公布施行；根据 1988

年 4 月 12 日第七届全国人民代表大会第一次会议通过的《中华人民共和国宪法修正案》、1993 年 3 月 29 日第八届全国人民代表大会第一次会议通过的《中华人民共和国宪法修正案》、1999 年 3 月 15 日第九届全国人民代表大会第二次会议通过的《中华人民共和国宪法修正案》和 2004 年 3 月 14 日第十届全国人民代表大会第二次会议通过的《中华人民共和国宪法修正案》修正）和《中华人民共和国立法法》（2000 年 3 月 15 日第九届全国人民代表大会第三次会议通过，2000 年 3 月 15 日中华人民共和国主席令第三十一号公布，自 2000 年 7 月 1 日起施行）规定的立法体制，中国法律体系的位阶共分六级，从高到低依次是：根本法、基本法、普通法、行政法规、地方性法规和行政规章。因此，笼统而言，法律的位阶高于法规、法规高于规章。按照国内外法律理论与实践部门的一种习惯性观点，"审判规范才是法"。基于技术标准在行政、刑事执法与司法过程中所具有的强烈的实践功能；因此，尽管不能作为判决的主文依据，但是作为判断事实、认定构成要件的基准，技术标准对于司法审判（民事、刑事、行政）具有"先决效力"，发挥着实质上的"依据"作用。

8.1.1　法律体系
Legal system

1. 溢油应急相关法律

1）环境保护类

（1）《中华人民共和国环境保护法》（1989 年 12 月 26 日第七届全国人民代表大会常务委员会第十一次会议通过，2014 年 4 月 24 日第十二届全国人民代表大会常务委员会第八次会议修订）。

（2）《中华人民共和国环境影响评价法》（2002 年 10 月 28 日第九届全国人民代表大会常务委员会第三十次会议通过）。

（3）《中华人民共和国固体废物污染环境防治法》（1995 年 10 月 30 日第八届全国人民代表大会常务委员会第十六次会议通过，2004 年 12 月 29 日第十届全国人民代表大会常务委员会第十三次会议修订，2013 年 6 月 29 日第十二届全国人民代表大会常务委员会第三次会议修正）。

（4）《中华人民共和国大气污染防治法》（1987 年 9 月 5 日第六届全国人民代表大会常务委员会第二十二次会议通过，2000 年 4 月 29 日第九届全国人民代表大会常务委员会第十五次会议修订）。

（5）《中华人民共和国海洋环境保护法》（1982年8月23日第五届全国人民代表大会常务委员会第二十四次会议通过，1999年12月25日第九届全国人民代表大会常务委员会第十三次会议修订，2013年12月28日第十二届全国人民代表大会常务委员会第六次会议修订）。

（6）《中华人民共和国突发事件应对法》（2007年8月30日第十届全国人民代表大会常务委员会第二十九次会议通过）等。

2）安全管理类

《中华人民共和国安全生产法》（2002年6月29日第九届全国人民代表大会常务委员会第二十八次会议通过，2014年8月31日第十二届全国人民代表大会常务委员会第十次会议修正）。

2.溢油应急行政法规

1）环境保护类

（1）《中华人民共和国海洋石油勘探开发环境保护管理条例》（1983年12月29日国务院发布）。

（2）《防治海洋工程建设项目污染损害海洋环境管理条例》（2006年8月30日国务院第148次常务会议通过）。

（3）《铺设海底电缆管道管理规定》（1989年2月11日国务院发布，1989年3月1日施行）。

（4）《排污费征收使用管理条例》（2002年1月30日国务院第54次常务会议通过，自2003年7月1日起施行）。

（5）《中华人民共和国对外合作开采海洋石油资源条例》（1982年国务院制定，2001年修订）。

（6）《防治船舶污染海洋环境管理条例》（2009年9月2日中华人民共和国国务院第79次常务会议通过，2009年9月9日中华人民共和国国务院令第561号公布）等。

2）安全管理类

（1）《安全生产许可证条例》（2004年1月13日中华人民共和国国务院令第397号公布）。

（2）《生产安全事故报告和调查处理条例》（2007年4月9日中华人民共和国国务院令第493号公布）等。

3.溢油应急行政规章

1）环境保护类

（1）《中华人民共和国海洋石油勘探开发环境保护管理条例实施办法》（1990年9月20日国家海洋局公布）。

（2）《铺设海底电缆管道管理规定实施办法》（1992年8月26日国家海洋局令第3号公布）。

（3）《海底电缆管道保护规定》（2003年12月30日国土资源部第12次部务会议通过，2004年1月9日公布）。

（4）《中华人民共和国船舶污染海洋环境应急防备和应急处置管理规定》（2011年1月27日中华人民共和国交通运输部2011年第4号令）。

（5）《中华人民共和国船舶及其有关作业活动污染海洋环境防治管理规定》（2010年11月16日中华人民共和国交通运输部2010年第7号令）等。

2）安全管理类

（1）《非煤矿矿山企业安全生产许可证实施办法》（2009年6月8日国家安全生产监督管理总局令第20号公布）。

（2）《海上石油天然气生产设施检验规定》（1990年10月5日原能源部令第4号公布）。

（3）《海洋石油安全生产规定》（2006年2月7日国家安全生产监督管理总局令第4号公布）。

（4）《安全生产事故隐患排查治理暂行规定》（2007年12月28日国家安全生产监督管理总局令第16号公布）。

（5）《生产安全事故应急预案管理办法》（2009年4月1日国家安全生产监督管理总局令第17号公布）。

（6）《海洋石油安全管理细则》（2009年9月7日国家安全生产监督管理总局令第25号公布）等。

8.1.2　规范性文件体系
Normative document system

国家行政机关制定颁布的规范性文件主要包括：

1. 环境保护类

（1）关于颁发《海洋石油勘探开发化学消油剂使用规定》的通知（国海管发[1992]479号）。

（2）关于颁发《海洋石油勘探开发溢油应急计划编报和审批程序》的通知（国

海管发 [1995]063 号）。

（3）关于建立海洋环境污染损害事件报告制度的通知（国海环发 [1999]132 号）；

（4）海洋石油平台弃置管理暂行办法（国海发 [2002]21 号）。

（5）关于印发《海洋石油勘探开发工程环境影响后评价管理暂行规定》的通知（国海环字 [2003]346 号）。

（6）关于印发《进一步加强海洋石油勘探开发环境保护管理工作的意见》的通知（国海环字 [2006]426 号）。

（7）关于印发《海洋油气开发工程环境保护设施竣工验收管理办法》的通知（国海环字 [2008]64 号）。

（8）关于印发《海洋工程环境影响评价管理规定》的通知（国海环字 [2008]367 号）。

（9）关于印发《海上油气生产设施废弃处置管理暂行规定》的通知（发改能源 [2010]1305 号）。

（10）《〈船上油污应急计划〉申报和审批程序》（港监字 [1994]29 号）。

（11）《消油剂产品检验发证管理办法》（海船舶字 [2000]798 号）。

（12）关于颁布《船舶载运散装油类安全与防污染监督管理办法》的通知（海船舶字 [1999]122 号）等。

2. 安全管理类

（1）国家安全监管总局关于印发《海洋石油建设项目生产设施设计审查与安全竣工验收实施细则》的通知（2009 年 10 月 29 日，安监总海油 [2009]213 号）。

（2）国家安全监管总局办公厅关于进一步加强和改进海洋石油生产安全事故信息报告和处置工作的通知（2011 年 8 月 10 日，安监总厅海油 [2011]173 号）等。

8.1.3 技术标准体系
Technical standard system

相应的技术标准包括：

（1）《海洋石油勘探开发污染物排放浓度限值》（GB4914–2008）。

（2）《海洋石油开发工业含油污水分析方法》（GB/T17923–1999）。

（3）《海洋石油勘探开发污染物生物毒性第 1 部分：分级》（GB18420.1–2009）、《海洋石油勘探开发污染物生物毒性第 2 部分：检验方法》（GB/

T18420.2–2009）。

（4）《海洋石油勘探开发常用消油剂性能指标及检验方法》（HY044–1997）。

（5）《海洋石油开发工程环境保护设施竣工验收监测技术规程》（GB4914–2008）。

（6）《海洋工程环境影响评价技术导则》（GB/T19485–2004）；

（7）《建设项目环境保护设施竣工验收技术要求》（国家环境保护总局2000年2月）。

（8）《建设项目海洋环境影响跟踪监测技术规程》（国家海洋局2002年4月）；

（9）《污水综合排放标准》（GB8978–1996代替GB8978–88）。

（10）《污水海洋处置工程污染控制标准》（GB18486–2001代替GWKB4–2000）。

（11）《海水水质标准》（GB3097–1997代替GB3097–82）。

（12）《海洋沉积物质量》（GB18668–2002）。

（13）《海洋生物质量》（GB18421–2001）。

（14）《船舶污染物排放标准》（1983年4月9日中华人民共和国城乡环境保护部发布，1983年10月1日起实施）。

（15）《船上海洋污染应急计划编制指南》（中国船级社上海规范研究所2007年3月）等。

在我国，法律、法规和规章，行政机关制定的规范性文件，相关的技术性标准之间存在着效力位阶。技术标准内部，存在强制性标准、指导性标准和参照性标准等，其权威和效力依次降低。

8.2　溢油应急规范体系的利用与维护
The use and maintenance of oil spill contingency normative system

国家权力机关、相关监管部门制定溢油应急规范体系，其目的是防范溢油风险、有效处置溢油事故，保护海洋生态与环境。溢油应急规范体系的目标，是行政主体（国家行政机关）和行政相对人（石油公司）基于溢油应急安全生产与环境保护管理法律关系所产生的积极互动而最终实现的。国内、国际石油公司在公司组织体系中，一般都设有健康安全环保部（HSE）这样的机构，HSE总经理应当直接向公司（集团公司）总裁负责，尽量缩减权力层级和管理环节，力求避免大型公司本身必然带有的官僚体制弊病。

溢油应急规范体系的目标实现，关键在于石油公司与国家行政机关之间建立密切的专业联系，建立有效的沟通、交流机制，及时、准确、充分地传递和反馈行政监管和法律认知信息。石油公司的HSE应当以溢油应急为重点；石油公司的HSE部门在建立溢油应急规范体系时应以专业性、完整性、时效性、公开性和开放性为目标。

8.2.1　HSE 管理
HSE management

石油公司HSE体系的首要目标是实施健康、安全与环保政策，以确保所有工作活动都按照安全、健康和环保的方式进行，以防止事故、伤害、职业疾病的发生，防止污染及财产损失。实现这一目标的途径包括：提供必要的组织和资源来管理公司活动，认识到员工是公司的最重要的资产，通过职能部门责任制使健康、安全和环保成为日常工作的一部分，从而确保将健康、安全和环保意识和规范操作理念融入公司、员工的日常行为。其中，溢油风险预防和管控、溢油应急处置是HSE的核心目标。

石油公司应当建立一个健全、有力的健康、安全与环保管理体系（HSE）。这个体系一般包括：石油公司的健康、安全与环保政策；石油公司的健康、安全与环保政策体系（包括管理要素和作业程序）；石油公司相关部门管理的关键作业程序、作业指令、行动计划、重要文件以及作业指南、案例手册等。基于管理体系的改进是一个持续的过程，石油公司可以建立一个持续改进的循环模式，包括计划、行动、评估和调整等四个环节；并且鼓励各个程序的负责人和海上作业者对于管理体系中发现的问题及时和HSE部门沟通，确保程序的持续改进。

石油公司的健康、安全与环保政策体系一般可以包括三级：公司级、油田作业区级和海上各个设施级。公司级文件内容包括由公司总裁签署的健康安全环保政策；如政策，领导力，风险评估，法规要求，作业标准，战略计划、目标及目的，组织结构与职责，规划，程序，资产与运作的完整性，应急计划与准备，意识提倡、教育培训及能力提高，对于不合规现象的调查以及纠正措施，沟通方式，文件管理与记录，考核，检测，审核，等等。油田作业区级是二级程序文件，其内容覆盖、钻井、生产等各个领域；每个程序应当指定一名该方面的专家为负责人，负责对于该程序的定期检查和审核。海上各个设施级，应当根据自己的实际情况，制定一些具体的指导说明、技术要求和案例手册。

从世界各国的海洋石油勘探开发经验来看，石油公司 HSE 的组织定位和功能发挥存在明显不足。一是 HSE 部门的地位不够，HSE 容易停留在战术管理阶段，难以进入战略谋划阶段。有的石油公司，HSE 并未真正成为公司决策层的核心价值。二是国际石油公司的 HSE 部门及其实质体系在生产地区、尤其是第三世界的本地化水平并不高，有时出于追求降低成本、提高产能的片面目的，忽略了对于所在国当地法律、法规和技术标准的充分了解和精密接受；HSE 体系中的规范建设不足。

HSE 体系中的溢油应急规范体系，不应当仅仅表现为相关法律、法规和规章以及技术标准文本的简单罗列，而应当形成一整套具有实践逻辑的操作办法。即应当有一套流程适用于业务单位，尤其是一线作业部门，对于所有相关的法规要求和作业标准（包括工程设计和施工）进行充分认知、准确辨识、细致解释、完全执行和有效记录。HSE 体系的具体运行应当达到如下效果：工程施工应当满足合法合规的最低要求，即遵守海上石油勘探开发设施所在国家或地区的所有法律、规章和相关制度。同时应当明确和真正应用普遍接受的行业规范及国际认可的技术标准。HSE 体系所包含的法律要求，包含作业必需遵守的所有法律约束，包括法律、法规和规章，行政许可文件，注册登记文件，行政命令，政府法令，有法律效力的司法判决书，以及在许可申请和其他法律文书中所做的相关承诺。

8.2.2 信息更新
Information updating

石油公司 HSE 体系的规范建设往往会出现漏洞，比如对于法律、规范性文件和技术标准的摄入不全面，或者是对于新增或修改过的文件不能及时发现和收入。上述信息补充和更新问题很有可能形成战略上的漏洞，进而构成隐患。石油公司 HSE 部门应当和法律事务部门一道，建立专门的工作机制；与国家行政机关或中介机构建立实时联系，对于行业内的法律、规范性文件和技术标准制定、修改情况进行有效跟踪和及时追随。

石油公司 HSE 部门和法律事务部门可以定期主动邀请国家行政机关或中介

机构对自身的规范体系进行普查梳理，查找完整性、准确性、时效性问题。定期查找问题并解决后，应当进行 HSE 规范体系数据的全面升级。

8.2.3 人员培训
Personnel training

石油公司 HSE 部门应当根据法律法规的要求以及公司健康安全环保管理程序的要求，针对每一个岗位的培训需求，制定专门的溢油应急规范体系知识和应用技能培训计划。尤其是针对法律、规范性文件、技术标准的最新变化以需求的变化进行更新调整，为员工提供必要的工作技能和最新的信息提示，确保其工作表现完全达到健康、安全和环保以及质量、维护和生产上的标准。

具体包括：法律、规范性文件和技术标准的知识技能培训，健康安全环保管理程序要求的培训，以及和安全、环保有关的技能培训。尤其做好溢油应急培训。培训记录通过系统予以跟踪和记录。

HSE 体系，尤其是溢油应急规范体系的知识技能培训应当形成制度，确保所有的关联部门能够得到培训，确保责任岗位的每一个工作人员能够得到日常的、专题性的有效培训，排除规范认知盲区，切实提高遵守规范的法律、技术标准意识。

《海洋工程设计手册——海上溢油防治分册》
编委简介

张苓　工程师、发明家

张苓，山东栖霞人，工程师，发明家，石化行业污水处理专家，现任北京中天油石油天然气科技有限公司董事长。《中国海洋工程年鉴》编委会副主任委员，国家"十二五"重点图书《海洋工程设计手册—海底管道分册》的副主编。

毕业于石油大学机械系热能工程专业，曾就职于中石油勘探开发研究院廊坊分院。2002年创立北京中天油石油天然气科技有限公司，从事石化行业含油污水处理技术的研发和工程应用，曾获2007年国家优质工程银奖。2010年成功研发SGOT下沉式旋流海上溢油回收技术，于2012年荣获国家重点新产品证书。2011年获得《经济参考报》"中国经济优秀人物"荣誉称号，2014年获《环球时报》评为第九届亚洲品牌"中国品牌十大创新女性"。获得美国专利1项，国际PCT2项，国家发明专利7项，国家实用新型专利18项。

张来斌　博士、教授

张来斌，安徽铜陵人，博士，教授，博士生导师。现任中国石油大学（北京）校长。

长期从事石油石化安全科学与技术、机械设备故障诊断技术以及高等教育管理的教学和科研工作。教育部安全科学与工程学科评议组成员，北京市学位委员会委员，北京市教学名师。发表论文一百多篇；出版专著两部；获专利20余项；获国家技术发明二等奖一项，国家科技进步奖二项，省部级科技进步特等奖一项、一等奖两项；获国家教学成果二等奖一项，北京市教学成果一等奖两项、二等奖一项；获第十届孙越崎青年科技奖；获第三届"IET－方正大学校长奖"。

张兆康　博士

　　张兆康，国家外专局英籍海洋石油工程环保专家，海洋石油工程博士。现任中海石油环保服务有限公司高级技术顾问。

　　主要学习和工作经历：中国科学技术大学流体力学本科毕业，北京流体力学研究院第一室工程师、副主任、石油设备研发工程师。1983至1985国产第一台录井仪 XZL-864 研发工程师。1991 年起英国北海阿伯丁市 GEOLINK 公司录井和随钻仪工程师，Gearhart Geodata 和 EXPRO INTERNATIONAL 公司井技术和 HSE 工程师。2001 年获 ROBERT GORDON 大学工程系海洋石油工程博士学位。ASET 壳牌公司生产培训中心海上石油工程安装和健康安全环保教官。2005 年应中海油总公司之邀来华任中海石油采油环保高级技术顾问。

李相方　博士、教授

　　李相方，山东阳谷人，博士，教授，中国石油大学（北京）石油与天然气工程博士生导师，兼安全科学与工程博士生导师。

　　先后负责国家 863 子课题、国家 973 子课题、国家自然科学基金、国家重大专项、国家支撑计划、省部级科技攻关子课题与油田企业委托科研项目多项。获国家专利 8 项。在国内外学术期刊共发表论文 380 多篇。参编教材、论著、学术论文集 7 部。担任《石油学报》等 13 种学术杂志编委。曾获得省部级科技进步一等奖三项，二等奖二项，三等奖一项；获教育部教学成果二等奖一项。现任中国石油学会天然气专业委员会副主任、北京石油学会理事兼石油工程专业委员会主任、中国工程热物理学会多相流专业委员会委员，第五届国家安全生产专家组专家，全国安全生产标准化技术委员会石油天然气安全分析技术委员会委员。

徐志国

　　徐志国，男，1974年9月出生，毕业于中国石油大学（华东）石油工程专业，现任北京中天油石油天然气科技有限公司副总经理。

　　长期从事海洋石油作业的相关工作，涉及的业务领域有钻井、采油、注水、海工、HSE管理；拥有20年陆地、海上石油工程工作资历，其中从事海洋石油HSE管理工作14年；主持完成15项石油工程项目，参与了多起重大事故以及300余次险兆事件的后续处理工作，具有极为丰富的海洋石油安全环保管理经验；2011年7月作为国家海洋局特邀环保专家协助处理康菲（北京）蓬莱19-3油田溢油事故，通过客观公正的分析决策，有力地促使了事故的圆满解决，获得了海洋局领导的高度评价；2011年至今作为环保专家参与国家海洋局环保三同时检查及环保专家会议30余次。

张春昌　　博士

　　张春昌，曾任烟台海事局烟台溢油应急技术中心副主任。1996年毕业于大连海事大学，获航政管理学士学位，2007年就读于英国南安普顿大学，获海事法律硕士学位，现就读于大连海事大学，攻读环境科学与工程博士学位。

　　从事船舶污染防治工作15年，先后参与过国务院条例《防治船舶污染海洋环境管理条例》以及交通运输部、中国海事局在船舶污染应急和赔偿方面的规章和规定起草工作，在船舶溢油和HNS泄漏事故应急处置、污染事故调查处理和污染损害赔偿等方面有着丰富的实践经验和较高的理论研究水平，曾参与过2010年大连7.16管道爆炸溢油事故调查评估、2013年"11.22"中石化东黄输油管道泄漏爆炸事故海上溢油应急处置等重特大溢油事故，先后参与过西北太平洋区域合作课题、国家及部委课题研究项目十几项，被评为交通青年科技英才和海事领军人才。

王世宗　学士

王世宗，男，1979年6月出生，西南石油学院石油工程专业学士，中国石油大学（华东）石油工程与天然气工程领域学士。先后任中国海监北海总队执法队副科长、中国海监第一支队执法队副队长、渤海石油勘探开发活动定期巡航执法检查组（渤海定巡组）副组长、蓬莱19-3油田严重溢油污染事故专案组主办监察员。

长期从事北海区海洋油气勘探开发执法管理工作，曾参与调查处理胜利312盗油、渤南井碰溢油、蓬莱溢油等大量溢油污染事故，组织或参与了《渤海区石油平台动态管理系统研究》、《海洋行政执法必读》、《海上油田穿梭油轮监控管理研究》、《海上某复杂断块油藏最大可能溢油量估算研究》等理论研究和相关法规修订工作，发表多篇文章。

黄任望　博士

黄任望，男，大连水产学院（现大连海洋大学）海洋渔业系，海洋渔业专业，工学学士；中国政法大学第二学士学位班，法学专业，法学学士；2014年9月始，攻读中共中央党校国民教育系列全日制国际政治专业、博士学位。

2000年7月至今，先后在国家海洋局中国海监总队、中国海警局司令部担任科员、副主任科员、主任科员、副处长，长期从事海洋法律、政策理论研究和执法实务工作；参与过《中华人民共和国海洋环境保护法》、《中华人民共和国海域使用管理法》及其配套法规、规章的研究起草工作；组织承担过国家海洋局首例行政诉讼案的应诉工作；2010年9月渤海蓬莱19-3油田重大溢油事故的应急处置以及案件调查工作；国家重大课题《建设海洋强国的战略选择与建议》课题研究专家；中共中央党校"超越之路"课题组专家；北京市军事法学会理事；主持编写了《海洋行政执法必读》（国家海洋局系统年度优秀图书奖）、《海洋行政执法案例汇编（第一辑）》等海上执法专业书籍；在《太平洋学报》、《海洋开发与管理》、《中国党政干部论坛》等中文核心学术期刊发表若干论文；2008年获得中央国家机关优秀青年称号。

赵玉慧　硕士、高级工程师

赵玉慧，男，1979年出生，硕士，高级工程师，2005年毕业于中国海洋大学化学与化工学院海洋化学专业，现任国家海洋局北海环境监测中心办公室副主任。

主要从事油指纹鉴定、溢油污染损害评估、海洋环境质量评价及业务管理工作。主持2项国家海洋公益性项目子课题研究，作为骨干力量，参与了2006年长岛油污染事件、2010年大连7.16溢油事件和2011年蓬莱19-3油田溢油事故的溢油鉴定、应急监测评价及损害评估工作，就油指纹鉴定与油指纹库建设技术、溢油污染范围确定和溢油量确定等方面提供了强有力技术支撑。作为课题组主要成员，参与出版著作3部，发表论文30余篇。2007年被评为青岛市四方区"十大杰出青年"。获2006、2010、2013年度国家海洋局海洋创新成果一等奖1次，二等奖2次。

黄培山　博士

黄培山（Peter Huang），博士，著名海洋工程装备专家，OTC大会组委会成员，API标准委员会成员。现任美国水下生产技术工程公司（Subsea Engineering Inc.）总裁。专长海洋石油水下生产技术和设备的设计和制造、水下油气田的开发方案、深海钻井设备的设计和制造、深海钻井泄漏应急系统的设计和制造。水下生产装备和技术是海洋石油开采的里程碑技术。

先后在国际著名的海洋工程装备公司担任技术骨干。拥有20年的美国工程项目经验；主导和参与20多个世界级大型深水油气田项目的系统工程设计和水下装备的设计、制造和试验。在国际海洋石油业界拥有良好的声誉。美国休斯顿大学石油项目经理人培训班授课老师；《中国能源发展与商务年鉴》的特邀编委，《国际海洋油气动态》主编；美国休斯顿ITV电视台石油专题节目主持人；2007年、2008年、2010年和2012年OTC大会主题报告主持人，2013年OTC《中国南海荔湾深水项目》专题报告会主持人；海洋工程中国峰会2012大会主席，水下生产技术中国峰会2013大会主席；中国科技部2014.08《十三五深海技术规划会议》的海外专家。

梁伟　教授

梁伟，男，1978年6月生，教授，博士生导师。现任机械与储运工程学院副院长，兼任安全工程系主任。中国机械工程学会设备与维修工程分会常务理事，中国振动工程学会故障诊断委员会委员，中国安全科学技术学会会员，北京市科技新星。

长期从事油气管道泄漏监测、站场设备安全、可靠性评估等研究。主持国家863计划课题、国家自然科学基金、北京市科技新星计划、中国石油科技中青年创新基金；作为骨干参与国家油气重大专项、国家科技支撑计划、教育部、北京市和石油石化企业等多项科研课题。曾获省部级科技进步一等奖2项，二等奖1项，先后在国内外期刊上发表论文20余篇，授权国家发明专利4项。

周旻

现任中国海上搜救中心（国家海上溢油应急中心）应急管理处处长。1994年毕业于大连海事大学航政管理专业，2004-2005年作为国家应急预案工作小组成员，主要参与了国家应急预案体系建设。现致力于《国家重大海上溢油能力建设规划》编制和《国家海上溢油信息共享和应急决策支持系统》的研究建设工作。

周海南　高级经济师

长期在胜利油田从事安全环保管理、海洋溢油应急工作，先后主持编写了3个《溢油应急工作专题总结分析报告》、组织编制了中国石化集团胜利石油管理局企业标准《海上溢油回收作业安全规程》；在国家核心期刊发表论文5篇，获得省部级科技成果二等奖2个、局级科技成果一等奖1个、二等奖3个。现任胜利油田海洋石油船舶中心安全副总监、应急中心主任。

刘平礼　教授、硕士生导师

　　长期从事海洋采油气工程、油气藏增产改造措施教学和科研工作。中国石油学会会员、美国石油工程师协会会员。公开发表论文一百多篇；出版教材和专著两部；获国家专利 5 余项；获省部级科技进步一等奖两项，二等奖两项。

文世鹏　电气工程硕士、高级工程师

　　现任职于中国石油化工股份有限公司胜利油田分公司海洋采油厂，研究方向为安全技术、浅海海洋工程。承担了浅海导管架式海洋平台浪至过度振动控制技术的研究及工程应用、浅海新型单立柱支撑平台研制、海上油田发供电系统可靠性研究、恶劣海况下海底土液化动态监测技术、极浅海海底管线水下常压干式维修装置、埕岛东区油气生产过程中的二氧化碳腐蚀机理与防护措施研究等项目的研究工作。

杨志　教授

　　杨志，重庆綦江人，硕士，教授。西南石油大学海洋油气工程教研室主任。

　　长期从事采油工程、海洋油气工程等的教学和科研工作，在机械采油、采气工艺、井下工具研制、完井测试、井筒安全性等方面具有良好的研究与工程经验。先后主持国家重大专项、省部级及油田协作项目近 40 项，发表论文 30 余篇、专利 8 项，参编工程硕士国家级核心教材 1 部、本科教材 5 部；主持省部级教改项目 3 项，获各类教学奖 18 项/次、科技进步奖 6 项。

中海石油环保服务(天津)有限公司
China Offshore Environmental Service Ltd.

中海石油环保服务（天津）有限公司成立于2003年1月10日，是中国第一家按国际惯例和标准运作的专业化溢油应急响应公司，具备建设项目环境影响评价甲级资质、环境污染治理设施运营甲级资质和船舶污染清除单位一级资质，拥有10艘专业环保船和8个应急响应基地，以及一支专业的溢油应急技术队伍，可提供溢油应急培训、应急演习和指导、溢油设备设施维保、海上石油设施应急溢油隐患排查、溢油应急响应等完整有效的应急服务，服务网络可基本覆盖中国沿海海域。

环保公司的成立充分体现了中国海油在环保方面的重视程度，十余年专业化的发展树立了中国海油在国内外的良好形象，得到了国家政府和世界有关组织的高度赞誉，取得了良好的社会和经济效益。

2014年，环保公司以溢油应急能力建设为核心，着力推进模式创新，积极拓展与客户的联系，提升客户应对溢油风险的能力。同时，积极拓展海外市场，扩大国际影响力，与非洲、东亚、东南亚等地区的多个国家建立了良好的合作伙伴关系。

2015年，我们将与广大客户携手共进，保护海洋环境，共享美好明天！

天津市滨海新区塘沽渤海石油路688号海洋石油大厦B座A801，300452
电话: 86-22-2580-3833 传真: 86-22-2580-9689 网址: http://www.coes.org.cn

北京中天油石油天然气科技有限公司
Sino–Gas & Oil Technology Co., Ltd.

SGOT海上应急收油系统

SGOT海上溢油应急收油技术诞生于2010年，是海上溢油应急回收技术的一次革新，解决了溢油应急回收速度慢、效率低的世界难题。

北京中天油石油天然气科技有限公司成立于2002年，是一家专业从事石化行业含油污水处理的高科技环保公司，通过十年的艰苦奋斗，公司已拥有一整套解决油田上下游生产中产生的含油污水的环保处理技术。该技术目前在国内处于领先水平，已在大庆油田、长庆油田、胜利油田、冀东油田等多个油田成功应用。曾获国家优质工程银奖，中国石油天然气集团优质工程银质奖，大庆石油管理局科学技术进步奖。

2010年公司又开辟了新的业务领域，公司自主研发的"SGOT海上应急收油装置"成功应用于大连金州的漏油事故处理。2012年，该产品获得中华人民共和国科学技术部、环境保护部、商务部、国家质量监督检验检疫总局联合颁发的"国家重点新产品"证书，该项技术填补了国内空白，具有国际领先水平。人民日报曾两次跟踪报道SGOT海上溢油应急回收系统解决了世界难题。2014年，该产品被列入工业和信息化部、科技部、环境保护部三大部委联合发布的《国家鼓励发展的重大环保技术装备目录（2014年版）》推广类第七项106。

SGOT海上溢油应急收油技术介绍

SGOT海上应急收油系统由海上收油装置和船上油水分离装置两部分组成。海上收油装置包括：海上可调浮力自航式收油器、360度转盘伸缩吊臂；船上油水分离装置包括：双旋流油水分离器和动力站设备。收油器由伸缩悬臂吊放入海和收回，脐带管连接收油器与油水分离器，分离后的油回收进储油装置，分离后的水直接达标排海，动力站提供全部装置的动力，整个系统全自动化控制，采用PLC无线控制。

下沉式旋流技术是整个系统的核心技术，一般由收污筒、旋转桨叶、动力构件、稳油杆、出水套、整流板组成。利用旋流离心分离聚集原理，在海面形成重力场、离心涡流场、巨大的远场回流场、轴向吸力流场，四个流场协同作业，在海面形成一个巨大的向心收油面，迅速把水面浮油吸到船上。

夢想承启 碧水蓝天

　　适用于海上钻井平台、江河湖滩原油开采点、海岸码头油品储运站及江河湖海原油运输船等原油泄漏应急处理，也可适用于水面蓝藻的收集处理。

SGOT海上溢油应急收油技术参数

● 封闭水域作业额定收油能力：$n \times 100m^3/h$
● 开敞水域单机作业额定清油速度：$1km^2/h$（配合船舶、围油栏）
● 开敞水域单船作业额定清油速度：$3km^2/h$（配合船舶、围油栏）
● 收油功效>200
● 浮油回收率>85%
● 回收油含水率<1%
● 外排水含油<30mg/L
● 单位面积油膜残留比<万分之一
● 油膜厚度：所有
● 油粘度：所有
● 作业海况：3级
● 作业环境温度：$\geqq -16℃$（渤海湾最低温度）

SGOT海上溢油应急收油技术特点

● 收油速度快；
● 适用于各种厚度油层回收，尤其是薄油层回收；
● 适用于各种粘度油品回收；
● 也可收集海面垃圾，收油作业不会因海面垃圾堵塞停机；
● 油水分离装置小巧高效，收集液分离后可对外输油标准，大大降低应急抢险运输压力；
● 有一定的随波性和抗风浪性能，能满足海洋作业要求；
● 对大面积溢油有区域固定控制能力。

SGOT海上溢油应急收油技术发展经历

● 2010年5月，公司向英国石油公司提供的漏斗型控油罩技术成功应用于墨西哥湾漏油事故处理；
● 2010年7月，SGOT海上收油器成功应用于大连金州的漏油事故处理；
● 2011年11月，中国海上搜救中心组织交通部科技司、海事局、救捞局、水运局、环保中心和中石油安全环保及海上应急指挥中心、中石化安全环保局、中海油质量和健康安全环保部九家单位的代表专家参加了SGOT海上应急收油系统现场作业演示，演示取得圆满成功；
● 2012年6月，中国航海学会组织召开了"SGOT下沉式旋流场海上溢油回收装置"项目科技成果鉴定会，与会专家通过了该项目"总体技术达到国际先进水平，在下沉式旋流技术应用方面处于国际领先水平"的鉴定意见；
● 2012年，SGOT海上应急收油系统荣获"国家重点新产品证书"；
● 2011年5月，《人民日报》刊登了《巧收海上漏油》一文，对我司海上收油事迹进行了报道；2013年8月，《人民日报》刊登了《百倍速度回收溢油污染》一文，介绍我司关于海上应急收油系统的创新技术；
● 2014年3月，公司作为东南亚唯一一个环保企业代表参加东盟地区论坛海上溢油区域合作研讨会"AFR Seminar on the Regional Cooperation on Offshore Oil Spill"，董事长张苓在会上做了"海上溢油应急管理与防控措施"的演讲，介绍了SGOT下沉式旋流收油技术，赢得了各国政府的高度评价和关注；
● 2014年12月，SGOT海上应急收油设备被列入工业和信息化部、科技部、环境保护部三大部委联合发布的《国家鼓励发展的重大环保技术装备目录（2014年版）》推广类第七项106。

地址：北京市朝阳区东四环中路82号金长安C座2110室　电话：010-65188928/2891　传真：010-65182891-800
网址：www.sgotnet.com.cn　邮箱：zhongtianyou@sgotnet.com.cn

温州市海洋环保设备厂

溢油应急设备专业生产供应商

国内全面从事水面防油污染产品开发、生产的环保设备厂家，同时可提供防油污工程设计、安装。

专业生产围油栏、溢油回收设备（收油机）、溢油贮存设备（轻便储油罐）等环保设备。其中溢油围控设备（围油栏）系列包括防火围油栏、岸滩围油栏、浮子式PVC围油栏 浮子式橡胶围油栏、充气式围油栏、栅栏式围油栏 等；溢油回收设备（收油机）系列包括消油剂、抽吸式收油机、动态斜面式收油机、纤维类吸油毡（吸油材料）、围油索（吸油拖栏）、 油拖网（收油网）、计算机控制式船用喷洒臂系统装置、消油剂喷洒装置（喷洒装置）、（消油剂喷洒装置）、化学品吸附材料、绳式收油机、硬刷转盘式收油机、齿型转盘式收油机、带式收油机、真空式收油机等；溢油贮存设备（轻便储存油罐、浮动油囊）系列包括轻便储油罐、浮动油囊等，是国内较大的围油栏、收油机生产基地。

详情请登陆: www.wzhyhb.cn

● PVC围油栏　　● 充气式围油栏

● 船用喷洒装置　　● 动态斜面收油机

● 化学品吸附材料　　● 应急卸载泵

地址：浙江省温州乐清经济开发区纬十八路231号
电话：0577-62053810　传真：0577-62053810
邮箱：wenzhouhaiyang@163.com